# 机器视觉自动检测技术

JIQI SHIJUE ZIDONG JIANCE JISHU

余文勇　石　绘　编著

化学工业出版社
·北京·

本书提出了网络化多目视觉在线快速检测理论与系统，系统地介绍了机器视觉自动检测领域的知识和技术。本书共分为六章。第 1 章讲述数字图像与机器视觉技术的发展历程、发展趋势和前景。第 2 章讲述机器视觉系统的硬件构成，包括相机的分类及主要特性参数、光学镜头的原理与选型、图像采集卡的原理及种类、图像数据的传输方式等。第 3 章讲述机器视觉成像技术，内容包括工业环境下的灰度照明技术和彩色照明技术，以及 LED 照明设计技术和三维视觉成像技术。第 4 章重点讲述机器视觉核心算法。第 5 章介绍机器视觉软件的开发与实现，包括常用机器视觉工具和软件设计方法。第 6 章着重讲述视觉测量与检测的工程应用和案例分析。

本书可供从事检测技术、智能设备应用、研究的专业人员参考，也可供高等院校相关专业教学使用。

**图书在版编目(CIP)数据**

机器视觉自动检测技术 / 余文勇，石绘编著. —北京：化学工业出版社，2013.7（2022.10 重印）

ISBN 978-7-122-17682-0

Ⅰ. ①机… Ⅱ. ①余… ②石… Ⅲ. ①计算机视觉-自动检测-教材 Ⅳ. ①TP302.7

中国版本图书馆 CIP 数据核字（2013）第 138692 号

责任编辑：李玉晖 杨 菁　　文字编辑：云 雷

责任校对：宋 夏　　装帧设计：张 辉

出版发行：化学工业出版社（北京市东城区青年湖南街 13 号 邮政编码 100011）

印 装：涿州市般润文化传播有限公司

787mm×1092mm 1/16 印张 15½ 字数 387 千字 2022 年 10 月北京第 1 版第 11 次印刷

购书咨询：010-64518888　　售后服务：010-64518899

网 址：http://www.cip.com.cn

凡购买本书，如有缺损质量问题，本社销售中心负责调换。

**定 价：48.00 元**

# 前　言

产品检测在半导体、精密制造、包装印刷等行业应用广泛且需求迫切，但检测手段一直在离线检测（如工具显微镜、投影测量仪和体视显微镜等传统设备）或人工检测的技术中徘徊。近些年随着产品的高档化和微型化，加工订单的国际化，对检测的要求越来越高，精度从 0.01mm 向 0.001mm 过渡，计量方式从抽检向 100%全检过渡，检测项目从简单走向复杂、从单项走向多项综合。通过机器视觉技术改变传统的计量和检测方式，满足现代制造业的高速、精密、复杂需要已迫在眉睫。

机器视觉检测技术的应用大致分为两个层次；一类是离线检测，由于对算法的实时性和硬件的处理速度要求不高，此类应用已经相对成熟；另一类是实时在线检测，目前存在如下瓶颈问题。

1）复杂问题的求解：缺陷是检测对象的物理特性、力学特性和光学特性的综合反映，容易淹没在重复模式的微动、材料形变和背景噪声之中，高速环境下单纯依赖图像信息来获得全面质量数据，在很多应用场合已被证明不可行。

2）视觉信息处理的网络化问题：随着检测精度的提高，观测面积的增大和检测任务的复杂，单机系统无法同时满足数据传输、图像处理和实时控制的要求，以网络为中心的多目视觉检测和分布式计算成为现代自动化生产线计量和品检的主流需求。

3）处理速度的高速化问题：当今最快的生产速度已达到 1000m/min，处理速度的高速化永远是机器视觉系统所追求的目标，但处理速度受制于数据流量、处理算法和硬件结构。

针对上述问题，本书的目的，一是提出网络化多目视觉在线快速检测理论与系统，将检测对象的运动学特性和动力学特性映射到视觉信息空间和纹理空间，建立描述模式微动和形变特性的动态视觉信息模型，进而将产品瑕疵从模式差异、材料形变和图像噪声中分离出来；检测速度和实时性通过网络化多目视觉系统来实现。

二是系统介绍机器视觉自动检测领域的知识，让读者了解机器视觉与图像处理的基本原理、构造、编程技术，并结合实际案例，介绍和讲述机器视觉自动检测技术在半导体与集成电路行业、精密制造行业、包装印刷行业、农副产品深加工行业等关系到国计民生的行业中的研究和应用。

另外，本书有意培养读者熟悉图像处理程序的编写与调试，具备基本的编程解决问题的能力；并且培养读者作为应用科学研究者应具有的对待工作认真负责的态度。

本书由两位主要编著者合力完成，同时得到欧阳曲、孙长江、吴文鑫、金炜等的大力协助，在此深表感谢。鉴于编著者水平有限，本书不妥之处在所难免，希望读者指正。

编著者

**2013 年 5 月**

# 目录


第1章 概述……1

1.1 机器视觉的定义……1
1.2 机器视觉系统的构成……2
1.3 机器视觉系统的一般工作过程……4
1.4 机器视觉系统的特点……5
1.5 机器视觉系统的发展……6
1.6 机器视觉系统的应用领域……9
1.7 机器视觉系统相关会议和期刊……12

第2章 机器视觉系统的构成……13

2.1 相机的分类及主要特性参数……13
2.2 光学镜头的原理与选型……30
2.3 图像采集卡的原理及种类……45
2.4 图像数据的传输方式汇总及比较……52
2.5 光源的种类与选型……56

第3章 机器视觉成像技术……61

3.1 光源概述……61
3.2 灰度照明技术……68
3.3 彩色照明技术……71
3.4 偏光技术……79
3.5 发光二极管照明技术……80

第4章 机器视觉核心算法……93

4.1 图像预处理……93
4.2 频率图像增强……100
4.3 数学形态学及其应用……106
4.4 灰度均衡的原理与方法……113
4.5 边缘检测算法及其应用……118
4.6 Blob分析……123
4.7 阈值分割的原理与方法汇总……128
4.8 模式匹配算法及其应用……137
4.9 摄像机标定……145
4.10 测量算法……158

第 5 章　软件的开发与实现……169

5.1　图像文件格式……169
5.2　相关函数库的选择及使用……174

第 6 章　机器视觉工程应用……187

6.1　快速实时视觉检测系统的设计……187
6.2　在包装印刷中的应用及案例分析……197
6.3　在表面质量检测领域中的应用及案例分析……210
6.4　在尺寸测量领域中的应用及案例分析……222
6.5　在字符识别中的应用及案例分析……231
6.6　在视觉伺服中的应用——基于视觉伺服的镭射膜在线纠偏系统……237

参考文献……242

# 第1章 概 述

## 1.1 机器视觉的定义

人类在征服自然、改造自然和推动社会进步的过程中，由于自身能力、能量的局限性，发明和创造了许多机器来辅助或代替人类完成任务。智能机器，包括智能机器人，是这种机器最理想的形式，也是人类科学研究中所面临的最大挑战之一。

智能机器是指这样一种系统，它能模拟人类的功能，能感知外部世界并有效地替代人解决问题。人类感知外部世界主要是通过视觉、触觉、听觉和嗅觉等感觉器官，其中约60%的信息是由视觉获取的。因此，对于智能机器来说，赋予机器以人类视觉的功能，对发展智能机器是极其重要的。例如，在现代工业自动化生产中，涉及各种各样的产品质量检验、生产监视及零件识别应用，诸如零配件批量加工的尺寸检查，自动装配的完整性检查，电子装配线的组件自动定位，IC上的字符识别等。通常人眼无法连续地、稳定地完成这些带有高度重复性和智慧性的工作，其他物理量传感器也难独立完成。因此人们开始考虑利用光电成像系统，采集被控目标的图像，而后经计算机或专用的图像处理模块进行数字化处理，根据图像的像素分布、亮度和颜色等信息，来进行尺寸、形状、颜色等的判别。这样，就把计算机的快速性、可重复性，与人眼视觉的高度智能化和抽象能力相结合，由此产生了机器视觉的概念。机器视觉的发展不仅将大大推动智能系统的发展，也将拓宽计算机与各种智能机器的研究范围和应用领域。

美国制造工程协会（American Society of Manufacturing Engineers，ASME）机器视觉分会和美国机器人工业协会（Robotic Industries Association，RIA）的自动化视觉分会对机器视觉下的定义为："机器视觉（Machine Vision）是通过光学的装置和非接触的传感器自动地接受和处理一个真实物体的图像，通过分析图像获得所需信息或用于控制机器运动的装置"。

简单地说，机器视觉是指基于视觉技术的机器系统或学科，故从广义来说，机器人、图像系统、基于视觉的工业测控设备等统属于机器视觉范畴。从狭义角度来说，机器视觉更多指基于视觉的工业测控系统设备。机器视觉系统的特点是提高生产的产品质量和生产线自动化程度。尤其是在一些不适合于人工作业的危险工作环境或人眼难以满足要求的场合，常用机器视觉来替代人工视觉；同时在大批量工业生产过程中，用人工视觉检查产品质量效率低且精度不高，用机器视觉检测方法可以大大提高生产效率和生产的自动化程度。而且机器视觉易于实现信息集成，是实现计算机集成制造的基础技术。

机器视觉系统的功能是通过机器视觉产品（即图像摄取装置）抓拍图像，然后将该图像传送至处理单元，通过数字化处理，根据像素分布和亮度、颜色等信息，来进行尺寸、形状、颜色等的判别，进而根据判别的结果来控制现场的设备动作。

使用机器视觉系统有以下五个主要原因。

① 精确性 由于人眼有物理条件的限制，在精确性上机器有明显的优点。即使人眼依靠放大镜或显微镜来检测产品，机器仍然会更加精确，因为它的精度能够达到千分之一英寸。

② 重复性　机器可以以相同的办法重复完成检测工作而不会感到疲倦。与此相反，受生理和心理的影响，人眼每次检测产品时都会感觉细微的不同，即使产品是完全相同的。

③ 速度　机器能够更快地检测产品。特别是当检测高速运动的物体时，比如说生产线上，机器能够提高生产效率。

④ 客观性　人眼检测还有一个致命的缺陷，就是情绪带来的主观性，检测结果会随工人心情好坏产生变化，而机器没有喜怒哀乐，检测的结果自然非常可观可靠。

⑤ 成本　由于机器比人快，一台自动检测机器能够承担好几个人的任务。而且机器不需要停顿、不会生病、能够连续工作，所以能够极大地提高生产效率。

机器视觉伴随着信息技术、现场总线技术的发展，技术日臻成熟，已是现代加工制造业不可或缺的工具，广泛应用于食品和饮料、化妆品、制药、建材和化工、金属加工、电子制造、包装、汽车制造等行业。机器视觉的引入，代替传统的人工检测方法，极大地提高了产品质量和生产效率。

## 1.2　机器视觉系统的构成

机器视觉技术通过处理器分析图像，并根据分析得出结论。现今机器视觉有两种典型应用。机器视觉系统一方面可以探测部件，由光学器件精确地观察目标并由处理器对部件的合格与否做出有效的决定；另一方面，机器视觉系统也可以用来创造部件，即运用复杂光学器件和软件相结合直接指导制造过程。典型的机器视觉系统一般包括如下部分：光源，镜头，摄像头，图像采集单元（或图像捕获卡），图像处理软件，监视器，通信/输入输出单元等。从机器视觉系统的运行环境来看，可以分为PC-BASED系统和嵌入式系统。PC-BASED的系统利用了其开放性，高度的编程灵活性和良好的Windows界面，同时系统总体成本较低。一个完善的系统内应含高性能图像捕获卡，可以接多个摄像镜头，配套软件方面，有多个层次，如Windows环境下C/C++编程用DLL，可视化控件activeX提供VB和VC++下的图形化编程环境， 甚至Windows下的面向对象的机器视觉组态软件，用户可用它快速开发复杂高级的应用。在嵌入式系统中，视觉的作用更像一个智能化的传感器，图像处理单元独立于系统，通过串行总线和I/O与PLC交换数据。系统硬件一般利用高速专用ASIC或嵌入式计算机进行图像处理，系统软件固化在图像处理器中，通过操作面板对显示在监视器中的菜单进行配置，或在PC上开发软件然后下载。嵌入式系统体现了可靠性高、集成化，小型化、高速化、低成本的特点。

典型的PC-BASED的机器视觉系统通常由如图1-1所示的几部分组成。

① 相机与镜头　这部分属于成像器件，通常的视觉系统都是由一套或者多套这样的成像系统组成。按照不同标准可分为：标准分辨率数字相机和模拟相机等。要根据不同的实际应用场合选不同的相机和高分辨率相机：诸如线扫描CCD和面阵CCD；单色相机和彩色相机。如果有多路相机，可能由图像采集卡切换来获取图像数据，也可能由同步控制同时获取多相机通道的数据。根据应用的需要，相机可能是输出标准的单色视频（RS-170/CCIR）、复合信号（Y/C）、RGB信号，也可能是非标准的逐行扫描信号、线扫描信号、高分辨率信号等。镜头选择应注意：焦距、目标高度、影像高度、放大倍数、影像至目标的距离、畸变等。

② 光源　作为辅助成像器件，对成像质量的好坏往往能起到至关重要的作用，各种形状的LED灯、高频荧光灯、光纤卤素灯等都容易得到。照明是影响机器视觉系统输入的重要

因素，它直接影响输入数据的质量和应用效果。由于没有通用的机器视觉照明设备，所以针对每个特定的应用实例，要选择相应的照明装置，以达到最佳效果。光源可分为可见光和不可见光。常用的几种可见光源是白炽灯、日光灯、水银灯和钠光灯。光源系统按其照射方法可分为背向照明、前向照明、结构光和频闪光照明等。其中，背向照明是被测物放在光源和摄像机之间，它的优点是能获得高对比度的图像。前向照明是光源和摄像机位于被测物的同侧，这种方式便于安装。结构光照明是将光栅或线光源等投射到被测物上，根据它们产生的畸变，解调出被测物的三维信息。频闪光照明是将高频率的光脉冲照射到物体上，可获得瞬间高强度照明，但摄像机拍摄要求与光源同步。

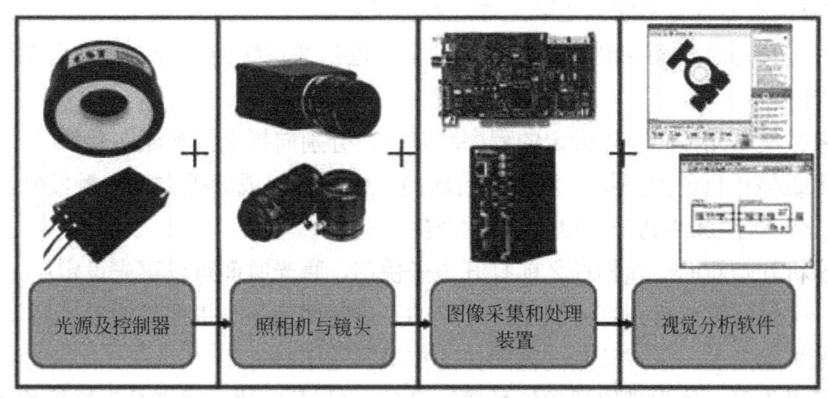


图 1-1 PC-BASED 的机器视觉系统基本组成

③ 传感器 通常以光电开关、接近开关等的形式出现，用以判断被测对象的位置和状态，告知图像传感器进行正确的采集。

④ 图像采集卡 通常以插入卡的形式安装在 PC 中，图像采集卡的主要工作是把相机输出的图像输送给电脑主机。它将来自相机的模拟或数字信号转换成一定格式的图像数据流，同时它可以控制相机的一些参数，比如触发信号、曝光/积分时间、快门速度等。图像采集卡通常有不同的硬件结构以针对不同类型的相机，同时也有不同的总线形式，比如 PCI、PCI64、Compact PCI、PCI04、ISA 等。图像采集卡直接决定了摄像头的接口：黑白、彩色、模拟、数字等。比较典型的是 PCI 或 AGP 兼容的捕获卡，可以将图像迅速地传送到计算机存储器进行处理。有些采集卡有内置的多路开关。例如，可以连接 8 个不同的摄像机，然后告诉采集卡采用哪一个相机抓拍到的信息。有些采集卡有内置的数字输入以触发采集卡进行捕捉，当采集卡抓拍图像时数字输出口就触发闸门。

⑤ PC 平台 电脑是 PC-BASED 视觉系统的核心，在这里完成图像数据的处理和绝大部分的控制逻辑，对于检测类型的应用，通常都需要较高频率的 CPU，这样可以减少处理的时间。同时，为了减少工业现场电磁、振动、灰尘、温度等的干扰，必须选择工业级的电脑。

⑥ 视觉处理软件 机器视觉软件用来完成输入的图像数据的处理，然后通过一定的运算得出结果，这个输出的结果可能是 PASS/FAIL 信号、坐标位置、字符串等。常见的机器视觉软件以 C/C++图像库、ActiveX 控件、图形式编程环境等形式出现，可以是专用功能的（比如仅仅用于 LCD 检测、BGA 检测、模板对准等），也可以是通用目的的（包括定位、测量、条码/字符识别、斑点检测等）。

⑦ 控制单元（包含 I/O、运动控制、电平转化单元等） 一旦视觉软件完成图像分析（除

非仅用于监控），紧接着需要和外部单元进行通信以完成对生产过程的控制。简单的控制可以直接利用部分图像采集卡自带的 I/O，相对复杂的逻辑/运动控制则必须依靠附加可编程逻辑控制单元/运动控制卡来实现必要的动作。

上述的 7 个部分是一个基于 PC 式的视觉系统的基本组成，在实际的应用中针对不同的场合可能会有不同的增加或裁减。

## 1.3 机器视觉系统的一般工作过程

一个完整的机器视觉系统的主要工作过程如下：

① 工件定位传感器探测到物体已经运动至接近摄像系统的视野中心，向图像采集单元发送触发脉冲；

② 图像采集单元按照事先设定的程序和延时，分别向摄像机和照明系统发出触发脉冲；

③ 摄像机停止目前的扫描，重新开始新的一帧扫描，或者摄像机在触发脉冲来到之前处于等待状态，触发脉冲到来后启动一帧扫描；

④ 摄像机开始新的一帧扫描之前打开电子快门，曝光时间可以事先设定；

⑤ 另一个触发脉冲打开灯光照明，灯光的开启时间应该与摄像机的曝光时间匹配；

⑥ 摄像机曝光后，正式开始一帧图像的扫描和输出；

⑦ 图像采集单元接收模拟视频信号通过 A/D 将其数字化，或者是直接接收摄像机数字化后的数字视频数据；

⑧ 图像采集单元将数字图像存放在处理器或计算机的内存中；

⑨ 处理器对图像进行处理、分析、识别，获得测量结果或逻辑控制值；

⑩ 处理结果控制生产流水线的动作、进行定位、纠正运动的误差等。

从上述的工作流程可以看出，机器视觉系统是一种相对复杂的系统。大多监控对象都是运动物体，系统与运动物体的匹配和协调动作尤为重要，所以给系统各部分的动作时间和处理速度带来了严格的要求。在某些应用领域，例如机器人、飞行物体制导等，对整个系统或者系统的一部分的重量、体积和功耗都会有严格的要求。

尽管机器视觉应用各异，归纳一下，都包括以下几个过程。

① 图像采集：光学系统采集图像，图像转换成数字格式并传入计算机存储器。

② 图像处理：处理器运用不同的算法来提高对检测有重要影响的图像像素。

③ 特征提取：处理器识别并量化图像的关键特征，例如位置、数量、面积等。然后这些数据传送到控制程序。

④ 判决和控制：处理器的控制程序根据接收到的数据做出结论。例如：位置是否合乎规格，或者执行机构如何移动去拾取某个部件。

图 1-2 是工程应用上的典型的机器视觉系统。在流水线上，零件经过输送带到达触发器时，摄像单元立即打开照明，拍摄零件图像；随即图像数据被传递到处理器，处理器根据像素分布和亮度、颜色等信息，进行运算来抽取目标的特征：面积、长度、数量、位置等；再根据预设的判据来输出结果：尺寸、角度、偏移量、个数、合格/不合格、有/无等；通过现场总线与 PLC 通信，指挥执行机构（诸如气泵），弹出不合格产品。

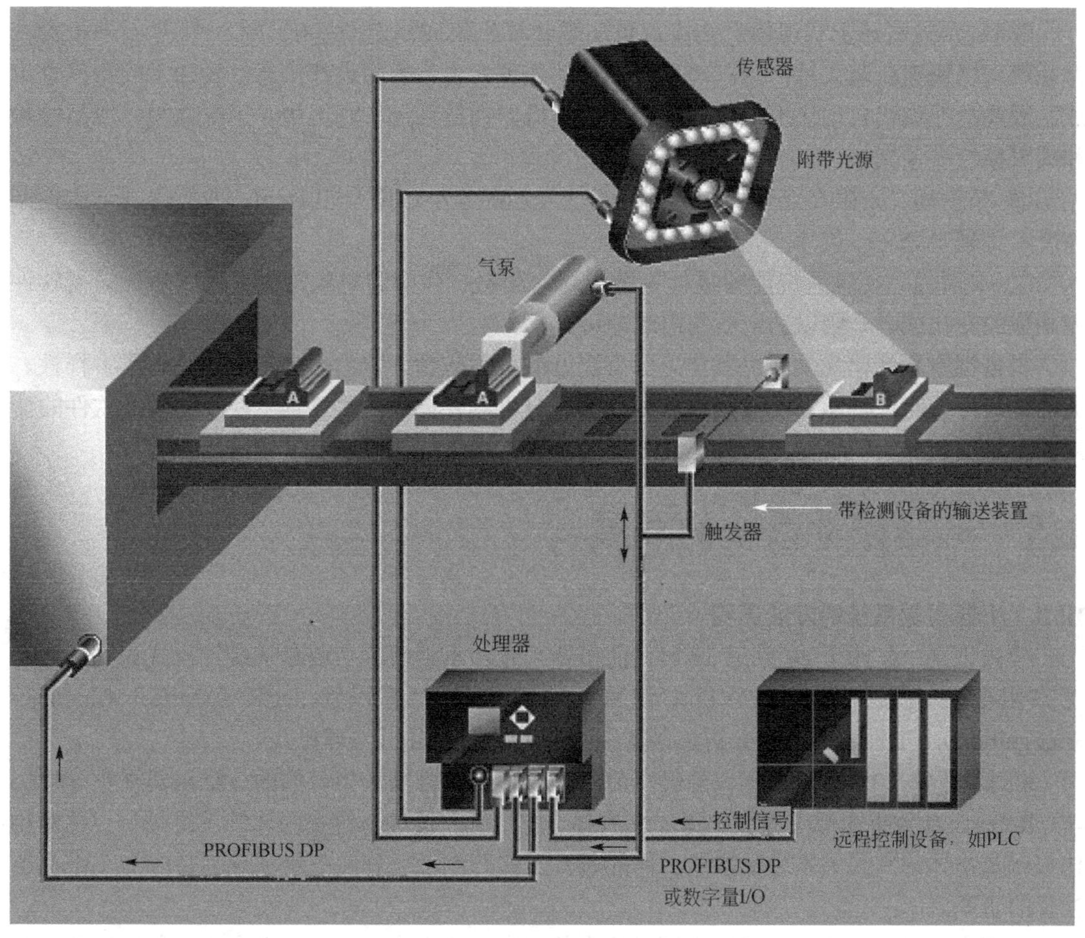


图 1-2 典型机器视觉系统

# 1.4 机器视觉系统的特点

机器视觉系统的特点如下。

① 非接触测量 对于观测者与被观测者的脆弱部件都不会产生任何损伤，从而提高系统的可靠性。在一些不适合人工操作的危险工作环境或人工视觉难以满足要求的场合，常用机器视觉来替代人工视觉。

② 具有较宽的光谱响应范围 例如使用人眼看不见的红外测量，扩展了人眼的视觉范围。

③ 连续性 机器视觉能够长时间稳定工作，使人们免除疲劳之苦。人类难以长时间对同一对象进行观察，而机器视觉则可以长时间地作测量、分析和识别任务。

④ 成本较低，效率很高 随着计算机处理器价格的急剧下降，机器视觉系统的性价比也变得越来越高。而且，视觉系统的操作和维护费用非常低。在大批量工业生产过程中，用人工视觉检查产品质量效率低且精度不高，用机器视觉检测方法可以大大提高生产效率和生产的自动化程度。

⑤ 机器视觉易于实现信息集成，是实现计算机集成制造的基础技术 正是由于机器视觉系统可以快速获取大量信息，而且易于自动处理，也易于同设计信息以及加工控制信息集成。因此，在现代自动化生产过程中，人们将机器视觉系统广泛地用于工况监视、成品检验和质量控制等领域。

⑥ 精度高 人眼在连续目测产品时，能发现的最小瑕疵为 0.3mm，而机器视觉的检测精度可达到千分之一英寸。

⑦ 灵活性 视觉系统能够进行各种不同的测量。当应用对象发生变化以后，只需软件做相应的变化或者升级以适应新的需求即可。

机器视觉系统比光学或机器传感器有更好的可适应性。它们使自动机器具有了多样性、灵活性和可重组性。当需要改变生产过程时，对机器视觉来说“工具更换”仅仅是软件的变换而不是更换昂贵的硬件。当生产线重组后，视觉系统往往可以重复使用。

# 1.5 机器视觉系统的发展

## 1.5.1 机器视觉系统的发展历程

模式识别：起源于 20 世纪 50 年代的机器视觉，早期研究主要是从统计模式识别开始，工作主要集中在二维图像分析与识别上，如光学字符识别 OCR（Optical Character Recognition）、工件表面图片分析、显微图片和航空图片分析与解释。

积木世界：20 世纪 60 年代的研究前沿是以理解三维场景为目的的三维机器视觉。1965 年，Roberts 从数字图像中提取出诸如立方体、楔形体、棱柱体等多面体的三维结构，并对物体形状及物体的空间关系进行描述。他的研究工作开创了以理解三维场景为目的的三维机器视觉的研究。

对积木世界的创造性研究给人们以极大的启发，许多人相信，一旦由白色积木玩具组成的三维世界可以被理解，则可以推广到理解更复杂的三维场景。

于是，人们对积木世界进行了深入的研究。研究的范围从边缘、角点等特征提取，到线条、平面、曲面等几何要素分析，一直到图像明暗、纹理、运动以及成像几何等，并建立了各种数据结构和推理规则。

起步发展：20 世纪 70 年代出现了一些视觉运动系统（Guzman1969，Mackworthl973）。与此同时，美国麻省理工大学的人工智能（AI，Artificial Intelligence）实验室正式开设“机器视觉”的课程，由国际著名学者 B. K. P. Horn 教授讲授。大批著名学者进入麻省理工大学参与机器视觉理论、算法、系统设计的研究。

1977 年，David Marr 教授在麻省理工大学的人工智能（AI）实验室领导一个以博士生为主体的研究小组，于 1977 年提出了不同于“积木世界”分析方法的计算视觉理论，该理论在 80 年代成为机器视觉研究领域中的一个十分重要的理论框架。

蓬勃发展：20 世纪 80 年代到 20 世纪 90 年代中期，机器视觉获得蓬勃的发展，新概念、新方法、新理论不断涌现。如：基于感知特征群的物体识别理论框架、主动视觉理论框架、视觉集成理论框架等。

到目前为止，机器视觉仍然是一个非常活跃的研究领域。

## 1.5.2 中国机器视觉系统的研究现状

随着中国企业生产自动化程度的提高，近四五年来，机器视觉在国内开始快速发展。中国国际机器视觉展览会年年举办，得到了行业的极大关注。近年来，国内机器视觉领域的研究机构和厂商纷纷加大投入，一致看好这一自动化领域的新市场。

（1）机器视觉市场庞大

采用机器视觉可以完成人工很难实现的任务，特别是在需要高速、高精度要求的系统中。比如，电子制造业、汽车制造业、包装与印刷业、化工、能源、加工机械等行业都是机器视觉的用户或者潜在用户。从国际市场来看，机器视觉目前最大的应用领域是半导体电子制造业。而中国目前已经成为全球主要的生产制造基地，全球一半以上的手机是中国制造，很多半导体公司都在中国设有生产工厂，这些企业需要大量的机器视觉系统。

随着企业自动化程度的不断提高和对质量更加严格的控制要求，迫切需要机器视觉来代替人工检测。中国的工业生产正从依赖廉价劳动力转向更高程度的自动化生产，这带来了对自动化设备的大量需求。另外，中国早期的工业设备自动化程度普遍较低，因此，需要大量的更新换代，这些都构成了对包括机器视觉在内的自动化设备的庞大市场需求。

（2）机器视觉系统核心技术逐步被国人掌握

机器视觉领域的厂商包括设备提供商和系统集成商。要将机器视觉系统中多个部件整合在一起，能在自动化生产线上发挥作用，还需要一个系统集成的过程。现场环境的适应性、安装调试是否到位、甚至使用人员的素质，都会影响到机器视觉产品最终的质量。因此，系统集成商与设备提供商一样重要。2000年以前，国内系统集成商，主要以代理国外产品为主，自主知识产权的图像算法研究是一片空白，国内企业的技术水平与国际上有很大的差距，以至于之前出现国外视觉系统以高价位占领中国整个自动化行业市场的片面现象；到2003年，国内开始陆续出现机器视觉软件包，其性能和速度能与国外软件相媲美，甚至有些图像处理工具在应用方面已大大超过了国外产品。

（3）机器视觉在国内外的应用现状

在国外，机器视觉的应用普及主要体现在半导体及电子行业，其中大概40%～50%都集中在半导体行业。例如，各类生产印刷电路板组装设备；电子封装技术与设备；丝网印刷设备等；表面贴装（SMT，Surface Mounted Technology）设备及自动化生产线设备；电子元件制造设备；半导体及集成电路制造设备；元器件成型设备；电子工模具等。机器视觉系统还在质量检测的各个方面已经得到了广泛的应用，并且其产品在应用中占据着举足轻重的地位。除此之外，机器视觉还用于其他各个领域和行业。

在中国，视觉技术的应用开始于20世纪90年代，因为行业本身就属于新兴的领域，再加之机器视觉产品技术的普及不够，导致以上各行业的应用几乎空白。到21世纪，大批海外从事视觉行业技术人员回国创业，视觉技术开始在自动化行业成熟应用，如华中科技大学在印刷在线检测设备与浮法玻璃缺陷在线检测设备研发的成功，打破了欧美在该行业的垄断地位。国内视觉技术已经日益成熟，随着配套基础建设的完善，技术、资金的积累，各行各业对采用图像和机器视觉技术的工业自动化、智能化需求开始广泛出现，国内有关大专院校、研究所和企业近两年在图像和机器视觉技术领域进行了积极思索和大胆的尝试，逐步开始了工业现场的应用，其主要应用于制药、印刷、包装等领域，真正高端的应用也正逐步发展。

### 1.5.3 中国机器视觉系统的发展趋势

（1）对机器视觉的需求将呈上升趋势

机器视觉发展空间较大的部分在半导体和电子行业，而据我国相关数据显示，全球集成电路产业复苏迹象明显；与此同时，全球经济衰退使我国集成电路产业获取了市场优势、成本优势、人才回流等优势；国家加大对集成电路产业这一战略领域的规划力度，“信息化带动工业化”，走“新兴工业化道路”为集成电路产业带来了巨大的发展机遇，特别是高端产品和创新产品市场空间巨大，设计环节、国家战略领域、3C应用领域、传统产业类应用领域成为集成电路产业未来几年的重点投资领域。此外，中国已成为全球集成电路的一个重要需求市场。

中国的半导体和电子市场已初具规模，而如此强大的半导体产业将需要高质量的技术做后盾。同时对于产品的高质量、高集成度的要求将越来越高。恰巧，机器视觉将能帮助解决以上的问题，因此该行业将是机器视觉最好的用武之地。

（2）统一开放的标准是机器视觉发展的原动力

目前国内有数十家机器视觉产品厂商，与国外机器视觉产品相比，国内产品最大的差距并不单纯是在技术上，更是在品牌和知识产权上。另一现状是目前国内的机器视觉产品主要以代理国外品牌为主，以此来逐渐朝着自主研发产品的路线靠近，起步较晚。未来，机器视觉产品的好坏不能够通过单一因素来衡量，应该逐渐按照国际化的统一标准判定。依靠封闭的技术难以促进整个行业的发展，只有形成统一而开放的标准才能让更多的厂商在相同的平台上开发产品，这也是促进中国机器视觉朝国际化水平发展的原动力。

标准化将成为机器视觉发展的必然趋势。机器视觉是自动化的一部分，没有自动化就不会有机器视觉，机器视觉软硬件产品正逐渐成为协作生产制造过程中不同阶段的核心系统，无论是用户还是软硬件供货商都将机器视觉系统作为生产在线信息收集的工具，这就要求机器视觉系统大量采用“标准化技术”。

（3）基于嵌入式的产品将取代板卡式产品

从产品本身看，机器视觉会越来越趋于依靠PC技术，并且与数据采集等其他控制和测量的集成会更紧密。基于嵌入式的产品由于体积小、成本低、低功耗等特点，将逐渐取代板卡式产品，而且随着计算机技术和微电子技术的迅速发展，嵌入式系统应用领域越来越广泛。另外，嵌入式操作系统绝大部分是以C语言为基础的，因此使用C高级语言进行嵌入式系统开发是一项带有基础性的工作，使用高级语言的优点是可以提高工作效率，缩短开发周期，更主要的是开发出的产品可靠性高、可维护性好、便于不断完善和升级换代等。

（4）一体化解决方案是机器视觉的必经之路

由于机器视觉是自动控制的一部分，机器视觉软硬件产品正逐渐成为协作生产制造过程中不同阶段的核心系统，无论是用户还是硬件供货商都将机器视觉产品作为生产在线信息收集的工具，这就要求机器视觉产品大量采用标准化技术，其开放式技术可以根据用户的需求进行二次开发。当今，自动化企业正在倡导软硬一体化解决方案，机器视觉的厂商在未来也应该不单纯是只提供产品的供货商，而是逐渐向一体化解决方案的系统集成商迈进。

随着中国加工制造业的发展，对于机器视觉的需求也逐渐增多；随着机器视觉产品的增多，技术的提高，国内机器视觉的应用状况将由初期的低端转向高端。由于机器视觉的介入，自动化将朝着更智能、更快速的方向发展。另外，由于用户的需求是多样化的，且要求程度也不相同。那么，个性化方案和服务在竞争中将日益重要，即用特殊定制的产品来代替标准化的产品也是机器视觉未来发展的一个方向。

机器视觉的应用也将进一步促进自动化技术向智能化发展。在机器视觉的发展历程中，能使机器视觉得以普及和发展的诸多因素中，有技术层面的，也有商业层面的，但制造业的需求是决定性的。制造业的发展，带来了对机器视觉需求的提升；也决定了机器视觉将由过去单纯的采集、分析、传递数据，判断动作，逐渐朝着开放性的方向发展，这一趋势也预示着机器视觉将与自动化更进一步的融合。

机器视觉的广泛应用已经形成了一个颇具规模的产业。整个行业形成了从光源、相机、镜头、板卡、软件到系统集成产品这样完整的产业链条。从应用的角度看，也形成了器件（软件）供应商、系统集成商、产品制造商、最终用户密切合作互动的局面。

在中国，尽管机器视觉市场的发展晚于欧美，但进入 21 世纪以来，呈现出加速发展的良好势头。机器视觉技术逐步走出实验室和军事领域，在我国各行各业得到了广泛的应用，尤其是近四五年来，更是呈现爆炸式增长的态势。到 2007 年，从事机器视觉行业的公司已多达几百家，领先者如凌云、大恒、傅立叶图像等，它们在系统集成和自主产品开发方面，硕果累累。部分国产机器视觉系统不仅价格低廉，而且从性能上已可与国外产品相媲美甚至超越之。

从应用的角度看，国内机器视觉的应用仍受制于成本、用户的认识以及自身的技术缺憾，离全面普及尚有较大距离。当前比较成功的应用主要集中于电子/半导体产品制造、烟草、特种印刷、医疗等行业，在地域上以华南珠三角、华东长三角、华北及京津地区为核心，既是机器视觉用户群密集区又是开发力量的密集区。

与发达国家相比，中国机器视觉产业仍处于相对落后的水平，尤其在基础器件制造方面，基础性的高端技术基本上掌握在外国厂商手中。在自身技术的提高、行业的拓展、用户的培养和引导方面，都需要做很细致艰苦的工作。不发达意味着更大的商机，只有为用户真正创造价值，才能真正实现机器视觉技术的价值。在中国成为世界制造中心的今天，经过各方面的不懈努力，中国机器视觉的辉煌和市场的兴旺指日可待。

## 1.6 机器视觉系统的应用领域

机器视觉的应用领域可以分为两大块：科学研究和工业应用。其中科学研究方面主要有：对运动和变化的规律做分析；而工业方面的应用主要是产品的在线检测，机器视觉所能提供的标准检测功能主要有：有/无判断（Presence Check）、面积检测（Size Inspection）、方向检测（Direction Inspection）、角度检测（Angle Inspection）、尺寸测量（Dimension Measurement）、位置检测（Position Detection）、数量检测（Quantity Count）、图形匹配（Image Matching）、条形码识别（Bar-code Reading）、字符识别（OCR）、颜色识别（Color Verification）等。

随着机器视觉技术的发展，机器视觉在以下行业中得到了广泛的应用。

① 军事。军事领域是对新技术最渴望、最敏感的领域，对于机器视觉同样也不例外。最早的视觉和图像分析系统就是用于侦察图像的处理分析和武器制导。现代高精度制导武器中基于可见光、红外线的制导，就是一套完整的机器视觉系统。通过传感器成像、弹载计算机分析图像在复杂的背景中识别目标并给出制导指令，在海湾战争中制造了导弹从窗口飞进大楼的效果。无人驾驶飞机、无人战车也都借助机器视觉系统进行环境分析、路径导引和攻击导向。即使在后方，危险的弹药库搬运操作也可以借助装备视觉系统的机械手进行。未来可能出现在战场上的机器人战士，也必然会装备有敏锐的视觉系统。

② 半导体/电子。与在许多行业机器视觉还属于“高档”技术不同，在半导体/电子制造领域，机器视觉的应用正在走向普及化和多元化。面对越来越高的集成度、越来越密集的线路和元件、越来越快的制造速度，用机器视觉检测、定位、导引几乎是唯一的选择。目前在

半导体的前道和后道工艺以及电子元器件制造及终端电子产品中，都可以看到机器视觉的应用；在 IC 制造业，如晶圆的雕刻、晶圆的切割方面，都需要定位与检测；在封装方面主要集中在对封装后器件的质量检验，主要包括一些测量与检测的功能，而激光打标后的字符质量检验可能是最为大家熟知的一个应用。PCB（(Printed Circuit Board，印制线路板）制造是近年发展较快的一个领域，除了传统的自动定位（打孔机等）、自动检测（印刷机等）外，基于机器视觉技术的 AOI（自动光学检测）已成为高精度 PCB 制板不可缺少的检测设备，对 PCB 板的焊点质量、丝印质量以及钻孔对位进行检查，图 1-3 显示的是未焊的焊点。在电子元器件制造上，利用机器视觉进行检测和测量，除了原来的普通器件测量和检查外，LCD 屏的检测将成为重点。对 LED 和 LCD 的大小、形状、亮度、颜色（ON/OFF）以及校对标准进行测试。机器视觉大概有 40%～50%的应用集中在半导体和电子产品制造领域。

③ 计算机和外设。如软盘、光盘印刷质量，硬盘磁头倾斜度，连接器针脚排列，扁平电缆印字符识别，柔性电缆宽度、裁切线等。

④ 制药。药品生产中外观质量检查，药品形状、厚度等尺寸检查、数量统计等。图 1-4 为检测药品的数目。

⑤ 包装。药品、化妆品包装中外观、条形码以及完整性的检测；食品包装中生产日期、条形码、密封性的检测。图 1-5 为二维条形码的检测。

图 1-3　检测未焊的焊点

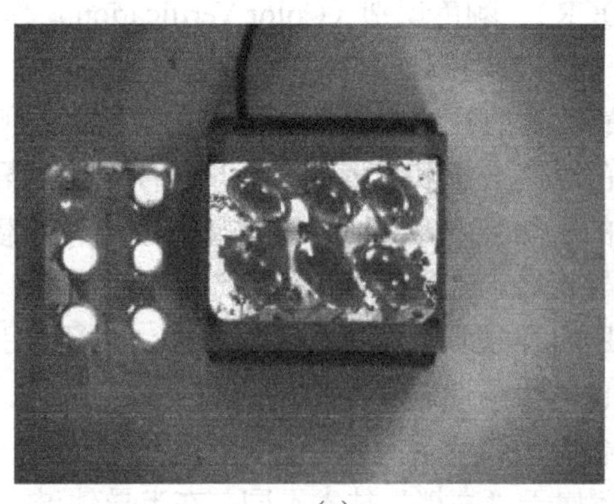

(a)

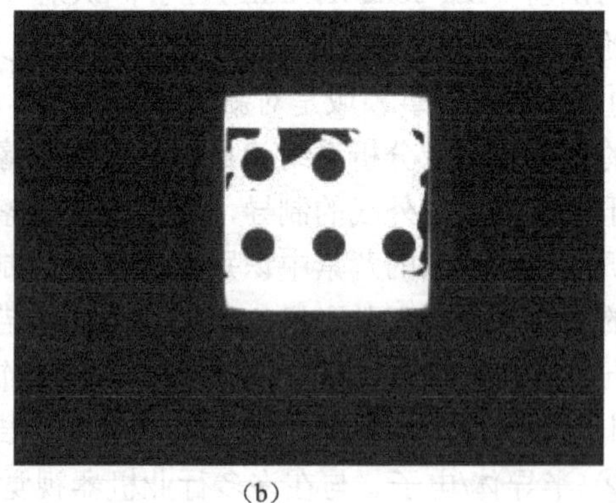

(b)

图 1-4　检测药品的数目

⑥ 机械制造业。在制造业中，机器视觉技术可以有效地用于产品的质量检测，快速检查产品表面缺陷，检查产品制造尺寸。机器视觉技术可实现三维测量和检测，还可以用于装配引导。

图 1-5 二维条形码的检测

⑦ 印钞造币。钞票的印刷质量和数量有着严格的要求。机器视觉技术可以代替人对钞票印刷质量进行仔细的检查，以保证钞票的印刷质量。还可以对钞票的编号进行自动复核，对钞票数量进行快速无接触清点。图 1-6 为纸币上的防伪编号的提取。

⑧ 物流。进行条码、标签、物品的识别与物品分拣，以及集装箱号码识别。

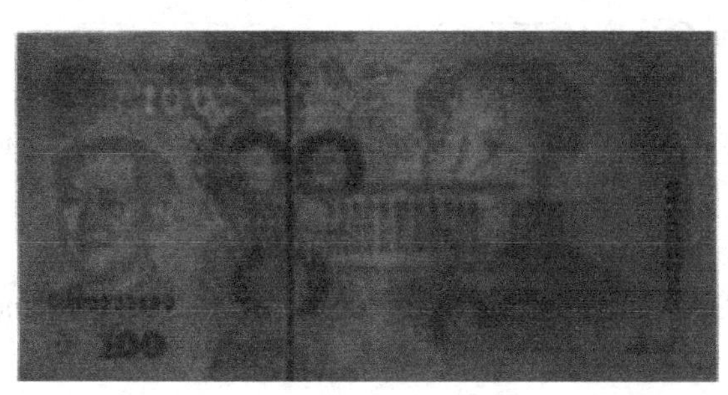

图 1-6 纸币上的防伪编号提取

⑨ 烟草。机器视觉可用于烟草分级、异物剔除、包装质量检查。

⑩ 食品。对瓶装液位高度检查；啤酒瓶外观的检测（高度、形状、颜色、B 标、瓶盖标签完整性、破损情况）；口服液瓶质检；罐装饮料外观检查（保质期、条形码）。

⑪ 农产品分选。采用机器视觉技术，可以对农产品进行快速地自动分级分拣。例如采用机器视觉中的色选技术，可以将大米中的黑粒、异物等剔除，以提高大米的等级，可给企业带来巨大的效益。

⑫ 交通系统。监控、车牌检测与安全检查，智能交通。机器视觉可用于交通流量分析、车牌识别，在电子警察系统中，通过视觉检测技术对于车辆行为进行分析、判断违章、记录图像、识别车牌号码并记录。

⑬ 纺织。纺织原料中的异种纤维，如棉花中的麻绳、塑料纤维、干草等，严重影响纺织品质量。统计表明异种纤维给纺织业带来的损失远远高于同等重量的黄金价值。机器视觉中的色选技术可以有效剔除纺织原料中的杂质，提升产品质量。在纺织、印染过程中，机器视觉技术可以实时监控产品质量、检出疵点。

⑭ 邮政。通过机器视觉系统自动识别邮政编码，实现信函自动分拣。

⑮ 医疗医学。用于医学图像分析，血液细胞自动分类计数、染色体分析、癌症细胞识别、内窥镜检查等。

机器视觉的独特优点使得它在许多领域得到应用，甚至发挥着不可替代的作用，极大地提升了这些行业的技术水平。

# 1.7 机器视觉系统相关会议和期刊

近几年，机器视觉行业较之从前有了很大的进步和发展，越来越多的研究人员开始关注这一行业。

### 1.7.1 机器视觉领域重要的国际会议

国际计算机视觉与模式识别会议（CVPR，International Conference on Computer Vision and Pattern Recognition）；

国际计算机视觉会议（ICCV，International Conference on Computer Vision）；

国际模式识别会议（ICPR，International Conference on Pattern Recognition）；

国际机器人与自动化会议（ICRA，International Conference on Robotics and Automation）；

计算机视觉研讨会（WCV，Workshop on Computer Vision）；

欧洲计算机视觉会（ECCV，European Conference on Computer Vision）；

机器视觉和人机交互国际会议（MVHI，International Conference on Machine Vision and Human-machine Interface）；

中国国际机器视觉展览会（MV China，Machine Vision China）；

机电一体化及机器视觉国际会议（M2VIP，International Conference on Mechatronics and Machine Vision in Practice）；

亚洲计算机视觉大会（ACCV，Asian Conf. on Computer Vision）。

### 1.7.2 机器视觉领域重要的国际期刊

IEEE Transaction on Pattern Analysis and Machine Intelligence （PAMI）；

Computer Vision，Graphics，and Image Processing （CVGIP）；

IEEE Transaction on Image Processing；

IEEE Transaction on System，Man，and Cybernetics （SMC）；

Machine Vision and Applications；

International Journal on Computer Vision （IJCV）；

Image and Vision Computing；

Pattern Recognition；

Int. J on Computer Vision (IJCV)；

IEEE Trans. on Pattern Analysis and Machine Intelligence (PAMI)；

IEEE Trans. on Image Processing；

Pattern Recognition；

Image and Vision Computing；

Pattern Recognition Letter。

## 习 题

1. 智能手机已经可以识别二维码，写一篇短文描述其技术和方法。
2. 机器视觉在汽车制造领域有哪些应用，写一篇短文综述5个以上的应用案例。
3. 广场的监控录像有一段视频，写一篇短文描述如何通过这段视频找到你想找的人。
4. 写一篇短文，分析工业现场用于圆柱类零件的直径的在线测量的技术与方法。

# 第 2 章　机器视觉系统的构成

典型的机器视觉系统一般包括如下部分：光源，镜头，相机，图像处理单元（或图像捕获卡），图像处理软件，监视器，通信/输入输出单元等。本章对它们的一些相关知识进行详细的介绍。

## 2.1　相机的分类及主要特性参数

相机作为机器视觉系统中的核心部件。相机根据功能和应用领域可分为工业相机、可变焦工业相机和 OEM（Original Equipment/Entrusted Manufacture，原始设备制造商或原产地委托加工）工业相机。

工业相机可根据数据接口分为 USB2.0、1394 FireWire 和 GigE （千兆以太网）三类，其中每一类都可根据色彩分为黑白、彩色及拜尔（彩色但不带红外滤镜）三种机型；每种机型的分辨率都有 640×480、1024×768 和 1280×960 等多个级别；每个级别中又可分为普通型、带外触发和数字 I/O 接口两类。值得一提的是，部分机型带有自适应光圈，这一功能使得相机在光线变化的照明条件下输出质量稳定的图像成为可能。

可变焦工业相机，也叫自动聚焦相机、缩放相机，分类相对简单，只有黑白、彩色及拜尔三大类。该系列相机可通过控制软件或 SDK（Software Development Kit，软件开发工具包）调节内置电动镜头组的焦距，而且该镜头组还可在自动模式下根据目标的移动而自动调节焦距、使得相机对目标物体的成像处于最佳质量。与工业相机类似，可变焦工业相机中也有部分款型提供外触发与 I/O 接口，供用户自行编程使用。

OEM 工业相机在分类方法上与普通工业相机基本相同，最大的区别只是在于 OEM 相机的编号中已含有可变焦工业相机的 OEM 型号，所以其产品列表略长。与工业相机类似，OEM 工业相机中也有部分款型提供外触发与 I/O 接口，供用户自行编程使用。图 2-1 为机器视觉系统中使用的一种相机。

图 2-1　相机

### 2.1.1　相机的分类

（1）按芯片技术分类

感光芯片是相机的核心部件，目前相机常用的感光芯片有 CCD 芯片和 CMOS 芯片两种。因此工业相机也可分为如下两类。

① CCD 相机。CCD 是 Charge Coupled Device（电荷耦合器件）的缩写，CCD 是一种半导体器件，能够把光学影像转化为数字信号。CCD 上植入的微小光敏物质称作像素（Pixel）。一块 CCD 上包含的像素数越多，其提供的画面分辨率也就越高。CCD 的作用就像胶片一样，但它是把图像像素转换成数字信号。CCD 上有许多排列整齐的电容，能感应光线，并将影像转变成数字信号。经由外部电路的控制，每个小电

容能将其所带的电荷转给它相邻的电容。

② CMOS 相机。CMOS 是 Complementary Metal-Oxide-Semiconductor Transistor（互补金属氧化物半导体）的缩写，CMOS 实际上是将晶体管放在硅块上的技术。

CCD 与 CMOS 的主要差异在于将光转换为电信号的方式。对于 CCD 传感器，光照射到像元上，像元产生电荷，电荷通过少量的输出电极传输并转化为电流、缓冲、信号输出。对于 CMOS 传感器，每个像元自己完成电荷到电压的转换，同时产生数字信号。CCD 与 CMOS 相机的大致参数对比如表 2-1 所示。

因为人眼能看到 1Lux 照度[Luminosity，指物体被照亮的程度，采用单位面积所接受的光通量来表示，单位为勒（克斯）(Lux,lx)]以下的目标，CCD 传感器通常能看到的照度范围在 0.1～3Lux，是 CMOS 传感器感光度的 3～10 倍，所以目前一般 CCD 相机的图像质量要优于 CMOS 相机。

CMOS 可以将光敏元件、放大器、A/D 转换器、存储器、数字信号处理器和计算机接口控制电路集成在一块硅片上，具有结构简单、处理功能多、速度快、耗电低、成本低等特点。CMOS 相机存在成像质量较差、像敏单元尺寸小、填充率低等问题，1989 年后出现了“有源像敏单元”结构，不仅有光敏元件和像敏单元的寻址开关，而且还有信号放大和处理等电路，提高了光电灵敏度、减小了噪声，扩大了动态范围，使得一些参数与 CCD 摄像机相近，而在功能、功耗、尺寸和价格方面要优于 CCD，逐步得到广泛的应用。CMOS 传感器可以做得很大并有和 CCD 传感器同样的感光度，因此非常适用于特殊应用。CMOS 传感器不需要复杂的处理过程，直接将图像半导体产生的电子转变成电压信号，因此速度较快，这个优点使得 CMOS 传感器对于高帧相机非常有用，高帧速度能达到 400～100 000 帧/s。

**表 2-1　CCD 与 CMOS 的比较**

| 特点 | CCD | CMOS | 性能 | CCD | CMOS |
|---|---|---|---|---|---|
| 输出的像素信号 | 电荷包 | 电压 | 回应度 | 高 | 中 |
| 芯片输出的信号 | 电压（模拟） | 数据位（数字） | 动态范围 | 高 | 中 |
| 相机输出的信号 | 数据位（数字） | 数据位（数字） | 一致性 | 高 | 中到高 |
| 填充因子 | 高 | 中 | 快门一致性 | 快速，一致 | 较差 |
| 放大器适配性 | 不涉及 | 中 | 速度 | 中到高 | 更高 |
| 系统噪声 | 低 | 中到高 | 图像开窗功能 | 有限 | 非常好 |
| 系统复杂度 | 高 | 低 | 抗拖影性能 | 高（可达到无拖影） | 高 |
| 芯片复杂度 | 低 | 高 | 时钟控制 | 多时钟 | 单时钟 |
| 相机组件 | PCB+多芯片+镜头 | 单芯片+镜头 | 工作电压 | 较高 | 较低 |

（2）按输出图像信号格式分类

1）模拟相机

模拟相机所输出的信号形式为标准的模拟量视频信号，需要配专用的图像采集卡才能转化为计算机可以处理的数字信息。模拟相机一般用于电视摄像和监控领域，具有通用性好、成本低的特点，但一般分辨率较低、采集速度慢，而且在图像传输中容易受到噪声干扰，导致图像质量下降，所以只能用于对图像质量要求不高的机器视觉系统。常用的相机输出信号格式有：

PAL（黑白为 CCIR），中国电视标准，625 行，50 场；

NTSC（黑白为 EIA），日本电视标准，525 行，60 场；

SECAM；

S-VIDEO；

分量传输。

2）数字相机

数字相机是在内部集成了 A/D 转换电路，可以直接将模拟量的图像信号转化为数字信息，不仅有效避免了图像传输线路中的干扰问题，而且由于摆脱了标准视频信号格式的制约，对外的信号输出使用更加高速和灵活的数字信号传输协议，可以做成各种分辨率的形式，出现了目前数字相机百花齐放的形势。常见的数字摄像机图像输出标准有：

IEEE1394（firewire）；

USB（2.0 或 3.0）；

DCOM3；

RS-644 LVDS；

Channel Link LVDS；

Camera Link LVDS；

千兆网。

（3）按像元排列方式分类

相机不仅可以根据传感器技术进行区分，还可以根据传感器架构进行区分。有两种主要的传感器架构：面扫描和线扫描。面扫描相机通常用于输出直接在监视器上显示的场合；场景包含在传感器分辨率内；运动物体用频闪照明；图像用一个事件触发采集（或条件的组合）。线扫描相机用于连续运动物体成像或需要连续的高分辨率成像的场合。线扫描相机的应用之一是卷材检测中要对连续产品进行成像，比如纺织、纸张、玻璃、钢板等。同时，线扫描相机同样适用于电子行业的非静止画面检测。

1）面阵相机

面阵相机是常见的形式，其像元是按行列整齐排列的，每个像元对应图像上的一个像素点，一般所说的分辨率就是指像元的个数。面阵 CCD 相机是采取面阵 CCD 作为图像传感器的一种数码相机。面阵 CCD 是一块集成电路，如图 2-2 所示。常见的面阵 CCD 芯片尺寸有 1/2in、1/3 in、2/3 in、1/4 in 和 1/5 in 五种。

图 2-2　面阵 CCD 芯片

面阵 CCD 由并行浮点寄存器、串行浮点寄存器和信号输出放大器组成。面阵图像传感器三色矩阵排列分布，形成一个矩阵平面，拍摄影像时大量传感器同时瞬间捕捉影像，且一次曝光完成。因此，这类相机拍摄速度快，对所拍摄景物及光照条件无特殊要求。面阵相机所拍摄的景物范围很广，不论是移动的还是静止的，都能拍摄。目前，绝大多数数码相机都属于面阵相机。

2）线阵相机

线阵相机是一种比较特殊的形式，其像元是一维线状排列的，即只有一行像元，每次只能采集一行的图像数据，只有当相机与被摄物体在纵向相对运动时才能得到我们平常看到的二维图像。所以在机器视觉系统中一般用于被测物连续运动的场合，尤其适合于运动速度较快、分辨率要求较高的情况。

线阵 CCD 相机也被称作扫描式相机。与面阵 CCD 相机不同，这种相机采用线阵 CCD 作为图像传感器。如图 2-3 所示为线阵相机的工作图。在拍摄景物时，线阵 CCD 要对所拍摄景象进行逐行的扫描，三条平行的线状 CCD 分别对应记录红、绿、蓝三色信息。在每一条线状 CCD 上都嵌有滤光器，由每一个滤光器分离出相应的原色，然后再由 CCD 同时捕获所有三色信息，最后将逐行像素进行组合，从而生成最终拍摄的影像。

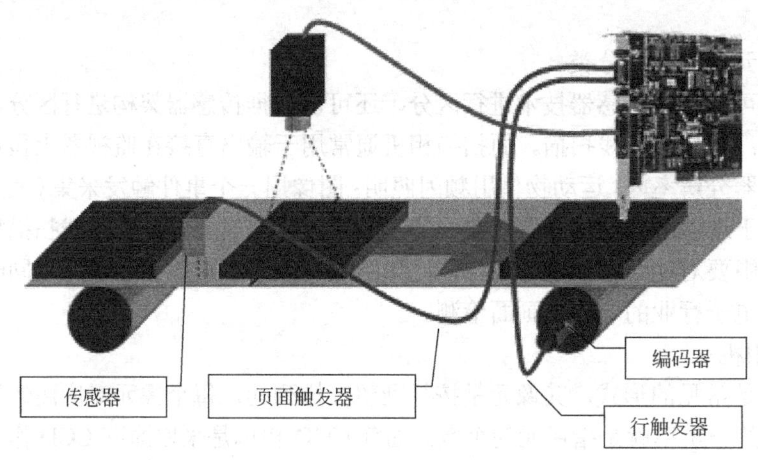


图 2-3　线阵 CCD 相机工作图

黑白相机，也是最常用的线阵相机，每个像素点对应一个像元，采集得到的是灰度图像。

彩色相机能获得对象的红、绿、蓝三个分量的光信号，输出彩色图像。彩色相机能够提供比黑白相机更多的图像信息。彩色相机的实现方法主要有两种，棱镜分光法和 Bayer 滤波法。棱镜分光彩色相机，利用光学透镜将入射光线的 R、G、B 分量分离，在三片传感器上分别将三种颜色的光信号转换成电信号（如图 2-4 所示），最后对输出的数字信号进行合成，得到彩色图像。

Bayer 滤波彩色相机，是在传感器像元表面按照 Bayer 马赛克规律增加 R、G、B 三色滤光片，如图 2-5 所示，输出信号时，像素 R、G、B 分量值是由其对应像元和其附近像元共同获得的。

### 2.1.2　相机的主要特性参数

选择合适的相机也是机器视觉系统设计中的重要环节，相机不仅直接决定所采集到的图像分辨率、图像质量等，同时也与整个系统的运行模式相关。而选择合适的相机就需要深入了解相机的特性参数，进而选择能满足需求的相机。通常来说，相机的主要特性参数有：

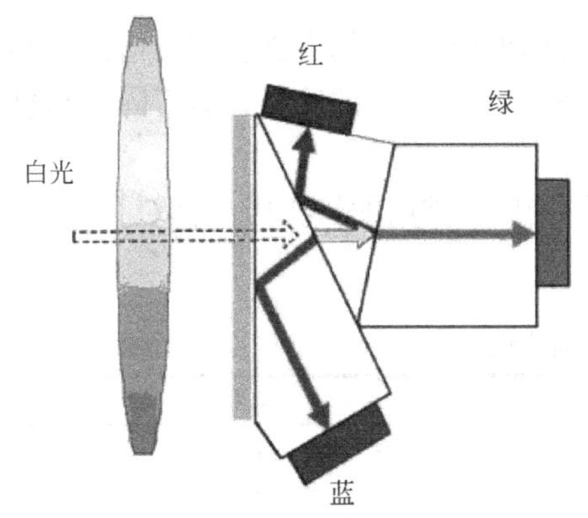


图 2-4　棱镜分光彩色相机

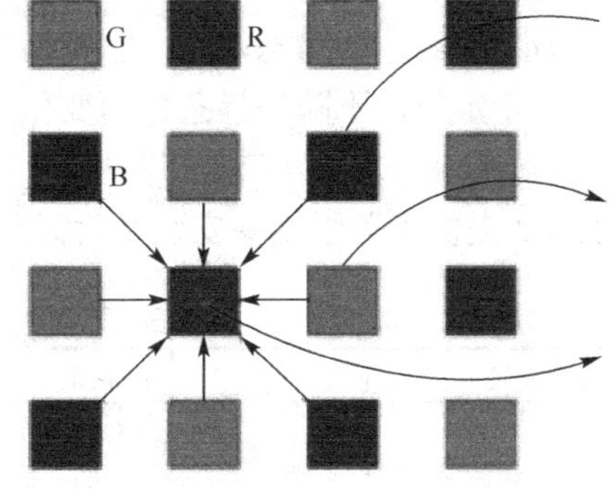


图 2-5　Bayer 滤波彩色相机

① 分辨率（Resolution）：分辨率是相机最为重要的性能参数之一，主要用于衡量相机对物象中明暗细节的分辨能力。相机每次采集图像的像素点数（Pixels），对于数字相机而言一般是直接与光电传感器的像元数对应的，对于模拟相机而言则是取决于视频制式，如：PAL 制为 768×576，NTSC 制为 640×480。

相机分辨率的高低，取决于相机中 CCD 芯片上的像素的多少，通过把更多的像素紧密地排放在一起，就可以得到更好的图像细节，有多少个像素排放在一起是由分辨率决定的。因此分辨率的度量是每英寸点（Dot Per Inch）DPI 来表示的，它控制着图像的每 2.54 厘米（1 英寸）中含有多少点的数量。如果一个图像的分辨率是 600DPI，那么相对于一个 300 像素的图像，在 2.54 厘米边长的面积中它含有 4 倍的像素。

就同类相机而言，分辨率越高，相机的档次越高。但并非分辨率越高越好，这需要仔细权衡得失。因为图像的分辨率越高，生成的图像的文件越大，这还没考虑到扫描图像本身的真实大小，对加工和处理的计算机的速度，内存和硬盘的容量以及相应的软件要求也就越高。

总之，仅仅依靠百万像素的高分辨率还不能保证最佳的画质。画质与效能高级的镜头性能、自动曝光性能、自动对焦性能等多种因素密切相关。

② 最大帧率（Frame Rate）/行频（Line Rate）：相机采集传输图像的速率，对于面阵相机一般为每秒采集的帧数（Frames/Sec.），对于线阵相机为每秒采集的行数（Hz）。通常一个系统要根据被测物的运动速度、大小，视场的大小，测量精度计算而得出需要什么速度的相机。

③ 曝光方式（Exposure）和快门速度（Shutter）：对于线阵相机都是逐行曝光的方式，可以选择固定行频和外触发同步的采集方式，曝光时间可以与行周期一致，也可以设定一个固定的时间；面阵相机有帧曝光、场曝光和滚动行曝光等几种常见方式，数字相机一般都提供外触发采图的功能。快门速度一般可到 10μs，高速相机还可以更快。

④ 像素深度（Pixel Depth）：即每一个像素数据的位数，一般常用的是 8Bit，对于数字相机一般还会有 10Bit、12Bit 等。

⑤ 固定图像噪声（Fixed Pattern Noise）：固定图像噪声是指不随像素点的空间坐标改变的噪声，其中主要的是暗电流噪声。暗电流噪声是由于光电二极管的转移栅的不一致性而产生不一致的电流偏置，从而引起噪声。由于固定图像噪声对每幅图像都是一样的，可采用非均匀性校正电路或采用软件方法进行校正。

⑥ 动态范围：相机的动态范围表明相机探测光信号的范围，动态范围可用两种方法界

定，一种是光学动态范围，值饱和时最大光强与等价于噪声输出的光强度的比值，由芯片特性决定。另一种是电子动态范围，它指饱和电压和噪声电压之间的比值。对于固定相机其动态范围是一个定值，不随外界条件而变化。

⑦ 光学接口：光学接口是指相机与镜头之间的接口，常用的镜头接口有 C 口、CS 口和 F 口。表 2-2 提供了关于镜头安装及后截距的信息。

**表 2-2　光学接口的比较**

| 界面类型 | 后截距 | 界面 |
| --- | --- | --- |
| C 口 | 17.526mm | 螺口 |
| CS 口 | 12.5mm | 螺口 |
| F 口 | 46.5mm | 卡口 |

⑧ 光谱回应特性（Spectral Range）：是指该像元传感器对不同光波的敏感特性，一般响应范围是 350～1000nm，一些相机在靶面前加了一个滤镜，滤除红外光线，如果系统需要对红外感光时可去掉该滤镜。

### 2.1.3　CCD

（1）CCD 芯片

CCD 是 1969 年由美国贝尔实验室（Bell Labs）的维拉 · 博伊尔(Willard S. Boyle)和乔治 · 史密斯（George E. Smith）所发明的。当时贝尔实验室正在发展影像电话和半导体气泡式内存。将这两种新技术结合起来后，博伊尔和史密斯得出一种装置，他们命名为“电荷‘气泡’组件”（Charge "Bubble" Devices）。这种装置的特性就是它能沿着一片半导体的表面传递电荷，便尝试用来作为记忆装置，当时只能从缓存器用“注入”电荷的方式输入记忆。但随即发现光电效应能使此种组件表面产生电荷，而组成数字元影像。到了 20 世纪 70 年代，贝尔实验室的研究员已能用简单的线性装置捕捉影像，CCD（Charge Couple Devices，简称 CCD）就此诞生。

CCD 是固态图像传感器的敏感器件，与普通的 MOS（Metal-Oxide-Semiconductor，即金属-氧化物-半导体）、TTL（Transistor-Transistor Logic，逻辑门电路）等电路一样，属于一种集成电路，但 CCD 具有光电转换、信号储存、转移（传输）、输出、处理以及电子快门等多种独特功能。CCD 的突出特点是以电荷作为信号，而不同于其他大多数器件是以电流或者电压为信号。CCD 的基本功能是信号电荷的产生、存储、传输和检测。

1）光电荷的产生

CCD 的首要功能是完成光电转换，即产生与入射的光谱辐射量度呈线性关系的光电荷。当光入射到 CCD 的光敏面时，便产生了光电荷。CCD 在某一时刻所获得光电荷与前期所产生的光电荷进行累加，称为电荷积分。入射光越强，通过电荷积分所得到的光电荷量越大，获得同等光电荷所需的积分时间越短。

光电荷的产生方法主要分为光注入和电注入两类，在 CCD 相机中，一般采用光注入方式，如图 2-6 所示。

硅晶体收到光照时，会在内部产生电子空穴对[图 2-6（c）]。其中光生电荷（电子）在电场作用下，吸引到最近的势阱中[图 2-6（d）]，光越强产生的电子空穴对越多，光电转换基本呈线性关系，这些电子由最近的势阱捕获形成电荷包。势阱捕获的光生电荷数目的多少，与该处投射的光强成正比。经过一段时间的电荷积累，投射到 MOS 电容上的光学图像转换为存储在 MOS 电容阵列（各像素单元）中的电荷图像。从而形成电荷转换与 CCD 器件的电荷储存。

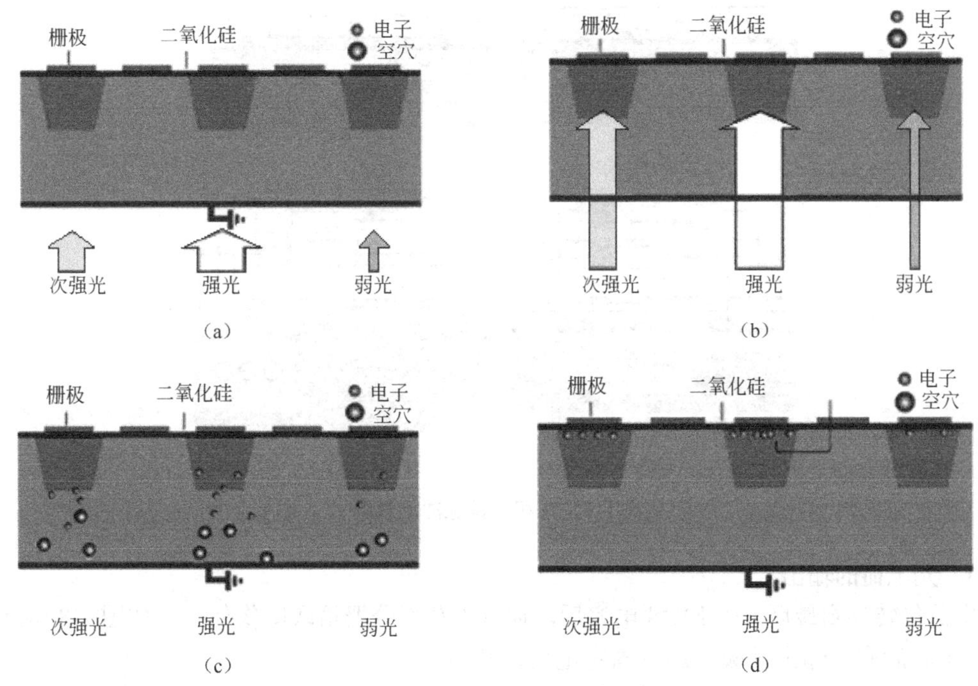


图 2-6　光注入产生光电荷示意图

2）光电荷存储

构成 CCD 的基本单元是金属-氧化物-半导体结构（MOS）。在栅极施加正偏压之前，P 型半导体中空穴（多数载流子）的分布式均匀的。当在栅极施加小于 P 型半导体的阈值电压的正偏压后，空穴被排斥，产生耗尽区。偏压继续增加，耗尽区将进一步向半导体内延伸。当栅极的正偏压大于 P 型半导体的阈值电压时，半导体与绝缘体接口上的电势变高，以至于将半导体内的电子（少数载流子）吸引到表面，形成一层极薄的但电荷浓度很高的反转层。反转层电荷的存在表明了 MOS 结构的存储电荷功能。

3）光电荷的转移

景物经光学成像在 CCD 器件上，光学图像经光电转换形成电荷图像。电荷包在时钟脉冲驱动下，从一个势阱有序地转移到另外一个势阱，依次将电荷包转移出来，再经过选通放大器拾取，形成图像信号（如图 2-7 所示）。

在 $t_1$ 时刻，$U_1$ 高电位，$U_2$ 与 $U_3$ 为低电位，$U_1$ 相应 MOS 电容形成较深势阱，当光照射时，光生电荷流到 $U_1$ 对应势阱形成电荷包[图 2-7（a）]。

在 $t_2$ 时刻，$U_2$ 高电位，$U_1$ 开始下降，$U_3$ 为低电位，$U_2$ 下的势阱变深，势阱扩展为 $U_1$ 与 $U_2$ 相通，然后 $U_1$ 下的势阱变浅，电荷包由 $U_1$ 势阱转移到 $U_2$ 势阱中去[图 2-7（b）和图 2-7（c）]。

在 $t_3$ 时刻，$U_2$ 高电位，$U_1$ 降为零，$U_3$ 保持低电位，$U_2$ 相应 MOS 电容相应的势阱保持最深，电荷包由 $U_1$ 势阱完全转移到 $U_2$ 势阱中去[图 2-7（d）]。

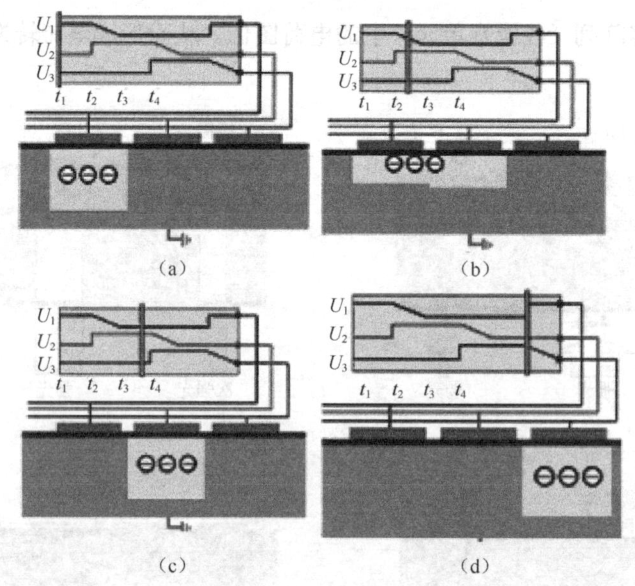


图 2-7　三相时钟脉冲示意图

4）光电荷的输出

电荷包转移到最后一个 MOS 电容后，通过电荷积分器拾取图像信号（如图 2-8 所示）。MOS 电容后有一输出栅极，加有固定电压，其后做一个高掺杂 N+型层，与 P 型衬底构成 P-N 结作为输出二极管，该输出二极管工作于反向偏置状态，形成最深的势阱。

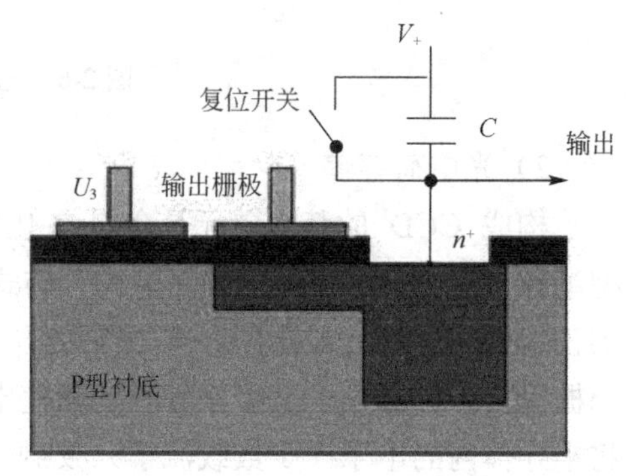


图 2-8　电荷输出示意图

（2）CCD 相机

典型的 CCD 相机主要由 CCD、驱动电路、信号处理电路、电子接口电路、光学机械接口等构成，其原理框图如图 2-9 所示。

CCD：CCD 为系统的核心组件，主要在驱动脉冲的作用下，实现光电荷转换、存储、转移及输出等功能。

驱动电路：CCD 的驱动电路一般由晶振、时序信号发生器、垂直驱动器等构成，主要为 CCD 提供所需脉冲驱动信号。

信号处理电路：主要完成 CCD 输出信号的自动增益控制、视频信号的合成、AD 转换等功能。

接口电路：CCD 相机接口电路主要将接收外部来自外部的控制信号，并转换为相应的控制信号，并回馈至时序发生电路、信号处理电路，从而对相机工作状态进行有效的控制。

机械光学接口：主要提供与各种光学镜头的机械连接，从而实现光学镜头与 CCD 耦合。机械光学接口一般分为 F 型、C 型、CS 型等形式。

CCD 相机的主要功能控制如下。

1）同步方式的选择

对单台 CCD 相机而言，主要的同步方式有：内同步、外同步、电源同步及等。其具体功能如下。

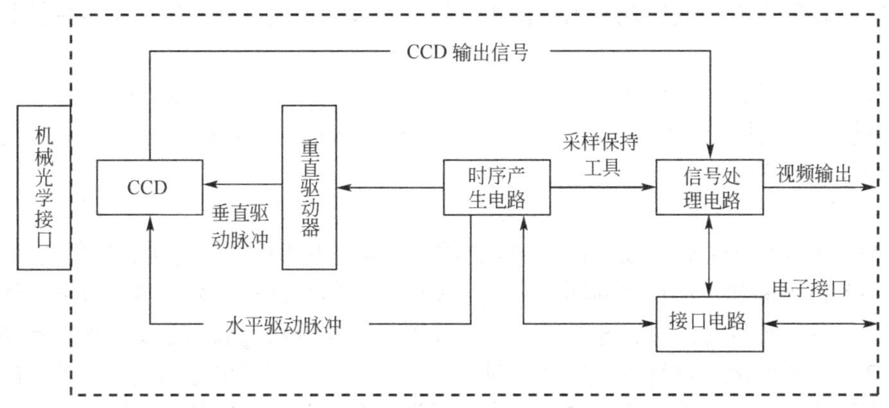


图 2-9 CCD 相机硬件结构

内同步：利用相机内置的同步信号发生电路产生的同步信号来完成同步信号控制。

外同步：通过外置同步信号发生器将特定的同步信号送入相机的外同步输入端，完成满足对相机的特殊控制需要。

电源同步（线性锁定，line lock）：用相机的 AC 电源完成垂直同步。

对于由多个 CCD 相机构成的图像采集系统，希望所有的视频输入信号是垂直同步的，以避免变换相机输出时出现的图像失真。此时，可利用同一个外同步信号发生器产生的同步信号驱动多台相机，以实现多相机的同步图像采集。

2）自动增益控制

CCD 相机通常具有一个对 CCD 的信号进行放大的视频放大器，其放大倍数称为增益。若放大器的增益保持不变，则在高亮度环境下将使视频信号饱和。利用相机的自动增益控制（AGC）电路可以随着环境内外照度的变化自动的调整放大器的增益，从而可以使相机能够在较大的光照范围内工作。

3）背光补偿

通常，CCD 相机的 AGC 工作点是以通过对整个视场的信号的平均值来确定的。当视场中包含一个很亮的背景区域和一个很暗的前景目标时，所确定的 AGC 工作点并不完全适合于前景目标。当启动背景光补偿时，CCD 相机仅对前景目标所在的子区域求平均来确定其 AGC 工作点，从而提高了成像质量。

4）电子快门

CCD 相机一般都具备电子快门特性，电子快门不需任何机械部件。CCD 相机采用电子快门控制 CCD 的累积时间。当开启电子快门时，CCD 相机输出的仅是电子快门开启时的光电荷信号，其余光电荷信号则被泄放。目前，CCD 相机的最短电子快门时间一般为 1/10000s；当电子快门关闭时，对 NTSC 制式相机，其 CCD 累积时间为 1/60s；对于 PAL 制式相机，则为 1/50s。

较高的快门速度对于观察运动图像会产生一个“停顿动作”效应，从而大大地增加了相机的动态分辨率。同时，当电子快门速度增加时，在 CCD 积分时间内，聚焦在 CCD 上的光通量减少，将会降低相机的灵敏度。

5）$\gamma$（伽玛）校正

在整个视觉系统中需要进行两次转换：CCD 传感器将光图像转换为电信号，即所谓光电转换；电信号经传输后，在接收端由显示设备将电信号还原为光图像，即所谓电光转换。为了使接收端再现的图像与输出端原始图像相一致，必须保证两次转换中的综合特性具有线性特征。

CCD 传感器上的光（$L$）和从相机出来的信号电压（$V$）之间的关系为 $V=L^{\gamma}$。在一个标准的 TV 系统中，相机的 $\gamma$ 系数为 0.45。对于机器视觉应用，$\gamma$ 系数应为 1.0，从而为光和电压之间提供了线性关系。

6）白平衡

白平衡功能仅用于彩色 CCD 相机，其主要功能是实现相机图像对实际景物的精确反映。一般分为手动白平衡和自动白平衡两种方式。CCD 相机的自动白平衡功能一般分为连续方式和按钮方式。处于连续方式时，相机的白平衡设置将随着景物色温的改变而连续地调整，范围一般为 2800～6000K。这种方式适宜于对于景物的色彩温度在成像期间不断改变的场合，可使色彩表现更加自然。但对于景物中很少甚至没有白色时，连续的白平衡功能不能产生最佳的彩色效果；处于按钮方式时，可先将相机对准白色目标，然后设置自动方式开关，并保留在该位置几秒钟或至图像呈现白色为止。在执行白平衡后，重新设置自动方式开关以锁定白平衡设置，此时白平衡设置将存储于相机的存储器中，其范围一般为 2300～10000K。以按钮方式设置白平衡最为精确和可靠，适用于大部分应用场合。

CCD 相机处于开手动白平衡状态时，可通过手动方式改变图像的红色或蓝色状况，有多达 107 个等级供调节。如增加或减少红色各一个等级、增加或减少蓝色各一个等级等。

（3）CCD 相机生成图像

1）单色相机

首先从相对简单的黑白数字相机入手。如图 2-10 所示，物体在有光线照射到它时将会产生反射，这些反射光线进入镜头光圈照射在 CCD 芯片上，在各个单元中生成电子。曝光结束后，这些电子被从 CCD 芯片中读出，并由相机内部的微处理器进行初步处理。此时由该微处理器输出的就是一幅数字图像了。

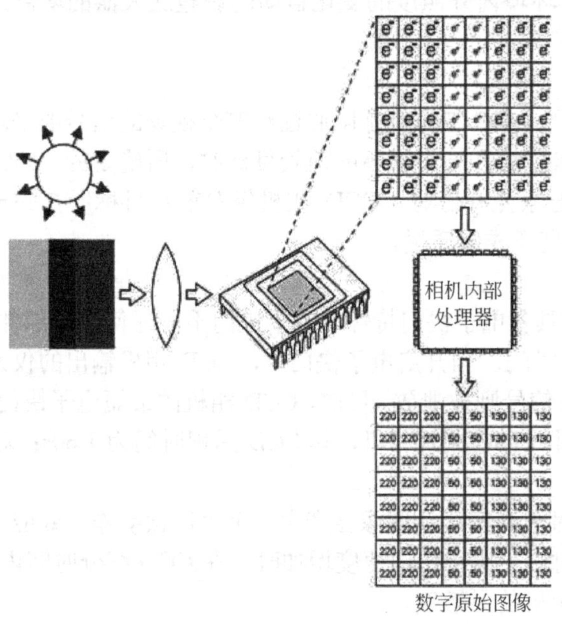


图 2-10　单色相机生成图像示意图

2）3 CCD 彩色相机

CCD 芯片按比例将一定数量的光子转换为一定数量的电子，但光子的波长，也就是光线的颜色，却没有在这一过程中被转换为任何形式的电信号，因此 CCD 实际上是无法区分颜色的。在这种情况下，如果使用 CCD 作为相机感光芯片，并输出红、绿、蓝三色分量，就可以采用一个分光棱镜和三个 CCD，如图 2-11 所示。棱镜将光线中的红、绿、蓝三个基本色分开，使其分别投射在一个 CCD 上。这样一来，每个 CCD 就只对一种基本色分量感光。这种解决方案在实际应用中的效果非常好，但它的最大缺点就在于，采用 3 个 CCD + 棱镜的搭配必然导致价格昂贵。因此科研人员在很多年前就开始研发只使用一个 CCD 芯片也能输出各种彩色分量的相机。

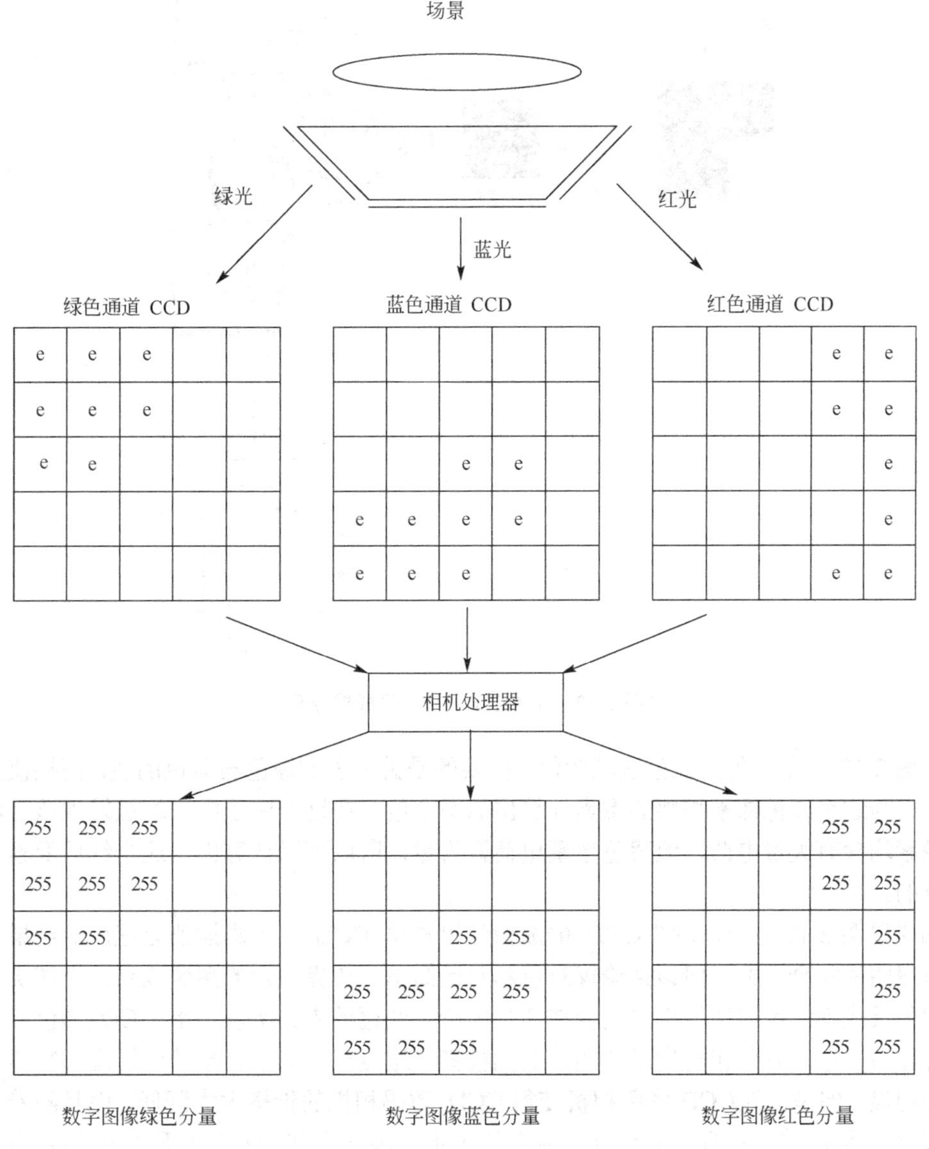


图 2-11　3CCD 生成图像示意图

3）单 CCD 彩色相机

如果在 CCD 表面覆盖一个只含红绿蓝三色的马赛克滤镜，再加上对其输出信号的处理算法，就可以实现一个 CCD 输出彩色图像数字信号。由于这个设计理念最初由拜尔（Bayer）提出，所以这种滤镜也被称作拜尔滤镜。

如图 2-12 所示，该滤镜的色彩搭配形式为：一行使用蓝绿元素，下一行使用红绿元素，如此交替；换言之，CCD 中每 4 个像素中有 2 个对绿色分量感光，另外两个像素中，一个对蓝色感光、一个对绿色感光。从而使得每个像素只含有红、绿、蓝三色中一种的信息，但希望的是每个像素都含有这三种颜色的信息。所以接下来要对这些像素的值使用“色彩空间插值法”进行处理。

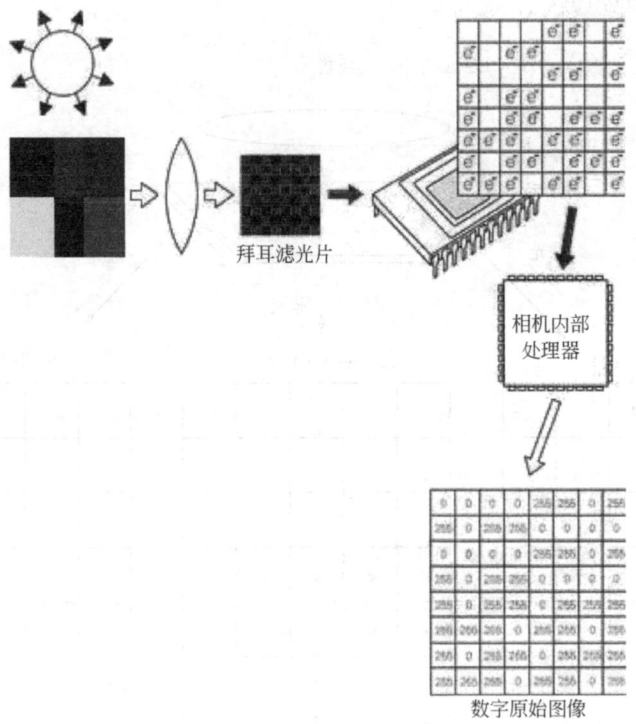


图 2-12　单 CCD 彩色相机成像原理

以图 2-12 中左下角的红色区域为例，需要的是丢失了的绿色与蓝色的值。而插值法可以通过分析与这个红色像素相邻的像素计算出这两个值。在这个例子中，算法发现该区域像素绿色像素均含有大量电荷，但蓝色像素电荷数为零，所以可以计算出，这个红色像素实际上是黄色的。

如果以图 2-12 为例，对 3 CCD 的成像结果与单 CCD + 色彩插值处理后的结果进行比较，所得图片完全一致。但该结论仅对色彩对比简单、边界规则的图像成立。而在实际应用中，即使最成熟的色彩插值算法也会在图片中产生低通效应。所以，单 CCD 彩色相机生成的图片比 3 CCD 彩色相机生成的图片更加模糊，这点在图像中有超薄或纤维形物体的情况下尤为明显。但是，单 CCD 彩色相机使得 CCD 数码相机的价格大大降低，而且随着电子技术的发展，今天 CCD 的质量都有了惊人的进步，因此大部分彩色数码相机都采用了这种技术。

### 2.1.4　CMOS

（1）CMOS 芯片

1963 年，仙童半导体（Fairchild Semiconductor）的 Frank Wanlass 发明了 CMOS 电路。到了 1968 年，美国无线电公司（RCA）一个由埃布尔 • 梅德温（Albert Medwin）领导的研究团队成功研发出第一个 CMOS 集成电路（Integrated Circuit）。CMOS（Complementary Metal Oxide Semiconductor），互补金属氧化物半导体，作为电压控制的一种放大器件，是组成 CMOS 数字集成电路的基本单元。

COMS 图像传感器最早出现于 1969 年，它是一种用 CMOS 工艺方法将光敏组件、放大器、A/D 转换器、内存、数字信号处理器和计算机接口电路等集成在一块硅片上的图像传感器件，这种器件具有结构简单、处理功能多、成品率高和价格低廉等特点，有着广泛的应用前景。

COMS 图像传感器虽然比 CCD 出现早一年，但在相当长的时间内，由于它存在成像质量差、像素敏感单元尺寸小、填充率（有效像素单元与总面积之比）低 10%～20%、响应速度慢等缺点，因此只能用于图像质量要求较低的应用场合。早期的 CMOS 器件采用“无源像敏单元”（无源）结构，每个像素单元主要由一个光敏组件和一个像敏单元寻址开关构成，无信号放大和处理电路，性能较差。1989 年以后，出现了“有源像敏单元”（有源）结构。它不仅有光敏组件和像敏单元寻址开关，而且还有信号放大和处理电路，提高了光电灵敏度，减小了噪声。扩大了动态范围，使它的一些性能和 CCD 接近，而在功能、功耗、尺寸和价格等方面要优于 CCD 图像传感器，所以应用越来越广泛。

CCD 和 CMOS 尽管在技术上有很大的差别，但基本成像过程都同样按以下步骤：电荷产生（电荷的产生和收集）；电荷量化（将电荷转换成电压或电流信号进行存储）；信号输出。它们的区别在于采用不同的方式和机制来实现以上功能。

CMOS 图像传感器工作原理为：典型的 CMOS 图像传感器由光敏数组及辅助电路构成。其中光敏组件数组主要实现光电转换功能，辅助电路主要完成驱动信号产生、光电信号的处理、输出等任务。光敏元数组是由光电二极管和 MOS 场效应管数组构成的集成电路。

从像素内部有无放大器的角度进行划分，可将 CMOS 图像传感器的像素结构分为无源光敏结构 PPS（passive-pixel sensor）和有源光敏源结构 APS(active-pixel sensor)两大类。

如图 2-13 所示，PPS 结构主要由光电二极管和地址选通开关构成。复位脉冲首先启动复位操作，将光电二极管的输出电压置为 0；接着光电二极管开始光信号积分。在积分结束时，选址脉冲启动行选择开关，光电二极管中的信号传输至列总线上；然后经由公共放大器放大后输出。PPS 的主要优势是它较小的像素尺寸。缺点：其列读取器读取速度很慢，并且容易受到噪声和干扰的影响。

有源光敏元结构与无源光敏元结构的主要区别在于，光敏源数组中的每一个光敏元内都集成有一个放大器。每一个光电转换信号首先经过放大器放大，而后再通过场效应管模拟开关传输。图 2-14 为有源光敏元结构的原理框图，可以看出，复位场效应管（Reset）构成光电二极管的负载，其栅极直接与复位信号线相连。当复位脉冲出现时，复位管导通，光电二极管被瞬时复位；而当复位脉冲消失后，复位管截止，光电二极管开始对光信号进行积分；由场效应构成的源级跟随放大器（Amplifier）将光电二极管的高阻输出信号进行电流放大；当选通脉冲到来时，行选择开关（Row selector，图中的 RS）导通，使得被放大的光电信号输送到列总线上。

在有源光敏元结构中，光电转换后的信号立即在像素内进行放大，然后通过X-Y寻址方式读出，从而提高了CMOS传感器的灵敏度。APS具有良好的消噪功能。它不受电荷转移效率的限制，速度快，图像质量明显改善。另一方面，与PPS相比，APS像素的尺寸较大，填充系数较小，其填充系数典型值为20%～30%。

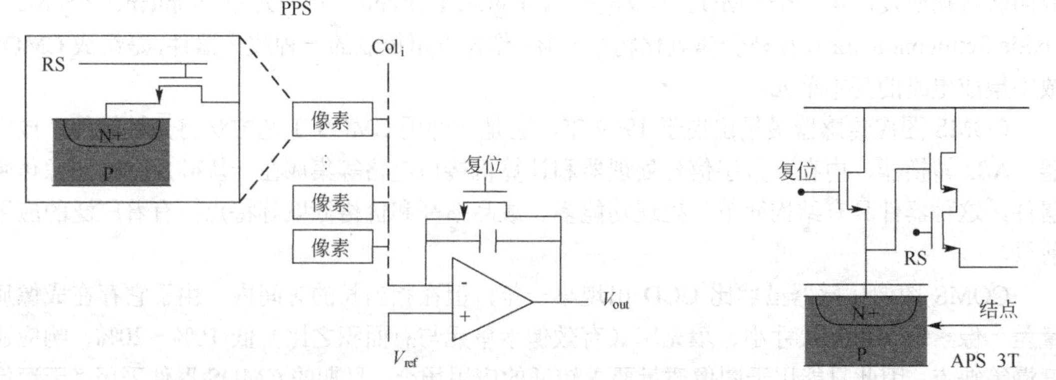

图2-13 PPS结构示意图　　图2-14 有源光敏元结构原理示意图

（2）CMOS相机

以CMOS图像传感器为光电转换器件的相机，称为CMOS相机。CMOS相机一般由CMOS图像传感器、外围控制电路、接口等电路构成。其中控制电路的主要功能是对CMOS图像传感器的工作状态进行设置。显然，CMOS图像传感器的良好集成性可以在很大程度上简化相机的设计过程。

### 2.1.5 CCD与CMOS图像传感器的比较

CCD与CMOS传感器是当前被普遍采用的两种图像传感器，两者都是利用感光二极管（photodiode）进行光电转换，将图像转换为数字数据，而其主要差异是数字数据传送的方式不同。如图2-15所示，CCD传感器中每一行中每一个像素的电荷数据都会依次传送到下一个像素中，由最底端部分输出，再经由传感器边缘的放大器进行放大输出；而在CMOS传感器中，每个像素都会邻接一个放大器及A/D转换电路，用类似内存电路的方式将数据输出。造成这种差异的原因在于：CCD的特殊工艺可保证数据在传送时不会失真，因此各个像素的数据可汇聚至边缘再进行放大处理；而CMOS工艺的数据在传送距离较长时会产生噪声，因此，必须先放大，再整合各个像素的数据。

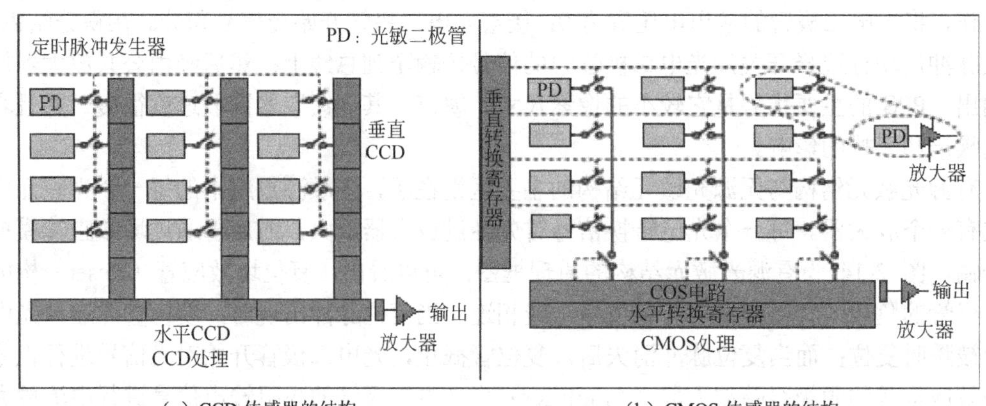

（a）CCD传感器的结构　　（b）CMOS传感器的结构

图2-15　传感器的结构

由于数据传送方式不同，因此 CCD 与 CMOS 传感器在效能与应用上也有诸多差异。

① 灵敏度差异：由于 CMOS 传感器的每个像素由四个晶体管与一个感光二极管构成(含放大器与 A/D 转换电路)，使得每个像素的感光区域远小于像素本身的表面积，因此在像素尺寸相同的情况下，CMOS 传感器的灵敏度要低于 CCD 传感器。

② 成本差异：由于 CMOS 传感器采用一般半导体电路最常用的 CMOS 工艺，可以轻易地将周边电路(如 AGC、CDS、Timing generator 或 DSP 等)集成到传感器芯片中，因此可以节省外围芯片的成本；除此之外，由于 CCD 采用电荷传递的方式传送数据，只要其中有一个像素不能运行，就会导致一整排的数据不能传送，因此控制 CCD 传感器的成品率比 CMOS 传感器困难许多，即使有经验的厂商也很难在产品问世的半年内突破 50%的水平，因此，CCD 传感器的成本会高于 CMOS 传感器。

③ 分辨率差异：如上所述，CMOS 传感器的每个像素都比 CCD 传感器复杂，其像素尺寸很难达到 CCD 传感器的水平，因此，当比较相同尺寸的 CCD 与 CMOS 传感器时，CCD 传感器的分辨率通常会优于 CMOS 传感器的水平。

④ 噪声差异：由于 CMOS 传感器的每个感光二极管都需搭配一个放大器，而放大器属于模拟电路，很难让每个放大器所得到的结果保持一致，因此与只有一个放大器放在芯片边缘的 CCD 传感器相比，CMOS 传感器的噪声就会增加很多，影响图像品质。

⑤ 功耗差异：CMOS 传感器的图像采集方式为主动式，感光二极管所产生的电荷会直接由晶体管放大输出，但 CCD 传感器为被动式采集，需外加电压让每个像素中的电荷移动，而此外加电压通常需要达到 12～18V；因此，CCD 传感器除了在电源管理电路设计上的难度更高之外(需外加 Power IC)，高驱动电压更使其功耗远高于 CMOS 传感器的水平。

⑥ 光谱响应特性：CCD 器件由硅材料制成，对近红外比较敏感，光谱响应可延伸至 1.0μm 左右。其响应峰值为绿光(550nm)。夜间隐蔽监视时，可以用近红外灯照明，人眼看不清环境情况，在监视器上却可以清晰成像。由于 CCD 传感器表面有一层吸收紫外的透明电极，所以 CCD 对紫外不敏感。彩色摄像机的成像单元上有红、绿、蓝三色滤光条，所以彩色摄像机对红外、紫外均不敏感。

这两种图像传感器的性能差别如表 2-3 所示。

**表 2-3　CMOS 与 CCD 图像传感器的性能比较**

| 参　数 | CMOS 图像传感器 | CCD 图像传感器 |
|---|---|---|
| 填充率 | 接近 100% | |
| 暗电流 | 10～100 | 10 |
| 噪声电子数 | ≤20 | ≤50 |
| FPN/% | 可在逻辑电路中校正 | <1 |
| DRNU/% | <10 | 1～10 |
| 工艺难度 | 小 | 大 |
| 光探测技术 | | 可优化 |
| 像元放大器 | 有 | 无 |
| 信号输出 | 行、列开关控制，可随机采样 | 逐个像元输出，只能按规定的程序输出 |
| ADC | 在同一芯片中可设置 ADC | 只能在器件外部设置 ADC |
| 逻辑电路 | 芯片内可设置若干逻辑电路 | 只能在器件外设置 |
| 接口电路 | 芯片内可以设有接口电路 | 只能在器件外设置 |
| 驱动电路 | 同一芯片内设有驱动电路 | 只能在器件外设置，很复杂 |

综上所述，CCD 传感器在灵敏度、分辨率、噪声控制等方面都优于 CMOS 传感器，而 CMOS 传感器则具有低成本、低功耗以及高整合度的特点。不过，随着 CCD 与 CMOS 传感器技术的进步，两者的差异有逐渐缩小的态势，例如，CCD 传感器一直在功耗上作改进，以应用于移动通信市场；CMOS 传感器则在改善分辨率与灵敏度方面的不足，以应用于更高端的图像产品。

### 2.1.6 智能相机

典型的机器视觉系统是一种基于个人计算机（PC）的视觉系统，一般由光源、相机、图像采集卡、图像处理软件以及一台 PC 机构成。其中，图像的采集功能由相机及图像采集卡完成；图像的处理则是由在图像采集/处理卡的支持下，由软件在 PC 机中完成。基于 PC 的机器视觉系统尺寸庞大、结构复杂，其应用系统开发周期长，成本较高。目前，一种新型的智能相机（Smart Camera）的出现，向传统的基于 PC 的机器视觉系统提出了挑战。图 2-16 为一款智能相机。

图 2-16　智能相机

（1）定义

智能相机（Smart Camera）是近年来机器视觉领域发展最快的一项新技术。智能相机是一个同时具有图像采集、图像处理和信息传递功能的小型机器视觉系统，是一种嵌入式计算机视觉系统（Embedded Machine Vision System）。它将图像传感器、数字处理器、通信模块和其他外设集成到一个单一的相机之内，使相机能够完全替代传统的基于 PC 的计算机视觉系统，独立的完成预先设定的图像处理和分析任务。由于采用一体化设计，可降低系统的复杂度，并可提高系统的可靠性，同时系统的尺寸大为缩小。智能相机的出现，开启了机器视觉技术研究的新篇章，也拓宽了机器视觉技术的应用范围。

（2）智能相机的优势

智能相机具有易学、易用、易维护、安装方便等特点，可在短期内构建起可靠而有效的机器视觉系统。其技术优势主要体现在：

① 智能相机结构紧凑，尺寸小，易于安装在生产线和各种设备上，且便于装卸和移动；

② 智能相机实现了图像采集单元、图像处理单元、图像处理软件、网络通信装置的高度集成，通过可靠性设计，可以获得较高的效率及稳定性；

③ 由于智能相机已固化了成熟的机器视觉算法，用户无需编程，就可实现有/无判断、表面/缺陷检查、尺寸测量、OCR/OCV、条形码阅读等功能，从而极大地提高了应用系统的开发速度。

智能相机与基于 PC 的视觉系统在功能和技术上的差别主要表现在以下几方面。

① 体积比较　智能相机与普通相机的体积相当，易于安装在生产线和各种设备上，便于装卸和移动；而基于 PC 的视觉系统一般由光源、CCD 或 CMOS 相机、图像采集卡、图像处理软件以及 PC 机构成，其结构复杂、体积相对庞大。

② 硬件比较　从硬件角度比较，智能相机集成了图像采集单元、图像处理单元、图像处理软件、网络通信装置等，经过专业人员进行可靠性设计，其效率及稳定性都较高。同时，由于其硬件电路均已固定，缺少了设计的灵活性；基于 PC 的视觉系统主要由相机、采集/处理卡及 PC 机组成。由于用户可根据需要选择不同类型的产品，因此，其设计灵活性较大。

同时，当产品来自于不同的生产厂家时，这种设计的灵活性可能会带来部件之间不兼容性或可靠性下降等问题。

③ 软件比较　从某程度上来说，智能相机是一种比较通用的机器视觉产品，它主要解决的是工业领域的常规检测和识别应用，其软件功能具有一定的通用性。由于智能相机已固化了成熟的机器视觉算法，用户无需编程，就可实现有/无判断、表面/缺陷检查、尺寸测量、边缘提取、Blob、灰度直方图、OCR/OCV、条形码阅读等功能。基于 PC 的视觉系统的软件一般完全或部分由用户直接开发，用户可针对特定应用开发适合自己的专用算法。另一方面，由于用户的软件研发水平及硬件支持的不同，导致由不同用户开发的同一种应用系统的差异较大。

（3）智能相机技术

1）智能相机的结构

智能相机的发展也经历了由简单到复杂，由低级到高级的过程。就现在的技术体系而言，智能相机一般包括图像采集单元、图像处理单元、图像处理软件、网络通信装置等。图 2-17 为智能相机的结构框图。

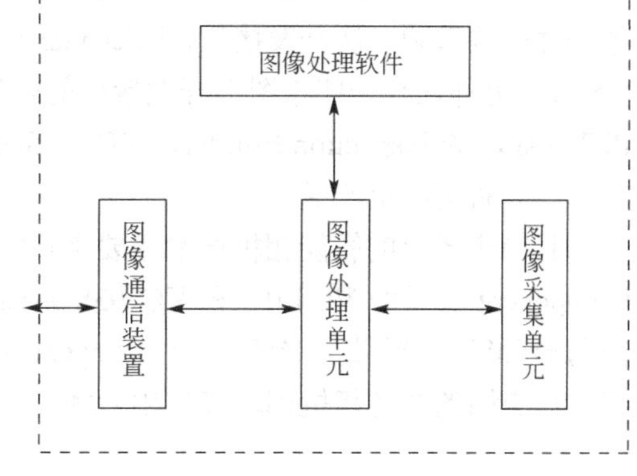

图 2-17　智能相机的结构图

图像采集单元：在智能相机中，图像采集单元相当于普通意义上的 CCD/CMOS 相机和图像采集卡。它将光学图像转换为模拟/数字图像，并输出至图像处理单元。

图像处理单元：图像处理单元类似于图像采集/处理卡。它可对图像采集单元的图像数据进行实时的存储，并在图像处理软件的支持下进行图像处理。

图像处理软件主要在图像处理单元硬件环境支持下，完成图像处理功能。如几何边缘提取、Blob、灰度直方图、OCV/OVR、简单的定位和搜索等。在智能相机中，以上算法均封装成固定模块，用户可直接应用，无需编程。

网络通信装置是智能相机的重要组成部分，主要完成控制信息、图像数据的通信任务。智能相机一般均内置以太网通信接口，并支持多种标准网络和总线协议，从而使多台智能相机构成更大的机器视觉系统。

2）智能相机的处理器

智能相机中的处理器是智能相机中所有智能的硬件基础。一般嵌入式系统可以采用的处理器类型有：通用处理器、定制的集成电路芯片（ASIC）、数字信号处理器（DSP）、多媒体数字信号处理器（Media DSP）及现场可编程逻辑数组（FPGA）。

通用处理器一般应用于图像处理任务简单的领域，或者和定制的图像处理芯片结合起来应用。ASIC 是针对具体应用定制的集成电路，可以集成一个或多个处理器内核以及专用的图像处理模块（如镜头校正、平滑滤波、压缩编码等），实现较高程度的并行处理，处理效率最高。但 ASIC 的开发周期较长，开发成本高，不适合中小批量生产的视觉系统。

智能相机中最常用的处理器是 DSP 和 FPGA。其中 DSP 由于处理能力强，编程相对容易，价格较低，在嵌入式视觉系统中得到较为广泛的应用。比如德国 Vision Components 的 VC 系列和 Fastcom Technology 的 iMVS 系列。由于 DSP 在图像和视频领域日见广泛的应用，不少 DSP 厂家近年推出了专用于图像处理领域的多媒体数字信号处理器（Media processor）。典型产品有 Philip 的 Trimedia，TI 的 DM64X 和 Analog Device 的 Blackfin。

随着 FPGA 的价格下降，FPGA 开始越来越多地应用在图像处理领域。作为可编程、可现场配置的数字元电路数组，FPGA 可以在内部实现多个图像处理专用功能模块，可以包含一个或多个微处理器，为实现底层图像任务的并行处理提供一个较好的硬件平台。典型的 FPGA 器件有 Xilinx 的 Virtex II Pro 和 Virtex-4。

3）智能相机的通信接口

以太网接口是最常见的智能相机接口。除此之外，有些智能相机还提供 IEEE 1394、Camera Link、USB 和 RS 232 接口。

4）智能相机的图像处理软件

图像处理软件是计算机视觉系统的重要组成部分，是决定视觉系统可靠性和应用效果的关键因素。图像处理软件一般要完成 3 个层次的任务：图像预处理、特征提取及物体的分类和识别。根据用户的需求，智能相机配备的软件可以是针对具体应用的完整软件、具有图形开发接口的软件包或者成熟的图像处理算法库。大部分智能相机的制造商都是提供基本的图像处理函数库和二次开发接口，比如 Vision Components 的 VCLIB、Matrox 的 Mil 及 Feith 的 Coake。另外还有一些带图形开发接口的软件包，比如德国 MV Technology 的 Hacon，美国 PPT Vision 的 Inspection Builder，IPD 的 Sherlock 等。

（4）智能相机产品

目前市场上的智能相机产品主要来自欧美，如德国 Feith 公司的 CanCam，德国 Vision Component 公司的 VC4018 和 VC4038 系列，加拿大 Matrox 公司的 Irist 系列，美国 Cognex 公司的 InSight 相机，DVT 公司的 Legend 系列。欧洲的智能相机基本上采用 CCD 图像传感器，而美国的智能相机则较多使用 CMOS 图像传感器。

## 2.2 光学镜头的原理与选型

### 2.2.1 概述

机器视觉为工业控制系统增加了新的维度，它可以提供装配线上零件的尺寸、位置和方向。而合适的镜头选择对于机器视觉能否发挥应有的作用是非常重要的。光学镜头是机器视觉系统中必不可少的部件，直接影响成像质量的优劣，并影响算法的实现和效果。图 2-18 为一常用光学镜头。

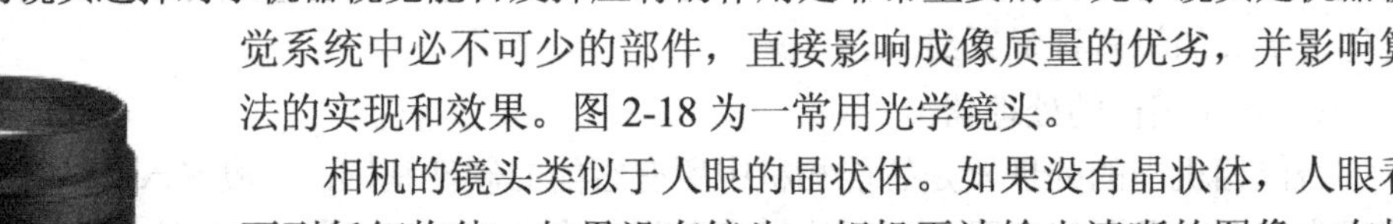

相机的镜头类似于人眼的晶状体。如果没有晶状体，人眼看不到任何物体；如果没有镜头，相机无法输出清晰的图像。在机器视觉系统中，镜头的主要作用是将成像目标聚焦在图像传感器的光敏面上。镜头对成像质量有着关键性的作用，它对成像质量的几个最主要指标都有影响，包括分辨率、对比度、景深及各种像差。

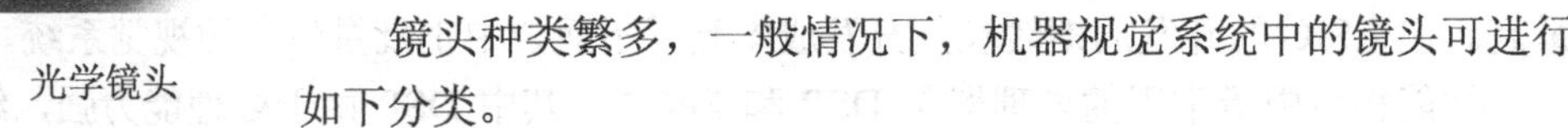

图 2-18 光学镜头

镜头种类繁多，一般情况下，机器视觉系统中的镜头可进行如下分类。

（1）根据有效像场的大小划分

把摄影镜头安装在一很大的伸缩暗箱前端，并在该暗箱后端安装一块很大的磨砂玻璃。

当将镜头光圈开至最大，并对准无限远景物调焦时，在磨砂玻璃上呈现出的影像均位于一圆形面积内，而圆形外则漆黑，无影像。此有影像的圆形面积称为该镜头的最大像场。在这个最大像场范围的中心部位，有一能使无限远处的景物结成清晰影像的区域，这个区域称为清晰像场。照相机或摄影机的靶面一般都位于清晰像场之内，这一限定范围称为有效像场。由于视觉系统中所用的相机的靶面尺寸有各种型号，所以在选择镜头时一定要注意镜头的有效像场应该大于或等于摄像机的靶面尺寸，否则成像的边角部分会模糊甚至没有影像。根据有效像场的大小，一般可分为如表 2-4 所示的几类。

**表 2-4　根据有效像场的大小光学镜头的分类**

| 镜头类型 | | 有效像场尺寸 |
|---|---|---|
| 电视摄像镜头 | 1/4in 摄像镜头 | 3.2mm×2.4mm（对角线 4mm） |
| | 1/3in 摄像镜头 | 4.8mm×3.6mm（对角线 6mm） |
| | 1/2in 摄像镜头 | 6.4mm×4.8mm（对角线 8mm） |
| | 2/3in 摄像镜头 | 8.8mm×6.6mm（对角线 11mm） |
| | 1in 摄像镜头 | 12.8mm×9.6mm（对角线 16mm） |
| 电影摄影镜头 | 35mm 电影摄影镜头 | 21.95mm×16mm（对角线 27.16mm） |
| | 16mm 电影摄影镜头 | 10.05mm×7.42mm（对角线 12.49mm） |
| 照相镜头 | 135 型摄影镜头 | 36mm×24mm |
| | 127 型摄影镜头 | 40mm×40mm |
| | 120 型摄影镜头 | 80mm×60mm |
| | 中型摄影镜头 | 82mm×56mm |
| | 大型摄影镜头 | 240mm×180mm |

（2）根据焦距划分

根据焦距能否调节，可分为定焦距镜头和变焦距镜头两大类。依据焦距的长短，定焦距镜头又可分为鱼眼镜头、短焦镜头、标准镜头、长焦镜头四大类。需要注意的是焦距的长短划分并不是以焦距的绝对值为首要标准，而是以像角的大小为主要区分依据，所以当靶面的大小不等时，其标准镜头的焦距大小也不同。变焦镜头上都有变焦环，调节该环可以使镜头的焦距值在预定范围内灵活改变。变焦距镜头最长焦距值和最短焦距值的比值称为该镜头的变焦倍率。变焦镜头又可分为手动变焦和电动变焦两大类。

变焦镜头通过镜头镜片之间的相互位移，使镜头的焦距可在一定范围内连续变化，从而在无需更换镜头的条件下，通过 CCD 相机既可以获得成像目标的全景图像，又可获得局部细节的图像。变焦镜头的变焦范围一般有 6 倍、8 倍、10 倍、12 倍、16 倍、20 倍、50 倍等。变焦镜头由于具有可连续改变焦距值的特点，在需要经常改变摄影视场的情况下非常方便使用，所以在摄影领域应用非常广泛。但由于变焦距镜头的透镜片数多、结构复杂，所以最大相对孔径不能做得太大，致使图像亮度较低、图像质量变差，同时在设计中也很难针对各种焦距、各种调焦距离做像差校正，所以其成像质量无法和同档次的定焦距镜头相比。

变焦镜头一般由几片透镜组成。两个焦距分别为 $f_1$、$f_2$ 且相距为 $d$ 的透镜组成的复合透镜的焦距为

$$f=\frac{1}{f_1}+\frac{1}{f_2}-\frac{d}{f_1 f_2} \tag{2-1}$$

由式（2-1）可以看出：通过改变两个透镜间的距离 $d$ 可使镜头的焦距 $f$ 连续可调。

变焦镜头一般由焦距组、变倍组、补偿组、固定组等构成。其中焦距组的主要作用是通

过小范围内的轴向移动，实现镜头的焦距调整；变倍组主要通过轴向移动，达到焦距连续可调的目的；当变倍组前后移动进行焦距调整时，镜头的成像面将随之发生变化，补偿组可随变倍组的移动而进行相应的移动，是成像面保持在图像传感器的光敏面上；固定组的主要作用是保持有一定的装座距离。

实际常用的镜头的焦距是从 4mm 到 300mm 的范围内有很多的等级，如何选择合适焦距的镜头是在机器视觉系统设计时要考虑的一个主要问题。光学镜头的成像规律可以根据两个基本成像公式——牛顿公式和高斯公式来推导，对于机器视觉系统的常见设计模型，一般是根据成像的放大率和物距这两个条件来选择合适焦距的镜头，相关计算公式如表 2-5 所示。

**表 2-5　相关计算公式**

| 放大率 | $m=h'/h=L'/L$ | 焦距 | $f=L/(1+1/m)$ |
|---|---|---|---|
| 物距 | $L=f(1+1/m)$ | 物高 | $h=h'/m=h'(L-f)/f$ |
| 像距 | $L'=f(1+m)$ | 像高 | $h'=mh=h(L'-f)/f$ |

（3）根据光圈类型划分

镜头有手动光圈（Manual Iris）和自动光圈（Auto Iris）之分，配合相机使用，手动光圈镜头适合于亮度不变的应用场合，自动光圈镜头因亮度变更时其光圈亦作自动调整，故适用亮度变化的场合。自动光圈镜头有两类：一类是将一个视频信号及电源从相机输送到透镜来控制镜头上的光圈，称为视频输入型；另一类则利用相机上的直流电压来直接控制光圈，称为 DC 输入型。自动光圈镜头上的 ALC（自动镜头控制）调整用于设定测光系统，可以整个画面的平均亮度，也可根据画面中最亮部分（峰值）来设定基准信号强度，供给自动光圈调整使用。一般而言，ALC 已在出厂时经过设定，可不作调整，但是对于拍摄景物中包含有一个亮度极高的目标时，明亮目标物的影像可能会造成“白电平削波”现象，而使得全部屏幕变成白色，此时可以调节 ALC 来变换画面。

另外，自动光圈镜头装有光圈环，转动光圈环时，通过镜头的光通量会发生变化，光通量即光圈，一般用 F 表示，F 值越小，则光圈越大。

采用自动光圈镜头，对于下列应用情况是理想的选择，在诸如太阳光直射等非常亮的情况下，用自动光圈镜头可有较宽的动态范围。要求在整个视野有良好的聚焦时，用自动光圈镜头有比固定光圈镜头更大的景深。要求在亮光上因光信号导致的模糊最小时，应使用自动光圈镜头。

（4）根据镜头接口类型划分

镜头和相机之间的接口有许多不同的类型，工业相机常用的包括 C 接口、CS 接口、F 接口、V 接口、T2 接口、莱卡接口、M42 接口、M50 接口等。接口类型的不同和镜头性能及质量并无直接关系，只是接口方式的不同，一般也可以找到各种常用接口之间的转接口。

C 接口和 CS 接口是工业相机最常见的国际标准接口，为 1in-32UN 英制螺纹连接口，C 型接口和 CS 型接口的螺纹连接是一样的，区别在于 C 型接口的后截距为 17.5mm，CS 型接口的后截距为 12.5mm。所以 CS 型接口的相机可以和 C 口及 CS 口的镜头连接使用，只是使用 C 口镜头时需要加一个 5mm 的接圈；C 型接口的摄像机不能用 CS 口的镜头。

F 接口镜头是尼康镜头的接口标准，所以又称尼康口，也是工业相机中常用的类型，一般相机靶面大于 1in 时需用 F 口的镜头。

V 接口镜头是著名的专业镜头品牌施奈德镜头主要使用的标准，一般也用于相机靶面较大或特殊用途的镜头。

（5）特殊用途的镜头

① 显微镜头（Micro）　一般是指成像比例大于 10:1 的拍摄系统所用，但由于现在的相机的像元尺寸已经做到 3μm 以内，所以一般成像比例大于 2∶1 时也会选用显微镜头。

② 微距镜头（Macro）　一般是指成像比例为 2∶1～1∶4 的范围内的特殊设计的镜头。在对图像质量要求不是很高的情况下，一般可采用在镜头和相机之间加近摄接圈的方式或在镜头前加近拍镜的方式达到放大成像的效果。

③ 远心镜头（Telecentric）　主要是为纠正传统镜头的视差而特殊设计的镜头，它可以在一定的物距范围内，使得到的图像放大倍率不会随物距的变化而变化，这对被测物不在同一物面上的情况是非常重要的应用。

④ 紫外镜头（Ultraviolet）和红外镜头（Infrared）　一般镜头是针对可见光范围内的使用设计的，由于同一光学系统对不同波长的光线折射率的不同，导致同一点发出的不同波长的光成像时不能会聚成一点，产生色差。常用镜头的消色差设计也是针对可见光范围的，紫外镜头和红外镜头即是专门针对紫外线和红外线进行设计的镜头。

不同种类镜头的应用范围不同。

① 手动、自动光圈镜头　手动光圈镜头是最简单的镜头，适用于光照条件相对稳定的条件下，手动光圈由数片金属薄片构成。光通量靠镜头外径上的一个环调节。旋转此圈可使光圈缩小或放大。在照明条件变化大的环境中或不是用来监视某个固定目标，应采用自动光圈镜头，比如在户外或人工照明经常开关的地方，自动光圈镜头的光圈的动作由马达驱动，马达受控于摄像机的视频信号。手动光圈镜头和自动光圈镜头又有定焦距（光圈）镜头自动光圈镜头和电动变焦距镜头之分。

② 定焦距（光圈）镜头　一般与电子快门摄像机配套，适用于室内监视某个固定目标的场所作用。定焦距镜头一般又分为长焦距镜头、中焦距镜头和短焦距镜头。中焦距镜头是焦距与成像尺寸相近的镜头；焦距小于成像尺寸的称为短焦距镜头，短焦距镜头又称广角镜头，该镜头的焦距通常是 28mm 以下的镜头，短焦距镜头主要用于环境照明条件差，监视范围要求宽的场合，焦距大于成像尺寸的称为长焦距镜头，长焦距镜头又称望远镜头，这类镜头的焦距一般在 150mm 以上，主要用于监视较远处的景物。

③ 手动光圈镜头　可与电子快门摄像机配套，在各种光线下均可使用。

④ 自动光圈镜头　可与任何 CCD 相机配套，在各种光线下均可使用，特别用于被监视表面亮度变化大、范围较大的场所。为了避免引起光晕现象和烧坏靶面，一般都配自动光圈镜头。

⑤ 电动变焦距镜头　可与任何 CCD 相机配套，在各种光线下均可使用，变焦距镜头是通过遥控装置来进行光对焦，光圈开度，改变焦距大小的。

### 2.2.2 镜头的基本结构

机器视觉中的镜头一般由一组透镜和光阑组成。图 2-19 为镜头上的光学路线图。

（1）透镜

透镜是进行光束变换的基本单元。透镜有塑胶透镜（plastic）和玻璃透镜（glass）两种。通常摄像头用的镜头构造有：1P、2P、1G1P、1G2P、2G2P、4G 等，透镜越多，成本越高，玻璃透镜比塑胶贵。因此一个品质好的摄像头应该是采用玻璃镜头的，其成像效果要比塑胶镜头好。

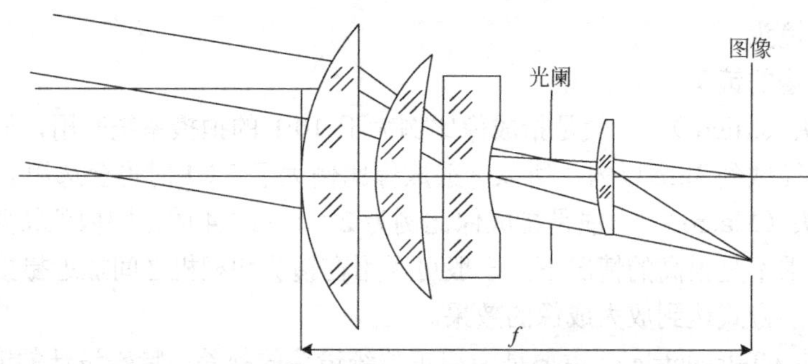


图 2-19　镜头上的光学路线图

透镜一般分为凸透镜和凹透镜。其中，凸透镜对光线有汇聚作用，也称为汇聚透镜或者正透镜；凹透镜对光线有发散作用，也称为发散透镜或者负透镜。由于正、负透镜具有相反的作用（如像差或者色散等），所以在透镜设计中常常将二者配合使用，以校正像差和其他各类失真。由于变焦镜头既要使镜头的焦距在较大范围内可调，又要保证能将成像目标焦距在图像传感器的光敏面上，因而变焦镜头一般由多组正、负透镜组成。

（2）光阑

光学系统中，只用光学零件的金属框内孔来限制光束有时是不够的，有许多光学系统还设置一些带孔的金属薄片，称为“光阑”。光阑的通光孔通常呈圆形，其中心轴在镜头的中心轴上。光阑的作用就是约束进入镜头的光束成分。使有益的光束进入镜头成像，而有害的光束不能进入镜头。根据光阑设置的目的不同，光阑又可以进一步细分为以下几种。

1）孔径光阑

也称有效光阑，它限制入射光束大小的孔，其大小和位置对镜头成像的分辨率、亮度和景深都有影响。孔径光阑变小，亮度和分辨率就变低，景深则变大，图像大小不变。如照相机镜头上的圆形光阑（俗称光圈）。光圈转动时带动镜头内的黑色叶片以光轴为中心做伸缩运动，调节入光孔的大小。如图 2-20 所示，由于不同镜头的光阑位置不同，焦距不同，入射瞳直径也不相同，用孔径来描述镜头的通光能力，无法实现不同镜头的比较。为了方便在取像时，计算曝光量和用统一的标准来衡量不同镜头孔径光阑的实际作用，通用“相对孔径”的概念来衡量镜头通光能力的大小。

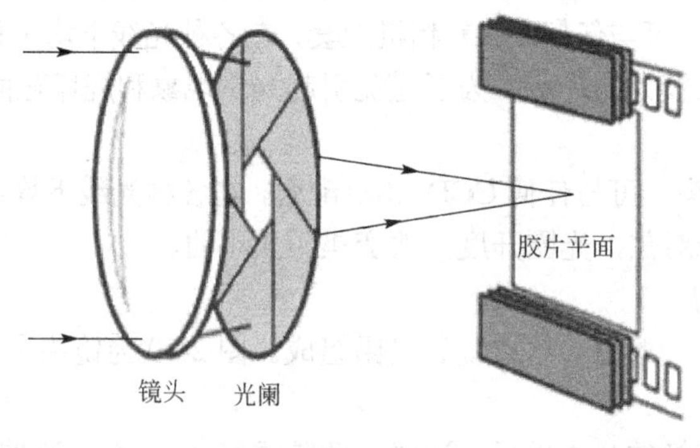


图 2-20　光阑示意图

在机器视觉中，自动光圈的主要作用是通过自动调整光圈，控制射入光通量的大小，从而使相机获得理想的曝光量，为机器视觉提供理想的图像。

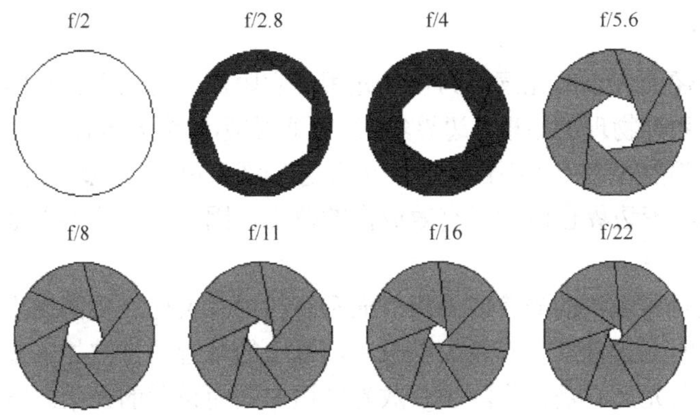


图 2-21　光圈位置图

镜头的光圈是通过开口大小来控制曝光量的。相对孔径，一般用缩小光圈后的光束直径（*D*）和焦距（*f*）的比值来表示。光圈的大小，即相对孔径量值可用光圈系数（*F*）来表示，即 $F=f/D$。一只 50mm 的焦距镜头，当它的最大光孔直径为 25mm 时，则镜头的孔径可用 1∶2 表示；当它的最大进光孔直径为 35mm 时，则可以用 1∶1.4 表示镜头的口径。为方便起见，通常把前者的孔径简称为“F2”，后者简称为“F1.4”。系数越小，表明孔径越大。

定焦镜头的光圈系数在国际上已经标准化，目前常用的光圈系数为：*F*=1.4、2、2.8、4、5.6、8、11、16、22、32 等。光圈系数越大，光孔直径越小，入射光通量越小。镜头的通光量大小与入射光孔面积（$S=\pi D^2/4$）成正比，因此光圈系数减小 $\sqrt{2}$ 倍，镜头的曝光率增加一倍。

在机器视觉系统中，当外部环境光照度存在变化较大时，一般采用自动光圈镜头；当光照度基本保持恒定时，可采用手动光圈镜头。为使 CCD 相机获得更为理想的曝光率，可相应增加光圈的级数。例如：F 数在 2.8 和 F 数为 4 之间增加 F 数 3.5，可使入射光通量变化半挡，即前一挡（F2.8）的入射光通量是后一挡（F3.5）光通量的 1.5 倍。

孔径光阑由其前方光学系统所成的像称为入射光瞳；由其后方光学系统所成的像称为出射光瞳。孔径光阑可与入射光瞳或出射光瞳重合，也可不重合。对单个透镜，透镜边框是孔径光阑，由于其前方和后方均无其他光学系统，故透镜边框既是入射光瞳也是出射光瞳。图 2-22 中表示孔径光阑与透镜面不重合时的入射光瞳和出射光瞳 。图 2-22（a）中孔径光阑 D 位于透镜 L 之前，在其前方无别的光学系统，故孔径光阑本身就是入射光瞳；D 由后方透镜 L 所成的像 D′就是出射光瞳。图 2-22 中孔径光阑 D 位于透镜的后方，D 本身就是出射光瞳；D 由其前方透镜成的像 D′为入射光瞳。入射光瞳和出射光瞳为一对共轭面。

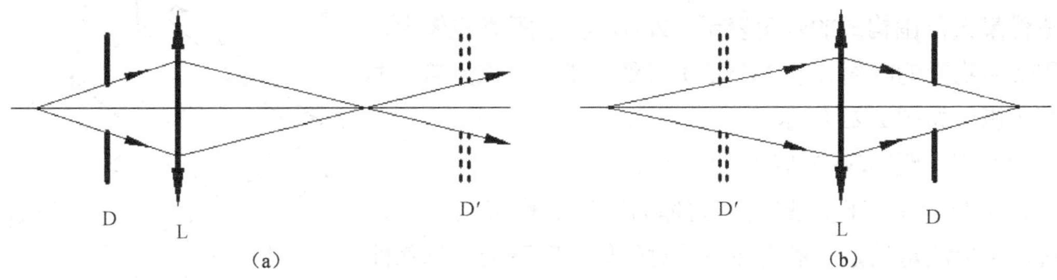


图 2-22　入射光瞳和出射光瞳

2）视场光阑

镜头中决定成像面大小的光阑称为视场光阑，它限制、约束着镜头的成像范围。镜头的成像范围可能受一系列物理的边框、边界约束，因此实际镜头大多存在多个视场光阑。例如，每个单透镜的边框都能限制斜入射的光束，因此它们都可以算作视场光阑；CCD、CMOS或者其他感光器件的物理边界也限制了有效成像的范围，因此这些边界也是视场光阑。

3）消杂光光阑

由非成像物点射入镜头的光束或者折射面和镜筒内壁反射产生的光束统称为杂光。杂光会使镜头像面产生明亮的背景，必须加以限制。镜头的镜管通常被加工成螺纹装并漆以黑色漆以消除杂光。消杂光光阑是：为限制杂散光到达像面而设置的光阑。镜头成像的过程中，除了正常的成像光束能到达像面外，仍有一部分非成像光束也到达像面，它们被统称为杂散光。杂散光对成像来说是非常有害的，相对于成像光束它们就是干扰、噪声，它们的存在降低了成像面的对比度。为了减少杂散光的影响，可以在设计过程中设置光阑来吸收阻挡杂散光到达像面，为此目的而引入的光阑都称为消杂光光阑。

可以这样理解，透镜和光阑都是镜头的重要光学功能单元，透镜侧重于光束的变换（例如实现一定的组合焦距、减少像差等），光阑侧重于光束的取舍约束。

### 2.2.3 镜头主要参数

（1）焦距（Focal Length，$f'$）

焦距是从镜头的中心点到胶平面上所形成的清晰影像之间的距离。焦距的大小决定着视角的大小，焦距数值小，视角大，所观察的范围也大；焦距数值大，视角小，观察范围小。根据焦距能否调节，可分为定焦镜头和变焦镜头两大类。

（2）光圈(Iris)/相对孔径

光圈和相对孔径是两个相关概念。光圈用$F$表示，以镜头焦距$f'$和通光孔径$D$的比值来衡量。每个镜头上都标有最大$F$值，例如，8mm/F1.4代表最大孔径为5.7mm。$F$值越小，光圈越大，$F$值越大，光圈越小。相对孔径（通常用$D/f'$表示）是镜头入瞳直径与焦距的比值；而光圈是相对孔径的倒数。

（3）视野范围（FOV，Field of View）

视野范围和视场角都是用来衡量镜头成像范围的。视野范围是相机实际拍到区域的尺寸。在远距离成像中，例如望远镜、航拍镜头等场合，镜头的成像范围常用视场角来衡量，用成像最大范围构成的张角表示（$2\omega$）。在近距离成像中，常用实际物面的幅面表示（$V\times H$）成像范围，也称为镜头的视野范围，如图2-23所示。

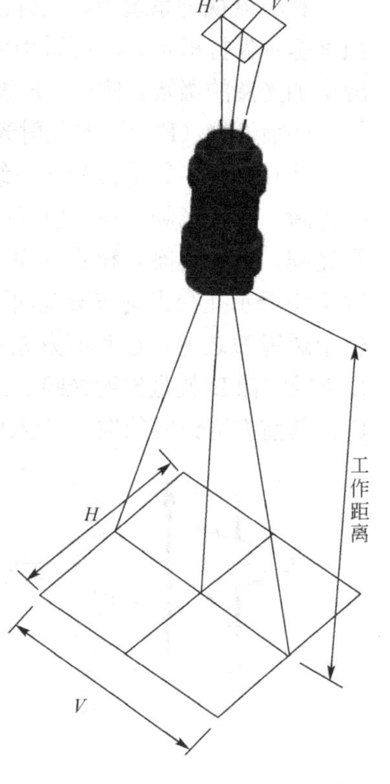


图2-23 镜头的张角和成像范围

（4）工作距离(WD, Work Distance)

镜头第一个工作面到被测物体的距离称作镜头的工作距离。需要注意的是，镜头并不是对任何物距下的目标都能清晰成像（即使调焦也做不到），所以它允许的工作距离是一个有限范围。

（5）像面尺寸

一个镜头能清晰成像的范围是有限的，像面尺寸指它能支持的最大清晰成像范围（通常用其直径表示）。超过这个范围成像模糊，对比度降低。所以在给镜头选配 CCD 时，可以遵循“大的兼容小的”原则进行，如图 2-24 所示。就是镜头的像面尺寸大于（或等于）CCD 尺寸。

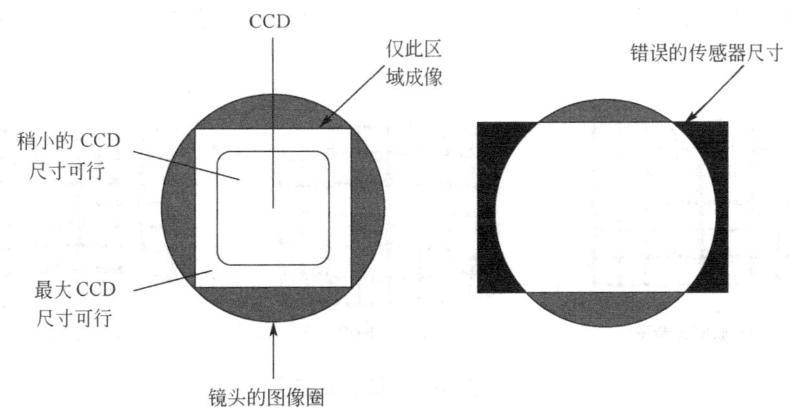


图 2-24　镜头选配 CCD 示意图

（6）像质（MTF，畸变）

像质就是指镜头的成像质量，用于评价一个镜头的成像优劣。传函（调制传递函数的简称，用 MTF 表示）和畸变就是用于评价像质的两个重要参数。

MTF：在成像过程中的对比度衰减因子。实际镜头成像，得到的像与实物相比，成像出现“模糊化”，对比度下降，通常用 MTF 来衡量成像优劣。

如图 2-25 所示，为某镜头中心视场的 MTF 曲线。

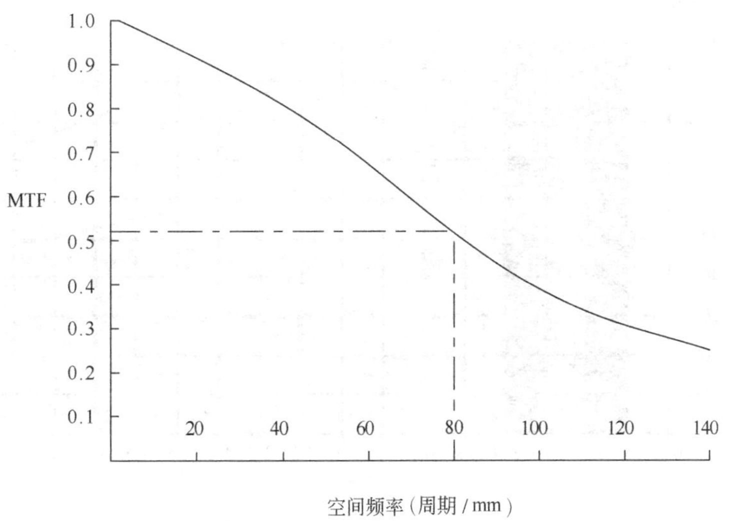


图 2-25　某镜头中心视场的 MTF 曲线

图中横坐标是空间频率，纵坐标就是 MTF 值。由于实际成像中总有像差存在，成像的对比度总是下降的，作为对比度衰减因子的 MTF 也总是小于 1 的。像面上任何位置的 MTF

值都是空间频率的函数。一般地，空间频率越高，MTF 值越低，意味着高频信息对比度衰减更快。例如图中 80 Lp/mm 的空间频率对应的 MTF=0.52，意即对于中心视场来说，空间频率为 80 Lp/mm 的信号成像对比度要下降大约一半(相对于实际目标来说)。

畸变：理想成像中，物像应该是完全相似的，就是成像没有带来局部变形，如图 2-26（a）所示。但是实际成像中，往往有所变形，如图 2-26（b）、图 2-26（c）所示。畸变的产生源于镜头的光学结构和成像特性。畸变可以看作是像面上不同局部的放大率不一致引起的，是一种放大率像差。

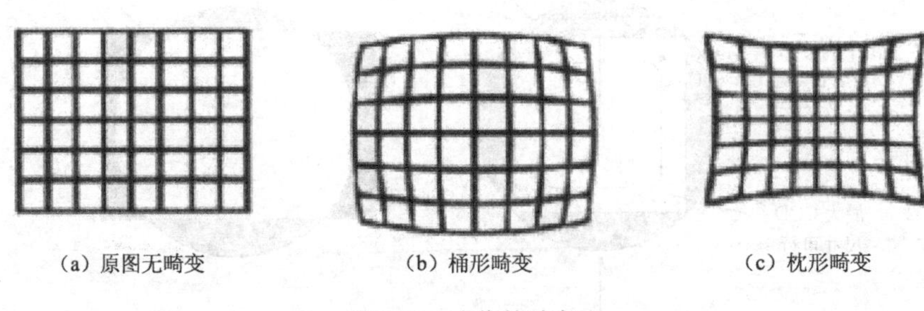

（a）原图无畸变　（b）桶形畸变　（c）枕形畸变

图 2-26　成像的畸变

（7）工作波长与透过率

镜头是成像器件，它的工作对象就是电磁波。一个实际的镜头在设计制造出来以后，都只能对一定波长范围内的电磁波进行成像工作，这个波长范围通常称为镜头的工作波长。例如常见镜头工作在可见光波段（360～780nm），除此之外还有紫外或红外镜头等。

镜头的透过率是与工作波长相关的一项指标，用于衡量镜头对光线的透过能力。为了使更多光线到达像面，镜头中使用的透镜一般都是镀膜的，因此镀膜工艺、材料总的厚度和材料对光的吸收特性共同决定了镜头总的透过率。如图 2-27 所示为某镜头的透过率曲线，不同波长光线的透过率是不一样的。

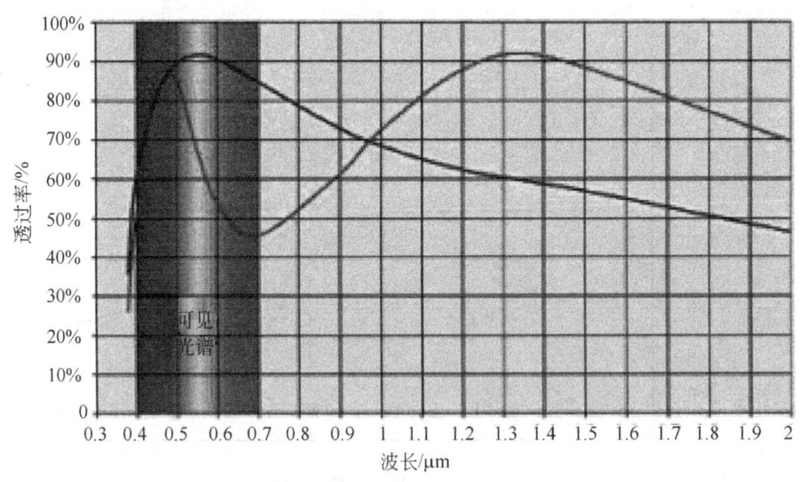


图 2-27　某镜头的透过率曲线

（8）景深（DOV，Depth of Field）

景深是指在被摄物体聚焦清楚后，在物体前后一定距离内，其影像仍然清晰的范围。景深随镜头的光圈值、焦距、拍摄距离而变化。光圈越大，景深越小；光圈越小、景深越大。

焦距越长，景深越小；焦距越短，景深越大。距离拍摄体越近时，景深越小；距离拍摄体越远时，景深越大。

（9）接口（Mount）

镜头需要与相机进行配合使用，它们两者之间的连接方式通常称为接口。为提高各生产厂家镜头之间的通用性和规范性，业内形成了数种常用的固定接口，例如 C、CS、F、V、T2、Leica、M42×1、M75×0.75 等。

在机器视觉中，光学镜头常用的接口为 C 型和 CS 型。C 型和 CS 型接口均是国际标准接口，其旋合长度、制造精度、靠面尺寸及后截距（即安装基准面至相面的空气光程）公差均应符合相关要求，如图 2-28 所示。其中，C 型接口的后截距为 17.526mm，CS 型界面的后截距为 12.5mm。

C 型接口和 CS 型接口均为 1in-32UN 英制螺纹接口，具有 CS 型接口的相机可以与 C 型或 CS 接口的镜头连接；具有 C 接口的相机只能与 C 型接口的镜头相连接，而不能与 CS 接口的镜头连接，否则不但不能良好对焦，还有可能损坏图像传感器。

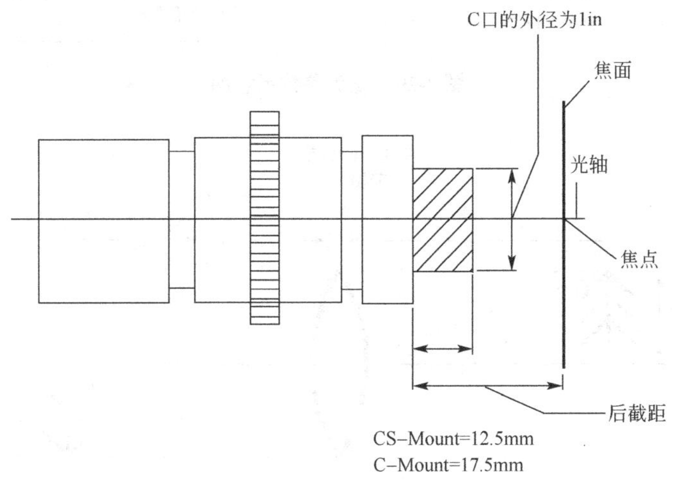


图 2-28　镜头侧面视图

（10）对应最大 CCD 尺寸(Sensor Size)

镜头成像直径可覆盖的最大 CCD 芯片尺寸。主要有：1/2″、2/3″、1″和 1″以上。

（11）分辨率（Resolution）

分辨率代表镜头记录物体细节的能力，以每毫米里面能够分辨黑白对线的数量为计量单位：“线对/毫米”（lp/mm）。分辨率越高的镜头成像越清晰。

（12）镜头的放大倍数（PMAG）

CCD/FOV，即芯片尺寸除以视野范围。

（13）数值孔径（Numerical Aperture，NA）

数值孔径等于由物体与物镜间媒质的折射率 $n$ 与物镜孔径角的一半（$a/2$）的正弦值的乘积，计算公式为 NA = $n\sin(a/2)$。数值孔径与其他光学参数有着密切的关系，它与分辨率成正比，与放大率成正比。也就是说数值孔径，直接决定了镜头分辨率，数值孔径越大，分辨率越高，否则反之。

(14) 后倍焦(Flange distance)

准确来说，后倍焦是相机的一个参数，指相机接口平面到芯片的距离。但在线扫描镜头或者大面阵相机的镜头选型时，后倍焦是一个非常重要的参数，因为它直接影响镜头的配置。不同厂家的相机，哪怕接口一样也可能有不同的后倍焦。

镜头的主要参数示意图如图 2-29 所示。参数之间的几何关系如图 2-30 所示，其中，$H_o$ 表示视野的高度；$H_i$ 表示相机有效成像面的高度(即 CCD 像面的大小)；$L_E$ 表示镜头像平面的扩充距离。

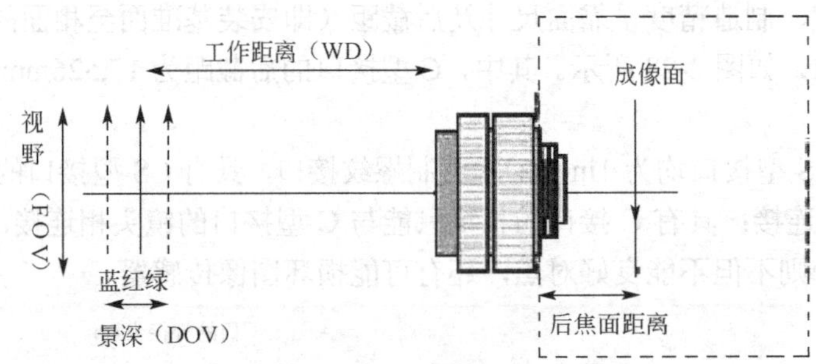


图 2-29　镜头参数示意图

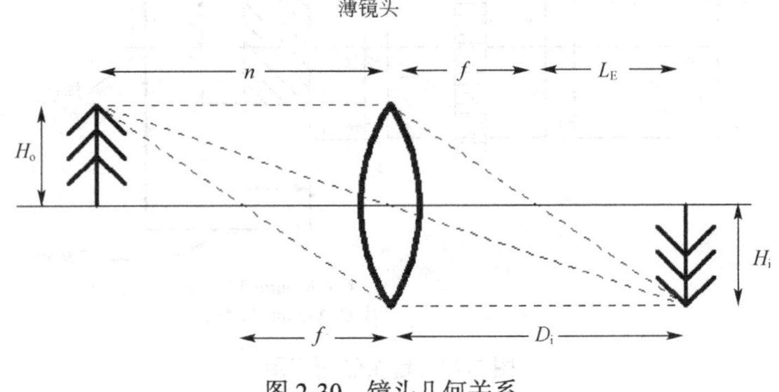


图 2-30　镜头几何关系

参数之间的计算关系如式(2-2)～式(2-4)所示。

$$\mathrm{PMAG}=\frac{\mathrm{Sensor\ \ Size\,(mm)}}{\mathrm{Field\ \ of\ \ View\,(mm)}}=\frac{H_i}{H_o} \tag{2-2}$$

$$f=\frac{\mathrm{WD}\times\mathrm{PMAG}}{1+\mathrm{PMAG}} \tag{2-3}$$

$$L_e=D_i-f=\mathrm{PMAG}\times f \tag{2-4}$$

### 2.2.4　镜头相关技术

(1) 调焦

对于镜头来讲，不同物距上的目标成像，像距不同。对于需要观察的目标，它的成像面不一定与相机感光面重合，为了得到清晰的像，就需要调整成像面的位置，使之与感光面重合，这个过程就是调焦。

常见的调焦方式有以下两种。

1）整组移动

这种调焦方式，就是调节过程中整个镜头一起前后移动，带动像面随之移动，在像面与相机感光面重合时，成像最清晰。这种整体调焦方式，不改变镜头的光学结构，镜头焦距没有变化。

2）单组移动

这种调焦方式，调节镜头中的某一组透镜，使它相对于其他透镜前后移动，也能带动像面平移，最终使像面与感光面重合，达到成像清晰的目的。该方式改变了镜头的光学结构，镜头焦距有所变化（一般不大）。

例如，前面的透镜组对无穷远的目标成像在图像面上（也是 CCD 感光面位置），后工作距离 $L'$，现在要对近处目标成像，像面位置在图像′，为了成像清晰需要调焦。

第一种方法，采取整组移动式调焦，使整个透镜组一起相对 CCD 往前移动，使后工作距离扩大到 $L''$，CCD 感光面与像面重合，成像清晰，如图 2-31 所示。

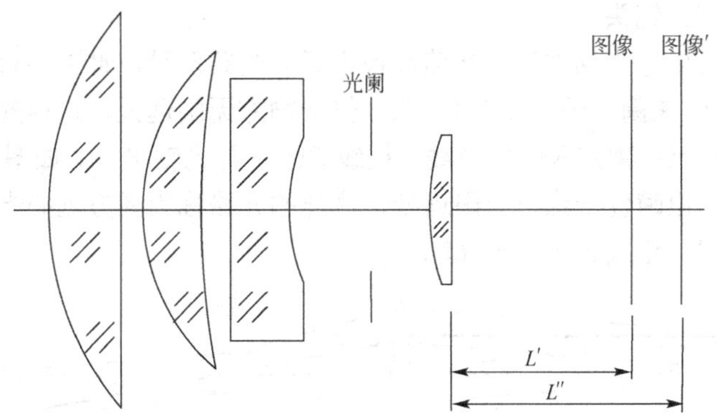


图 2-31 整组移动式调焦

另一种办法，采取单组移动式调焦，只移动透镜组中的某一（或几个一起）单透镜，如图 2-32 所示。将第四透镜从位置 $A$ 向前移动到 $A'$，对近距离的目标来说，成像面也回到与 CCD 重合的位置，使成像清晰。

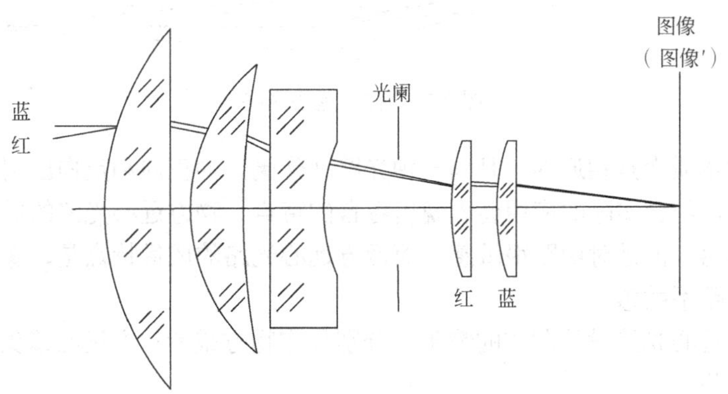


图 2-32 单组移动式调焦

（2）变焦

所谓变焦，指的是镜头本身可以通过调节，使焦距有较大的变化范围（通常用焦距变化的倍数来衡量，例如 4 倍变焦指最大焦距是最小焦距的 4 倍）。这种镜头使用中，可以通过变焦，改变成像放大倍率（在“大场景”和“局部特写”之间随意转换），适应性强，使用范围很广。

变焦的实现方式为，在变焦过程中，通过光学系统中的两组（或更多）透镜相对移动，改变整个系统（镜头）的组合焦距，且同时保证像面位置不动，使图像放大倍率改变而且成像始终清晰。

它与单组移动式调焦是不同的，单组移动式调焦意在改变成像面的位置（虽然也会引起镜头焦距的微小改变）；而变焦意在改变镜头的焦距（一般都是数倍的改变），它要求稳定像面不动。

（3）自动光圈

调节镜头的光圈，实质上是改变了孔径光阑的孔径大小，从而改变了进光量，达到成像面亮度调节的目的。这个过程，可以手动完成，也可以通过电机驱动来完成，后一种实现方式就是自动光圈调节。

（4）远心（焦阑）镜头

远心光路一般可以分为物方远心光路和像方远心光路两种。如图 2-33 所示，孔径光阑位于镜头像方焦面上（“焦阑”因此得名），入瞳位于物方无限远处，这样的光路称为物方远心光路。这种光路的特点：物方入射主光线（粗线表示）与光轴平行。如图 2-34 所示，孔径光阑位于物方焦面上，出瞳位于像方无限远处，这样的光路称为像方远心光路。这种光路的特点：像方出射主光线（粗线表示）与光轴平行。

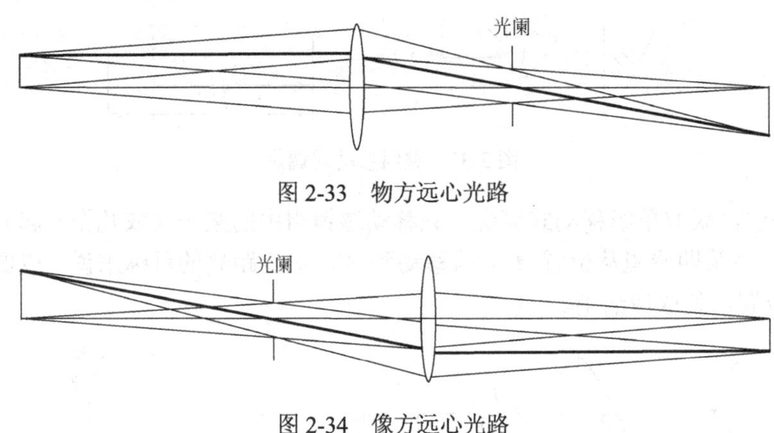


图 2-33 物方远心光路

图 2-34 像方远心光路

这两种光路本质上是相通的，是同一种光路（焦阑）的正向和反向应用。它们较多的出现在测量仪器中，结合实际的应用会表现出各自的特点。物方远心光路的成像特点是，像的大小对物距不敏感，但是对像距很敏感；而像方远心光路的成像特点是，像的大小对物距很敏感，但是对像距不敏感。

采用这两种远心光路设计制作的镜头，分别称作物方或者像方远心镜头。

（5）自动调焦

自动调焦可根据不同的成像目标对镜头的焦距进行自动调整，从而确保在多种应用环境下均能实现精确焦距。

CCD 相机一般采用差分式对比传递函数方式进行自动调焦。这种方式通过提取图信号中的高频分量作为调焦的评价函数。图 2-35 为典型的自动调焦系统原理框图，由物镜 L、分光棱镜 P、线阵图像传感器 CCD（A）和 CCD（B）、CCD 驱动器、信号处理电路、微型处理器、步时电机及驱动电路构成。其中，CCD（A）和 CCD（B）分别放在焦平面的前部（A 点）和后部（B 点），与焦平面相距一个小间隔Δ。分光棱镜使同一视场的光分离，而后分别被 CCD（A）和 CCD（B）所接收。当两路 CCD 信号中的高频成分相等时，即表示对焦。不相等时则表示离焦。同时，根据两路 CCD 输出信号中的高频分量的大小，可直接判断是前离焦还是后离焦。

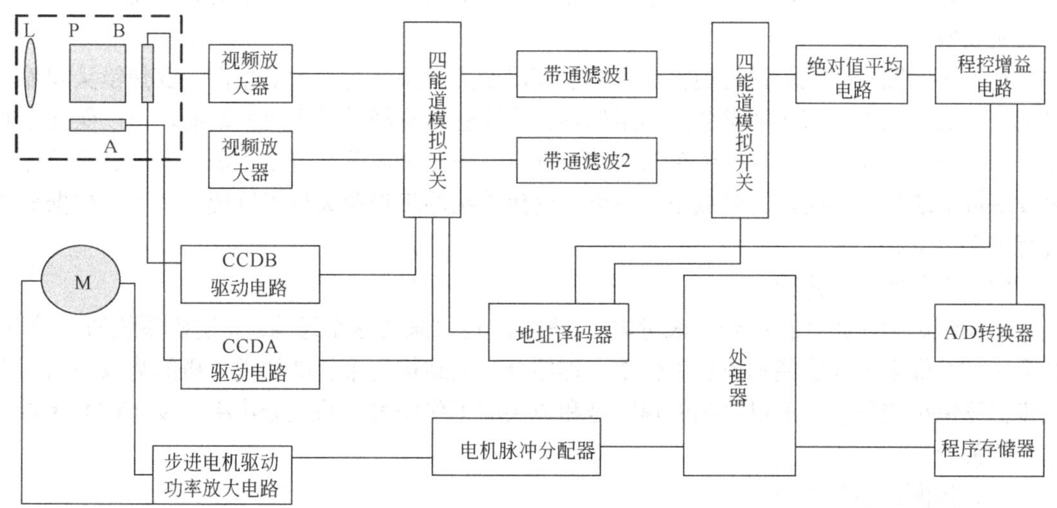


图 2-35　自动调焦系统原理框图

### 2.2.5　镜头的选择

合适的镜头选择对于机器视觉能否发挥应有的作用是非常重要的。镜头的选择过程，是将镜头各项参数逐步明确化的过程。作为成像器件，镜头通常与光源、相机一起构成一个完整的图像采集系统，因此镜头的选择受到整个系统要求的制约。一般地可以按以下几个方面来进行分析考虑。

系统若想完全发挥其功能，镜头必须要能够满足要求才行。当为控制系统选择镜头的时候，机器视觉集成商应该考虑四个主要因素：可以检测物体类别和特性；景深或者焦距；加载和检测距离；运行环境。

分析这四个因素，可以针对具体应用确定合适的镜头选择。

（1）波长、变焦与否

镜头的工作波长和是否需要变焦是比较容易先确定下来的，成像过程中如果需要改变放大的倍率，可以采用变焦镜头，否则采用定焦镜头。

关于镜头的工作波长，常见的是可见光波段，也有其他波段。是否需要另外采取滤光措施？单色光还是多色光？能否有效避开杂散光的影响？把这几个问题考虑清楚，综合衡量后再确定镜头的工作波长。

（2）特殊要求优先考虑

结合实际的应用特点，可能会有特殊的要求，应该先予明确下来。例如是否有测量功能，是否需要使用远心镜头，成像的景深是否很大等。景深往往不被重视，但是它却是任何成像系统都必须考虑的。

景深是指由探测器移动引起的可以接受的模糊范围。光学系统的性能取决于允许的图像模糊程度，模糊可能源于物体平面或者图像平面的位置漂移。景深效果（DOF）是指由于物体移动导致的模糊。DOF是完全在焦距范围内最大的物体深度，它也是保持理想对焦状态下物体允许的移动量（从最佳焦距前后移动）。当物体的放置位置比工作距离近或者远的时候，它就位于焦外了，这样解析度和对比度都会受到不好的影响。出于这个原因，DOF同指定的分辨率和对比度相配合。当景深一定的情况下，DOF可以通过缩小镜头孔径来变大，同时也需要光线增强。

在很多情况下，比如说管道检测，可以使用变焦镜头获得较大的景深。变焦镜头和缩放镜头很类似，应用在需要经常变换焦距的场合。这些镜头经常是电机驱动的，可以保证在对焦平面上平滑移动。使用这样的镜头，整个管道、每一个环节都可以扫描到，通过调整焦距来发现每个缺陷。然而，同缩放镜头不通，变焦镜头的工作距离也可以变化，可以根据需要进行重新定位。

（3）工作距离、焦距

工作距离和焦距往往结合起来考虑。一般地，可以采用这个思路：先明确系统的分辨率，结合 CCD 像素尺寸就能知道放大倍率，再结合空间结构约束就能知道大概的物像距离，进一步估算镜头的焦距。所以镜头的焦距是和镜头的工作距离、系统分辨率（及 CCD 像素尺寸）相关的。

（4）像面大小和像质

所选镜头的像面大小要与相机感光面大小兼容，遵循“大的兼容小的”原则——相机感光面不能超出镜头标示的像面尺寸——否则边缘视场的像质不保。

像质的要求主要关注MTF和畸变两项。在测量应用中，尤其应该重视畸变。

（5）光圈和接口

镜头的光圈主要影响像面的亮度。但是现在的机器视觉系统中，最终的图像亮度是由很多因素共同决定的：光圈、相机增益、积分时间、光源等。所以，为了获得必要的图像亮度有比较多的环节供调整。

镜头的接口指它与相机的连接接口，它们两者需匹配，不能直接匹配就需考虑转接。

（6）成本和技术成熟度

如果以上因素考虑完之后有多项方案都能满足要求，则可以考虑成本和技术成熟度，进行权衡择优选取。

例如，要给硬币检测成像系统选配镜头，约束条件：相机CCD 2/3in，像素尺寸4.65μm，C口。工作距离大于200mm，系统分辨率0.05mm。光源采用白色LED光源。

基本分析如下。

① 与白色LED光源配合使用的，镜头应该是可见光波段。没有变焦要求，选择定焦镜头就可以了。

② 用于工业检测，其中带有测量功能，所以，所选镜头的畸变要求小。

③ 工作距离和焦距。

成像的放大率 $PMAG = 4.65/(0.05\text{x}1000) = 0.093$；

焦距 $f' = L \times M/(M+1) = 200 \times 0.093/1.093 = 17\text{mm}$;

物距要求大于200mm，则选择的镜头要求焦距应该大于17mm。

④ 选择镜头的像面应该不小于 CCD 尺寸，即至少 2/3 in。

⑤ 镜头的接口要求是 C 口，能配合相机使用。光圈暂无要求。

从以上几方面的分析计算可以初步得出这个镜头的“轮廓”：焦距大于 17mm，定焦，可见光波段，C 口，至少能配合 2/3inCCD 使用，而且成像畸变要小。按照这些要求，可以进一步的挑选，如果多款镜头都能符合这些要求，可以择优选用。

# 2.3　图像采集卡的原理及种类

## 2.3.1　概述

图像采集卡（Image Grabber）又称为图像卡，它将摄像机的图像视频信号，以帧为单位，送到计算机的内存和 VGA 帧存，供计算机处理、存储、显示和传输等使用。在机器视觉系统中，图像卡采集到的图像，供处理器作出工件是否合格、运动物体的运动偏差量、缺陷所在的位置等处理。图像采集卡是机器视觉系统的重要组成部分，如图 2-36 所示。图像经过采样、量化以后转换为数字图像并输入、存储到帧存储器的过程，就叫做采集、数字化。由于图像视频信号所带有的信息量非常大，所以图像无论是采集、传输、转换还是存储，都要求速度够高的图像信号传输速度，通用的传输接口不能满足要求，因此需要图像采集卡。

图 2-36　图像采集卡

一般图像采集卡都是连接在台式机的 PCI 扩展槽上，就是显卡旁边的插槽，经过高速 PCI 总线能够直接采集图像到 VGA（Video Graphics Array）显存或主机系统内存，不仅可以使图像直接采集到 VGA，实现单屏工作方式，而且可以利用 PC 机内存的可扩展性，实现所需数量的序列图像逐帧连续采集，进行序列图像处理分析。此外，由于图像可直接采集到主机内存，图像处理可直接在内存中进行，因此图像处理的速度随 CPU 速度的不断提高而提高，使得对主机内存的图像进行并行实时处理成为可能。

在电脑上通过图像采集卡可以接收来自视频输入端的模拟视频信号，对该信号进行采集、量化成数字信号，然后压缩编码成数字视频。大多数图像采集卡都具备硬件压缩的功能，在采集视频信号时首先在卡上对视频信号进行压缩，然后再通过 PCI 接口把压缩的视频数据传送到主机上。一般的 PC 视频采集卡采用帧内压缩的算法把数字化的视频存储成 AVI 文件，高档一些的视频采集卡还能直接把采集到的数字视频数据实时压缩成 MPEG-1 格式的文件。由于模拟视频输入端可以提供不间断的信息源，视频采集卡要采集模拟视频序列中的每帧图像，并在采集下一帧图像之前把这些数据传入 PC 系统。因此，实现实时采集的关键是每一帧所需的处理时间。如果每帧视频图像的处理时间超过相邻两帧之间的相隔时间，则要出现数据的丢失，也即丢帧现象。采集卡都是把获取的视频序列先进行压缩处理，然后再存入硬盘，也就是说视频序列的获取和压缩是在一起完成的，免除了再次进行压缩处理的不便。不同档次的采集卡具有不同质量的采集压缩性能。

当图像采集卡的信号输入速率较高时，需要考虑图像采集卡与图像处理系统之间的带宽问题。在使用 PC 时，图像采集卡采用 PCI 接口的理论带宽峰值为 132MB/s。在实际使用中，PCI 接口的平均传输速率为 50～90MB/s，有可能在传输瞬间不能满足高传输率的要求。为了避免与其他 PCI 设备产生冲突时丢失数据，图像采集卡上应有数据缓存。一般情况下，2MB 的板载存储器可以满足大部分的任务要求。

与用于多媒体领域的图像采集卡不同，用于机器视觉系统的图像采集卡需实时完成高速、大数据量的图像数据处理，因而具有完全不同的结构。在机器视觉系统中，图像采集卡必须与相机协调工作，才能完成特定的图像采集任务。除完成常规的 A/D 转换任务以外，应用于机器视觉系统的图像采集卡还应具备以下功能：

① 接受来自数字相机的高速数据流，并通过 PC 总线高速传输至机器视觉系统的内存；

② 为了提高数据率，许多相机具有多个输出信道，使几个像素可以并行输出。此时，需要图像采集卡对多信道输出的信号进行重新构造，恢复原始图像；

③ 对相机及机器视觉系统中的其他模块（如光源等）进行功能控制。

### 2.3.2 图像采集卡的基本原理与技术参数

图像采集卡种类很多，并且其特性、尺寸及类型各不相同，但其基本结构大致相同。图 2-37 为图像采集卡的基本组成模块，每一模块（级）用于完成特定的任务。下面介绍各个部分的主要构成及功能。其中，相机视频信号由多路分配器色度滤波器输入。

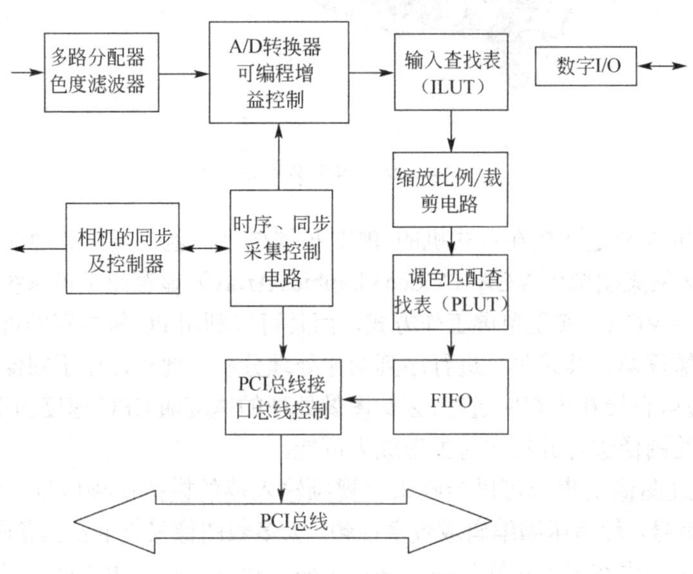


图 2-37　图像采集卡的基本组成模块

① 视频输入模块：作为图像采集卡的前端，视频输入模块是直接与视频源（相机）相连的部分。大部分图像采集卡提供了内置的多路分配器（multiplexer）。多路分配器是一种电子开关，允许用户将多路视频信号连接至同一图像采集卡。另外，多数单色图像采集卡均包含色度滤波器，这种设置避免了信号中的彩色部分产生干扰图案，使图像采集卡可在彩色图像信号中采集黑白信号。色度滤波器去除了彩色信息，有利于图像的精确采集与分解。经过视频输入模块后，视频信号输入至图像采集卡的 A/D 转换模块。

② A/D 转换模块：A/D 转换模块为图像采集卡的核心部分，它与时序和采集控制模块（第三模块）密切相关。A/D 转换模块将输入的模拟视频信号转换为计算机可以识别的数字信号。因为这种转换必须是实时的，因此必须采用专用的高速视频 A/D 转换器。根据图像采集卡的时序、同步电路及转换精度不同，这种 A/D 转换器的速度一般达到 20MHz 或更高。

③ 时序及采集控制模块：时序和采集控制模块包括图像采集卡中整个时序、同步、采集控制电路。其中，时序电路用于以固定频率（适用于标准视频格式）或可变频率（非标准视频格式）的操作。时序电路直接与图像采集卡的同步电路相连。为使图像采集卡的时序电路与输入视频信号同步，同步电路采用了模拟锁相环（PLL）电路或数字电路时钟同步（DCS）电路。

④ 图像处理模块：本模块对 A/D 转换后的数字信号进行处理。查找表（LUT），也称为格式化 RAM，主要用于图像数据的处理。它一般由两部分构成：输入查找表（Input Look-up Tables）和调色匹配查找表。输入查找表主要用于实时转换数据图像，或对数据图像灰度进行转换。尽管这些操作可通过软件方法由主机来完成，但通过图像采集卡的硬件可以获得更快的处理速度。调色匹配查找表常用于黑白图像采集卡，用以控制主机的彩色调色板，以避免软件应用中黑白图像的失真。

⑤ PCI 总线接口及控制模块：本模块主要通过 PCI 总线完成数字图像数据的传输。根据设计结构的不同，PCI 总线接口控制可以是总线控制器，也可以是从控制器。对于机器视觉的应用，总线控制器需处理大量图像数据，并确保拥有足够的带宽。总线控制器应用了 burst 模式，使传输速率可达到 132Mbytes/s。

⑥ 相机控制模块：本模块提供相机的设置及其控制信号，包括水平/垂直同步信号，像素时钟及复位信号等。以上所有信号均应符合相机的输入/输出格式。依据不同的应用需求，这些信号可支持多种类型的相机。

⑦ 数字输入/输出模块：本模块允许图像采集卡通过 TTL 信号与外部装置进行通信，用于控制和响应外部事件。此功能常用于工业应用。

图像采集卡的技术参数有：

a. 图像传输格式：格式是视频编辑最重要的一种参数，图像采集卡需要支持系统中相机所采用的输出信号格式。在数字相机中，IEEE1394、USB2.0 和 CameraLink 几种图像传输形式则得到了广泛应用。

b. 图像格式（像素格式）：对于黑白图像，通常情况下，图像灰度等级可分为 256 级，即以 8 位表示。如果对图像灰度有更精确要求，可用 10 位、12 位等来表示；对于彩色图像，可由 RGB(YUV)3 种色彩组合而成，根据其亮度级别的不同有 8-8-8、10-10-10 等格式。

c. 传输通道数（Channel）：当相机以较高速率拍摄高分辨率图像时，会产生很高的输出速率，这一般需要多路信号同时输出，图像采集卡应能支持多路输入。一般情况下，有 1 路、2 路、4 路、8 路输入等。随着科技的不断发展和行业的不断需求，路数更多的采集卡也将出现。

d. 分辨率：采集卡能支持的最大点阵反映了其分辨率的性能。一般采集卡能支持 768×576 点阵，而性能优异的采集卡其支持的最大点阵可达 64K×64K。单行最大点数和单帧最大行数也可反映采集卡的分辨率性能。

e. 采样频率：采样频率反映了采集卡处理图像的速度和能力。在进行高速度图像采集时，需要注意采集卡的采样频率是否满足要求。目前高档的采集卡的采样频率可达 65MHz。

f. 传输速率：指图像由采集卡到达内存的速度。主流图像采集卡与主板间都采用 PCI 接口，理论传输速度为 132MB/s，PCI-E、PCI-X 是更高速的总线接口。

### 2.3.3 图像采集卡分类

图像采集卡种类繁多，可以按多种分类方式进行分类：按照视频信号源，分为数字采集卡（使用数字接口）和模拟采集卡；按照安装连接方式，分为外置采集卡（盒）和内置式板卡；按照视频压缩方式，分为软压卡（消耗 CPU 资源）和硬压卡；按照视频信号输入输出接口，分为 1394 采集卡、USB 采集卡、HDMI 采集卡、DVI/VGA 视频采集卡、PCI 视频卡；按照其性能作用，分为电视卡、图像采集卡、DV 采集卡、电脑视频卡、监控采集卡、多屏卡、流媒体采集卡、分量采集卡、高清采集卡、笔记本采集卡、DVR 卡、VCD 卡、非线性编辑卡（简称非编卡）；按用途可分为广播级图像采集卡、专业级图像采集卡、民用级图像采集卡，它们档次的高低主要是采集图像的质量不同。

本文将按照图像采集卡的主要特性、图像采集卡的用途、图像采集卡的使用范围等方式，对其进行划分。

（1）按图像采集卡的主要特性划分

1）彩色图像采集卡与黑白图像采集卡

根据系统中相机的类型，图像采集卡也相应地分为彩色图像采集卡和黑白图像采集卡。但是，彩色图像采集卡也可以采集同灰度级别的黑白图像，黑白图像采集卡却不可以用于彩色图像的采集。

2）模拟图像采集卡与数字图像采集卡

模拟图像采集卡需要经过 A/D 转换模块把模拟信号转换为数字信号后进行传输，在一定程度上会影响图像质量。而数字图像采集卡只是把数字相机采集好的图像数据进行传输处理，对图像不会造成影响。模拟采集卡和模拟相机一般用于电视摄像和监控领域，具有通用性好、成本低的特点，但一般分辨率较低、采集速度慢，而且在图像传输中容易受到噪声干扰，导致图像质量下降，只用于对图像质量要求不高的视觉系统与数字摄像机配套使用的图像采集卡。目前现场广泛应用的相机是模拟信号相机，与此相应所采用的图像采集卡也是模拟图像采集卡。模拟图像采集卡上设有 A/D 转换芯片，其对输入信号以 4∶2∶2 格式进行采样，然后进行量化，一般对 RGB 各 8 位量化，则传入的视频信号转换为数字图像信号。

3）面阵图像采集卡和线阵图像采集卡

与面阵相机配套的采集卡是面阵图像采集卡，其一般不支持线阵相机。配合线阵相机使用的是线阵图像采集卡。支持线阵相机的图像采集卡往往也支持面阵相机。

（2）按图像采集卡的用途划分

① 广播级图像采集卡。此类采集卡的特点是采集的图像分辨率高，支持高清和标准图像的采集，图像信噪比高。缺点是图像文件所需硬盘空间大。每分钟数据量至少要消耗 200MB，广播级模拟信号采集卡都带分量输入输出接口，多用于录制电视台所制作的节目。

② 专业级图像采集卡。它的档次比广播级的性能稍微低一些，分辨率两者是相同的，但压缩比稍微大一些，其最小的压缩比一般在 6∶1 以内，输入输出接口为 AV 复合端子与 S 端子，此类产品适用于多媒体软件应用。

③ 民用级图像采集卡。它的动态分辨率一般较低，包括带采集功能的电视卡、1394 卡和一些价格低廉的图像卡等。此类卡绝大多数不具有图像输出和上传功能。

### 2.3.4 数据采集

（1）线阵相机的数据采集

线阵相机输出的是以转换脉冲为周期的时序调幅信号。在对线阵相机输出信号进行数据采集时，可采用具有内部静态存储器的数据采集卡，通过 PC 的扩展槽与计算机总线操作完成数据的采集以及 PC 的接口。

线阵相机输出信号的采集原理框图如图 2-38 所示。线阵相机输出的视频信号输入至采集卡的模拟信号输入端，同步脉冲 $\phi_c$ 及像素同步脉冲 SP 分别输入至同步控制器，使同步控制器与相机输出同步；同步控制器接收计算机软件及地址译码器产生的控制命令，产生与像素同步的启动 A/D 脉冲，A/D 转换器在相机输出像素的有效时间内进行 A/D 转换；转换结束后，转换器产生结束信号脉冲并送回至同步控制器，同时将三态数据送到 A/D 数据线上；同步控制器接收到转换完的信号后，产生写脉冲，写脉冲分别作用于 A/D 转换器与存储器，使 A/D 转换器的三态数据线有效，并将其写入地址计数器所指定的存储空间；数据存储后给地址计数器送一个计数脉冲使其加一；而后，同步控制器再接收下一个 SP 信号，进行下一个 CCD 像素的信号转换；经过 $N$ 次转换后（$N$ 为线阵 CCD 的总像素数），地址计数器产生溢出信号；同步控制器得到溢出信号后，通知计算机线阵相机的一行信号已转换、存储完毕；PC 通过软件控制同步控制器，将存储器内的数据读入至 PC 的内存。

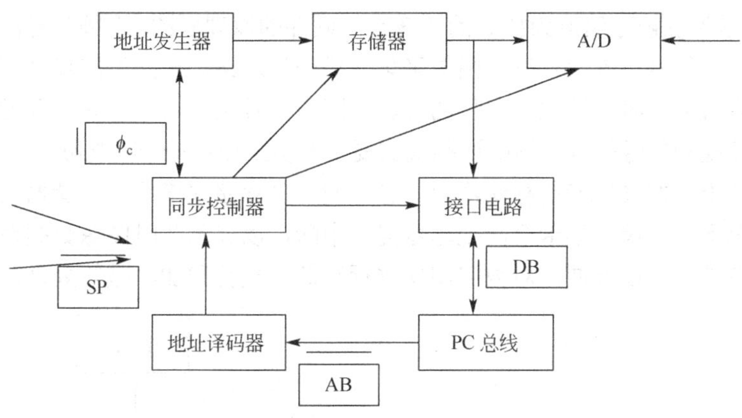


图 2-38　线阵相机的数据采集原理图

（2）面阵相机的数据采集

面阵相机所输出的信号一般为以一定电视制式的具有行、场同步的全电视信号，又称为电视信号。视频信号由于其结构的差异形成多种电视制式，如 PAL、NTSC、SECAM 以及非标准制式等。视频信号的数据采集及其计算机接口方式较多。

1）以帧存储为核心的图像采集卡

以帧存储为核心的图像采集系统较以计算机图像处理与运算设备为核心的图像处理系统有了很大的进步。图 2-39 是以存储器（或者存储体）为核心的图像采集系统框图。其中，图像输入设备的主要任务是将图像信息转换为运算处理所需要的数字信号，其中包含有高速采样与模数转换等环节；图像输出设备的目的是将处理过的图像数据转换为人能理解的形式，可分为硬拷贝和软拷贝两种形式；图像处理系统的软件主要包括输入、输出、存储器管理和处理程序四部分；同步逻辑与控制电路是整个系统的神经中枢，主要用于协调各部分的工作；系统可工作于内同步方式，也可工作于外同步方式；在外同步时，由外同步信号锁定内部时钟和控制电路。系统还可以控制采集窗口（如一行采集多少像素，一帧采集几行等），由它产生的串行口读写控制时序，计算机可通过接口电路访问控制/状态寄存器，实现对系统硬件工作方式的控制；整个系统的接口由三部分组成，即控制寄存器接口、存储器映射接口和输入输出查找表接口。

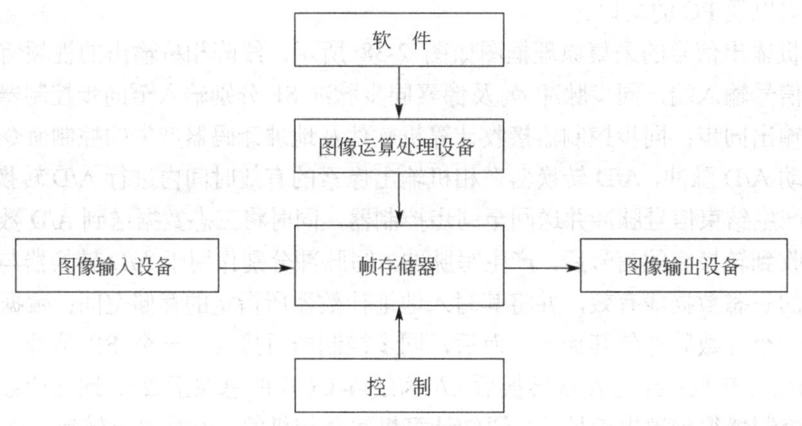


图 2-39　以存储器为核心的图像采集系统框图

图 2-40 所示为以帧存储器为核心的图像卡的硬件的原理框图。视频信号源一般为面阵相机输出的复合视频信号；该信号进入图像采集卡后分为两路，一路经同步分离器分出行、场同步信号，使之与卡内时序发生器产生的行、场同步信号保持同相关系，并通过控制电路使卡上的各单元按视频信号的行、场电视制式的要求同步工作；另一路视频信号被 A/D 转换器数字化，并存储于图像采集卡的存储器内。当一帧信号存储完毕后，存储器被切换至计算机总线。通常情况下，图像采集卡会向处理器提出中断，以提示此时图像数据对计算机有效。在软件作用下图像卡可以方便地对数字图像进行存储、检验和加、减等处理。

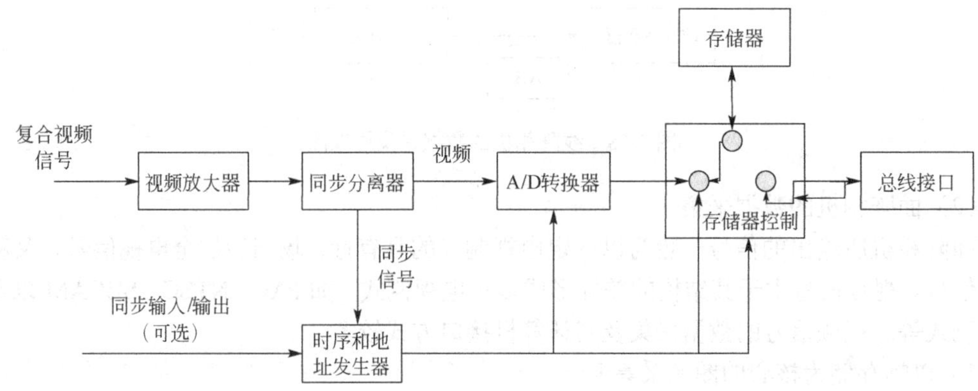


图 2-40　以帧存储器为核心的图像采集卡的硬件原理框图

2）基于 PCI 总线的图像采集卡

近年来，数字视频技术得到了快速的发展。数字视频产品通常需要对动态图像进行实时的采集和处理，因此产品性能受图像采集性能的影响很大。由于早期图像采集卡是以帧存储器为核心，处理图像时需要读写帧存，对于动态画面还需要“冻结”图像，同时由于数据传输速率受限制，图像处理速度缓慢。

英特尔（Intel）公司于 1991 年提出了 PCI(Peripheral Component Interconnect)局部总线规范。PCI 总线支持 33MHz 的时钟频率，数据带宽达到 32 位，可扩展 64 位。传输带宽达到 133MB/s (33MHz × 32bit/s)到 264MB/s，设备间可通过局部总线完成数据的快速传输，从而较好地解决了数据瓶颈的问题。由于 PCI 总线的高速度，使基于 PCI 总线的图像采集卡成为市场中的主流产品。

### 2.3.5 与图像采集卡相关的技术名词

（1）DMA

DMA（Direct Memory Access）是一种总线控制方式，它可取代 CPU 对总线的控制，在数据传输时根据数据源和目的的逻辑地址和物理地址映射关系，完成对数据的存取，这样可以大大减轻数据传输时 CPU 的负担。

（2）LUT（Look-Up Table）

对于图像采集卡来说，LUT 实际上就是一张像素灰度值的映射表，它将实际采样到的像素灰度值经过一定的变换如阈值、反转、二值化、对比度调整、线性变换等，变成了另外一个与之对应的灰度值。这样可以起到突出图像的有用信息，增强图像的光对比度的作用。很多 PC 系列卡具有 8/10/12/16 甚至 32 位的 LUT，具体在 LUT 里进行什么样的变换是由软件来定义的。

（3）Planar Converter

Planar Converter 能从以 4 位表示的彩色像素值中将 R、G、B 分量提取出来，然后在 PCI 传输时分别送到主机内存中三个独立的 Buffer 中，这样可以方便在后续的处理中对彩色信息的存取。在有些采集卡(如 PC2Vision)中，它也可用于在三个黑白相机同步采集时将它们各自的像素值存于主机中三个独立的 Buffer 中。

（4）Decimation

Decimation 实际上是对原始图像进行子采样，如每隔 2、4、8、16 行(列)取一行(列)组成新的图像。Decimation 可以大大减小原始图像的数据量，同时也降低了分辨率，有点类似于相机的 Binning。

（5）PWG

PWG（Programmable Window Generator）是指在获取的相机原始图像上开一个感兴趣的窗口，每次只存储和显示该窗口的内容，这样也可以在一定程度上减少数据量，但不会降低分辨率。一般采集卡都有专门的寄存器存放有关窗口大小、起始点和终点坐标的有关数据，这些数据都可通过软件设置。

（6）非破坏覆盖（Resequencing）

Resequencing 可以认为是一种对多通道或不同数据扫描方式的相机所输出数据的重组能力，即将来自 CCD 靶面不同区域或像素点的数据重新组合成一幅完整的图像。

（7）Non-destructive overlay

overlay 是指在视频数据显示窗口上覆盖的图形（如弹出式菜单、对话框等）或字符等非视频数据。Non-destructive overlay，即“非破坏性覆盖”是相对于“破坏性覆盖”来说的，“破坏性覆盖”指显示窗口中的视频信息和覆盖信息被存放于显存中的同一段存储空间内，而“非破坏性覆盖”指视频信息与覆盖信息分别存放于显存中两段不同的存储空间中，显示窗口中所显示的信息是这两段地址空间中所存数据的叠加。如果采用“破坏性覆盖”，显存中的覆盖信息是靠 CPU 来刷新的，这样既占 CPU 时间，又会在实时显示时由于不同步而带来闪烁，如果采用“非破坏性覆盖”则可消除这些不利因素。

（8）PLL、XTAL 和 VScan，模拟采集卡的三种不同工作模式

① PLL（Phase Lock Loop）模式：相机向采集卡提供 A/D 转换的时钟信号，此时钟信号来自相机输出的 Video 信号，HS 和 VS 同步信号可以有三种来源：composite video，composite sync，separate sync。

② XTAL 模式：图像采集卡给相机提供时钟信号以及 HD/VD 信号，并用提供的时钟信号作为 A/D 转换的时钟，但同步信号仍可用相机输出的 HS/VS。

③ VScan 模式：由相机向采集卡提供 Pixel Clock 信号、HS 和 VS 信号。

## 2.4 图像数据的传输方式汇总及比较

机器视觉是一门综合性很强的学科，在具体工程应用中，整体性能的好坏由多方面因素决定，其中信号传输方式就是一项很重要的因素。图像数据的传输方式总体来说可分为以下两种。

（1）模拟（Analog）传输方式

如图 2-41 所示，首先，相机得到图像的数字信号，再通过模拟方式传输给采集卡，而采集卡再经过 A/D 转换得到离散的数字图像信息。RS-170（美国）与 CCIR（欧洲）是目前模拟传输的两种串口标准。模拟传输目前存在两大问题：信号干扰大和传输速度受限。因此目前机器视觉信号传输正朝着数字化的传输方向发展。

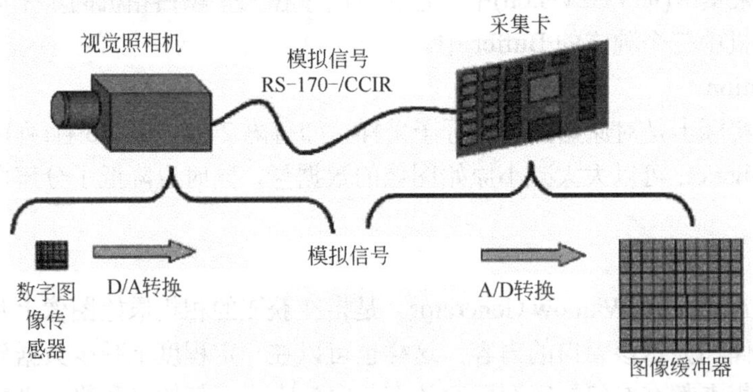


图 2-41　模拟（Analog）传输方式

（2）数字化传输方式（Digital）

数字化传输方式，是将图像采集卡集成到相机上。由相机得到的模拟信号先经过图像采集卡转化为数字信号，然后再进行传输。如图 2-42 所示。

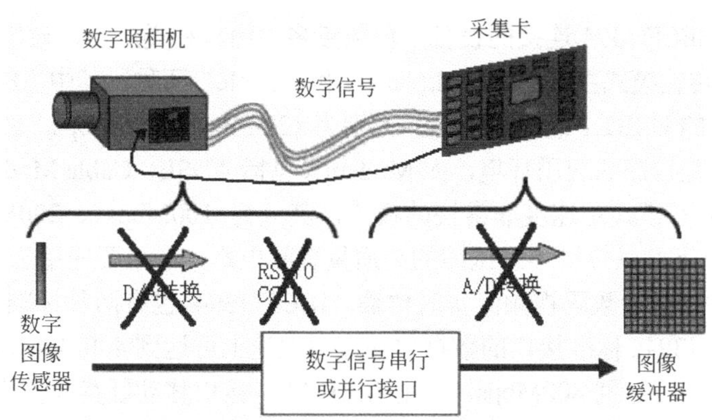


图 2-42　数字化（Digital）传输方式

归纳一下，图像数据的具体传输方式一般有以下几种。

（1）IEEE 1394

IEEE 1394 接口标准最早是由 Apple 公司开发的，最初称之为 FireWire（火线），是一种与平台无关的串行通信协议。IEEE 1394 是一个高速、实时串行的标准，是一种纯数字接口，不必将数字信号转换成模拟信号，造成无谓的损失。它支持不经 HUB（集线器）的点对点的连接，最多允许 63 个相同速度的设备连接到同一总线上，最多允许 1023 条总线相互连接。因为它可以进行点对点连接，所以各连接节点上设备都是在相同位点，相当于局域网络拓扑结构中的“对等网”一样，而不是像“客户/服务器”（C/S）模式。

IEEE 1394 端子方面，可分为小型 4 针和标准 6 针两种型号。两者不同之处在于是否有专门的电源线。采用 4 针端子的设备，由于 4 针接口不提供电源线，也就没有提供电源的功能；采用 6 针端子的设备可以通过 IEEE 1394 供电，在 6 芯线电缆中，两条线为电源线，可向被连接的设备提供电源，其他四条线被包装成两对双绞线，用来传输信号，如图 2-43 所示。电源的电压为 8～40V 直流，最大电流 1.5A。像数码相机之类的低功耗设备可以从总线电缆内部取得动力，而不必为每台设备配置独立的供电系统。在 IEEE 1394 技术标准中，数据是通过双绞线以数据包的方式进行传送的，其中数据包包含了传送的数据信息和相应设备的地址信息。由于现在有 4 针转 6 针的连接线，因此即使端子不同也可以作为相同的 IEEE 1394 端子使用。

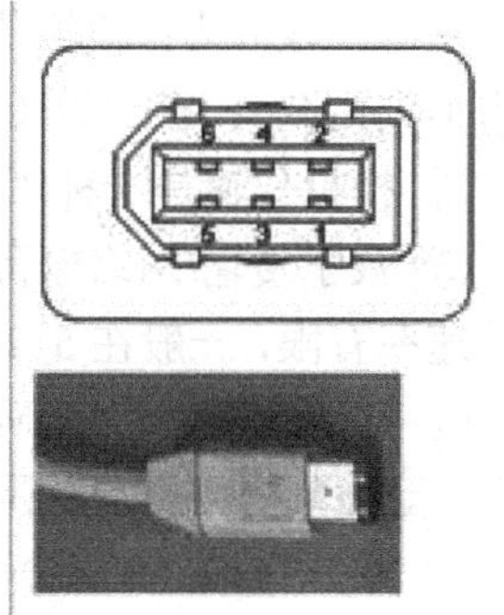


图 2-43　IEEE 1394 6 针端子

通常每一个支持IEEE 1394标准的设备都具有输入和输出接口，这样用户可以采用节点串联的方式一次性连接最多可达 63 个不同的设备。IEEE 1394 标准通过所有连接设备建立起一种对等网络，而不需要由网络中的某一个节点来控制整个网络中的数据流。因此，与 USB 技术不同，IEEE 1394 不要求 PC 端作为所有接入外设的控制器，不同的外设可以直接在彼此之间传递信息。此外，采用 IEEE 1394 技术，两台 PC 还可以共享使用同一个外设，这是 USB 或其他任何输入输出协议都无法实现的。IEEE 1394 在一个端口上最多可以连接 63 个设备，设备间采用树形或菊花链结构。设备间电缆的最大长度是 4.5m，采用树形结构时可达 16 层，从主机到最末端外设总长可达 72m。最新的 IEEE 1394b 标准可以实现 100m 范围内的设备互连。IEEE 1394 连接的设备不仅数量多，而且种类广泛，通用性强。

IEEE 1394 的传输模式主要有“Backplane”和“Cable”两种，其中“Backplane”模式最小的速率也比现行的 USB1.1 最高速率高，分别为 12.5Mbps 、25Mbps、50Mbps，可以用于多数的带宽要求不是很高的应用环境，如 Modem（包括 ADSL、Cable Modem）、打印机、扫描仪等；而“Cable”模式是速度非常快的模式，其分为 100Mbps 、200Mbps 和 400Mbps 几种，在 200Mbps 下可以传输不经压缩的高质量资料电影，这主要应用于一些数码设备中，因为这些设备通常要进行数码视频流实时传输。IEEE 1394 也有两种标准：IEEE 1394a 和 IEEE 1394b；IEEE 1394a 标准接口的数据传输速率理论上可达到 400Mbps；IEEE 1394b 接口的传输速率理论上则可达到 800Mbps。目前 IEEE 1394 接口移动硬盘盒基本上是 IEEE 1394a 标准，一般采用 OXFW911 芯片。

总线采用 64 位的地址宽度（16 位网络 ID，6 位节点 ID，48 位内存地址），将资源看做寄存器和内存单元，可以按照 CPU 内存的传输速率进行读/写操作，因此具有高速的传输能力。对于高品质的多媒体数据，可实现“准实时”传输。

任何两个支持 IEEE 1394 的设备可以直接连接，不需要通过计算机控制。例如，在计算机关闭的情况下，仍可以将 DVD 播放机与数字电视连接起来。支持即插即用，不必关机即可动态配置外部设备。增加或拆除外设后，IEEE 1394 会自动调整拓扑结构，重设各种外设网络状态。

但是，IEEE 1394 标准的缺点主要体现在以下两个方面。

① 成本高、应用范围窄；由于没有 PC 机主板芯片组直接对 IEEE 1394 技术提供支持，要实现它必须靠外接控制芯片，这样无疑大大提高了 PC 机产品成本，所以在普通 PC 中还很少见到可以支持 IEEE 1394 标准，但是在服务器和笔记本电脑中却在流行。其他设备同样是基于这样一个原因，对 IEEE 1394 的支持也不多，目前只有一些高档数码相机与 MP3 等一些使用高带宽的设备使用 IEEE 1394。其他比较廉价的设备很少见，如光驱、Modem 等。

② 占用系统资源高；IEEE 1394 总线需要占用大量的资源，所以在 PC 中实现对 IEEE 1394 标准的支持，则需要 PC 具备高速度的 CPU，这也是在 PC 中很难实现对它的支持的重要原因之一。

（2）无线传输方式

在数据传输方面，无线传输也是一个非常重要的方式。目前，无线图像传输所采用的技术体制可大致分为：模拟传输、数字传输/网络电台、GSM/GPRS、CDMA、数字微波（大部分为扩频微波）、WLAN（无线网）、COFDM（正交频分复用）等。

① 模拟传输是一种“古老”的技术，基本处于被淘汰的阶段，在此不再详细论述。

② 数字传输/网络电台价格低，大多采用跳频扩频技术，但本质上为单载波调制；有效传输速率有限，一般在 512Kbps 以下，图像的分辨率和帧速都很低，无法保证图像的实时性。

③ GSM/GPRS、CDMA 为移动通信公网技术，很成熟，但传输速率有限，保密机制不健全，受公共网络覆盖范围的限制，如建设专用网，其小区制覆盖将意味着极高的建设成本。

④ 数字微波（扩频微波）可以提供高速率链路，但均为单载波调制技术体制，仅仅在通视环境下应用，不能在阻挡环境中和移动中使用；且系统可靠性不高。

⑤ 无线网技术（802.11b）在物理层采用了直接扩频技术（DSSS），在理想的传输条件下，可以提供约 1～5.5Mbps 有效速率，但因其是单载波调制，受此局限，只能在通视环境下应用，不能在阻挡环境中和移动中使用。

⑥ 无线网技术（802.11a、802.11g）在物理层采用了 OFDM 多载波调制，但载波数量较少，如 802.11a 为 52 个子载波，而其频段是 5.8GHz。这样虽然其采用了 OFDM 多载波调制，但因其子载波少，频段高，在阻挡和移动环境下使用效果均不理想。它们只适用于办公室内无线局域网，定点用于室外需配置定向天线。COFDM（正交频分复用）调制技术是最新的无线传输技术，它是多载波调制技术，子载波数量达到 1704 载波（2K 模式），它真正在实际使用中实现了"抗阻挡"、"非视距"、"动中通"的高速数据传输（1～15Mbps）。

（3）USB 传输方式

USB 是英文 Universal Serial Bus 的缩写，中文含义是"通用串行总线"。它是一种应用在 PC 领域的新型界面技术。早在 1995 年，就已经有 PC 机带有 USB 接口了，但由于缺乏软件及硬设备的支持，这些 PC 机的 USB 接口都闲置未用。1998 年后，随着微软在 Windows 98 中内置了对 USB 接口的支持模块，加上 USB 设备的日渐增多，USB 接口才逐步走进了实用阶段。

目前 USB 设备虽已被广泛应用，但最初比较普遍的却是 USB1.1 接口，它的传输速度仅为 12Mbps。用户的需求，是促进科技发展的动力。COMPAQ、Hewlett Packard、Intel、Lucent、Microsoft、NEC 和 PHILIPS 这 7 家厂商联合制定了 USB 2.0 接口。USB3.0 标准也已成为下一代接口设备接口的重要趋势。

USB 的传输速度不及 IEEE 1394，但也具有很多优点。

① 可以热插拔。

② 携带方便。

③ 标准统一。

④ 可以连接多个设备，最高可连接至 127 个设备。

（4）Camera Link 传输方式

Camera Link 是适用于视觉应用数字相机与图像采集卡间的通信接口。在 Careera Link 标准出现之前，业界有一些标准（如较流行的 IEEE-1394 接口）作为一种数据传输的技术标准。IEEE-1394 被应用到众多的领域，数字相机、摄像机等数字成像领域也有很广泛的应用。IEEE-1394 接口具有廉价、速度快、支持热拔插、数据传输速率可扩展、标准开放等特点。但随着数字图像采集速度的提高、数据量的增大，原有的标准已无法满足需求。

Camera Link 就是专为机器视觉的高端应用设计的，其基础是美国 National Semiconductor 公司的驱动平板显示器的 Channel Link 技术，在 2000 年由几家专做图像卡和摄像机的公司联合发布，所以一开始就对接线、数据格式、触发、相机控制、高分辨率和帧频等作了考虑，对于机器视觉的应用提供了很多方便，例如数据的传输率非常高，可达 1GBits/s，输出的是数字格式，可以提供高分辨率、高数字化率和各种帧频，信噪比也得到改善；而且根据应用的要求不同，提供了基本（Base）、中档（Medium）、全部（Full）等支持格式，可以根据分辨率、速度等自由选择；图像卡和摄像机之间的通信采用了 LVDS(Low Voltage Differential Signaling，低压差分信号）格式，速度快而且抗噪较好；图像卡和摄像机之间使用专门的连接线，距离最远 10m；一般提供的是标准的 3m MDR26-pin 接线，数据传输速率最高可达 2.38Gbps。为了提高信号传输距离和精度，设计了由 FPGA 内部发出图像数据，并通过 FPGA 进行整体时序控制；输出接口信号转换成符合 Camera Link 标准的低电压差分信号（LVDS）进行传输。

Camera Link 是一种基于物理层的 LVDS 的平面显示解决方案。图 2-44 为 Camera Link

总线发送端与接收端的连接框图，也是该总线的基本模式。总线发送端，将 28 位并行数据转换为 4 对 LVDS 串行差分数据传送出去，还有一对 LVDS 串行差分数据线用来传输图像数据输出同步时钟；而总线接收端，将串行差分数据转换成 28 位并行数据，同时转换出同步时钟。这样不但减少了传输线的使用量，而且由于采用串行差分传输方式，还减少了传输过程中的电磁干扰。表为 Camera Link 的端口分配模式。

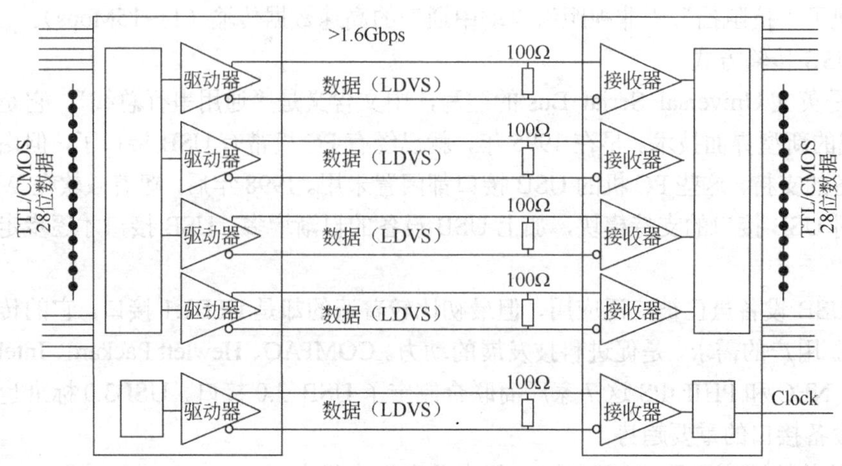


图 2-44　Camera Link 总线基本模式

高速数据采集系统的基本框图如图 2-45 所示。FPGA（Field－Programmable Gate Array，现场可编程门阵列）给相机发出控制信号，相机中的数据通过 Careera Link 接口传送到图像采集卡；数据由 FPGA 读入，缓存在 SDRAM 中。可以在 FPGA 中根据用户的需求实现高速的图像处理，根据图像处理的结果可以由 FPGA 完成用户所需的控制。图像采集卡通过 PCI 接口和计算机相连接，通过计算机可以配置图像采集卡和相机，计算机也可以从采集卡中获得图像处理数据。

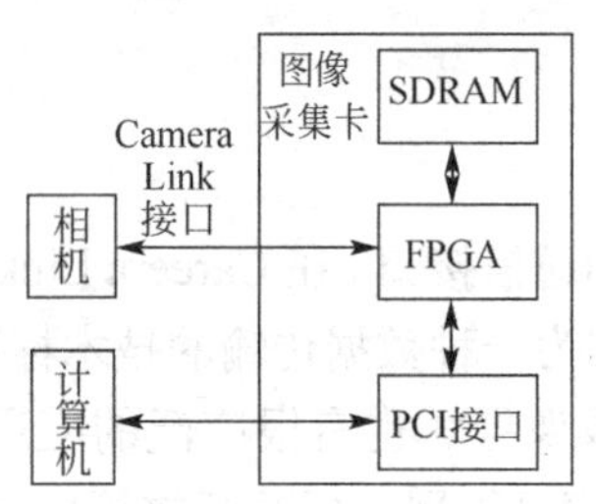


图 2-45　高速数据采集系统基本框图

Camela Link 总线标准规定，在完整模式下，最多可以使用 8 个端口(Port A～Port H)传输数据，每个端口为 8 位数据。其端口分配模式如表 2-6 所示。

**表 2-6　端口分配模式**

| 模式 | 支持端口 | 芯片数目/个 | MDR26 连接器数目/个 |
|---|---|---|---|
| Base | A,B,C | 1 | 1 |
| Medium | A,B,C,D,E,F | 2 | 2 |
| Full | A,B,C,D,E,F,G,H | 3 | 3 |

# 2.5　光源的种类与选型

机器视觉系统的核心是图像采集和处理。所有信息均来源于图像之中，图像本身的质量对整个视觉系统极为关键。而光源则是影响机器视觉系统图像质量的重要因素，照明对输入数据的影响至少占到 30%。

选择机器视觉光源时应该考虑的主要特性如下。

（1）亮度

当选择两种光源的时候，最佳的选择是选择更亮的那个。当光源不够亮时，可能有三种不好的情况会出现。第一，相机的信噪比不够；由于光源的亮度不够，图像的对比度必然不够，在图像上出现噪声的可能性也随即增大；其次，光源的亮度不够，必然要加大光圈，从而减小了景深；另外，当光源的亮度不够的时候，自然光等随机光对系统的影响会最大。

（2）光源均匀性

不均匀的光会造成不均匀的反射。均匀关系到三个方面。第一，对于视野，在摄像头视野范围部分应该是均匀的。简单地说，图像中暗的区域就是缺少反射光，而亮点就是此处反射太强了；第二，不均匀的光会使视野范围内部分区域的光比其他区域多，从而造成物体表面反射不均匀（假设物体表面对光的反射是相同的）；第三，均匀的光源会补偿物体表面的角度变化，即使物体表面的几何形状不同，光源在各部分的反射也是均匀的。

（3）光谱特征

光源的颜色及测量物体表面的颜色决定了反射到摄像头的光能的大小及波长。白光或某种特殊的光谱在提取其他颜色的特征信息时可能是比较重要的因素。分析多颜色特征时，选择光源的时候，色温是一个比较重要的因素。

（4）寿命特性

光源一般需要持续使用。为使图像处理保持一致的精确，视觉系统必须保证长时间获得稳定一致的图像。如果配合专用控制器间歇使用，可大幅降低光源的工作温度，其寿命可延长数倍。

（5）对比度

对比度对机器视觉来说非常重要。机器视觉应用的照明的最重要的任务就是使需要被观察的特征与需要被忽略的图像特征之间产生最大的对比度，从而易于特征的区分。对比度定义为在特征与其周围的区域之间有足够的灰度量区别。好的照明应该能够保证需要检测的特征突出于其他背景。

### 2.5.1 光源的种类

在机器视觉系统中，通过适当的光源照明设计，使图像中的目标信息与背景信息得到最佳分离，可以大大降低图像处理算法分割、识别的难度，同时提高系统的定位、测量精度，使系统的可靠性和综合性能得到提高；反之，如果光源设计不当，会导致在图像处理算法设计和成像系统设计中事倍功半。因此，光源及光学系统设计的成败是决定系统成败的首要因素。在机器视觉系统中，光源的作用至少有以下几种：

① 可以照亮目标，提高目标亮度；

② 形成最有利于图像处理的成像效果；

③ 克服环境光干扰，保证图像的稳定性；

④ 用作测量的工具或参照。

由于没有通用的机器视觉照明设备，所以针对每个特定的应用实例，要设计其相应的照明装置，以达到最佳的效果。机器视觉系统的光源的价值也正在于此。

通常，光源可以定义为：能够产生光辐射的辐射源。光源一般可分为自然光源和人工光源。自然光源，如天体（地球、太阳、星体）、大气；人工光源是人为将各种形式的能量（热能、电能、化学能）转化成光辐射的器件，其中利用电能产生光辐射的器件称为电光源，根据光源的发光机理不同，可以分为高频荧光灯、卤素灯（光纤光源）、发光二极管（LED）光源、气体放电灯、激光二极管 LD。

（1）高频荧光灯

高频荧光灯的发光原理和日光灯类似，只是灯管是工业级产品，并且采用高频电源，也就是光源闪烁的频率远高于相机采集图像的频率，消除图像的闪烁。适合大面积照明，亮度高，且成本较低。但需要隔一定时间换灯管，国外高频灯管最快可做到 60kHz。

（2）卤素灯

卤素灯也叫光纤光源，因为光线是通过光纤传输的，适合小范围的高亮度照明。它真正发光的是卤素灯泡，功率很大，可达 100 多瓦。高亮度卤素灯泡，通过光学反射和一个专门的透镜系统，进一步聚焦提高光源亮度。卤素灯还称为冷光源，因为通过光纤传输之后，出光的这一端是不发热的。适合对环境温度比较敏感的场合，比如二次元量测仪的照明。但它的缺点就是卤素灯泡的寿命只有 2000h 左右。

（3）发光二极管（LED）光源

LED（Light Emitting Diode）是一种固态的半导体器件，它可以直接把电转化为光。LED 的核心是一个半导体的晶片，晶片的一端附在一个支架上，一端是负极，另一端连接电源的正极，使整个晶片被环氧树脂封装起来。半导体晶片由两部分组成，一部分是 P 型半导体，在它里面空穴占主导地位，另一端是 N 型半导体，在这边主要是电子。但这两种半导体连接起来的时候，它们之间就形成一个“PN 结”。当电流通过导线作用于这个晶片的时候，电子就会被推向 P 区，在 P 区里电子跟空穴复合，然后就会以光子的形式发出能量，这就是 LED 发光的原理。而光的波长也就是光的颜色，是由形成 PN 结的材料决定的。LED 光源的优点有：体积小，重量轻，便于集成；工作电压低，耗电少，驱动简便，容易实现计算机控制；比普通光源单色性好，有多种颜色可选，包括红、绿、蓝、白，还有红外、紫外，针对不同检测物体的表面特征和材质，选用不同颜色，也就是不同波长的光源，达到理想效果；发光亮度高，发光效率高，亮度便于调整；寿命长，可达到 10000～30000h、响应快（短于 1μs）；由于 LED 光源是采用多颗 LED 排列而成，可以设计成复杂的结构，实现不同的光源照射角度。

图 2-46 为三种光源性能指标的综合评价。

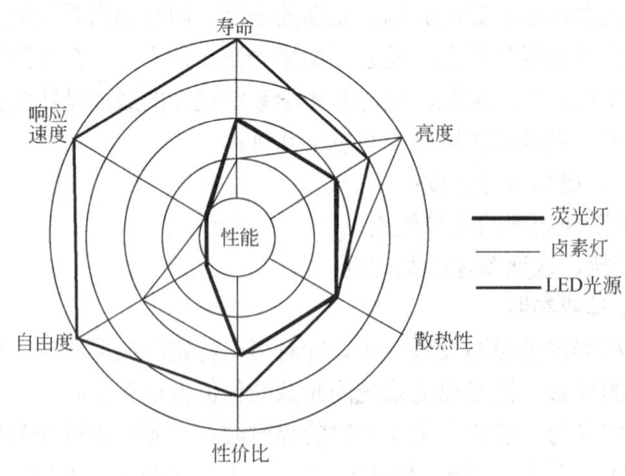


图 2-46　三种光源性能指标的综合评价

（4）气体放电灯

一般包括汞灯、钠灯、氙灯等。发光原理是靠气体分子激发后放电发出光。其中氙灯是由充有氙气的石英灯泡组成，用高压电触发放电；汞灯是在石英玻璃管内充入汞，当灯点燃时，灯中的汞被蒸发，从而产生辉光。气体放电灯的特点是功率大，光色接近日光，紫外线丰富，主要应用在强光、色温要求接近日光的场合。

（5）激光二极管 LD

激光光源是利用激发态粒子在受激辐射作用下发光的电光源，是一种相干光源。激光光源由工作物质、泵浦激励源和谐振腔三部分组成。工作物质中的粒子（分子、原子或离子）在泵浦激励源的作用下，被激励到高能级的激发态，造成高能级激发态上的粒子数多于低能级激发态上的粒子数，即形成粒子数反转。粒子从高能级跃迁到低能级时，就产生光子，如果光子在谐振腔反射镜的作用下，返回到工作物质而诱发出同样性质的跃迁，则产生同频率、同方向、同相位的辐射。如此靠谐振腔的回馈放大循环下去，往返振荡，辐射不断增强，最终即形成强大的激光束输出。特点是：方向性好、发散角很小（约 0.18°），比普通光源小 2～3 个数量级，亮度高、能量高度集中，亮度比普通光源高几百万倍、单色性好、光谱范围极小，频率单一；相干性好、受激辐射，传播方向/振动方向/频率/相位一致，时间相干性、空间相干性均好。

### 2.5.2 光源的选型

（1）选择光源的角度

根据期望的图像效果，选择不同入射角度的光源。高角度照射，图像整体较亮，适合表面不反光物体；低角度照射，图像背景为黑，特征为白，可以突出被测物轮廓及表面凹凸变化；多角度照射，图像整体效果较柔和，适合曲面物体检测；背光照射，图像效果为黑白分明的被测物轮廓，常用于尺寸测量；同轴光照射，图像效果为明亮背景上的黑色特征，用于反光强烈的平面物体检测。不同角度光源的示意图如图 2-47 所示。

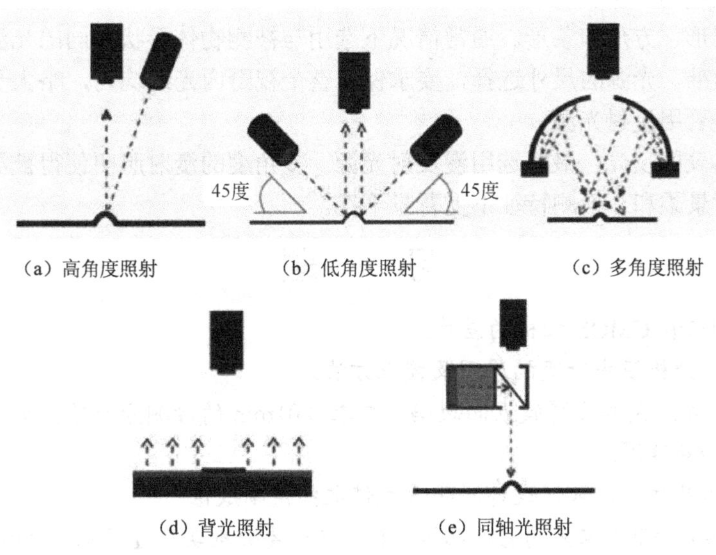


（a）高角度照射　（b）低角度照射　（c）多角度照射

（d）背光照射　（e）同轴光照射

图 2-47 不同角度光源示意图

（2）选择光源的颜色

考虑光源颜色和背景颜色，使用与被测物同色系的光会使图像变亮（如：红光使红色物体更亮）；使用与被测物相反色系的光会使图像变暗（如：红光使蓝色物体更暗）。例如，不同颜色光源效果示例如图 2-48 所示。

波长越长，穿透能力越强；波长越短，扩散能力越强。红外的穿透能力强，适合检测透光性差的物体，如棕色玻璃瓶杂质检测。紫外对表面的细微特征敏感，适合检测对比不够明显的地方，如食用油瓶上的文字检测。

（a）彩色图

（b）红光效果

（c）绿光效果

（d）蓝光效果

图 2-48　不同颜色光源效果示例图

（3）选择光源的形状和尺寸

主要分为圆形、方形和条形。通常情况下选用与被测物体形状相同的光源，最终光源形状以测试效果为准。光源的尺寸选择，要求保障整个视野内光线均匀，略大于视野为佳。

（4）选择是否用漫射光源

如被测物体表面反光，最好选用漫反射光源。多角度的漫射照明使得被测物表面整体亮度均匀，图像背景柔和，检测特征不受背景干扰。

## 习　题

1. 描述 CCD 相机和 CMOS 相机的差异。
2. 写一篇短文，分析镜头畸变的原理及校正方法。
3. 分析检测 4m 左右大幅面薄膜表面缺陷，要求 0.01mm 的检测分辨率，如何选择镜头、相机、采集卡和处理器。
4. 对于凹缺陷和凸缺陷，如何设计照明方式使之能清晰成像？
5. 分析一种 4096 × 4096 像素的彩色面阵 CCD 相机要分别实现 10fps、30fps、60fps 的高速图像传输，如何选择接口方式，分析比较哪种方式性价比最优。

# 第 3 章　机器视觉成像技术

## 3.1　光源概述

### 3.1.1　光源的作用

选择正确的照明是机器视觉系统应用成功与否的关键，光源直接影响到图像的质量，进而影响到系统的性能。光源的作用，就是获得对比鲜明的图像，具体来说：

① 将感兴趣部分和其他部分的灰度值差异加大；

② 尽量消隐不感兴趣部分；

③ 提高信噪比，利于图像处理；

④ 减少因材质、照射角度对成像的影响。

适当的照明设计，能使图像中的目标信息与背景信息得到最佳分离，以降低图像处理算法的难度，提高系统的可靠性和综合性能；好的设计能够改善整个系统的分辨率，简化软件的运算，它直接关系到整个系统的成败。不合适的照明，则会引起很多问题，例如花点和过度曝光会隐藏很多重要信息；阴影会引起边缘的误检；而信噪比的降低以及不均匀的照明会导致图像处理阈值选择的困难。对于每种不同的检测对象，必须采用不同的照明方式才能突出被检测对象的特征，有时可能需要采取几种方式的结合，而最佳的照明方法和光源的选择往往需要大量的试验，才能找到。除了要求有很强的综合知识外，还需要有一定的创造性。

光源设计，不仅需要调整光源本身的参数，而且需要考虑应用场合的环境因素和被测物的光学属性。

通常，光源系统设计可控制的参数有：① 方向（Direction）：主要有直射（Directed）和散射（Diffuse）两种方式，其主要取决于光源类型和放置位置。② 光谱（Spectrum）：即光的颜色，其主要取决于光源类型和光源或镜头的滤光片性能。光源的光谱用色温进行度量，色温是指当某一种光源的光谱分布与某一温度下的完全辐射体（黑体）的光谱分布相同时完全辐射体的温度。③ 极性（Polarization）：即光波的极性，镜面反射光有极性，而漫反射光没有极性。④ 强度（Intensity）：光强不够会降低图像的对比度，而光强过大，则功耗大，并且需散热处理。⑤ 均匀性（Uniformity）：机器视觉系统的基本要求，随距离和角度变化，光强会衰减。

### 3.1.2　光谱

在处理色彩问题时，光是一种可以被人的眼睛接受的电磁波。首先从本质上看光是电磁波，与我们常用的交流电、广播、电视、手机、微波通信的信号甚至透视用的 X 射线属于同一个大家族；其次光又只是电磁波中极小的一部分：波长大约从 700nm（纳米、毫微米）到 390nm 的电磁波——只有这一部分的电磁波可以被人眼接收，形成光与色的感觉。

不同波长的光射入眼睛后产生不同的颜色感觉，具有单一波长的光称为单色光，各种波长的单色光分别形成人们可能见到的各种最纯净、最饱和的颜色。不同色光按波长从短到长排列形成光谱，长波端是红光，随着波长的减小依次变为橙、黄、绿、青、蓝、紫。

表 3-1 光谱色的分布与代表性波长 nm

| 光色 | 紫 | 蓝 | 青 | 绿 | 黄 | 橙 | 红 |
|---|---|---|---|---|---|---|---|
| 波长范围 | 380～420 | 420～470 | 470～500 | 500～570 | 570～600 | 600～630 | 630～780 |
| 代表性波长 | 420 | 470 | 500 | 550 | 580 | 620 | 700 |

在表 3-1 中列出了一些典型波长所对应色光的颜色，供判断光色时参考。在光波的波段附近，比红光波长更长的电磁波称为红外光，比紫光波长更短的称为紫外光，虽然人眼看不到这两种光线，但是有些特殊的胶卷或光敏器件可以感受这些光线，从而形成红外摄影与紫外摄影。数码相机的光电转换器件 CCD 对红外光十分敏感，因此必须用红外滤光镜将其滤除（吸收），否则所拍摄的画面将严重偏红。我们平时所见的色光与“白”光都是由多种单色光组成的混合光，三棱镜可以将组成色光或白光的各种单色光分离开。

人们在拍摄与观赏照片时最常用的是称为“白”光的混合光。但是显然日光、白炽灯或普通荧光灯（俗称“管灯”、“日光灯” ）所发出的“白”光是互不相同的。可以用混合光的光谱曲线描述它们的色彩属性。用光谱曲线能够比较准确地描述光源的颜色属性，但是需要有相关的知识，为了更简明地表达光源的颜色属性，又引入了色温的概念。

设想在一个全黑的房间中加热一个黑铁块，随着铁块温度的升高，铁块将依次呈现暗红色、橙黄色、黄色、暖白色、白色、……，因此可以用铁块的温度描述它所发出的光色。更严格地，我们将一个置于黑暗中（无可见光照射）的黑色中空球体（它可以全部吸收各种热辐射）称为绝对黑体。在球体上开一个洞，加热此球体时，可以用黑体所达到的温度表示从洞中所看到球体内所发光的颜色，称为“黑体辐射的色温”。色温用 K 氏温标（K 氏的 0 度相当于–273℃）计量。图 3-1 显示出理想的黑体辐射的各种色温与相应的光谱曲线。日光、白炽灯、日光灯等实际的光源都只是在不同程度上接近黑体，因此采用最接近的黑体色温表示这些实际光源的外观颜色，称为光源的“相关色温”，简称“色温”。在数码相机中也常用色温代替光源的类型设置白平衡。

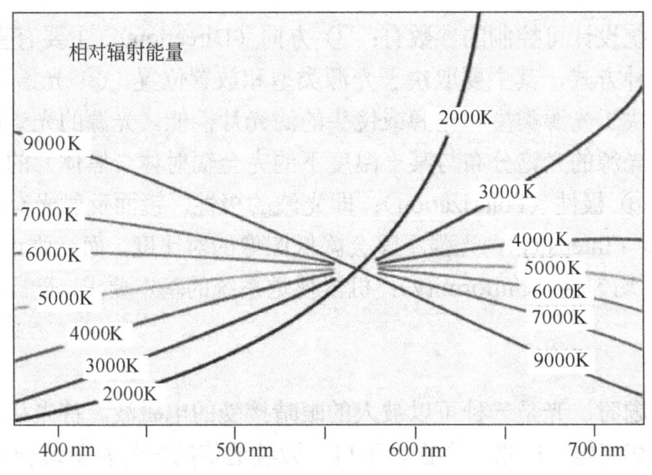


图 3-1 不同温度黑体辐射的光谱能量分布曲线

色温仅能用于描述光源的辐射（所发出的光的色彩）特性，不能用于描述物体的颜色。

我们都知道，在色光下物体可能严重偏色，例如在暗房的红色安全灯下，各种颜色的物体都明显地偏红；在不同的“白光”下物体仍会有不同程度的偏色，用显色指数“Ra”表示实际光源使物体的颜色失真的程度。显色指数是衡量光源正确显示物体颜色能力的重要质量指标。由于人类在漫长的发展史中长期在日光（白天）与火光（夜晚）中工作，在这两种条件下形成了准确识别颜色的能力。因此评价一个人造光源时，若光源色温较低，用黑体辐射的光源作为标准的参照光源，光源的色温较高则用标准照明体 D（理想的日光）作为标准的参照光源。若在实测光源与标准光源下物体呈现相同的颜色，则 Ra=100%，Ra 的值越低，表明光源正确还原色彩的能力越差。从图 3-1 中可见绝对黑体发光的光谱曲线都是连续的，日光的光谱曲线也是近似连续的，称为“连续光源”；有的光源有凸起的光谱成分称为“混合光源”，试验表明只要是连续光源（如白炽灯、碘钨灯）的显色系数都可以达到 95%以上，更可以通过特定的滤光镜，将其色温调整到某个标准值。而对于多数混合光源，这种光源的显色系数较低，只能达到 Ra=70%～80%。滤光镜可以改变或微调光源的色温，却难于提高光源的显色指数。在各种人造光源中内镇流高压水银灯（Ra=30%～40%）与钠灯（Ra=25%）是显色质量最差的光源。在拍摄过程中，显色指数超过 75%即可作为照明光源，但是在评价与对比色彩时，希望光源的显色指数至少应达到 85%。

### 3.1.3 光源的种类

光源可分为自然光源与人造光源。

（1）自然光源

自然光即是太阳光源。它不仅是室外摄像常用的主要光源，也是室内摄像的重要光源。自然光源是变化的光源，不同的季节、日期、时辰其光源的强度和照射角度都不相同。所以对图片的感光、造型以及影调和色彩还原随时起着变化。根据光的照射情况，又可分为直射光和漫射光。

直射光是太阳直接照射到物体上的光线，它的强度很高。当侧射或逆射时，物体的受光面积十分明亮，在背光面有深暗的阴影和明显的投影，这种光线有利于表现物体的空间感、立体感和增强造型效果。另一方面，影纹的阶调差距也大，但只要感光和显影适当，仍然可以获得影像清晰、层次丰富、反差恰当的图片。所以直射光是自然光摄影的理想光源。

漫射光也叫散射光，是太阳透过大气、云雾射来的散漫光线。其强度低，没有明朗的射线，物体上缺少明暗反差，没有投影。常用来拍摄标本、模型等。

（2）人工光源

人工光源即是灯光光源，人工光源大多在自然光照度很低和夜晚摄像时使用，或在强烈的阳光下补充阴暗部分的感光。人工光源的最大优点是可以随意控制光源的强度，根据创作目的任意调节光比，调节光的性质和光源的位置。人工光源的种类繁多，发光强度不等，色温不同。根据发光原理的不同，比较常见的人工光源有：荧光灯、卤素灯、气体放电灯、发光二极管（LED）和激光二极管 LD。

1）荧光灯

荧光灯是一种低气压汞蒸气弧光放电灯，通常为长管状，两端各有一个电极。灯内包含有低气压的汞蒸气和少量惰性气体，灯管内表面涂有荧光粉层。荧光灯的工作原理是：电极释放出电子，电子与灯内的汞原子碰撞放电，将 60%左右的输入电能转变成波长 253.7nm 的紫外线，紫外线辐射被灯管内壁的荧光粉涂层吸收，化为可见光释放出来。作为气体放电灯，荧光灯必须与镇流器一起工作。

荧光灯分为直管型荧光灯和紧凑型荧光灯。直管型荧光灯按启动方式可分为预热启动、快速启动和瞬时启动几种，按灯管类型可分为 T12、T8、T5 几种。紧凑型荧光灯是为了代替耗电严重的白炽灯开发的，具有能耗低、寿命长的特点。普通白炽灯的寿命只有1000 h，紧凑型荧光灯的典型寿命为8000～10000 h。

荧光灯的主要优点是发光效能高，一个典型的荧光灯所发出的可见光大约相当于输入电能的28%。灯管的几何尺寸、填充气体和压强、荧光粉涂层、制作工艺以及环境温度和电源频率都会对荧光灯的发光效能产生影响。

荧光灯发出的光的颜色很大程度上由涂在灯管内表面的荧光粉决定。不同荧光灯的色温变化范围很大，从2900K到10000K都有。根据颜色可以大致分为暖白色（WW）、白色（W）、冷白色（CW）、日光色（D）几种。通常情况下，暖白色（WW）、白色（W）、日光色（D）荧光灯显色性一般，冷白色（CW）、柔白色和高级暖白色（WWX）荧光灯可以提供较好的显色性，高级冷白色（CWX）荧光灯可具有极佳的显色性。

荧光灯发出的光线比较分散，不容易聚焦，因此广泛用于比较柔和的照明，如工作照明等。

2）卤素灯

卤素灯又称石英灯，是白炽灯的一个变种。与传统白炽灯比较，它在同样的功率下发光亮度比一般前照灯高出50%。因此，使其成为取代传统白炽灯泡的新一代产品。如图3-2所示为几种卤素灯产品。

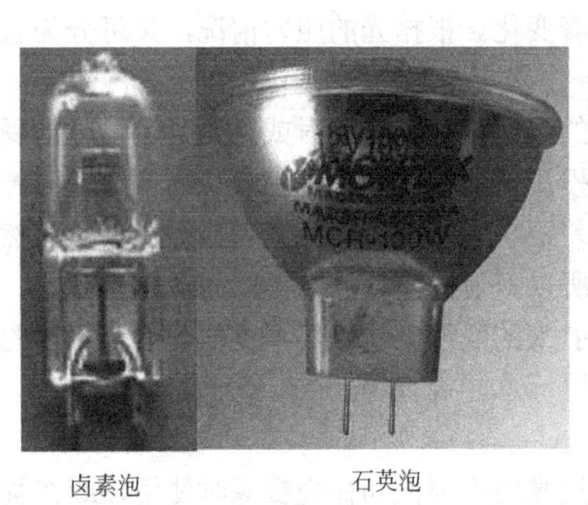

卤素泡　石英泡

（a）

（b）

图3-2　几种卤素灯产品

金属卤素灯最大的优点是发光效能高、寿命长。由于灯体的结构形式及所填充的金属卤化物的不同，金属卤素灯的发光效能、光线的色温以及显色性的变化很大。差的金属卤素灯虽然发光效能高，但是显色性差；好的金属卤素灯发出的光色接近自然光的白色，视觉感受舒适，显色性也比较好。

金属卤素灯的工作特点是不能立即点亮，大约需要5min时间升温以达到全亮度输出。供电中断后，重新启动前需要5～20min时间来冷却灯泡。金属卤素灯对电源电压的波动敏感，电源电压在额定值上下变化大于10%时就会造成光色的变化。而且不同的工作位置也会影响光线的颜色和灯的寿命。

卤素灯的光线可以通过光纤传输，适合小范围的高亮度照明。它真正发光的是卤素灯泡，功率很大，可达 100 多瓦。高亮度卤素灯泡，通过光学反射和一个专门的透镜系统，进一步聚焦提高光源亮度。卤素灯又名冷光源，因为通过光纤传输之后，出光的这一头是不热的。适合对环境温度比较敏感的场合，比如二次元量测仪的照明。但它的缺点就是卤素灯泡寿命只有 2000h 左右。

3）气体放电光源

气体放电光源是利用电流通过气体（或蒸气）而发光的光源，它们主要以原子辐射形式产生光辐射。按放电形式的不同，气体放电光源分为辉光放电灯和弧光放电灯。辉光放电灯的特点是工作时需要很高的电压，但放电电流较小；一般在 $10^{-6}$～$10^{-1}$A，霓虹灯属于辉光放电灯。弧光放电灯的特点是放电电流较大，一般在 $10^{-1}$A 以上。照明工程广泛应用的是弧光放电灯。

弧光放电灯按管内气体（或蒸气）压力的不同，又可分为低气压弧光放电灯和高气压弧光放电灯。低气压弧光放电灯主要包括荧光灯和低压钠灯。高气压弧光放电灯包括高压汞灯、高压钠灯和金属卤化物灯等。相比之下，高气压弧光放电灯的表面积较小，但其功率却较大，致使管壁的负荷比低气压弧光放电灯要高得多（往往超过 $3W/cm^2$），因此又称高气压弧光放电灯为高强度气体放电灯，简称 HID 灯。

高压钠灯是由钠蒸气放电发光的放电灯。高压钠灯的优点是发光效能特别高，寿命长，对环境的适应性好，各种温度条件下都可以正常工作。缺点是尺寸大、光色差，是一种不舒服的蓝白色冷光；显色性差，普通高压钠灯的显色指数只有 23%，因此，普通高压钠灯大多用于道路照明等对发光效能和寿命要求高、而对光色和显色性要求不高的领域。

目前还有一类改进的高显色性高压钠灯，具有暖白色的光色，显色指数可以达到 80%以上。这种灯可以用于展示照明领域，节能效果明显。

4）发光二极管

发光二极管，简称 LED，是通过半导体二级管，利用场致发光原理将电能直接转变成可见光的新型光源。场致发光是指由于某种适当物质与电场相互作用而发光的现象。

发光二极管作为新型的半导体光源与传统光源相比具有以下优点：寿命长，发光时间长达 100000h；启动时间短，响应时间仅有几十纳秒；结构牢固，作为一种实心全固体结构，能够经受较强的振荡和冲击；发光效能高，能耗小，是一种节能光源；发光体接近点光源，光源辐射模型简单，有利于灯具设计；发光的方向性很强，不需要使用反射器控制光线的照射方向，可以做成薄灯具，适用于没有太多安装空间的场合。

普遍认为，发光二极管是继白炽灯、荧光灯、高压放电灯之后的第四代光源。随着新材料和制作工艺的进步，发光二极管的性能正在幅度提高，应用范围越来越广。

5）激光光源

激光光源是利用激发态粒子在受激辐射作用下发光的电光源，是一种相干光源。自从 1960 年美国的 T.H. 梅曼制成红宝石激光器以来，各类激光光源的品种已达数百种，输出波长范围从短波紫外直到远红外。激光光源可按其工作物质（也称激活物质）分为固体激光源（晶体和钕玻璃）、气体激光源（包括原子、离子、分子、准分子）、液体激光源（包括有机染料、无机液体、螯合物）和半导体激光源 4 种类型。

激光光源由工作物质、泵浦激励源和谐振腔 3 部分组成。工作物质中的粒子（分子、原子或离子）在泵浦激励源的作用下，被激励到高能级的激发态，造成高能级激发态上的粒子数多于低能级激发态上的粒子数，即形成粒子数反转。粒子从高能级跃迁到低能级时，就产生光子，如果光子在谐振腔反射镜的作用下，返回到工作物质而诱发出同样性质的跃迁，则产生同频率、同方向、同相位的辐射。如此靠谐振腔的反馈放大循环下去，往返振荡，辐射不断增强，最终即形成强大的激光束输出。

激光光源具有下列特点：①单色性好。激光的颜色很纯，其单色性比普通光源的光高 $10^{10}$ 倍以上。因此，激光光源是一种优良的相干光源，可广泛用于光通信。②方向性强。激光束的发散立体角很小，为毫弧度量级，比普通光或微波的发散角小 2～3 数量级。③光亮度高。激光焦点处的辐射亮度比普通光高 $10^8$～$10^{10}$ 倍。④单色性好。激光光源的光谱范围极小，频率单一。

表 3-2 列出了几种人工光源之间的比较。

**表 3-2　几种人工光源之间的比较**

| 光源 | 荧光灯 | 卤素灯 | LED | 激光（LD） |
| --- | --- | --- | --- | --- |
| 颜色 | 白色、偏绿 | 白色、偏黄 | 红、黄、绿、白、蓝 | 由发光频率决定 |
| 寿命/h | 5000～7000 | 5000～7000 | 60000～100000 | 100000 以上 |
| 亮度 | 较量 | 亮 | 使用多个 LED 达到很亮 | 很亮 |
| 响应速度 | 慢 | 慢 | 快 | 快 |
| 特点 | 发热少，扩散性好，适合大面积均匀照射，较便宜 | 发热大，几乎没有光亮度和色温的变化，便宜 | 发热少，波长可以根据用途选择，制作形状方便，运行成本低，耗电小 | 单色性好，方向性好，亮度高，功耗小，多用于干涉实验中 |

### 3.1.4　选择光源应考虑的系统特性

判断机器视觉的照明的优劣，首先必须了解什么是光源需要做到的。光源应该不仅仅是使检测部件能够被摄像头“看见”。有时候，一个完整的机器视觉系统无法支持工作，但是仅仅优化一下光源就可以使系统正常工作。选择光源时，应该考虑如下系统特性。

（1）对比度

对比度对机器视觉来说非常重要。机器视觉应用的照明的最重要的任务就是使需要被观察的特征与需要被忽略的图像特征之间产生最大的对比度，从而易于特征的区分。对比度定义为在特征与其周围的区域之间有足够的灰度量区别。好的照明应该能够保证需要检测的特征突出于其他背景。

光源的位置对获取高对比度的图像很重要。光源的目标是要达到使感兴趣的特征与其周围的背景对光源的反射不同。预测光源如何在物体表面反射就可以决定出光源的位置。

（2）亮度

当选择两种光源的时候，最佳的选择是选择更亮的那个。当光源不够亮时，可能有三种不好的情况出现。第一，相机的信噪比不够；由于光源的亮度不够，图像的对比度必然不够，在图像上出现噪声的可能性也随即增大。其次，光源的亮度不够，必然要加大光圈，从而减小了景深。另外，当光源的亮度不够的时候，自然光等随机光对系统的影响会最大。

（3）鲁棒性

测试好光源的方法是看光源是否对部件的位置敏感度最小。当光源放置在摄像头视野的不同区域或不同角度时，结果图像应该不会随之变化。方向性很强的光源，增大了对高亮区域的镜面反射发生的可能性，这不利于后面的特征提取。在很多情况下，合适的光源需要在实际工作中与其在实验室中有相同的效果。合适的光源能够使需要寻找的特征非常明显，除了摄像头能够拍摄到部件外，合适的光源应该能够产生最大的对比度、亮度足够，且对部件的位置变化不敏感。

机器视觉应用关心的是反射光（使用背光除外）。物体表面的几何形状、光泽及颜色决定了光在物体表面如何反射。机器视觉应用的光源控制的诀窍归结到一点就是如何控制光源反射。如果能够控制好光源的反射，那么就可以获得优质的图像。

（4）光源可预测

当光源入射到物体表面的时候，光源的反映是可以预测的。光源可能被吸收或被反射。光可能被完全吸收（黑金属材料，表面难以照亮）或者被部分吸收（造成了颜色的变化及亮度的不同）。不被吸收的光就会被反射，入射光的角度等于反射光的角度，这个定律大大简化了机器视觉光源，因为理想的效果可以通过控制光源来实现。

（5）物体表面

如果光源按照可预测的方式传播，使机器视觉照明复杂化的原因是物体表面的变化。如果所有物体表面是相同的，在解决实际应用的时候就没有必要采用不同的光源技术了。但由于物体表面的不同，因此需要研究视野中的物体表面材料，并分析光源入射的反映。

（6）控制反射

如果反射光可以控制，图像的优劣与否就可以控制了。因此在涉及机器视觉应用的光源设计时，最重要的原则就是控制好哪里的光源反射到透镜及反射的程度。机器视觉的光源设计就是对反射的研究。在视觉应用中，当观测一个物体以决定需要什么样的光源的时候，首先需要问这样的问题："如何才能让物体显现？""如何才能应用光源使必需的光反射到镜头中以获得物体外表？"

影响反射效果的因素有：光源的位置，物体表面的纹理，物体表面的几何形状及光源的均匀性。

（7）表面纹理

物体表面可能高度反射（镜面反射）或者高度漫反射。决定物体是镜面反射还是漫反射的主要因素是物体表面的光滑度。一个漫反射的表面，如一张不光滑的纸张，有着复杂的表面角度，用显微镜观看的时候显得很明亮，这是由于物体表面角度的变化而造成了光源照射到物体表面而被分散开了；而一张光滑的纸张有光滑的表面而减小了物体表面的角度。光源照射到表面并按照入射角反射。

（8）表面形状

一个球形表面反射光源的方式与平面物体是不相同的。物体表面的形状越复杂，其表面的光源变化也随之而复杂。对应一个抛光的镜面表面，光源需要在不同的角度照射。从不同角度照射可以减小光影。

（9）光源均匀性

均匀的光源会补偿物体表面的角度变化，即使物体表面的几何形状不同，光源在各部分的反射也是均匀的。不均匀的光会造成不均匀的反射。均匀关系到三个方面。第一，对于视野，在摄像头视野范围部分应该是均匀的。简单地说，图像中暗的区域就是缺少反射光，而亮点就是此处反射太强了。第二，不均匀的光会使视野范围内部分区域的光比其他区域多。从而造成物体表面反射不均匀（假设物体表面的对光的反射是相同的）。第三，均匀的光源会补偿物体表面的角度变化，即使物体表面的几何形状不同，光源在各部分的反射也是均匀的。

（10）光源技术的应用

光源技术是设计光源的几何及位置以使图像有对比度。光源会使那些感兴趣的并需要机器视觉分析的区域更加突出。通过选择光源技术，应该关心物体是如何被照明以及光源是如何反射及散射的。

下面是六种照明技术。

（1）一般目的的照明

通用照明一般采用环状或点状照明。环状灯是一种常用的通用照明方式，其很容易安装在镜头上，可给漫反射表面提供足够的照明。

（2）背光照明

背光照明是将光源放置在相对于摄像头的物体的背面。这种照明方式与别的照明方式有很大不同，因为图像分析的不是发射光而是入射光。背光照明产生了很强的对比度。应用背光技术的时候，物体表面特征可能会丢失。例如，可以应用背光技术测量硬币的直径，但是却无法判断硬币的正反面。

（3）同轴照明

同轴照明是与摄像头的轴向有相同的方向的光照射到物体的表面。同轴照明使用一种特殊的半反射镜面反射光源到摄像头的透镜轴方向。半反射镜面只让从物体表面反射垂直于透镜的光源通过。同轴照明技术对于实现扁平物体且有镜面特征的表面的均匀照明很有用。此外此技术还可以实现使表面角度变化部分高亮，因为不垂直于摄像头的表面反射的光不会进入镜头，从而造成表面较暗。

（4）连续漫反射照明

连续漫反射照明应用于物体表面的反射性或者表面有复杂的角度。连续漫反射照明应用半球形的均匀照明，以减小影子及镜面反射。这种照明方式对于电路板照明非常有用。这种光源可以达到170° 立体角范围的均匀照明。

（5）暗域照明

暗域照明是相对于物体表面提供低角度照明。使用相机拍摄玻璃镜子使其在其视野内，如果在视野内能看见光源就认为是亮域照明，相反的在视野中看不到光源就是暗域照明。因此光源是亮域照明还是暗域照明，与光源的位置有关。典型的暗域照明应用于对表面部分有突起的部分的照明或表面纹理变化的照明。

（6）结构光

结构光是一种投影在物体表面的有一定几何形状的光（如线形、圆形、正方形）。典型的结构光涉及激光或光纤光源。结构光可以用来测量相机到光源的距离。

在许多应用中，为了使视野下不同的特征表现不同的对比度，需要多重照明技术。一旦选择了照明技术，接下来就是选择何种光源。

鉴于对光源的不同应用，在图像采集过程中根据不同的采集要求，目前的成像技术主要有灰度照明和彩色照明两种。

## 3.2　灰度照明技术

在实际工作中，拍摄图像时，最重要的是如何鲜明地获得被测物与背景的明暗差异。目前，在图像处理领域最常用的方法是二值化（黑白）处理。

二值化处理，俗称黑白处理，就是将图像上的点的灰度设置为0或255，也就是说整个图像呈现出明显的黑白效果，即将256个亮度等级的灰度图像通过适当的阈值选取而获得仍然可以反映图像整体和局部特征的二值化图像。在数字图像处理中，二值图像占有非常重要的地位。要进行二值图像的处理与分析，首先要把灰度图像二值化，得到二值化图像，这样再对图像做进一步处理时，图像的集合性质只与像素值为 0 或 255 的点的位置有关，不再涉及像素的多级值，使处理变得简单，而且数据的处理和压缩量小。为了得到理想的二值图像，一般采用阈值法。所有灰度大于或等于阈值的像素被判定为属于特定物体，其灰度值为 255 表示；否则这些像素点被排除在物体区域以外，灰度值为 0，表示背景或者例外的物体区域。如果某特定物体在内部有均匀一致的灰度值，并且其处在一个具有其他等级灰度值的均匀背景下，使用阈值法就可以得到比较好的分割效果。如果物体同背景的差别表现不在灰度值上（比如纹理不同），可以将这个差别特征转换为灰度的差别，然后利用阈值选取技术来分割该图像，动态调节阈值实现图像的二值化，可动态观察其分割图像的具体结果。

### 3.2.1　直射和漫射照明

灰度照明分为直射照明和漫射照明两种。

所谓直射照明就是光源的反射光直接进入相机镜头，而漫射照明，亦称散乱光照明，就是光源的反射光不直接进入镜头，而是经过多级反射后进入镜头。两种照明的光路具体形式如图 3-3 所示。

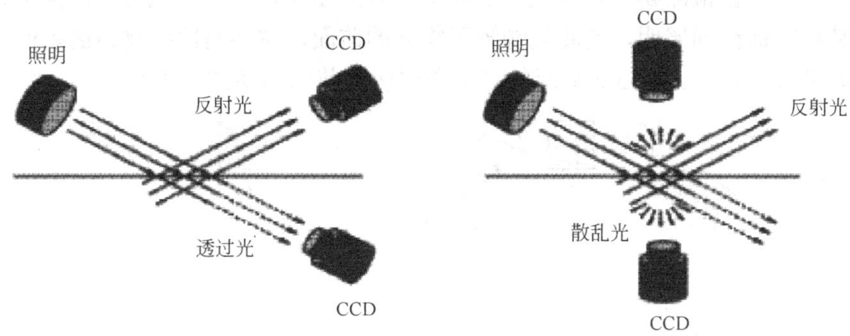


图 3-3　直射照明和漫射照明

而对于同一个物体的拍摄，在直射照明和漫射照明两种照明条件之下所得到的图像差别是比较大的。如图 3-4 所示，为同一物体在直射和漫射两种照明方式下所获得的图像。

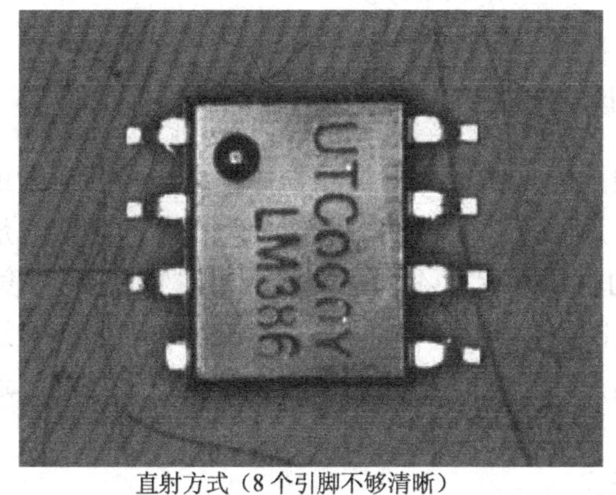


直射方式（8 个引脚不够清晰）

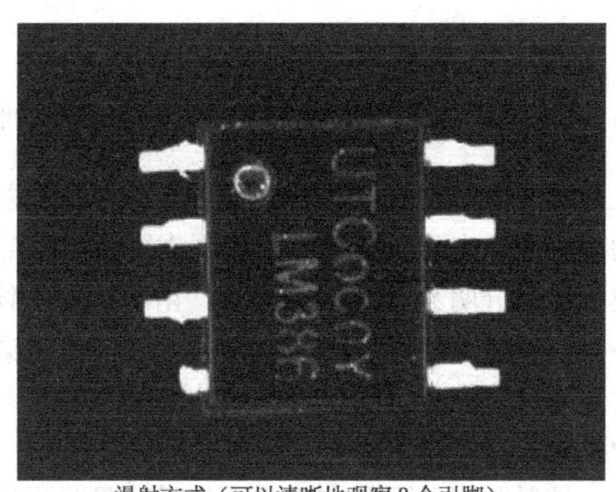


漫射方式（可以清晰地观察 8 个引脚）

图 3-4

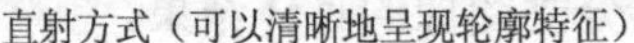
直射方式（可以清晰地呈现轮廓特征）

漫射方式（轮廓特征不清晰）

图 3-4　同一物体在直射和漫射两种照明方式下所获得的图像

### 3.2.2　背向照明和前向照明

机器视觉照明系统中，照明方式大体上可以分为背向照明和前向照明两大类。背向照明，即透射照明，是将光源置于物体的后面，这种照明方式能突出不透明物体的阴影或观察透明物体的内部，一些被检测物件，经过透射照明得到的图像，更容易从背景图像中分离出所需要的目标特征。而前向照明，是将光源置于物体的前面，主要是照射物体的表面缺陷、表面划痕和重要的细节特征。图 3-5 显示的是背向照明和前向照明的原理图。

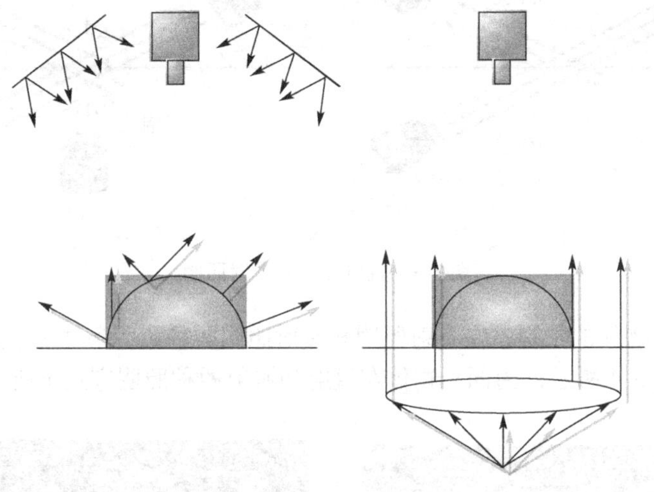

图 3-5　背向照明和前向照明

透射照明是将被测物体置于相机和光源之间，优点在于可将被测物体的边缘轮廓清晰地勾勒出来。由于在图像中，被测物被遮挡的部分为黑色，未被遮挡的部分为白色，因此，形成了黑白分明易于分析的图像。由于被测物体的材质和厚度不同，对光的透过特性(透明度)各异；透射光根据其波长的长短，对物体的穿透能力亦各异；光的波长越长，对物质的透过力越强，光的波长越短，在物体表面的扩散率越大，也就是红光的穿透力最强，紫光的穿透力最差。

透射照明还可分中心照明和斜射照明两种形式。

① 中心照明：这是最常用的透射式照明法，其特点是照明光束的中轴与相机的光轴同

在一条直线上。

② 斜射照明：这种照明光束的中轴与相机的光轴不在一直线上，而是与光轴形成一定的角度斜照在物体上，因此成斜射照明。

例如，在读取人民币编号时就常采用透射照明的方式来获得所需要图像。图 3-6 显示不同背光量条件下所获得的人民币编号。

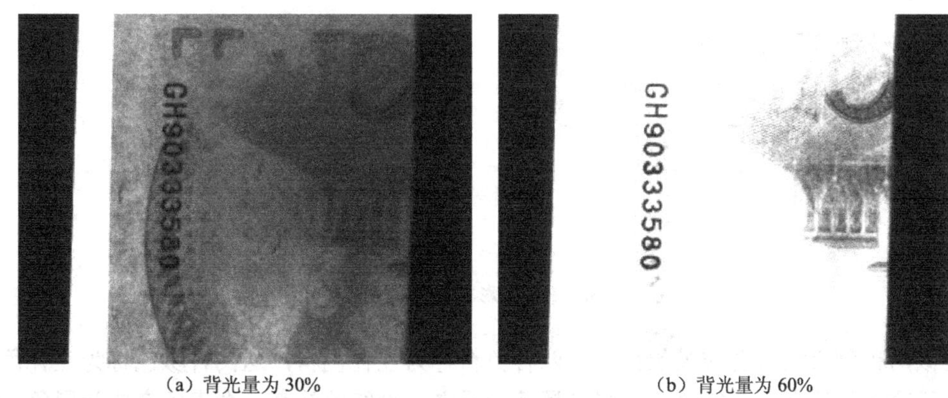

（a）背光量为 30%　（b）背光量为 60%

图 3-6　读取人民币编号的照明方式

# 3.3　彩色照明技术

## 3.3.1　光的三原色和色彩的三原色

大家都知道光的三原色为：R（红色）、G（绿色）和 B（蓝色）。而色彩三原色为：C（青色）、M（品红）和 Y（黄色）。光的三原色和色彩的三原色之间呈互补关系，如图 3-7 所示。

彩色照明，是利用光的三原色和色彩的三原色之互补关系原理的照明技术。

光的三原色是红、绿、蓝，即 RGB 这三种颜色的组合，形成几乎所有的颜色。将这三种原色依次叠加，光线会越加越亮，两两混合可以得到更亮的中间色。三种等量组合可以得到白色。

（R）+（G）=（Y）；（G）+（B）=（C）；（R）+（B）=（M）；

（R）+（G）+（B）=（W）。

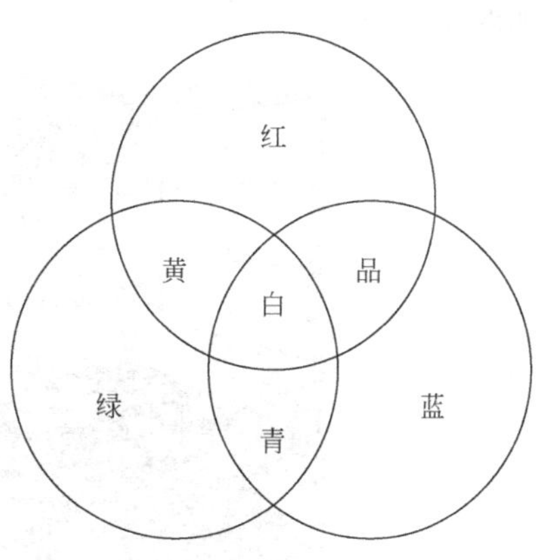

图 3-7　色彩的互补

颜色是物体的化学结构所固有的光学特性。一切物体呈色都是通过对光的客观反映而实现的。所谓“减色”，是指加入一种原色色料就会减去入射光中的一种原色色光（补色光）。因此，在色料混合时，从复色光中减去一种或几种单色光，呈现另一种颜色的方法称为减色法。如图 3-8 所示。

当一束白光照射品红滤色片时，如图 3-8（a）所示。根据补色的性质，品红滤色片吸收了 R、G、B 三色中 G，而将剩余 R 和 B 透射出来，从而呈现了品红色。图 3-8（b）为青和品红二原色色料等比例叠加的情况，当白光照射青、品红滤色片时，青滤色片吸收了 R，品红滤色片吸收了G，最后只剩下了B，也就是说，青色和品红色色料等比例混合呈现出蓝色，表达式为：（C）+（M）=（B）。同样，青、黄二原色色料等比例混合得到绿色，即（C）+（Y）=（G）；品红、黄二原色色料等量混合得到红色，即（M）+（Y）=（R）；而青、品红、黄三种原色色料等比例混合就得到黑色，即（C）+（M）+（Y）=（Bk）。若先将黄色与品红色混合得到中间色红色，然后再与青色混合，上式可以写成：（R）+（C）=（Bk）。

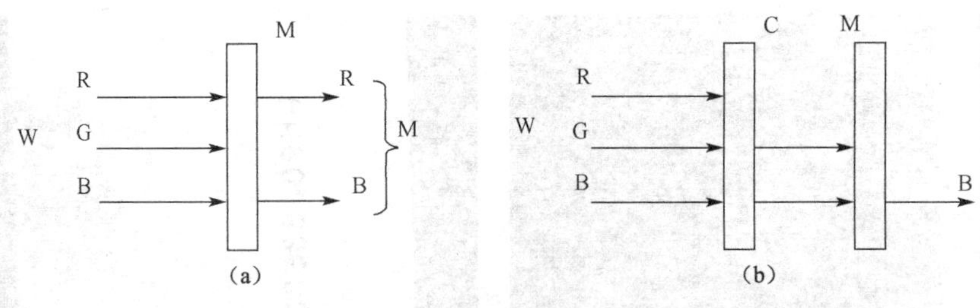


图 3-8　色彩减色原理图

类似两种色料相混合成为黑色，这两种色料称为互补色料，这两种颜色称为互补色。其意义在于给青色补充一个红色可以得到黑色；反之，给红色补充一个青色亦成为黑色。除了红、青两色是一对互补色外，在色料中，品红与绿，黄与蓝也各是一对互补色。由于三原色比例的多种变化，构成补色关系的颜色有很多，并不仅限于以上几对，只要两种色料混合后形成黑色，就是一对互补色料。任何色料都有其对应的补色料。

不同的物体在白光下呈现不同的颜色，是由于不透明的物体在白光照射之下仅选择性地反射某些颜色，而透明体则仅能选择性的透过某些颜色，其他的色光在反射与透射的过程中均被物体吸收了。因此当这些反射光或透射光进入人的眼睛，就能看见物体呈现相应的颜色。也正是由于物体对不同色光选择性的反射、透射与吸收，一旦白光中混入其他色光不仅会造成偏色，还会改变景物或图片中影调与色调的分布。例如，一旦白光中混入蓝光，蓝色物体由于将额外的蓝光反射出来，显得更鲜艳明亮，而红色物体由于将蓝光吸收，颜色将更灰暗，如图 3-9 所示。

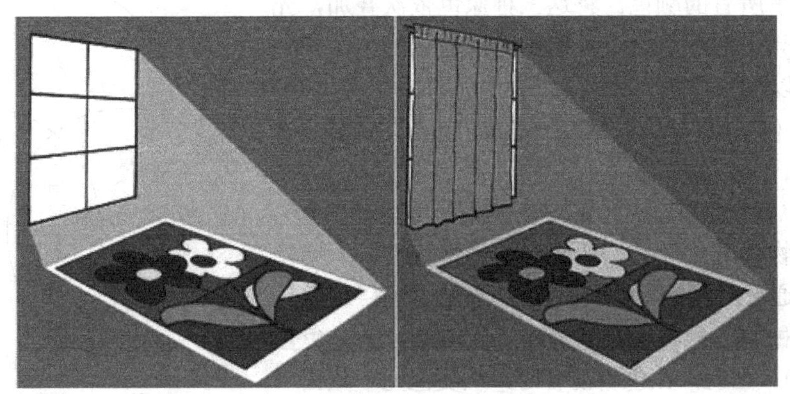

图 3-9　光源色彩属性对物体颜色的影响

### 3.3.2　颜色的反射与吸收

自然界的物体，每一种都呈现一定的颜色。这些颜色是由于光作用于物体才产生的。如果没有光，人就无法看到任何物体的颜色。因此，有光的存在，才有物体颜色的体现。

从颜色角度来看，所有物体可以分成两类：一类是能向周围空间辐射光能量的自发光体，即光源，其颜色决定于它所发出光的光谱成分；另一类是不发光体，其本身不能辐射光能量，但能不同程度地吸收、反射或透射投射其上的光能量而呈现颜色。这里主要讨论不发光体颜色的形成问题。

无论哪一种物体，只要受到外来光波的照射，光就会和组成物体的物质微粒发生作用。由于组成物质的分子和分子间的结构不同，使入射的光分成几个部分：一部分被物体吸收，一部分被物体反射，再一部分穿透物体，继续传播，如图 3-10 所示，图中 $\Phi_\mathrm{i}$ 为入射光通量；$\Phi_\tau$ 为透射光通量；$\Phi_\rho$ 为反射光通量；$\Phi_\mathrm{a}$ 为物体吸收的光通量。

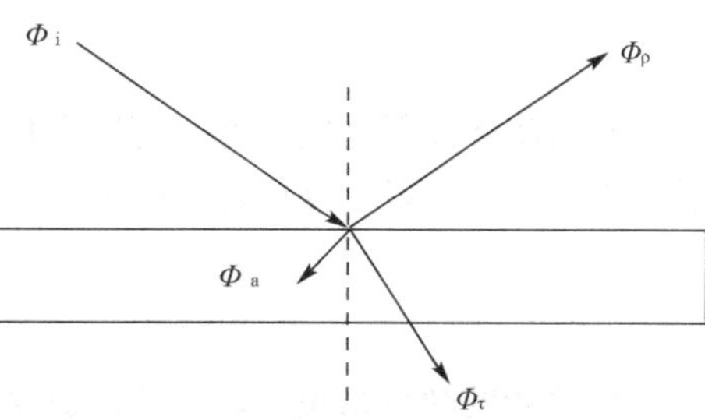

图 3-10　光照射物体光路原理图

（1）透射

透射是入射光经过折射穿过物体后的出射现象。被透射的物体为透明体或半透明体，如玻璃，滤色片等。若透明体是无色的，除少数光被反射外，大多数光均透过物体。为了表示透明体透过光的程度，通常用入射光通量与透过后的光通量之比 $\tau$ 来表征物体的透光性质，$\tau$ 称为光透射率。

$$\tau = \frac{\Phi_\tau}{\Phi_i} \tag{3-1}$$

从色彩的观点来说，每一个透明体都能够用光谱透射率分布曲线来描述，此光谱透射率分布曲线为一相对值分布。所谓光谱透射率定义为从物体透射出的波长 $\lambda$ 的光通量与入射于物体上的波长 $\lambda$ 的光通量之比。

$$\tau(\lambda) = \frac{\Phi_\tau(\lambda)}{\Phi_i(\lambda)} \tag{3-2}$$

通常在测量透射样品的光谱透射率时，还应以与样品相同厚度的空气层或参比液作为标准进行比较测量。

（2）吸收

物体对光的吸收有两种形式：如果物体对入射白光中所有波长的光都等量吸收，称为非选择性吸收。例如白光通过灰色滤色片时，一部分白光被等量吸收，使白光能量减弱而变暗。如果物体对入射光中某些色光比其他波长的色光吸收程度大，或者对某些色光根本不吸收，这种不等量地吸收入射光称为选择性吸收。物体呈现特殊颜色是因为其表面反射光线的结果，反射光的波长使观察者产生了相应的颜色视觉，而其余所有光线被物体吸收。例如，蓝色物体反射蓝色光，吸收红、橙、绿和紫等其余大多数光波。红色物体反射红色光吸收橙、黄、绿、蓝和紫色光。如图 3-11 所示。白色与黑色对光线的反射和吸收作用不同于其他颜色。白色物体几乎反射所有颜色的光，而黑色物体吸收所有颜色的光。

另外表达物体色彩的重要因素是颜色状态和表面效果。比如，物体可以呈球面或平面，阴暗或明亮，透明、不透明或半透明。还可具有金属光泽、珠光、荧光的或磷光的效果。观察角度变化色彩效果也不同。

（3）反射

这里所说的反射是指选择反射，非透明体受到光照射后，由于其表面分子结构差异而形成选择性吸收，从而将可见光谱中某一部分波长的辐射能吸收了，而将剩余的色光反射出来，这种物体称为非透过体或反射体。

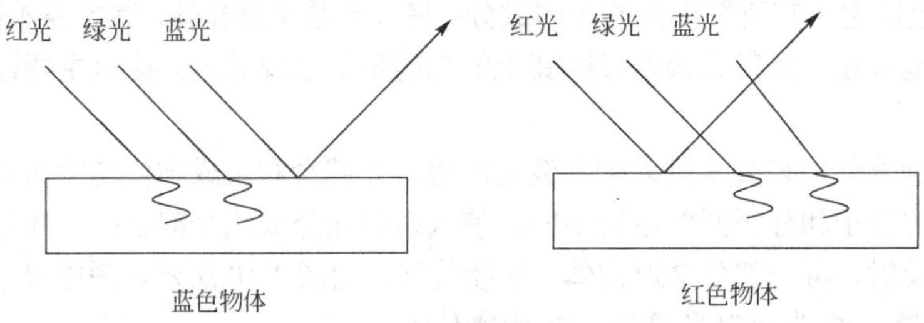


图 3-11 光的吸收与反射

不透明体反射光的程度，可用光反射率 $\rho$ 来表示。光反射率可以定义为：被物体表面反射的光通量与入射到物体表面的光通量之比。

$$\rho=\frac{\varPhi_\rho}{\varPhi_i} \tag{3-3}$$

从色彩的观点来说，每一个反射物体对光的反射效应，能够以光谱反射率分布曲线来描述。光谱反射率定义为：在波长 $\lambda$ 的光照射下，样品表面反射的光通量与入射光通量之比。

$$\rho(\lambda)=\frac{\varPhi_\rho(\lambda)}{\varPhi_i(\lambda)} \tag{3-4}$$

物体对光的反射有三种形式：理想镜面的全反射、粗糙表面的漫反射及半光泽表面的吸收反射。

理想的镜面能够反射全部的入射光，但以镜面反射角的方向定向反射。完全漫反射体朝各个方向反射光的亮度是相等的。实际生活中绝大多数彩色物体表面，既不是理想镜面，也不是完全漫反射体，而是居二者之中，称为半光泽表面。

在机器视觉的照明方式中，运用彩色照明恰到好处，往往能够起到特别的帮助。巧妙地选择照明色及运用补色的手法，可对难以拍摄的物体取得优质的图像。例如，为检验晶片的破损，在红光和绿光两种彩色照明的条件下会得到相差较大的效果。图 3-12（a）为红光照明下所得到的图像，晶片中导线模糊一片。而图 3-12（b）为绿光照明下所得到的图像，晶片上的导线清晰可见，从而得到预想的效果。

图 3-13 为一块芯片，图 3-14 左图和右图为不同颜色光照下所得到的图像。左边为红光照射下所得到的图像，可看到底部的导线；右边为蓝光照射下所得到的图像，可拍摄到熔点的圆球。

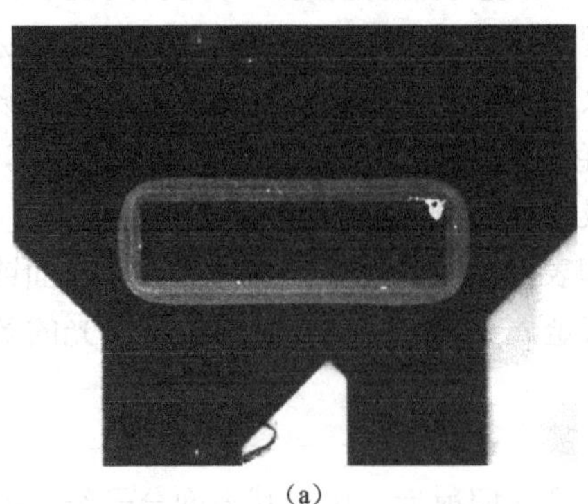

(a)

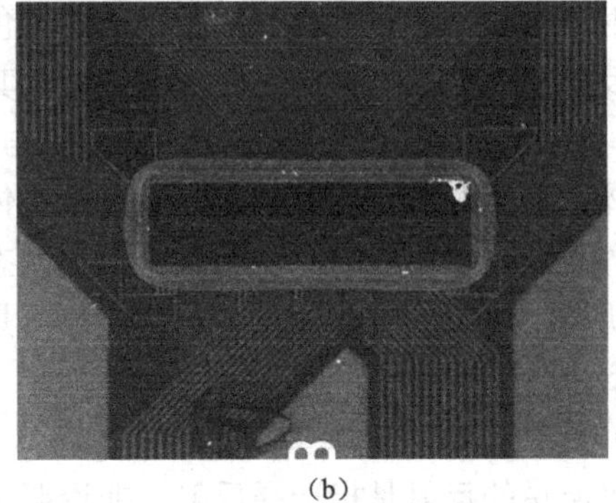

(b)

图 3-12 用红光（左）和绿光（右）检查晶片

图 3-13　芯片

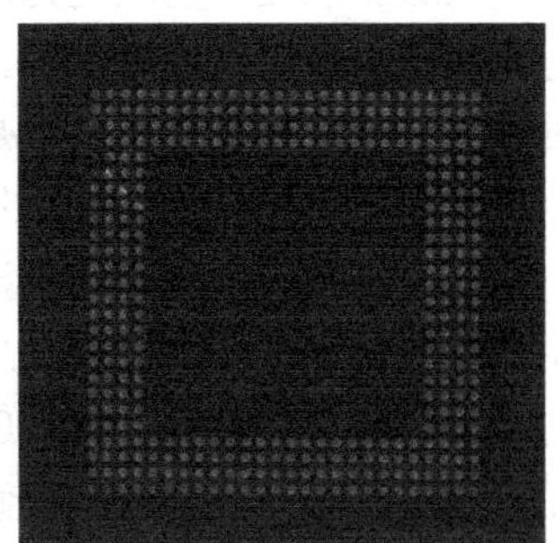

图 3-14　用红光（左）和蓝光（右）拍摄芯片

### 3.3.3　显色性

显色性，表示某光源照射到物体上所显出来的颜色与太阳光照射下该物体颜色相符合的程度。也就是说光源能否正确地呈现物体颜色的性能。光源的显色指数用 *Ra* 表示。显色性高的光源对颜色表现较好，所见到的颜色也就接近自然色，显色性低的光源对颜色表现较差，所见到的颜色偏差也较大。国际照明委员会 CIE 把太阳的显色指数定为 100，各类光源的显色指数各不相同，如：高压钠灯显色指数 *Ra*＝23，荧光灯管显色指数 *Ra*＝60～90。

显色分两种：忠实显色和效果显色。忠实显色，表示能正确表现物质本来的颜色需使用显色指数高的光源，其数值接近 100，显色性最好。效果显色，表示要鲜明地强调特定色彩，表现美的生活可以利用加色的方法来加强显色效果；采用低色温光源照射，能使红色更加鲜艳；采用中等色温光源照射，使蓝色具有清凉感；采用高色温光源照射，使物体有冷的感觉。

显色性指数的高低，就表示物体在待测光源下“变色”和“失真”的程度。例如，在日光下观察一幅画，然后拿到高压汞灯下观察，就会发现，某些颜色已变了色。如粉色变成了紫色，蓝色变成了蓝紫色。因此，在高压汞灯下，物体失去了“真实”颜色，如果在黄色光的低压钠灯底下来观察，则蓝色会变成黑色，颜色失真更厉害，显色指数更低。光源的显色性是由光源的光谱能量分布决定的。日光、白炽灯具有连续光谱，连续光谱的光源均有较好的显色性。

研究发现，除连续光谱的光源具有较好的显色性外，由几个特定波长色光组成的混合光源也有很好的显色效果。如 450nm 的蓝光，540nm 的绿光，610nm 的橘红光以适当比例混合所产生的白光，虽然为高度不连续光谱，但却具有良好的显色性。用这样的白光去照明各色物体，都能得到很好的显色效果。

光源的显色性以一般显色性指数 *Ra* 值区分：当 *Ra* 值为 100～75 时，显色优良；当 *Ra* 值为 75～50 时，显色一般；当 *Ra* 值为 50 以下时，显色性差。表 3-3 列出了几种光源的显色指数。

**表 3-3　各种光源的显色指数**

| 光源 | 显色指数 | 光源 | 显色指数 |
|---|---|---|---|
| 白炽灯 | 95～99 | 日光灯 | 65～80 |
| 卤钨灯 | 85～99 | 高压钠灯 | 21～23 |
| 碘钨灯 | 90～100 | LED | ≥80 |
| 三基色荧光灯 | 85 | | |

光源显色性和色温是光源的两个重要的颜色指标。色温是衡量光源色的指标，而显色性是衡量光源视觉质量的指标。假若光源色处于人们所习惯的色温范围内，则显色性应是光源质量的更为重要的指标。这是因为显色性直接影响着人们所观察到的物体的颜色。

（1）一般显色指数 *Ra* 的评价

一般显色指数 *Ra* 光源显色性的评价方法，希望能够既简单又实用。然而简单和实用往往是两个互相矛盾的要求。在 CIE 颜色系统中，一般显色指数 *Ra* 就是这样一个折中的产物：它比较简单，只需要一个 100 以内的数值，就可以表达光源的显色性能，*Ra*=100 被认为是最理想的显色性。但是，有时候人们的感觉并非如此。例如在白炽灯照射下的树叶，看上去并不太鲜艳。问题在哪里？

为简便起见，这里只讨论一般显色指数 *Ra* 的主要构成方法，而不讨论它的具体计算方法。事实上，人们在日常生活里常常在检验光源的显色性。许多人都有这样的经验，细心的女士在商场买衣服的时候，常常还要到室外日光下再看一看它的颜色。她这样做，实际上就是在检验商场光源的显色性：看一看同样一件衣服，在商场光源的照明下和在日光的照明下，衣服的颜色有什么不同。所以描述光源的显色性，需要两个附加的要素：日光（参考光源）和衣服（有色物体）。在 CIE 颜色系统中，为确定待测光源的显色性，首先要选择参考光源，并认为在参考光源照射下，被照物体的颜色能够最完善地显示。CIE 颜色系统规定，在待测光源的相关色温低于 5000K 时，以色温最接近的黑体作为参考光源；当待测光源的相关色温大于 5000K 时，用色温最相近的 D 光源作为参考光源。这里 D 光源是一系列色坐标，可用数字式表示、并与色温有关的日光。

在选定参考光源后，还需要选定有色物体。由于颜色的多样性，需要选择一组标准颜色，它们能充分代表常用的颜色。CIE 颜色系统选择了 8 种颜色，它们既有多种色调，又具有中等明度值和彩度。在 u-v 颜色系统中，测定每一块标准色板，在待测光源照射下和在参考光源照射下色坐标的差别，即色位移 $\Delta Ei$，就可得到该色板的特殊显色指数。$Ri=100-4.6\Delta Ei$，对 8 块标准色板所测得的特殊显色指数 *Ri* 取算术平均，就得到了一般显色指数 *Ra*。可见光源的一般显色指数 *Ra* 的最大值为 100，认为这时光源的显色性最好。

（2）一般显色指数 *Ra* 的局限性

尽管一般显色指数 *Ra* 简单实用，但是它在许多方面表现出严重不足。首先，颜色是人们主观的感觉，不是物体固有的属性，它与照明条件、观察者、辐照度、照度、周围物体和观察角度等有关，并不存在什么所谓“真实颜色”。但是由于在 CIE 系统中，已定义 Ra 在近似黑体的辐射下达最高值 100，所以灯泡制造商都有意识地设计灯泡，使在用它照射物体时的显色性与黑体或日光照射时尽可能相近。这意味着光源的光谱分布与黑体或日光有偏离时，会使显色指数下降。例如用红、绿、蓝三个单色 LED 组成的白光 LED，当在它的一般显色指数 Ra 较低时，它的显色性有时并不一定很坏。

但是事实上，许多研究者已证实人们不一定最喜欢 CIE 所规定的参考光源照明时的颜色。例如前面已经提到的用色温很低的白炽灯照射绿色的树叶，并不一定是最好的选择。

显色性在彩色照明技术中得到了广泛的应用。如图 3-15（a）为自然光下三个啤酒瓶盖的拍摄图像。图 3-15（b）为啤酒瓶盖在不同颜色光照下，由于在不同光照下（红色、白色、蓝色和绿色），显色性的不同，所得到的具体图像各不相同。

(a)

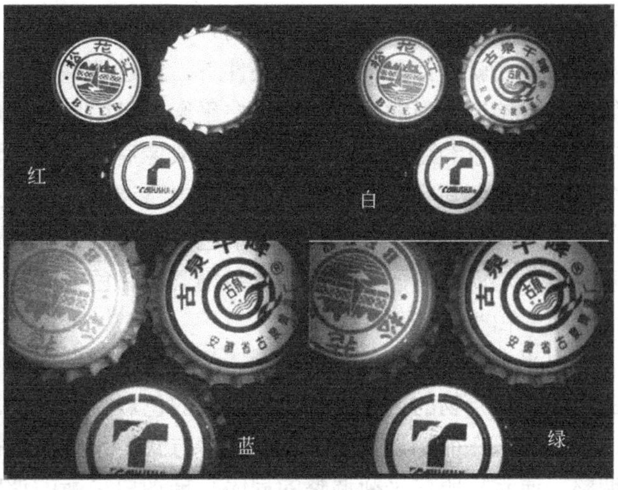

(b)

图 3-15　不同光照下图像的显色

### 3.3.4　白平衡

白平衡是机器视觉领域一个非常重要的概念，通过它可以解决色彩还原和色调处理的一系列问题。

（1）什么是白平衡

白平衡，字面上的理解是白色的平衡。那什么是白色？白色光是由赤、橙、黄、绿、青、蓝、紫七种色光组成的，而这七种色光又是由红、绿、蓝三原色按不同比例混合形成，当一种光线中的三原色成分比例相同的时候，习惯上人们称之为消色，黑、白、灰、金和银所反射的光都是消色。通俗的理解白色是不含有色彩成分的亮度。人眼所见到的白色或其他颜色与物体本身的固有色、光源的色温、物体的反射或透射特性、人眼的视觉感应等诸多因素有关，举个简单的例子，当有色光照射到消色物体时，物体反射光颜色与入射光颜色相同，既红光照射下白色物体呈红色，两种以上有色光同时照射到消色物体上时，物体颜色呈加色法效应，如红光和绿光同时照射白色物体，该物体就呈黄色。当有色光照射到有色物体上时，物体的颜色呈减色法效应。如黄色物体在品红光照射下呈现红色，在青色光照射下呈现绿色，在蓝色光照射下呈现灰色或黑色。

在了解白平衡之前还要搞清另一个非常重要的概念——色温。所谓色温，简而言之，就是定量地以开尔文温度（K）来表示色彩。色温现象在日常生活中非常普遍，相信人们对它并不陌生。钨丝灯所发出的光由于色温较低表现为黄色调，不同的路灯也会发出不同颜色的光，天然气的火焰是蓝色的，原因是色温较高。万里无云的蓝天的色温约为 10000K，阴天约为 7000～9000K，晴天日光直射下的色温约为 6000K，日出或日落时的色温约为 2000K，烛光的色温约为 1000K。这时不难发现一个规律：色温越高，光色越偏蓝；色温越低则偏红。某一种色光比其它色光的色温高时，说明该色光比其他色光偏蓝，反之则偏红；同样，当一种色光比其他色光偏蓝时说明该色光的色温偏高，反之偏低。

由于人眼具有独特的适应性，使我们有的时候不能发现色温的变化。比如在钨丝灯下待久了，并不会觉得钨丝灯下的白纸偏红，如果突然把日光灯改为钨丝灯照明，就会觉察到白纸的颜色偏红了，但这种感觉也只能够持续一会儿。相机的 CCD 并不能像人眼那样具有适应性，所以如果相机的色彩调整同景物照明的色温不一致就会发生偏色。那么什么是白平衡呢？白平衡就是针对不同色温条件下，通过调整相机内部的色彩电路使拍摄出来的影像抵消偏色，更接近人眼的视觉习惯。白平衡可以简单地理解为在任意色温条件下，相机镜头所拍摄的标准白色经过电路的调整，使之成像后仍然为白色。这是一种经常出现的情况，但不是全部，白平衡其实是通过相机内部的电路调整（改变蓝、绿、红三个CCD电平的平衡关系）使反射到镜头里的光线都呈现为消色。如果以偏红的色光来调整白平衡，那么该色光的影像就为消色，而其他色彩的景物就会偏蓝（补色关系）。

（2）白平衡的工作原理

白平衡是一个很抽象的概念，最通俗的理解就是让白色所成的像依然为白色，如果白是白，那其他景物的影像就会接近人眼的色彩视觉习惯。调整白平衡的过程叫做白平衡调整，白平衡调整在前期设备上一般有三种方式：预置白平衡、手动白平衡调整和自动跟踪白平衡调整。通常按照白平衡调整的程序，推动白平衡的调整开关，白平衡调整电路开始工作，自动完成调校工作，并记录调校结果。如果掌握了白平衡的工作原理，那么使用起来会更加有的放矢，得心应手。

白平衡是这样工作的：相机内部有三个CCD电子耦合元件，它们分别感受蓝色、绿色、红色的光线，在预置情况下这三个感光电路电子放大比例是相同的，为1∶1∶1的关系，白平衡的调整就是根据被调校的景物改变了这种比例关系。比如被调校景物的蓝、绿、红色光的比例关系是2∶1∶1（蓝光比例多，色温偏高），那么白平衡调整后的比例关系为1∶2∶2，调整后的电路放大比例中明显蓝的比例减少，增加了绿和红的比例，这样被调校景物通过白平衡调整电路到所拍摄的影像，蓝、绿、红的比例才会相同。也就是说如果被调校的白色偏一点蓝，那么白平衡调整就改变正常的比例关系减弱蓝电路的放大，同时增加绿和红的比例，使所成影像依然为白色。

大多情况下使用白色的调白板（卡）来调整白平衡，是因为白色调白板（卡）可最有效地反映环境的色温。

（3）白平衡调整

调整白平衡的方法大体分粗调、精细调整和自动跟踪（ATW）三种：粗调指在预置情况下改变色温滤光片，使色温接近到3200K的出厂设置；精细调整是指在色温滤光片的配合下通过相机白平衡调整功能，针对特定环境色温得到一个更为精确的调整结果；自动跟踪是指依靠相机的自动跟踪功能，自身根据画面的色温变化随时调整。

预置功能是相机以3200K色温条件下设置的蓝、绿、红感光平衡。当环境色温为3200K时，相机色温滤光片放置在3200K，景物可以得到正确的色彩还原；当环境色温为5600K时，相机色温滤光片放置在 5600K，景物可以得到正确的色彩还原。当环境色温在 3200K 上下1000K和5600K上下1000K范围内，利用白平衡预置功能可以得到人眼可以接受的色彩还原，由于色温偏差不大，使拍摄出的画面呈现出细微的色彩变化。

一般精细调白的方法是，在拍摄环境中以顺着拍摄方向的调白板（卡）来调整白平衡。这是一种普遍的情况，还有几种非常灵活的精细调白的方法。利用一块透过性良好的标准白板，把它置于紧贴镜头的前面，在拍摄环境中对着光源照明方向或对着主拍摄方向来调整白平衡，专业的相机会给出一个色温读数，比如是5000K，如果希望拍摄还原正常的画面就以这个白平衡结果来拍摄。白平衡自动跟踪功能（ATW）是随着镜头摄取景物的色温变化而实时调整，如果一个镜头由于被摄物体的色温变化，会使画面在一个镜头内发生色彩变化。

## 3.4　偏光技术

光是一种电磁波，属于横波(振动方向与传播方向垂直)。诸如日光、烛光、日光灯及钨丝灯发出的光都叫自然光。这些光都是大量原子、分子发光的总和。虽然某一个原子或分子在某一瞬间发出的电磁波振动方向一致，但各个原子和分子发出的振动方向也不同，这种变化频率极快，因此，自然光是各个原子或分子发光的总和，可认为其电磁波的振动在各个方向上的概率相等。

自然光在穿过某些物质，经过反射、折射、吸收后，电磁波的振动被限制在一个方向上，其他方向振动的电磁波被大大削弱或消除。这种在某个确定方向上振动的光称为偏振光。偏振光的振动方向与光波传播方向所构成的平面称为振动面。

所谓起偏，即将自然光转变为偏振光，而检验某束光是否是偏振光，即所谓检偏。用以转变自然光为偏振光的物体叫做起偏器；用以判断某束光是否偏振光的物体叫做检偏器。偏振片是一种常用的起偏器和检偏器，它只能透过沿某个方向的光矢量。把这个透光方向称为偏振片的偏振化方向或透振方向。

偏光技术的核心是偏振片，偏振片允许平行于透光轴方向的光通过，而垂直于这个方向的光则被吸收。偏光镜就是利用这个原理，极有效地消除了强反射光线及散色光，使光线变得柔和，人眼看到的景物就清晰自然。图 3-16 就是偏振片获得偏光的原理图。图 3-16（a）由于两个偏振片允许通过的方向相通，所以最终可以得到这个方向的光线；图 3-16（b）由于两个偏振片允许通过光的方向相反，所以最终没得到任何的光线。

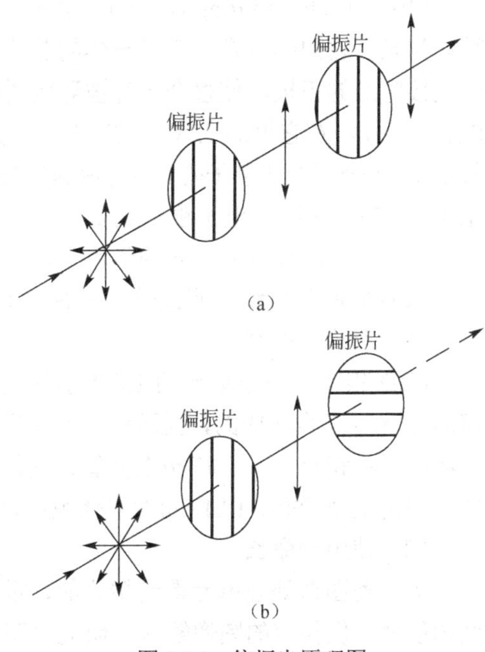

图 3-16　偏振光原理图

以上现象可以换一种描述：光源通过第一个偏振片后，就相当于被一个“狭缝”卡住了，只是振动方向跟“狭缝”方向平时的光波才能通过。光源通过偏振片后虽然变成了偏振光，但由于光源中沿各个方向振动的光波强度相同，所以，不论第一个偏振片转到什么方向，都会有相同强度的光透射过来。再通过第二个偏振片去观察就不同了：不论旋转哪个偏振片，两偏振片透振方向平行时，透射光最强；两偏振片的透振方向垂直时，透射光最弱。

图 3-17 为没采用偏光技术和采用偏光技术所得到的图像。偏振片可以消除光反射产生的影响从而突出表面的细节，偏振片可以直接安装在镜头上或者光源的一侧，或两者同时使用，同时使用时两个偏振片的光轴需要互相垂直。

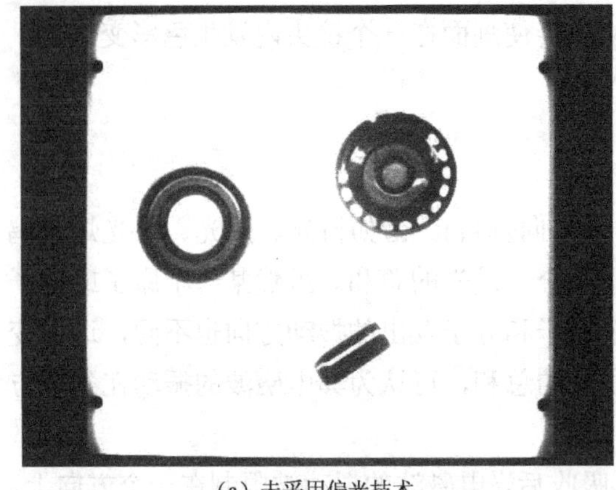
（a）未采用偏光技术

（b）采用偏光技术以后，零件轮廓清晰可见

图 3-17　偏光技术使用中图像的比较

# 3.5　发光二极管照明技术

### 3.5.1　LED 照明和传统照明的比较

LED（Light Emitting Diode），发光二极管，是一种固态的半导体器件，它可以直接把电转化为光。它的心脏是一个半导体的芯片，芯片的一端附在一个支架上，一端是负极，另一端连接电源的正极，使整个芯片被环氧树脂封装起来。半导体芯片由三部分组成，一部分是 P 型半导体，在它里面空穴占主导地位，另一端是 N 型半导体，在这边主要是电子，中间通常是 1～5 个周期的量子阱。当电流通过导线作用于这个芯片的时候，电子和空穴就会被推向量子阱，在量子阱内电子跟空穴复合，然后就会以光子的形式发出能量，这就是 LED 发光的原理。而光的波长也就是光的颜色，是由形成 P-N 结的材料决定的。

LED 照明与传统照明比较，具有如下优点。

（1）形状自由度

LED 很小，每个单元的 LED 小片是 3～5mm 的正方形，一个 LED 光源是由许多单个 LED 发光管组合而成的，因而比其他光源可做成更多的形状，更容易针对用户的情况来设计光源的形状和尺寸。LED 按发光管出光面特征分圆灯、方灯、矩形、面发光管、侧向管、表面安装用微型管等。LED 元件的体积可以做的非常小，更加便于各种设备的布置和设计。

（2）使用寿命长

为了使图像处理单元得到精确的、重复性好的测量结果，照明系统必须保证相当长的时间内能够提供稳定的图像输入。研究表明，LED 工作 10 万小时以后，其光的衰减只为初始的 50%左右。LED 光源在连续长时间工作，其亮度开始衰减，但远比其他形式的光源的衰减要小。此外，如果选择用控制系统使 LED 间断性的工作，可抑制发光管的发热，也会将其寿命延长一倍。

（3）响应速度快

LED 发光管响应时间很短，与普通的白炽灯的响应时间毫秒级相比，LED 灯的响应时间仅为纳秒级。响应时间的真正意义是能按要求保证多个光源之间或一个光源不同区域之间的工作切换。采用专用电源给 LED 光源供电时，达到最大照度的时间小于 10ms。

（4）可自由的选择颜色

除了光源的形状以外，欲得到稳定图像的另一方法就是选择光源的颜色。甚至相同形状的光源，由于颜色的不同得到的图像也会有很大的差别。实际上，如何利用光源颜色的技术特性得到最佳对比度的图像效果一直是光源开发的主要方向。LED 能够实现多种颜色的照明，通过改变电流大小可以变色，发光二极管方便地通过化学修饰方法，调整材料的能带结构和带隙，实现红、黄、绿、蓝、橙等多色发光。如小电流时为红色的 LED，随着电流的增加，可以依次变为橙色，黄色，最后为绿色。

（5）综合性成本很低

据研究表明，LED 消耗的能量较同光效的白炽灯会减少 80%。选用低廉而性能没有保证的产品，初次投资的节省很快会被日常的维护、维修费用抵消。其他光源不仅耗电是 LED 光源的 2-10 倍，而且几乎每月就要更换，浪费了维修工程师许多宝贵的时间。而且投入使用的光源越多，在器件更换和人工方面的花费就越大，因此选用寿命长的 LED 光源从长远看是很经济的。

（6）环保性能好

LED 因为体积小、耗能小，在节能方面收到了良好的效果。LED 光谱中没有紫外线和红外线，既没有热量，也没有辐射，眩光小，而且废弃物可回收，没有污染，不含汞元素，冷光源，可以安全触摸，属于典型的绿色环保照明光源。

（7）电压

LED 使用低压电源，供电电压在 6～24V 之间，根据产品不同而异，所以它是一个比使用高压电源更安全的电源。

由于 LED 突出的优点，使得 LED 在机器视觉的照明中得到了广泛的应用。

### 3.5.2 LED 照明特性

（1）LED 的特性

每一种光源都有其自身的特点。无论是白炽灯、荧光灯、金卤灯、无极荧光灯、无汞荧光灯以及 LED，都具有自身特有的光电性能，安全性能、环保性能及性价比。LED 具有很强的潜在优势，应用场合及市场份额会迅速扩大，但也不能片面认为 LED 将来会完全取代传统光源。随着照明科技的发展，对未来照明光源的评价不仅仅是着眼于光效范畴，还应强调照明效果、光的舒适性、光的生物效应、光的安全性评价，以及环保性能、资源消耗的评价。

LED 的性能主要包括电特性、光特性和光安全性能等三个方面。类似于其他光源，LED 光特性主要包括光通量、发光效率、辐射通量、辐射效率、光强和光谱参数等。

1）极限参数的意义

LED 是一个由半导体无机材料构成的单极性 PN 结二极管，其电压与电流之间的关系称为伏安特性。LED 电特性参数包括正向电流、正向电压、反向电流和反向电压，LED 必须在合适的电流电压驱动下才能正常工作。通过 LED 电特性的测试可以获得 LED 的最大允许正向电压、正向电流及反向电压、电流，此外也可以测定 LED 的最佳工作电功率。

① 允许功耗 $P_m$：允许加于 LED 两端正向直流电压与流过它的电流之积的最大值。超过此值，LED 发热、损坏。

② 最大正向直流电流 $I_{Fm}$：允许加的最大的正向直流电流。超过此值可损坏二极管。

③ 最大反向电压 $V_{Rm}$：所允许加的最大反向电压。超过此值，发光二极管可能被击穿损坏。

④ 工作环境 $t_{opm}$：发光二极管可正常工作的环境温度范围。低于或高于此温度范围，发光二极管将不能正常工作，效率大大降低。

2）电参数的意义

① 光谱分布和峰值波长：某一个发光二极管所发出的光并不是单一波长，其波长大体按图 3-18 所示。由图可见，该发光管所发出的光中某一波长 $\lambda_0$ 的光强最大，该波长为峰值波长。

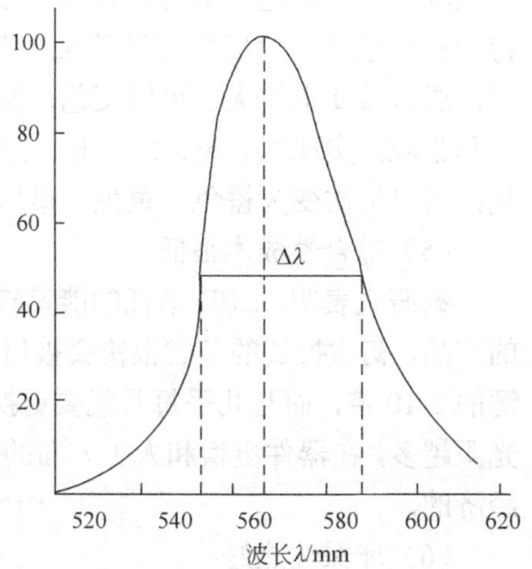


图 3-18　LED 的光谱分布图

② 发光强度 IV：发光二极管单位时间内发射的总电磁能量称为辐射通量，也就是光功率(W)。对于 LED 光源，更关心的是照明的视觉效果，即光源发射的辐射通量中能引起人眼感知的那部分当量，称为光通量 $\Phi$。光通量 $\Phi$ 与辐射通量 $P$ 之间的关系为：

$$\Phi = \int_{\lambda_1}^{\lambda_2} P(\lambda)V(\lambda)\mathrm{d}\lambda \tag{3-5}$$

式中，$P(\lambda)$为光源光谱辐射通量；$V(\lambda)$为人眼的明视觉光谱光视效率函数，$\lambda_2$和$\lambda_1$为上、下限波长。光通量和辐射通量具有相同的量纲，在国际单位制中，辐射通量的单位是瓦，而光通量的单位为流明（lm）。

发光强度表示光通量的空间密度，用符号 IV 表示，单位是坎德拉（cd）。坎德拉表示光源在 1 球面度立体角内均匀发出 1 lm 的光通量。即：1 cd = 1 lm/1 Sr = 1 （流明/球面度）。LED 的发光强度 IV 可表达为

$$IV = \frac{\mathrm{d}\Phi}{\mathrm{d}\omega} \tag{3-6}$$

式中，d$\Phi$ 为光通量，单位：lm；d$\omega$ 是点光源在某一方向上所照射的立体角元，单位：Sr。

一个光源发出频率为 $540\times10^{12}$Hz 的单色辐射，若在给定方向的辐射强度为（1/683）W/Sr，则光源在该方向上的发光强度为 1 cd。可见，发光强度为 1 cd 的点光源在单位立体角 1 Sr 内发出的光通量为 1 lm。

通常发光强度是空间角度的函数。如图 3-19 所示。中垂线（法线）的坐标为相对发光强度（即发光强度与最大发光强度的之比）。显然，法线方向上的相对发光强度为 1，离开法线方向的角度越大，相对发光强度越小。

③ 光谱半宽度 $\Delta\lambda$：它表示发光管的光谱纯度。图 3-18 中 1/2 峰值光强所对应两波长之间隔。$\Delta\lambda = \lambda_2 - \lambda_1$。

④ 半值角 $\theta_{1/2}$ 和视角：$\theta_{1/2}$ 是指发光强度值为轴向强度值一半的方向与发光轴向（法向）的夹角。半值角的 2 倍为视角（或称半功率角）。发光角（或光束角）通常用半强度角表示，即在光强分布图中光强大于等于峰值光强 1/2 时所包含的光束角度。

⑤ 正向工作电流 $I_f$：它是指发光二极管正常发光时的正向电流值。在实际使用中应根据需要选择 $I_f$ 在 $0.6 \cdot I_{fm}$ 以下。

⑥ 正向工作电压 $V_F$：参数表中给出的工作电压是在给定的正向电流下得到的。一般是在 $I_f$=20mA 时测得的。发光二极管正向工作电压 $V_F$ 在 1.4～3V。在外界温度升高时，$V_F$ 将

下降。

⑦ V-I 特性：发光二极管的电压与电流的关系可用图 3-20 表示。在正向电压小于某一值（叫阈值）时，电流极小，不发光。当电压超过某一值后，正向电流随电压迅速增加，发光。由 V-I 曲线可以得出发光管的正向电压，反向电流及反向电压等参数。

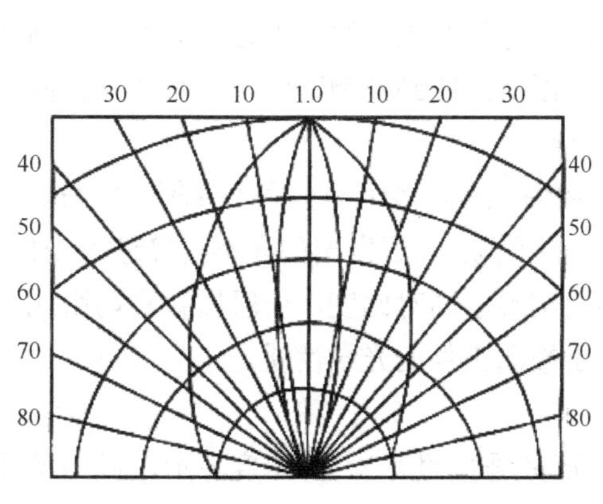


图 3-19　LED 发光强度空间分布图

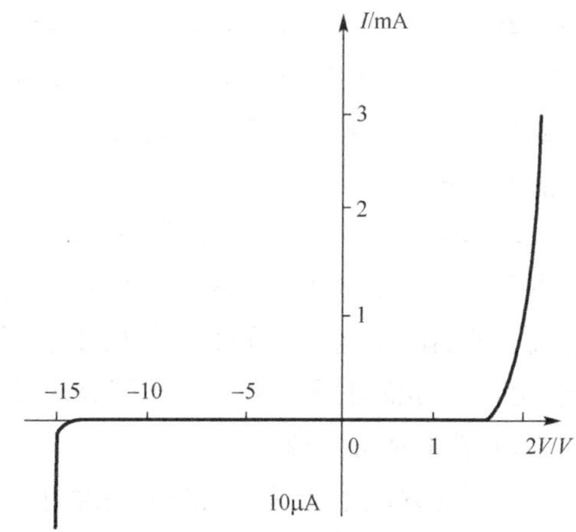


图 3-20　LED 电压与电流的关系

（2）LED 的分类

1）按发光管发光颜色分

按发光管发光颜色分，可分成红色、橙色、绿色（又细分黄绿、标准绿和纯绿）、蓝光等。另外，有的发光二极管中包含二种或三种颜色的芯片。

根据发光二极管出光处掺或不掺散射剂、有色还是无色，上述各种颜色的发光二极管还可分成有色透明、无色透明、有色散射和无色散射四种类型。散射型发光二极管可做指示灯用。

2）按发光管出光面特征分

按发光管出光面特征分，可分为圆灯、方灯、矩形、面发光管、侧向管、表面安装用微型管等。圆形灯按直径分为$\phi$2mm、$\phi$4.4mm、$\phi$5mm、$\phi$8mm、$\phi$10mm 及$\phi$20mm 等。国外通常把$\phi$3mm 的发光二极管记作 T-1；把$\phi$5mm 的记作 T-1（3/4）；把$\phi$4.4mm 的记作 T-1（1/4）。

3）按发光二极管的结构分

按发光二极管的结构分有全环氧包封、金属底座环氧封装、陶瓷底座环氧封装及玻璃封装等结构。

4）按发光强度和工作电流分

按发光强度和工作电流分有普通亮度的 LED（发光强度 100mcd）；把发光强度在 10～100mcd 间的叫作高亮度发光二极管。

一般 LED 的工作电流在十几毫安至几十毫安，而低电流 LED 的工作电流在 2mA 以下（亮度与普通发光管相同）。

除上述分类方法外，还有按芯片材料分类及按功能分类的方法。

### 3.5.3　LED 光源的照明设计

目前，应用在机器视觉领域的 LED 光源可以分为 2 大类：一类是正面照明，一类是背面照明。正面照明用于检测物体表面特征，背面照明用于检测物体轮廓或透明物体的纯净度。

正面光源按照光源结构分，有环形灯、条形灯、同轴灯和方形灯。

（1）环形 LED 光源

环形状的光源是不会看到影子的光源方式。它又包括直射环形、漫反射环、Dome 灯等；按照角度又可分为：完全直射环形、带角度环形、低角度环形等。直射环形适合高速检测远距离照射；漫反射环形适合检测反光物体检测；Dome 灯即圆顶型散射光源主要用于检测球型或曲面物体检测，它不是直接照射，而是通过多次漫反射照到被测物体，光照效果类似阴天的太阳光。

环形光源，采用 LED 按圆周排列，发出的光线向内汇聚，多用于金属工件刻印字符、光滑表面划痕、瓶口尺寸或裂纹、平面工件表面质量等的检测。光源发出的光不直接进入相机，瑕疵等表面的变化引起光线改变方向进行镜头，从而实现了高对比度，一般黑背景均用此类光源实现。光源的尺寸和光线角度等选择直接依赖于被测工件的光学性质。

1）直射环形光源

直接照射环形光源，按照射角度分，有直射环形（垂直照射），带角度环形，低角度环形和水平照射环形等。每个 LED 的光轴和环形灯外壳之间的夹角，依次为 0°、20°、60°、90°（具体型号可能会稍有变化）。不同的角度适合不同的检测要求。前面两种为明视野照明，也就是被测物体表面大部分反光都能进相机，故背景呈白色，比如物体表面突出特征的检测；后面两种为暗视野照明，也就是被测物体表面大部分反光都不进摄像头，故背景呈黑色，只有物体高低不平之处的反光进入摄像头，比如金属表面划痕的检测，背景呈黑色，划痕呈白色。同时，直射环形(垂直照射)和带角度环形的区别在于：前面一种的照射距离较远，后者较近。低角度环形和水平照射环形的区别也是如此。

① 直射环形（垂直照射）：图 3-21 为直射环形光源，其照明方式如图 3-22 所示。例如，采用该照明方式，可用于金属齿轮的外形检测，如图 3-23 所示。

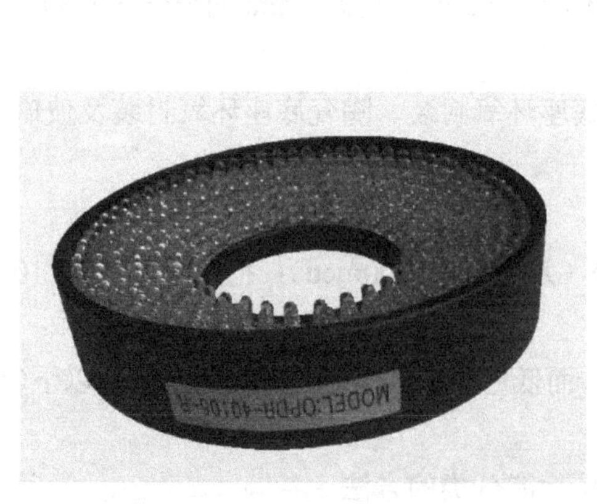

图 3-21　直射环形光源

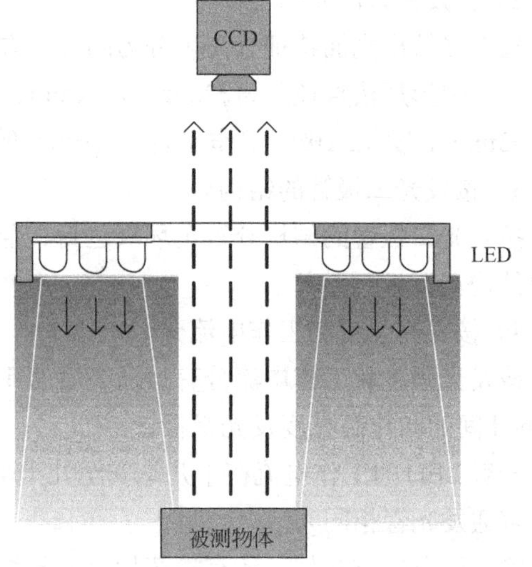


图 3-22　直射环形光源的照明方式

图 3-23　金属齿轮的外形检测

② 带角度环形：照明方式如图 3-24 所示。

③ 低角度环形：照射角度很低，有利于突出边缘轮廓。多应用场合于晶片或玻璃底基上的划痕监测；刻印文字的读取；工作边缘轮廓抽取检查等。如图 3-25 为低角度环形光源，其照明方式如图 3-26 所示。例如，采用该照明方式，可实现电池底部刻印的检测，如图 3-27 所示。

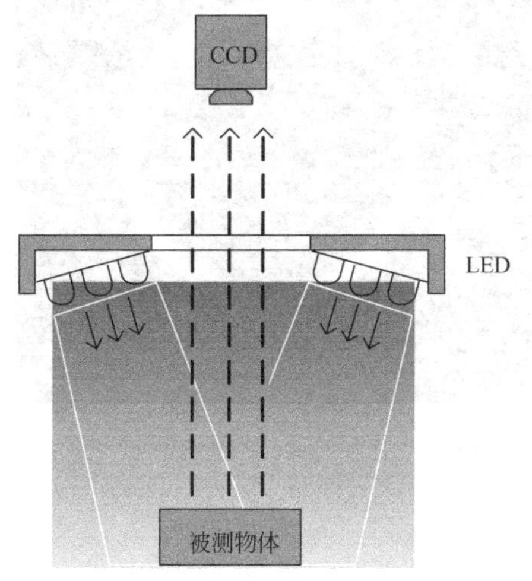


图 3-24　带角度可调光源的照明方式

图 3-25　低角度环形光源

④ 水平照射环形：照明方式如图 3-28 所示。该照明方式可用于玻璃瓶口破损的检测，如图 3-29 所示。

2）无影环形光源

又称为 Dome 灯，通过半球形的内壁多次反射，可以完全消除阴影，实现全空间区域的漫射光照明，对于凹凸不平的表面检测起到特殊作用，主要用于球形或曲面物体缺陷检测、金属、镜面或玻璃等具有光泽物体的表面检测。图 3-30 为无影环形光源，其照明方式如图 3-31 所示。例如，检测咖啡豆的包装上面的文字时，如果采用使用直射光，会出现许多眩光，图 3-32（a）所示；而采用无影环形光源，包装上面的文字清晰可辨，如图 3-32（b）所示。

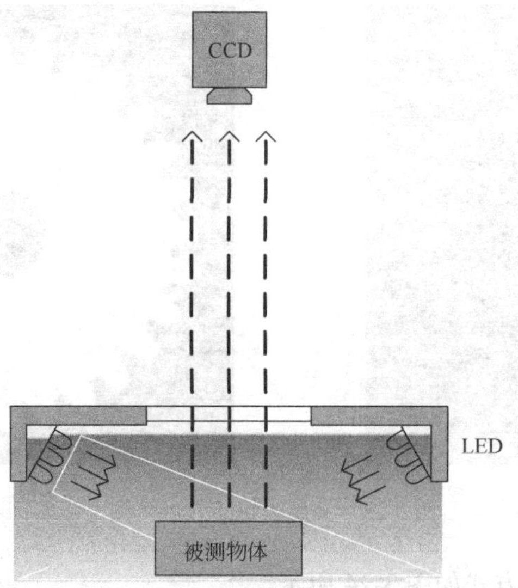


图 3-26　低角度光源的照明方式

图 3-27　电池底部刻印的检测

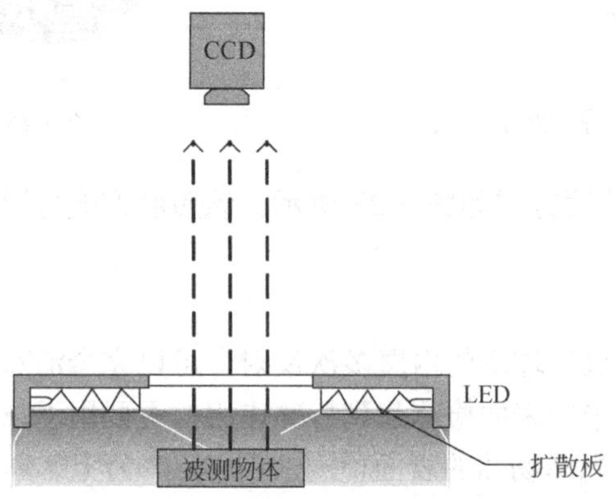


图 3-28　水平照射环形光源的照明方式

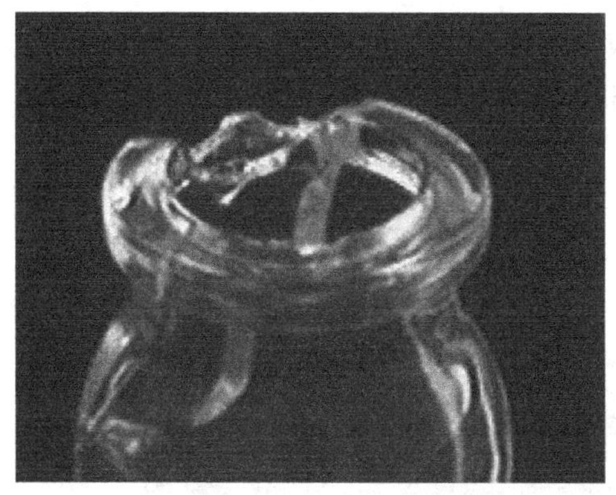
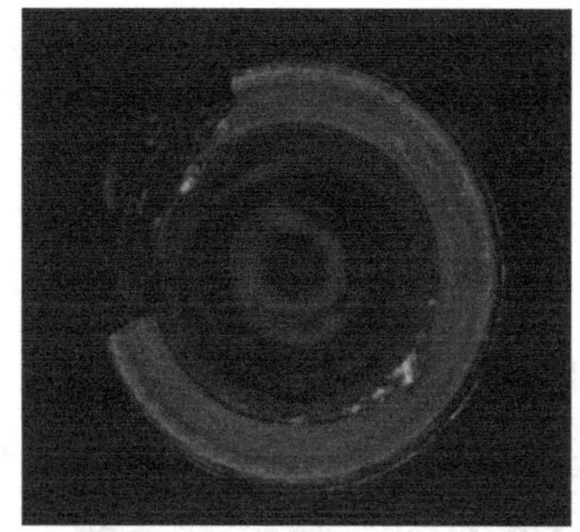

图 3-29　玻璃瓶口破损的检测

图 3-30　无影环形光源

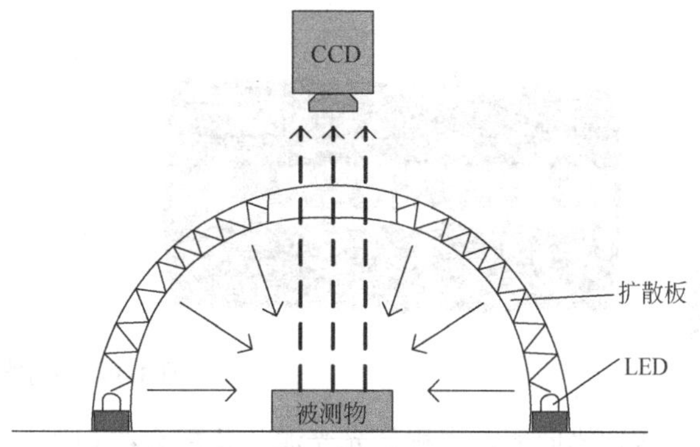


图 3-31　无影环形光源的照明方式

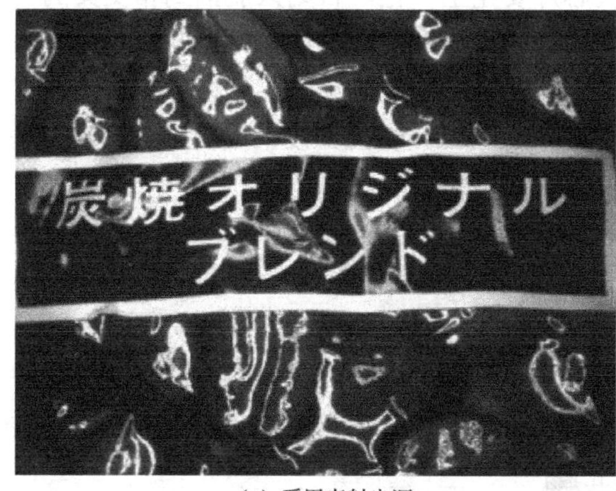


(a) 采用直射光源

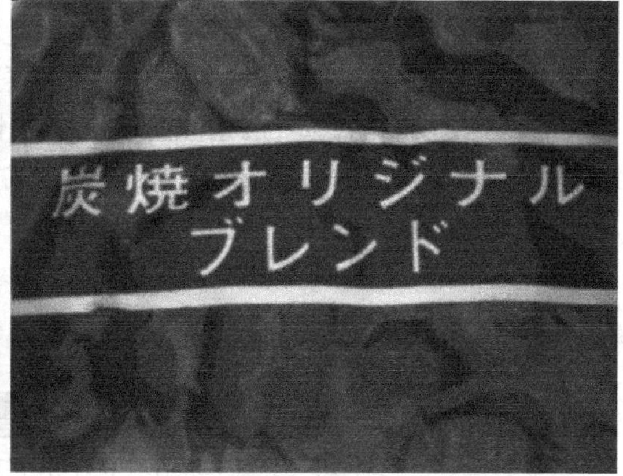


(b) 采用无影环形光源

图 3-32　检测咖啡豆的包装上面的文字

(2) LED 条形光源

条形光源如图 3-33 所示，它有两个应用，一个是宽幅检测，2 个或 4 个条形组合使用，另一个是线扫描的照明。

将条形灯组合使用，它的最大特点是每个方向的光源照射角度可调，因为光源的照射角度对最终的图像效果有很大影响。灵活性比较大，但调试时也相对费事一些。照明方式如图 3-34 所示。例如，该照明方式可用于商品的印字检测，如图 3-35 所示。

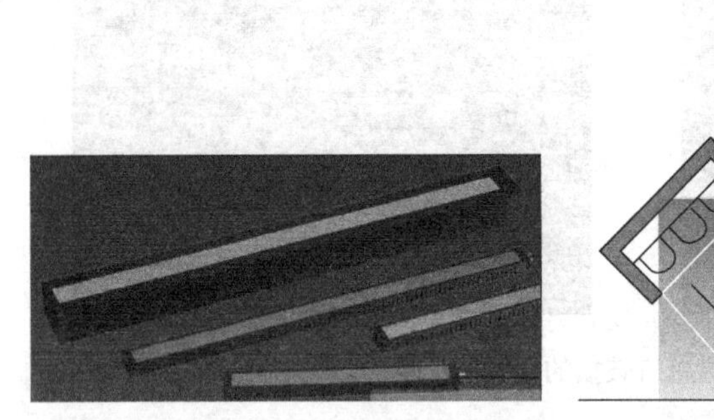

图 3-33　条形光源

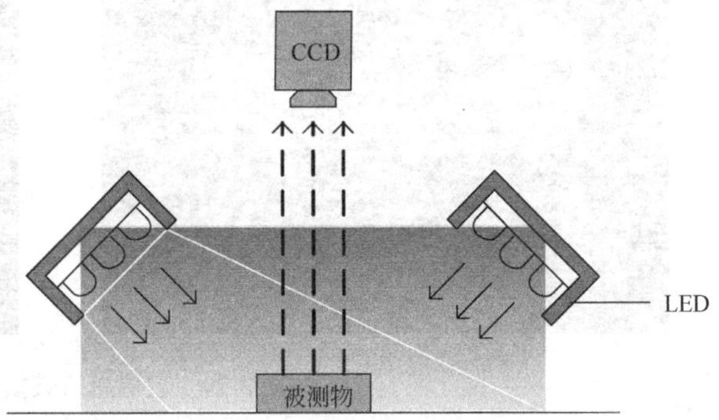


图 3-34　宽幅检测条形光源的照明方式

图 3-35　印字检测

线扫描照明，也称聚光光源，是配合线扫描相机使用的。线扫描相机每次都是采集一条线，且曝光时间短，对光源亮度要求很高。对光源和相机来说，有效的工作区域都是一个窄条。也就是保证光源照在这个最亮的窄条与相机芯片要完全平行，否则只能拍到相交叉的一个亮点。所以线光源有两个特别的要求，就是均匀性和直线性。因为线光源不同位置的亮暗差异，会直接影响图像的亮度高低。光源需要采用聚光镜，使光线集中照到一条线上，这样才能准确控制图像的稳定性。出光部分的直线性，取决于 LED 发光角度的一致性、聚光透镜的直线性以及线光源外壳的直线性。照明方式如图 3-36 所示。

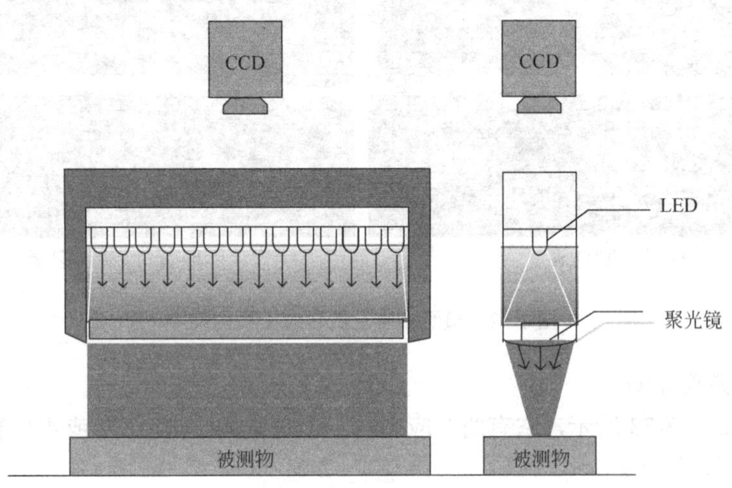


图 3-36　线扫描条形光源的照明方式

线扫描照明，常用的有几种办法：超高亮LED+聚光镜、光纤+聚光镜、高频荧光灯+聚光镜。其中第二种方案亮度特高，成本也较高，需要定期更换卤素灯泡；第三种方案成本低，但要使用高频电源（≥30kHz）。

（3）同轴光源

同轴照明是指照明光线平行地穿越固定式同轴镜头的垂直面，对于观察非常平整或抛光的表面是非常理想的，例如镜子表面的划痕或者其他瑕疵。光源如图3-37所示，光路图如图3-38所示。从图中可以看出，LED的高亮度均匀的光线通过半透半反镜后成为与镜头同轴的光线，用于均匀照射具有反射性的工作界面，对光洁表面上的异常特征成像突出，表现力好，主要用于金属玻璃等光洁表面的划痕检测，芯片和硅片的破损检测，PC模板的圆谱等的检测。同时，同轴光的光源位于照明光路的侧面，这样的照射方式可以减少光路的复杂性，避免光源的放置给光路带来的不必要的麻烦。例如，轴承外侧伤痕检测，如图3-39所示。

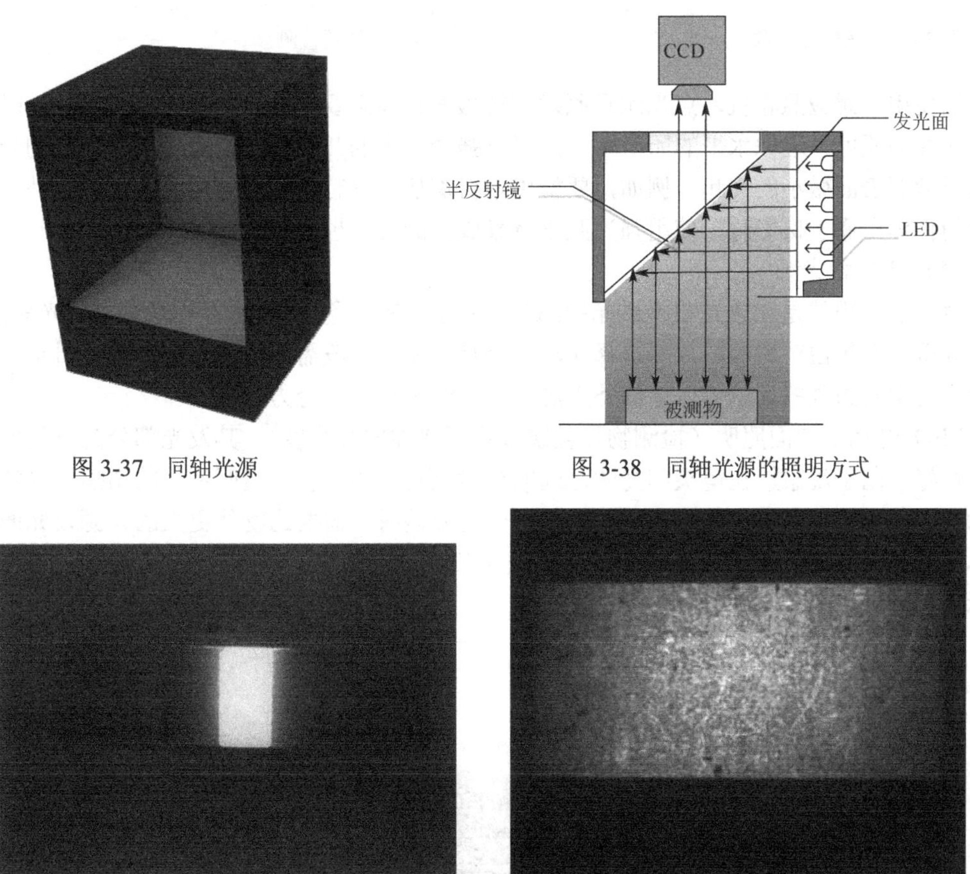


图3-37 同轴光源

图3-38 同轴光源的照明方式

图3-39 轴承外侧伤痕检测

同轴光源属于类平行光的应用，光源前面带漫反射板，形成二次光源，光源主要方向趋于平行，但是有少量非平行光成分。

但是需要注意的是：同轴灯可以消除反光，但只适合检测平面的物体，而不适合检测有弧度的物体。因为同轴灯让相机只能接收与物体垂直，也就是和镜头同轴的光线，所以就叫同轴灯。

同轴光源还有一种，就是点光源。因为点光源是和同轴镜头配合使用。事实上，只是把上面同轴灯 45° 半透半反的玻璃，移植到镜头里面去，所以选的是同轴镜头。如图 3-40 所示。点光源的发光部分为一个很小的圆面，近似一个点。可组合使用重点照明或补光照明。例如，用于细小元件的外观检测，是否有裂缝、破损，或者电极位置，如图 3-41 所示。

图 3-40　LED 点光源

图 3-41　外观检测

当使用点感应照相机，点光源只照射到被摄影物体必要部分；使用区感应照相机时，提供直线性的照射，近似水平的照射角度，可以强调微小的凸凹部。相反，任意角度的光源，适用于检查表面微小的突起。例如，要检出木材疙瘩，只有这个部分显现出来。另外，照出其他的物体有碍于摄影时，使用强光照出背景成像的方法也很有效。

（4）LED 背光源

背光的作用就是让透光和不透光的部分，区分开来：透光的地方呈白色，不透光呈黑色。这样取得一个黑白对比的图片。选择光源一个是选型，一般需要均匀性好；二是看穿透力，如果需要穿透力强的话就可以选红外光源，因为波长长，穿透力更强。

LED 灯用于背面照明（检测物体轮廓或通明物体的纯净度），其发光部分为一漫射面，均匀性好，用于观察放在镜头和光源之间的被检查对象的形状，透明物体的伤痕，异物混入等的检查。可以得到对比强、稳定的成像。但是安装时，需要比物体更大的光源发光面，在物体的后方设置光源空间等。如图 3-42 和图 3-43 所示。例如，啤酒瓶底异物检测，如图 3-44 所示。

图 3-42　背光源图

（5）机器视觉 LED 光源颜色选型

光源一般有红、绿、蓝、白、红外和紫色等颜色。

红色用得最多，因为红色 LED 成本低，并且黑白 CCD 芯片对 660nm 红色光线最敏感。

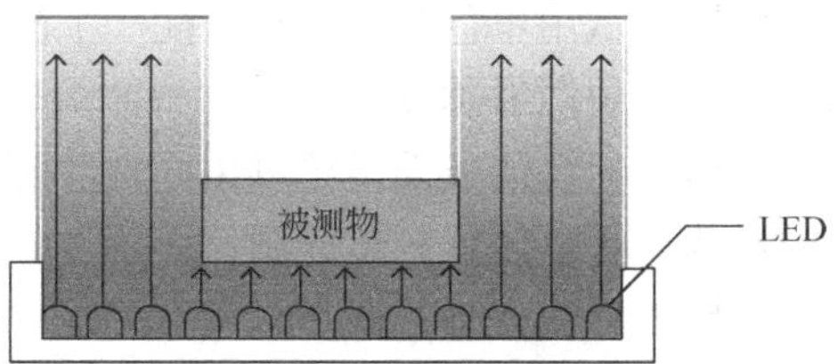


图 3-43　背光源的照明方式

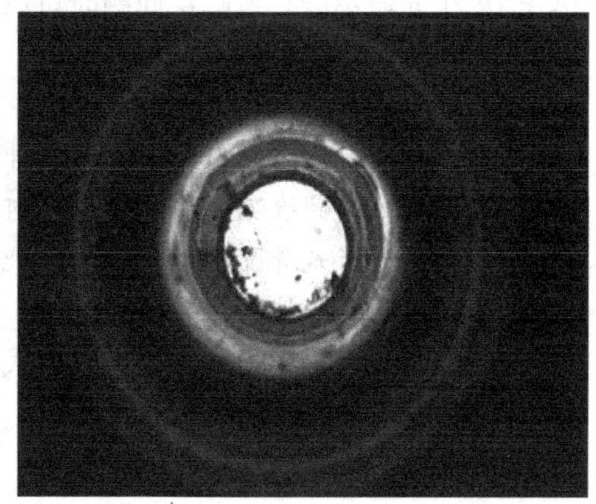

图 3-44　啤酒瓶底异物检测

蓝色波长短，适合检测金属物体表面质量。

紫外的波长更短，其散射性更好。

白色是中性颜色，适合拍彩色图片，或者被测物体的颜色在变化的。

绿色的亮度很高，且波长和蓝色接近，所以有时可用绿色代替蓝色。

红外用于半透明等的物体检测。

使用相同颜色的光或相近颜色的光源照射可以使被照射部分变亮；使用相反颜色的光或相反颜色的光源照射可以使被照射部分变暗。

不同的波长，对物质的穿透力（穿透率）不同，波长越长，对物体的穿透力愈强，波长越短，对物质表面的扩散率愈大。

### 3.5.4　照明方式的选择

如何选择机器视觉 LED 光源呢？一般情况下，在选择光源时需要考虑五个技术方面的因素：方向、光谱、偏振性、强度、均匀性。然后根据了解的相关前提信息，包括：①检测内容，如外观检查、尺寸测量、定位等；②被测物的形态、颜色、材料、运动状态等；③相应的限制条件，如工作距离、工作条件、工作环境和相机类型等，选择出合适的光源类型。最后再根据预算、使用习惯、品牌知名度等对不同品牌的相同或类似类型产品进行比较选择。

值得指出的是，在选择光源时，都习惯性的有一个假设前提：这个光源是稳定可靠的。因为光源、相机、镜头此类机器视觉系统前端的产品通常是在接近理想的清洁或者良好的环境中使用的。但是，工业现场生产线上的光源等产品经常必须在有毒、高温、强湿、肮脏的环境中运行，并且必须要承受振动和热应力，因此，工业用途中使用的光源等产品需要在设计、选料、生产的时候就考虑到特殊的使用环境并使其产品能使用这种环境的应用。

选择光源的一些技巧：

① 当需要前景与背景更大的对比度时，可以考虑用黑白相机与彩色光源；

② 对于环境光的问题，可以尝试用单色光源，再搭配一个滤镜；

③ 对于闪光的曲面物体，可以用散射圆顶光源；

④ 对于闪光的平的物体，但是粗糙的表面，可以用同轴散射光源；

⑤ 如果检测物体表面的形状，可以用低角度光源；

⑥ 检测塑料的时候，可以用紫外或红外光源；

⑦ 当需要通过反射的表面看特征时，可以用低角度线光源；

⑧ 当单个光源不能有效解决问题时可以用组合光源。

# 习　题

1. 分析检测带钢表面缺陷所用到的光源设计原理与方法。
2. 分析玻璃瓶口破损的检测方法，考虑用何种光源和检测原理。
3. 写一篇短文，分析光滑圆柱形表面的瑕疵，包括裂纹和锈斑，如何设计光源和检测方法。
4. 分析纸张的凹凸感如何成像和检测。
5. 分析人脸识别技术中，如何设计照明方式以消除阴影并突出特征？

# 第 4 章　机器视觉核心算法

## 4.1　图像预处理

由于噪声、光照等外界环境或设备本身的原因，通常所获取的原始数字图像质量不是非常高，因此在对图像进行边缘检测、图像分割等操作之前，一般都需要对原始数字图像进行增强处理。图像增强主要有两方面应用，一方面是改善图像的视觉效果，另一方面也能提高边缘检测或图像分割的质量，突出图像的特征，便于计算机更有效地对图像进行识别和分析。

图像增强 (Image enhancement)是数字图像处理技术中最基本的内容之一，也是图像预处理的方法之一，图像预处理是相对于图像识别、图像理解而言的一种前期处理。图像预处理的主要目的是消除图像中无关的信息，恢复有用的真实信息，增强有关信息的可检测性和最大限度地简化数据，从而改进特征抽取、图像分割、匹配和识别的可靠性。预处理过程一般有数字化、几何变换、归一化、平滑、复原和增强等步骤。

根据图像增强处理所在的空间不同，可分为基于空间域的增强方法和基于频率域的增强方法两类。“空间域”是指图像平面自身，这类方法是以对图像的像素直接处理为基础的。“频域”处理技术是以修改图像的傅立叶变换为基础的。空间域处理方法是在图像像素组成的二维空间里直接对每一像素的灰度值进行处理，它可以是在一幅图像内的像素点之间的运算处理，也可以是数幅图像间的相应像素点之间的运算处理。频率域处理方法是在图像的变换域对图像进行间接处理。

具有代表性的空间域的图像增强处理方法有均值滤波和中值滤波，它们可用于去除或减弱噪声。

基于频率域的图像增强处理，一般来说，图像的边缘和噪声对应傅立叶变换中的高频部分，所以低通滤波能够平滑图像，去除噪声；图像灰度发生聚变的部分与频谱的高频分量对应，所以采用高频滤波器衰减或抑制低频分量，能够对图像进行锐化处理。

本节主要介绍图像滤波中的均值滤波与中值滤波的原理。在此之前，先了解一下空间滤波的基本知识。

### 4.1.1　空间滤波基础

空间滤波（spatial filtering）是一种采用滤波处理的图像增强方法。其理论基础是空间卷积。目的是改善图像质量，包括去除高频噪声与干扰，及图像边缘增强、线性增强以及去模糊等。

如图 4-1 所示，空间滤波的基本步骤为：① 建立一个掩模；② 在待处理的图像中逐点移动掩模；③ 在每一点（$x, y$）处作相应的运算，$R = w(-1,-1)f(x-1,y-1) + w(-1,0)f(x-1,y) +\cdots+ w(1,1)f(x+1,y+1)$，该式为线性滤波公式。

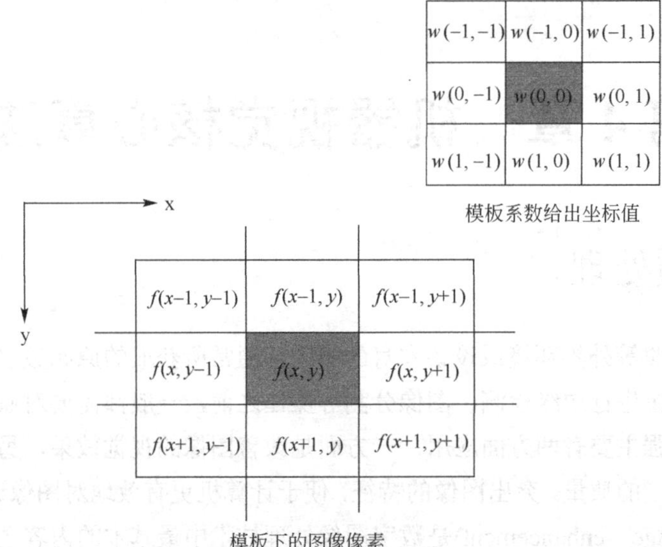


图 4-1 空间滤波

在 $M \times N$ 的图像 $f$ 上，用 $m \times n$ 大小的滤波器 mask 进行线性滤波由式（4-1）给出。

$$g(x,y)=\sum_{s=-a}^{a}\sum_{t=-b}^{b}w(s,t)f(x+s,y+t) \tag{4-1}$$

其中，$m=2a+1$，$n=2b+1$，$a$、$b$ 为非负整数；$x=0$，1，2，…，$M$–1；$y=0$，1，2，…$N$–1。

线性滤波处理与频率域中卷积处理概念很相似，线性滤波处理也被称为“mask 与图像的卷积”。需要注意的是，模板中心距原图像边缘的距离不小于$(n-1)/2$ 个像素。

### 4.1.2 均值滤波

均值滤波包括邻域平均法、加权平均法和选择式掩模平滑等几种方式。

（1）邻域平均法

1）理论基础

最简单的平滑滤波是将原图中一个像素的灰度值和它周围邻近 8 个像素的灰度值相加，然后将求得的平均值（除以 9）作为新图中该像素的灰度值。它采用模板计算的思想，模板操作实现了一种邻域运算，即某个像素点的结果不仅与本像素灰度有关，而且与其邻域点的像素值有关。

设 $f(i,j)$ 为给定的含有噪声的图像，经过邻域平均处理后的图像为 $g(i,j)$，则 $g(i,j)=\dfrac{\sum f(i,j)}{N},(i,j)\in M$，$M$ 是所取邻域中各邻近像素的坐标，$N$ 是邻域中包含的邻近像素的个数。

邻域平均法的模板为：$\dfrac{1}{9}\begin{bmatrix}1&1&1\\1&1&1\\1&1&1\end{bmatrix}$。

在实际应用中，也可以根据不同的需要选择使用不同的模板尺寸，如 3×3、5×5、7×7、9×9 等。

邻域平均处理方法是以图像模糊为代价来减小噪声的，且模板尺寸越大，噪声减小的效果越显著。如果$(i,j)$是噪声点，其邻近像素灰度与之相差很大，采用邻域平均法就是用邻近像素的平均值来代替它，这样能明显削弱噪声点，使邻域中灰度接近均匀，起到平滑灰度的作用。因此，邻域平均法具有良好的噪声平滑效果，是最简单的一种平滑方法。

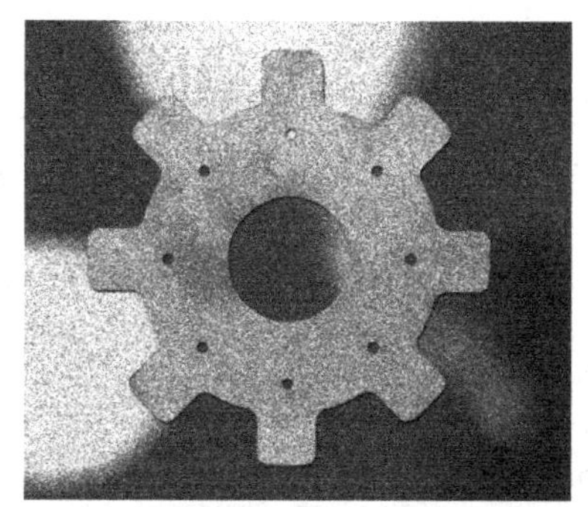
（a）含有噪声的原始图像

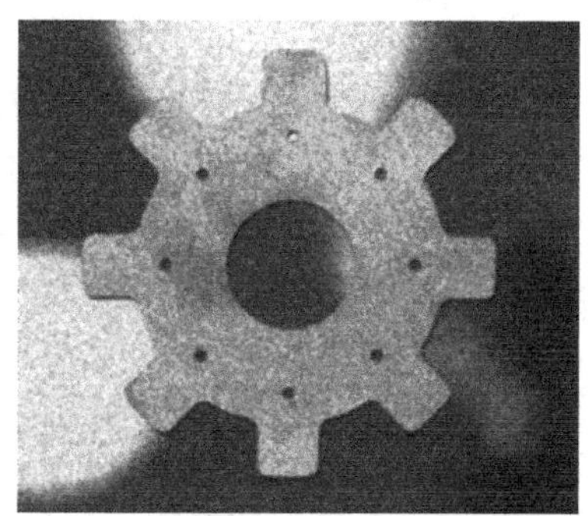
（b）3×3 邻域平均法的平滑图像

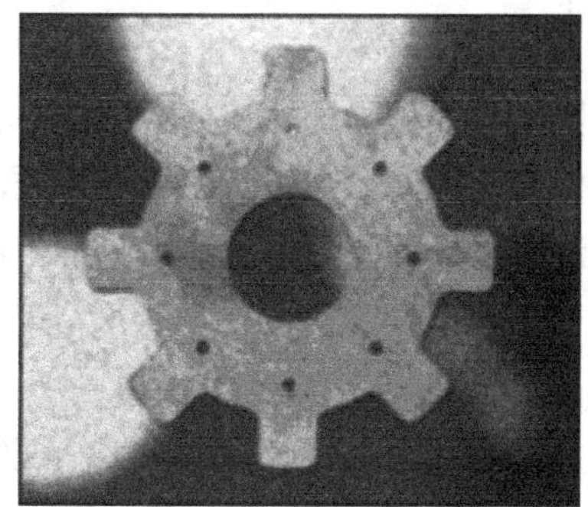
（c）5×5 邻域平均法的平滑图像

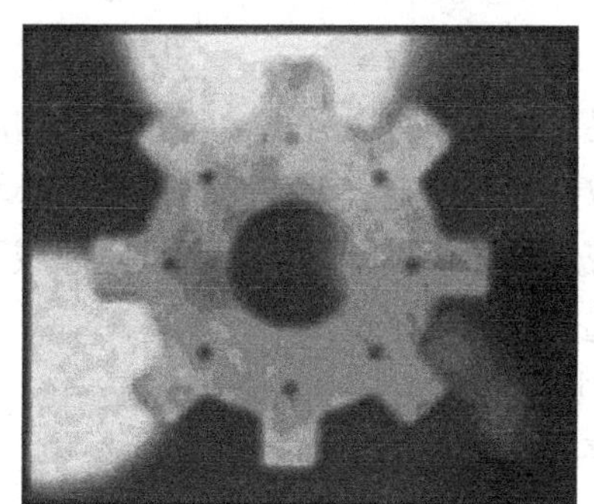
（d）9×9 邻域平均法的平滑图像

图 4-2　不同模板的邻域平均法的平滑结果图

2）结果与分析

如图 4-2 所示，对含有高斯噪声的原始图像[图 4-2（a）]，分别利用邻域平均法的不同尺寸模板进行平滑，图 4-2（b）、图 4-2（c）、图 4-2(d)显示的是分别使用了 3×3、5×5、9×9 模板平滑后的图像。可以看出，当所用平滑模板尺寸增大时，对噪声的消除效果也有所增强，但同时会带来图像的模糊，边缘细节逐步减少，且运算量增大。在实际应用中，可以根据不同的应用场合选择合适的模板大小。

（2）加权平均法

1）基本理论

对于同一尺寸的模板，可对不同位置的系数采用不同的数值。一般认为，离对应模板中心像素近的像素应对滤波结果有较大贡献，所以接近模板中心的系数可较大，而模板边界附近的系数应较小。在实际应用中，为保证各模板系数均为整数以减少计算量，常取模板周边最小的系数为 1，而取内部的系数成比例增加，中心系数最大。一种常用的加权平均法是根据系数与模板中心的距离反比地确定其他内部系数的值。

常用的模板有$\frac{1}{10}\begin{bmatrix}1 & 1 & 1\\1 & 2 & 1\\1 & 1 & 1\end{bmatrix}$、$\frac{1}{5}\begin{bmatrix}0 & 1 & 0\\1 & 1 & 1\\0 & 1 & 0\end{bmatrix}$等。

还有一种常用方法是根据二维高斯分布来确定各系数值，常称为高斯模板。

高斯模板为：$\frac{1}{16}\begin{bmatrix}1 & 2 & 1\\2 & 4 & 2\\1 & 2 & 1\end{bmatrix}$。

相对于邻域平均的卷积，加权平均也成为归一化卷积，使卷积核中的所有数之和相加等于 1。在实际应用中，可以根据具体的局部图像结构来确定卷积模板，使加权值成为自由调节参数，应用比较灵活，但模板不能分解，计算效率不高。

2）结果与分析

图 4-3 显示的是利用模板$\frac{1}{48}\begin{bmatrix}0 & 1 & 2 & 1 & 0\\1 & 2 & 4 & 2 & 1\\2 & 4 & 8 & 4 & 2\\1 & 2 & 4 & 2 & 1\\0 & 1 & 2 & 1 & 0\end{bmatrix}$的 5×5 加权平均法对含有噪声的图像进行平滑的结果。从图中可以看出，与邻域平均法相比较，加权平均法使处于掩模中心位置的像素比其他像素的权值要大，使距离掩模中心较远位置的像素参与平滑的贡献降低，这样就减小了平滑带来的图像模糊效应，所以比邻域平均法平滑后的图像的边缘细节要相对清晰。

（3）选择式掩模平滑法

1）基本理论

邻域平均法和加权平均法在消除噪声的同时，都存在平均化带来的缺陷，使尖锐变化的边缘或线条变得模糊。考虑到图像中目标物体和背景一般都具有不同的统计特性，即具有不同的均值和方差，为保留一定的边缘信息，可采用一种自适应的局部平滑滤波方法，这样可以得到较好的图像细节，它的优势是以尽量不模糊边缘轮廓为目的。

选择式掩模平滑法也是以模板运算为基础，以 5×5 的模板窗口为例。在窗口内以中心像素$(i,j)$为基准点，制作 4 个五边形、4 个六边形、一个边长为 3 的正方形共 9 种形状的屏蔽窗口，分别计算每个窗口内的平均值及方差。由于含有尖锐边沿的区域，方差必定比平缓区域大，因此采用方差最小的屏蔽窗口进行平均化，这种方法在完成滤波操作的同时，又不破坏区域边界的细节。这种采用 9 种形状的屏蔽窗口，分别计算各窗口内的灰度值方差，并采用方差最小的屏蔽窗口进行平均化方法，也叫做自适应局部平滑方法。如图4-4 所示，列出了 9 种屏蔽窗口的模板。

（a）原始图像

（b）邻域平均法平滑后的图像

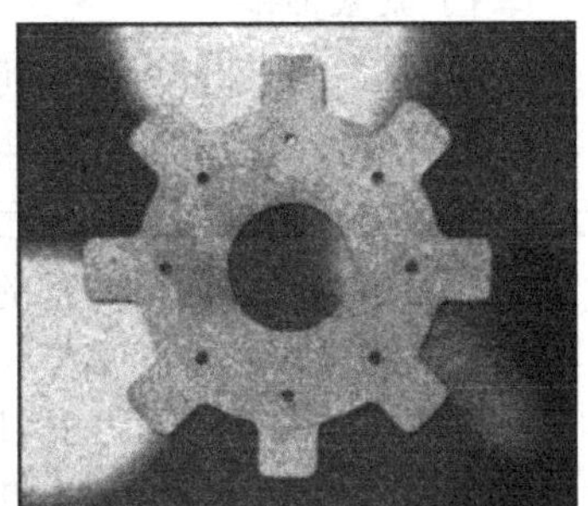

（c）加权平均法平滑后的图像

图 4-3　5×5 加权平均法与邻域平均法的平滑实验结果对比

$$
\begin{matrix}0&0&0&0&0\\0&1&1&1&0\\0&1&1&1&0\\0&1&1&1&0\\0&0&0&0&0\end{matrix}
\qquad
\begin{matrix}0&0&0&0&0\\1&1&0&0&0\\1&1&1&0&0\\1&1&0&0&0\\0&0&0&0&0\end{matrix}
\qquad
\begin{matrix}0&1&1&1&0\\0&1&1&1&0\\0&0&1&0&0\\0&0&0&0&0\\0&0&0&0&0\end{matrix}
$$

(a) (b) (c)

$$
\begin{matrix}0&0&0&0&0\\0&0&0&1&1\\0&0&1&1&1\\0&0&0&1&1\\0&0&0&0&0\end{matrix}
\qquad
\begin{matrix}0&0&0&0&0\\0&0&0&0&0\\0&0&1&0&0\\0&1&1&1&0\\0&1&1&1&0\end{matrix}
\qquad
\begin{matrix}1&1&0&0&0\\1&1&1&0&0\\0&1&1&0&0\\0&0&0&0&0\\0&0&0&0&0\end{matrix}
$$

(d) (e) (f)

$$
\begin{matrix}0&0&0&1&1\\0&0&1&1&1\\0&0&1&1&0\\0&0&0&0&0\\0&0&0&0&0\end{matrix}
\qquad
\begin{matrix}0&0&0&0&0\\0&0&0&0&0\\0&0&1&1&0\\0&0&1&1&1\\0&0&0&1&1\end{matrix}
\qquad
\begin{matrix}0&0&0&0&0\\0&0&0&0&0\\0&1&1&0&0\\1&1&1&0&0\\1&1&0&0&0\end{matrix}
$$

(g) (h) (i)

图4-4 9种屏蔽窗口的模板

根据上面9种模板分别计算各模板作用下的均值[式（4-2）]及方差[式（4-3）]。

$$M_i = \frac{\sum_{k=1}^{N} f(i,j)}{N} \tag{4-2}$$

$$\sigma_i = \sum_{k=1}^{N}\left(f^2(i,j) - M_i^2\right) \tag{4-3}$$

式中，$k=1,2,3\cdots,N$，$N$为各掩模对应的像素个数。

将计算得到的$\sigma_i$ 进行排序，最小方差$\sigma_{i\min}$所对应的掩模的灰度级均值作为平滑的结果输出。将5×5的窗口在整个图像上滑动，利用上述方法就能实现对每个像素的平滑。

2）结果与分析

图4-5显示的是分别利用邻域平均法、加权平均法和选择式掩模法3种平滑方法对同一幅图像进行平滑的结果对比。由图可以看出，邻域平均法虽然能够消除部分噪声干扰，但对图像的模糊效应非常明显；加权平均法通过改变距离掩模中心像素的权值，能够相对减少其他像素对图像平滑的影响，从而降低图像的模糊效应；选择式掩模平滑根据物体与背景的不同统计特性，选择方差最小的屏蔽窗口进行平均化处理，这样在完成滤波操作的同时又能较好地保留图像的边缘细节信息，尽量避免了边缘轮廓的模糊现象，比前两种方法具有更好的滤波效果。

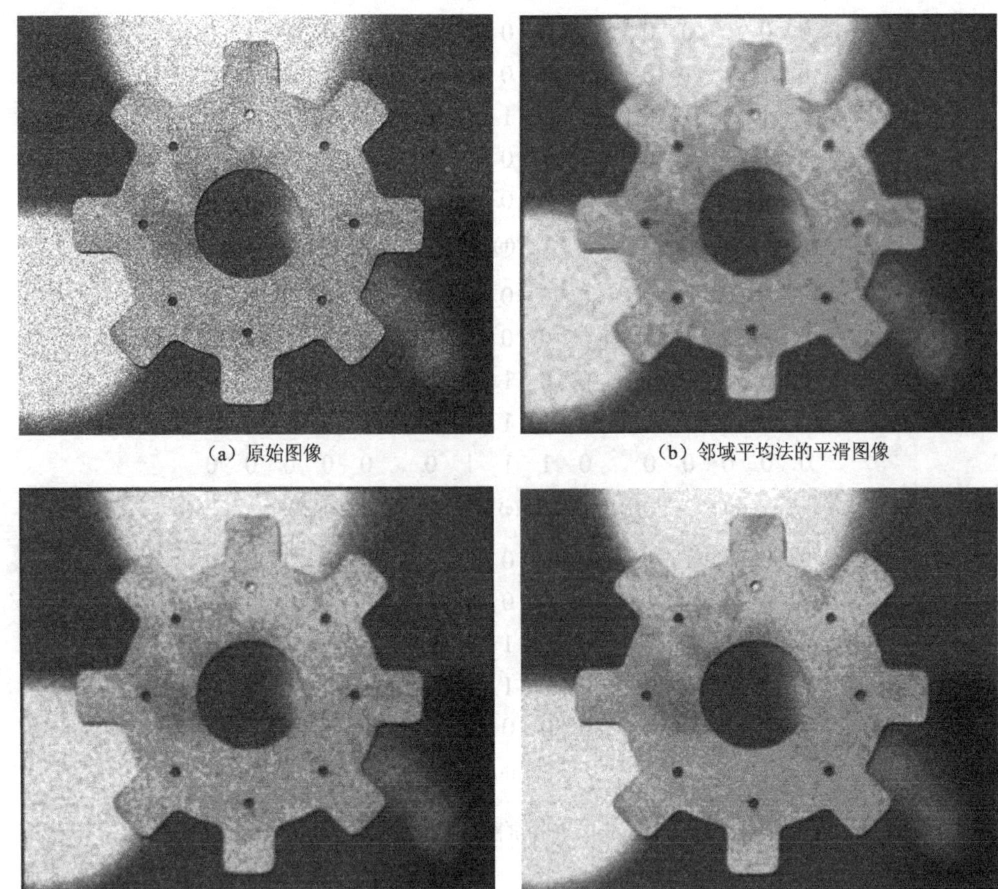

（a）原始图像　（b）邻域平均法的平滑图像

（c）加权平均法的平滑图像　（d）选择式掩模法的平滑图像

图 4-5　3 种平滑方法的平滑效果对比图

### 4.1.3　中值滤波

（1）中值滤波的基础理论

中值滤波是由 Tukey 首先提出的一种典型的非线性滤波技术。它在一定的条件下可以克服线性滤波器如最小均方滤波、均值滤波等带来的图像细节模糊，而且对滤除脉冲干扰及图像扫描噪声非常有效。由于在实际运算过程中不需要图像的统计特征，因此使用方便。

传统的中值滤波一般采用含有奇数个点的滑动窗口，用窗口中各点灰度值的中值来代替指定点的灰度值。对于奇数个元素，中值是指按大小排序后中间的数值；对于偶数个元素，中值是指排序后中间两个元素灰度值的平均值。中值滤波也是一种典型的低通滤波器，主要用来抑制脉冲噪声，它能够彻底滤除尖波干扰噪声，同时又具有能较好地保护目标图像边缘的特点。但它对点、线等细节较多的图像却不太合适。

标准一维中值滤波器的定义为：

$$y_k = \mathrm{med}(x_{K-N}, x_{K-N+1}, \cdots x_K, \cdots, x_{K+N-1}, x_{K+N}) \tag{4-4}$$

式中，med 表示取中值操作。中值滤波的滤波方法是对滑动滤波窗口 $(2N+1)$ 内的像素做大小排序，滤波结果的输出像素值规定为该序列的中值。例如，图 4-6 所示，原图像的灰度值为图 4-6（a）；取 3×3 滑动窗口，从小到大，对灰度值排序：198，200，201，202，205，

206，207，208，212；中值为窗口内第 5 个最大的像素值，即 205；处理后的图像如图 4-6（b）所示。

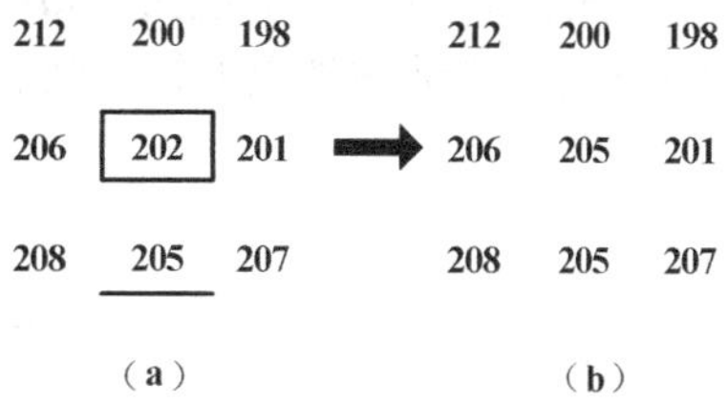

二维中值滤波的窗口形状和尺寸设计对滤波的效果影响较大，不同的图像内容和不同的应用要求，往往采用不同的形状和尺寸。常用的二维中值滤波窗口有线状、方形、圆形、十字形及圆环形等，窗口尺寸一般选为 3，也可以根据滤波效果逐渐增大尺寸，直到获得满意的滤波效果。常用的滤波器为 N×N 中值滤波器、十字形中值滤波器和 N×N 最大值滤波器，其他类型的滤波器也可以根据此方法来类推。

| | | |
|---|---|---|
| 212 | 200 | 198 |
| 206 | 202 | 201 |
| 208 | 205 | 207 |

（a）

| | | |
|---|---|---|
| 212 | 200 | 198 |
| 206 | 205 | 201 |
| 208 | 205 | 207 |

（b）

图 4-6　中值滤波处理过程图

中值的计算在于对滑动窗口内像素的排序操作。要进行排序，就必须对序列中的数据像素做比较和交换，数据元素之间的比较次数是影响排序速度的一个重要因素。较快的排序串行算法是基于冒泡排序法，若窗口内像素为 $m$ 个，则每个窗口排序需要做 $m(m-2)/2$ 次像素的比较操作，时间复杂度为 $O(m^2)$。此外，常规的滤波算法使窗口每移动一次，就要进行一次排序，这种做法实际上包含了大量重复比较的过程。若一幅图像的大小为 $N \times N$，则整个计算需要 $O(m^2N^2)$ 时间，当窗口较大时计算量很大，较费时。

（2）快速并行中值滤波方法的基本理论

为进一步改进中值滤波方法的实现速度，针对 3×3 中值滤波，介绍一种快速的并行中值滤波方法，通过巧妙设计，避免了大量的重复比较操作，每一窗口排序需要 $O(m)$ 时间，整个计算需要 $O(mN^2)$ 时间，易于在硬件处理器上实现并行处理。

为便于说明，将 3×3 窗口内的各像素分别定义为 $P_i$，像素排列如表4-1 所示。

**表 4-1　3×3 窗口内像素排列**

| | 第 0 列 | 第 1 列 | 第 2 列 |
|---|---|---|---|
| 第 0 行 | $P_0$ | $P_1$ | $P_2$ |
| 第 1 行 | $P_3$ | $P_4$ | $P_5$ |
| 第 2 行 | $P_6$ | $P_7$ | $P_8$ |

首先对窗口内的每一列分别计算最大值、中值和最小值，这样就得到 3 组数据，分别为最大值组、中值组和最小值组。

最大值组

$$Max_0 = \max[p_0, p_3, p_6], Max_1 = \max[p_1, p_4, p_7], Max_2 = \max[p_2, p_5, p_8] \tag{4-5}$$

中值组

$$Med_0 = \text{med}[p_0, p_3, p_6], Med_1 = \text{med}[p_1, p_4, p_7], Med_2 = \text{med}[p_2, p_5, p_8] \tag{4-6}$$

最小值组

$$Min_0 = \min[p_0, p_3, p_6], Min_1 = \min[p_1, p_4, p_7], Min_2 = \min[p_2, p_5, p_8] \tag{4-7}$$

公式中，max 表示取最大值操作，med 表示取中值操作，min 表示取最小值操作。

由此可以看到，最大值组中的最大值与最小值组中的最小值一定是 9 个像素中的最大值和最小值。除此，中值组中的最大值至少大于 5 个像素：本列中的最小值和其他两列中的中值和最小值；中值组中的最小值至少小于 5 个像素：本列中的最大值和其他两列中的最大值和中值。同样，最大值组中的中值至少大于 5 个像素，最小值组中的中值至少小于 5 个像素。令最大值组中的最小值为 *Maxmin*，中值组中的中值为 *Medmed*，最小值组中的最大值为 *Minmax*，则滤波结果的输出像素值 *Winmed* 应该为 *Maxmin*、*Medmed*、*Minmax* 中的中值。

$$Maxmin = \min[Max_0, Max_1, Max_2] \tag{4-8}$$

$$Medmed = \mathrm{med}[Med_0, Med_1, Med_2] \tag{4-9}$$

$$Minmax = \max[Min_0, Min_1, Min_2] \tag{4-10}$$

$$Winmed = \mathrm{med}[Maxmin, Medmed, Minmax] \tag{4-11}$$

采用该方法，中值的计算仅需做 17 次比较，与传统算法相比，比较次数减少了近 2 倍，且该算法十分适用于在实时处理器上做并行处理。

（3）结果与分析

图 4-7 所示中值滤波的平滑效果图。从处理结果可以看出，此方法能够非常好地将椒盐噪声去除掉，可见中值滤波方法对于椒盐噪声或脉冲式干扰具有很强的滤除作用。因为这些干扰值与其邻近像素的灰度值有很大的差异，经过排序后取中值的结果就将此干扰强制变成与其邻近的某些像素值一样，从而达到去除干扰的效果。但是由于中值滤波方法在处理过程中会带来图像模糊，所以对于细节丰富，特别是点、线和尖顶细节较多的图像不适用。

（a）原始图

（b）中值滤波后的图像

图 4-7　中值滤波的平滑结果图

## 4.2　频率图像增强

### 4.2.1　频率图像增强的基本步骤

频域处理是在图像的频率范围内，对图像的变换系数进行运算，然后通过逆变换获得图像处理效果。频域处理把图像看成一种二维信号，对其进行基于二维傅立叶变换的信号增强。采用低通滤波法，可去掉图中的噪声；采用高通滤波法，则可增强边缘等高频信号，使模糊的图片变得清晰。以提高图像质量为目的的图像增强和复原对于一些难以得到的图片或者在拍摄条件十分恶劣情况下得到的图片都有广泛的应用。例如，从太空中拍摄到的地球或其他星球的照片，用电子显微镜或 X 光拍摄的生物医疗图片等。

无论是何种类型、何种目的的频率域图像增强，处理的过程都是基本一致的，如图 4-8 所示。

在图 4-8 中，在具体进行频率域的各种处理滤波的前后，进行了傅立叶变换以及傅立叶反变换。这两个变换的过程就是将空间的信息分解为在频率上的表示，或者将频率上的表示转化为空间上的表示，两种变换是互为逆变换的。正是通过傅立叶正反变换的处理，才使得频率域上的处理可以用于图像的增强。

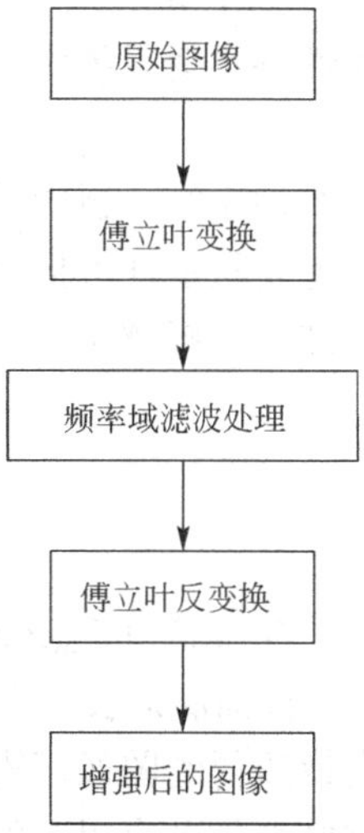

图 4-8 频率域图像增强的基本处理过程

### 4.2.2 傅立叶变换

傅立叶变换是实现线性系统分析的一个有力工具，能从空间域和频率域两个角度来考虑问题并来回切换，选用适当的方法解决问题。傅氏变换的应用非常广泛，在图像的滤波、复原等都有应用。

（1）傅立叶级数

在自然科学和工程技术，时常会遇到各种周期现象，在数学上都可以用周期函数来描述。正弦函数或余弦函数是周期函数中最简单的，对其比较容易处理，如果可以将复杂的周期函数表示成简单的正弦/余弦周期函数的形式，将会给处理问题带来很大的方便。

数学家傅立叶提出了将复杂的周期函数表示为简单的正弦/余弦周期函数，即傅立叶级数。

$$f(x)=\frac{a_0}{2}+\sum_{n=1}^{\infty}(a_n\cos nx+b_n\sin nx) \tag{4-12}$$

$$\begin{aligned} a_n&=\frac{1}{\pi}\int_{-\pi}^{\pi}f(x)\cos nx\mathrm{d}x \qquad (n=0,1,2,3,\cdots)\\ b_n&=\frac{1}{\pi}\int_{-\pi}^{\pi}f(x)\sin nx\mathrm{d}x \qquad (n=0,1,2,3,\cdots)\end{aligned} \tag{4-13}$$

在这个公式中，其中的函数 $f(x)$是以 $2\pi$ 为周期的周期函数。上面的傅立叶级数表示了一个周期函数，如何表示成无穷多个正余弦函数叠加的形式的方法。

（2）傅立叶级数与傅立叶变换的联系

如果 $f(x)$满足傅立叶积分定理条件，式（4-14）的积分运算称为 $f(x)$的傅立叶变换，式（4-15）的积分运算叫做 $F(u)$的傅立叶逆变换。$F(u)$叫做 $f(x)$的像函数，$f(x)$叫做 $F(u)$的像原函数。式中，$j=\sqrt{-1}$，$u$ 为函数 $f(x)$变换后的空间频率。

$$F(u)=\int_{-\infty}^{\infty}f(x)e^{-j2\pi ux}\mathrm{d}x \tag{4-14}$$

$$f(x)=\frac{1}{2\pi}\int_{-\infty}^{\infty}F(u)e^{j2\pi ux}\mathrm{d}u \tag{4-15}$$

在图像处理领域中，常有的傅立叶变换是二维傅立叶变换。令 $f(x,y)$为实变量 $x$、$y$ 的连续函数且在$(-\infty, +\infty)$内绝对可积，$f(x,y)$的傅立叶变换的定义为

$$F(u,v)=\int_{-\infty}^{\infty}\int_{-\infty}^{\infty}f(x,y)e^{-j2\pi(ux+vy)}\mathrm{d}x\mathrm{d}y \tag{4-16}$$

$$f(x,y)=\int_{-\infty}^{\infty}\int_{-\infty}^{\infty}F(u,v)e^{j2\pi(ux+vy)}\mathrm{d}u\mathrm{d}v \tag{4-17}$$

$F(u,v)$是两个实频率变量 $u$ 和 $v$ 的复值函数，频率 $u$ 对应于 $x$ 轴，频率 $v$ 对应于 $y$ 轴。其物理解释为：输入信号 $f(x,y)$可被分解成不同频率余弦函数的和，每个余弦函数的幅值由

$F(u,v)$唯一确定；$f(x,y)$在某点的函数值是不同频率的余弦函数在该点函数值的和。

在线性移不变系统中，设$f(x,y)$、$g(x,y)$的傅立叶变换分别为$F(u,v)$、$G(u,v)$，则有

$$\Gamma\{f(x,y)*g(x,y)\}=F(u,v)G(u,v) \tag{4-18}$$

这是线性系统分析中重要的卷积定理。意味着空域中卷积的傅立叶变换等于在频域中的相乘。通过卷积定理可把空域和频域联系起来，并从两方面来研究图像。

由原图像的频谱重构图像时，其空间某点的值可表示为

$$A=\sqrt{G_e^2(u,v)+G_o^2(u,v)} \tag{4-19}$$

$$\Phi=\arctan[\frac{G_o(u,v)}{G_e(u,v)}] \tag{4-20}$$

其中，$G_e(u,v)$和$G_o(u,v)$分别为傅立叶变换的实部和虚部，$A$为振幅，$\Phi$为相位。傅立叶变换中，尽管幅值谱表现出一些可辨认的结构，而相位谱看起来是杂乱的，但忽略幅值信息，进行反变换所得的图像可辨认出图像的轮廓，而忽略相位信息，则看不出有什么相似之处。

傅立叶变换具有以下的特点和性质：

① 傅立叶变换属于谐波分析。

② 傅立叶变换的逆变换容易求出，而且形式与正变换非常类似。

③ 正弦基函数是微分运算的本征函数，从而使得线性微分方程的求解可以转化为常系数的代数方程的求解。在线性时不变的物理系统内，频率是个不变的性质，从而系统对于复杂激励的响应可以通过组合其对不同频率正弦信号的响应来获取。

④ 卷积定理指出：傅立叶变换可以化复杂的卷积运算为简单的乘积运算，从而提供了计算卷积的一种简单手段。

⑤ 离散形式的傅立叶变换可以利用数字计算机快速的算出（其算法称为快速傅立叶变换算法 FFT）。

⑥ 线性性质。两函数之和的傅立叶变换等于各自变换之和。数学描述是：若函数$f(x,y)$和$g(x,y)$的傅立叶变换$F(u,v)$和$G(u,v)$都存在，$\alpha$和$\beta$为任意常系数，则$F(\alpha f(x,y)+\beta g(x,y))=\alpha F(u,v)+\beta G(u,v)$。

⑦ 频移性质。若函数$f(x,y)$存在傅立叶变换，则对任意实数$\omega_0$，函数$f(x,y)e^{\omega 0}$也存在傅立叶变换，且有$F[f(x,y)e^{\omega 0}]=F(\omega_0)$。

⑧ 微分关系。若函数$f(x)$当$|x|$趋于无穷时的极限为0，而其导函数$f(x)$的傅立叶变换存在，则有$F[f(x)]=-i\omega F(f(x))$，即导函数的傅立叶变换等于原函数的傅立叶变换乘以因子$-i\omega$。更一般地，$k$阶导数的傅立叶变换等于原函数的傅立叶变换乘以因子$(-i\omega)k$。

⑨ 卷积特性。若函数$f(x)$及$g(y)$都在$(-\infty,+\infty)$上绝对可积，则卷积函数$f\times g$的傅立叶变换存在，$F[f\times g]=F[f]\ F[g]$卷积性质的逆形式为$f[F(\omega)\ G(\omega)]=f[F(\omega)]\times f[G(\omega)]$，即两个函数乘积的傅立叶逆变换等于它们各自的傅立叶逆变换的卷积。

数字图像处理中，图像的傅立叶变换可由二维离散傅立叶变换(DFT)完成，根据傅立叶变换的可分离性，可得

$$f(m,n)=\frac{1}{N}\sum_{i=0}^{N-1}[\frac{1}{\sqrt{N}}\sum_{k=0}^{N-1}f(i,ke^{-j2\pi(n\frac{k}{N})})]e^{-j2\pi(m\frac{i}{N})} \tag{4-21}$$

这样，二维傅立叶变换就可以由两次一维变换实现。但采用上式完成傅立叶变换时，所需复数加法和复数乘法操作次数为$N^2$，计算量很大。为此，可用一维快速傅立叶变换实现二

维变换，其计算效率可提高近 100 倍。

### 4.2.3　频率域滤波

（1）滤波的基本原理

原始图像的二维函数被分解为不同频率的信号后，高频的信号携带了图像的细节部分信息(比如图像的边界)，低频的信号包含了图像的粗糙背景信息。对这些不同频率的信号，进行处理就可以实现相应的加强图像的目的。例如让低频信号加强，可以让图像细节对比加强，达到锐化的效果，去掉低频就可以把细节部分剔除，仅仅得到大致背景轮廓的图像。

在图像增强问题中，待增强的图像一般是给定的，在利用傅立叶变换获取频谱函数后，关键是选取滤波器，若利用滤波器强化图像高频分量，可使图像中物体轮廓清晰，细节明显，这就是高通滤波；若强化低频分量，可减少图像中噪声影响，对图像平滑，这就是低通滤波。此外，还有其他的滤波器。

（2）常用的基本滤波器

1）低通滤波器

低通滤波法，滤除高频成分，保留低频成分，在频域中实现平滑处理。平滑可以抑制高频成分，但也使图像变得模糊。低通滤波又称“高阻滤波器”，它指抑制图像频谱的高频信号而保留低频信号的一种模型（或器件）。低通滤波起到突出背景或平滑图像的增强作用。常用的低通滤波包括理想低通滤波器、巴特沃思低通滤波器 (Butterworth)、指数低通滤波器、梯形低通滤波器等。

低通滤波的数学表达式如式（4-22）所示

$$G(u,v)=F(u,v)H(u,v) \tag{4-22}$$

式中　$F(u,v)$——含有噪声的原图像的傅立叶变换；

$H(u,v)$——为传递函数，也称转移函数（即低通滤波器）；

$G(u,v)$——为经低通滤波后输出图像的傅立叶变换。

滤波后，经傅立叶变换反变换可得平滑图像，即选择适当的传递函数 $H(u,v)$，对频率域低通滤波关系重大。

① 理想低通滤波器　一个理想二维低通滤波器的传递函数由下式表达

$$H(u,v)=\begin{cases}1 & D(u,v)\leqslant D_0\\ 0 & D(u,v)>D_0\end{cases} \tag{4-23}$$

式中，$D_0$ 是一个规定的非负的量，称为理想低通滤波器的截止频率。$D(u,v)$是从点 $(u,v)$ 到频率平面的原点 $(u=v=0)$的距离，即

$$D(u,v)=(u^2+v^2)^{1/2} \tag{4-24}$$

$H(u,v)$对 $u$、$v$ 来说，是一幅三维图形，如图 4-9 （a）所示，二维视图如图 4-9（b）所示。所谓理想滤波器是指，以截止频率 $D_0$ 为半径的圆内所有频率分量都能通过，而在截止频率圆外的所有频率分量完全被截止（不能通过）。

理想低通滤波器的平滑效果是明显的，但所带来的使图像模糊的现象总是存在。并且，随着 $D_0$ 减小，其模糊程度将更严重。这表明，图像中的边缘信息包含在高频分量中。

② 梯形低通滤波器　梯形低通滤波器的传递函数的表达式为

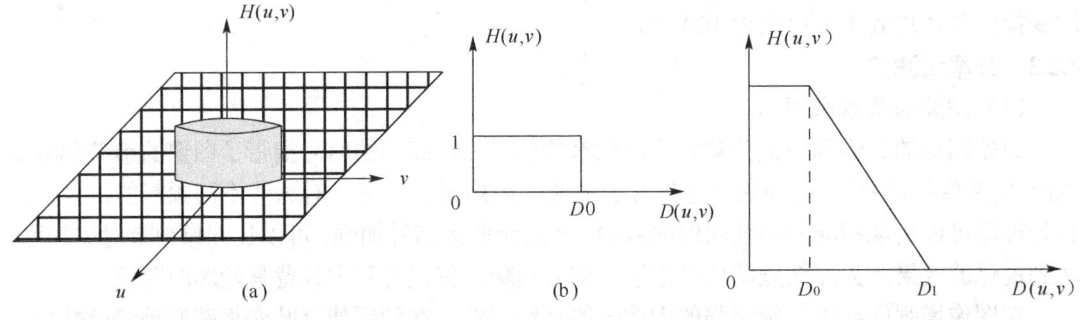


图 4-9　理想低通滤波示意图　　图 4-10　梯形低通滤波器

$$H(u,v)=\begin{cases}1 & D(u,v)<D_0\\ [D(u,v)-D_1]/(D_0-D_1) & D_0\leqslant D(u,v)\leqslant D_1\\ 0 & D(u,v)>D_1\end{cases} \tag{4-25}$$

图形如图 4-10 所示。从传递函数图形可以看出，在 $D_0$ 的尾部包含有一部分高频分量($D_1>D_0$)，因而，结果图像的清晰度较理想低通滤波器有所改善，振铃效应也有所减弱。应用时，可调整 $D_1$ 值，保持既能平滑噪声，又使图像保持允许的清晰程度。

③ 巴特沃思低通滤波器　巴特沃思滤波器是以巴特沃思近似函数来作为滤波器的系统函数，是一种物理上可以实现的低通滤波器，亦简称 BW 型滤波器。$n$ 阶截止频率为 $D_0$ 的巴特沃思低通滤波器的转移函数为

$$H(u,v)=\frac{1}{1+[D(u,v)/D_0]^{2n}} \tag{4-26}$$

这里，$D_0$ 的确定按如下原则：当 $H(u,v)$下降至原来的 1/2 时的 $D(u,v)$值为截止频率 $D_0$。巴特沃思低通滤波器传递函数 $H(u,v)$的图像如图 4-11 所示。由于 $H(u,v)$在通过频率与滤去频率之间没有明显的不连续性(与梯形低通滤波器比较)，更无阶跃或突变(与理想低通滤波器比较)，而是存在一个平滑的过滤带。结果图像比梯形滤波器和理想低通滤波器要好。

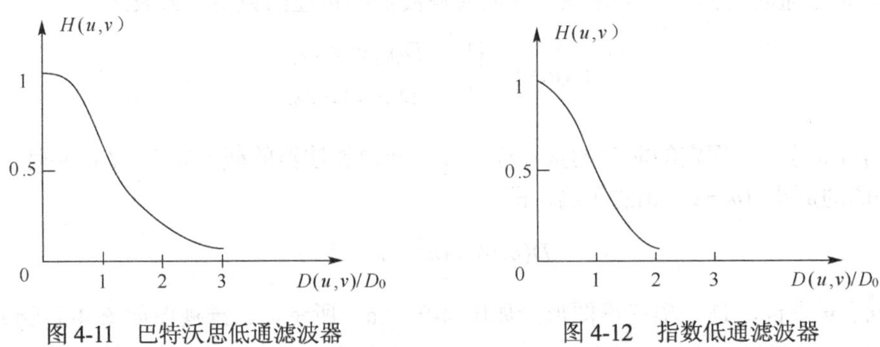


图 4-11　巴特沃思低通滤波器　　图 4-12　指数低通滤波器

④ 指数低通滤波器　指数低通滤波器是图像处理中常用的一种平滑滤波器。其传递函数为

$$H(u,v)=e^{-[\frac{D(u,v)}{D_0}]^n} \tag{4-27}$$

其图形如图 4-12 所示。由于它的连续性，以及从通过频率到截止频率间也是一光滑带，所以结果图像也无振铃效应。其平滑效果同巴特沃思低通滤波器。

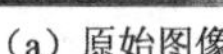

（a）原始图像

（b）理想低通滤波

（c）巴特沃斯低通滤波

图 4-13　低通滤波的效果图

图 4-13 是采用低通滤波器的效果图，图（a）为原始图像，图（b）为理想低通滤波后的图像，（c）为巴特沃思低通滤波后的图像。

2）高通滤波器

高通滤波法，又称“低阻滤波器”，它是一种抑制图像频谱的低频信号而保留高频信号的模型（或器件）。高通滤波可以使得高频分量畅通，而频域中的高频部分对应着图像中灰度急剧变化的地方，这些地方往往是物体的边缘。因此高通滤波可使得图像得到锐化处理。常用的高通滤波包括理想高通滤波器、巴特沃思高通滤波器、指数高通滤波器、梯形高通滤波器等。

同样利用式（4-22），选择一个合适的传递函数 $H(u,v)$，使它具有高通滤波特性即可。

① 理想高通滤波器　理想高通滤波器的传递函数由下式表达

$$H(u,v)=\begin{cases}0 & D(u,v)\leqslant D_0\\ 1 & D(u,v)>D_0\end{cases} \tag{4-28}$$

式中，$D_0$ 称为理想高通滤波器的截止频率。理想高通滤波器的二维图如图 4-14 所示。从图中看出，传递函数形式与低通滤波器相反，因为它把半径为 $D_0$ 的圆域内所有低频完全衰减掉，对圆外所有频率则无损的通过。

② 梯形高通滤波器　梯形高通滤波器的传递函数的表达式为

$$H(u,v)=\begin{cases}0 & D(u,v)<D_1\\ [D(u,v)-D_1]/(D_0-D_1) & D_1\leqslant D(u,v)\leqslant D_0\\ 1 & D(u,v)>D_0\end{cases} \tag{4-29}$$

图形如图 4-15 所示。$D_1$ 和 $D_0$ 是规定的，且假定 $D_0>D_1$。

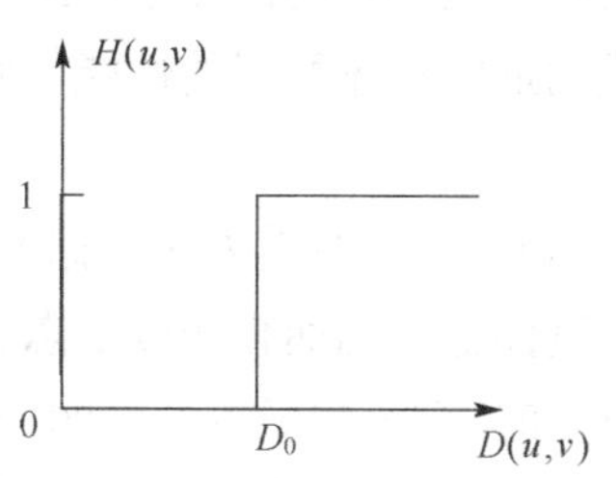


图 4-14　理想高通滤波

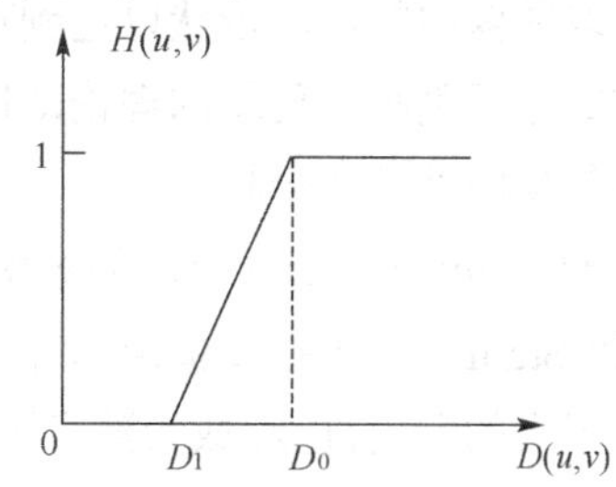


图 4-15　梯形高通滤波器

③ 巴特沃思高通滤波器　$n$ 阶截止频率为 $D_0$ 的巴特沃思高通滤波器的转移函数为

$$H(u,v)=\frac{1}{1+[D_0/D(u,v)]^{2n}} \tag{4-30}$$

传递函数的图像如图 4-16 所示。

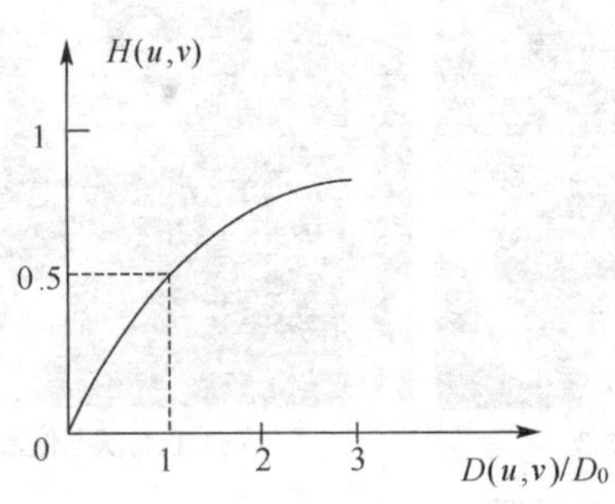


图 4-16　巴特沃思高通滤波器

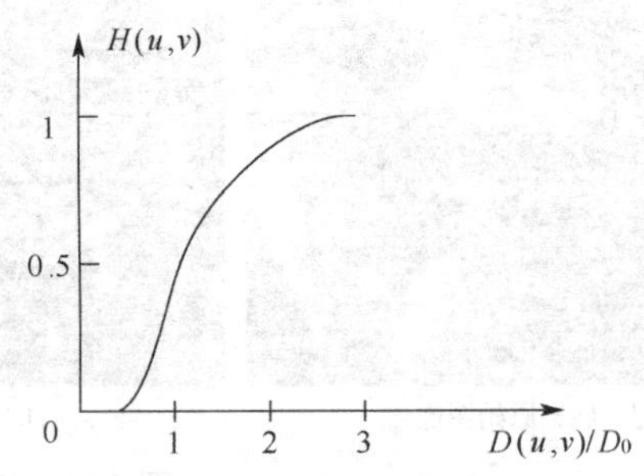


图 4-17　指数高通滤波器

④ 指数高通滤波器　指数高通滤波器的截止频率为 $D_0$ 的传递函数为

$$H(u,v)=e^{-[\frac{D_0}{D(u,v)}]^n} \tag{4-31}$$

其图形如图 4-17 所示，参量 $n$ 控制着 H(u,v)的增长率。

## 4.3　数学形态学及其应用

数学形态学是几何形态学分析和描述的有力工具，已在计算机视觉、信号处理与图像分析、模式识别、计算方法与数据处理等方面得到了极为广泛的应用。

数学形态学可以用来解决抑制噪声、特征提取、边缘检测、图像分割、形状识别、纹理分析、图像恢复与重建、图像压缩等图像处理问题。

### 4.3.1　数学形态学

数学形态学以图像的形态特征为研究对象，它的主要内容是设计一整套概念、变换和算法，用来描述图像的基本特征和基本结构，也就是描述图像中元素与元素、部分与部分间的关系。数学形态学做为一种用于数字图像处理和识别的新理论和新方法，它的理论虽然很复杂，被称为"惊人数学"，但它的基本思想却是简单而完美的，即是用具有一定形态的结构元素去度量和提取图像中的对应形状以达到对图像分析和识别的目的。数学形态学算子的性能主要以几何方式进行刻画，传统的理论却以解析方式的形式描述算子的性能，而几何描述特点更适合视觉信息的处理和分析。

最初，由 Maheron 和 Serra 提出的数学形态学研究以二值图像为对象，称为二值形态学；此后，Serra 和 Sternberg 等把二值形态算子推广到灰度图像，因而使灰度形态学的理论和应用研究也得到很大的发展，已经成为数字图像信号处理和计算机视觉领域中的一种有效方法。

数学形态学的应用可以简化图像数据，保持它们基本的形状特征，并除去不相干的结构。

形态学在数字图像处理中的应用按照图像类型可分为二值形态学、灰度形态学和模糊形态学等，其中作为基础的是二值形态学。数学形态学的基本运算有 4 个：膨胀、腐蚀、开运算和闭运算。它们在二值图像中和灰度图像中各有特点。基于这些基本运算还可以推导和组合成各种数学形态学实用算法。这里主要介绍二值形态学和灰度形态学。

二值形态学中的运算对象是集合。设 A 为图像集合，B 为结构元素，数学形态学运算是用 B 对 A 进行操作。在形态学中，结构元素是最重要最基本的概念。结构元素本身也是一个图像矩阵。它在形态变换中的作用相当于信号处理中的“滤波窗口”。对每个结构元素可以指定一个原点，它是结构元素参与形态学运算的参考点。原点可以包含在结构元素中，也可以不包含在结构元素中，但运算的结果常不相同。

（1）腐蚀与膨胀

对图像集合 $A$ 中的每一点 $x$，腐蚀和膨胀的定义为

腐蚀运算：$A\Theta B=\{x:B+x\subset A\}$ 或

$A\Theta B=\bigcap\{A-b:b\in B\}$

膨胀运算：$A\oplus B=\left\{A^c\Theta(-B)^c\right\}$

用 $B(x)$ 对 $A$ 进行腐蚀的结果就是把结构元素 $B$ 平移后使 $B$ 包含于 $A$ 的所有点构成的集合。腐蚀使图像缩小，如果结构元素是 3×3 的像素块，腐蚀将使物体的边界沿周边减少一个像素；腐蚀可以把小于结构元素的物体(毛刺、小凸起)去除，这样选取不同大小的结构元素，就可以在原图像中去掉不同大小的物体；如果两个物体之间有细小的连通，那么当结构元素足够大时，通过腐蚀运算可以将两个物体分开。

例如：若 $A=\begin{matrix}0 & 1 & 0 & 1 & 0\\ 0 & 1 & 1 & 0 & 1\\ 0 & 1 & 1 & 1 & 0\end{matrix}$，$B=\begin{matrix}1 & 0\\ 1 & 1_{\circ}\end{matrix}$（$1_{\circ}$ 表示结构元素 $B$ 的原点位置），则：

$A\Theta B=\begin{matrix}0 & 0 & 0 & 0 & 0\\ 0 & 0 & 1 & 0 & 0\\ 0 & 0 & 1 & 1 & 0\end{matrix}$。

对如图 4-18（a）的二值图像作腐蚀操作，图 4-18（b）和（c）所示，两者所使用的结构元素矩阵不同，图 4-18（b）为使用 10 阶对角矩阵处理后的结果；图 4-18（c）为使用 10 阶全 1 矩阵处理的结果。可以看到，使用的结构要素矩阵不同，处理结果也会有差异。

（a）原二值图像

（b）腐蚀后图像 1

（c）腐蚀后图像 2

图 4-18 腐蚀操作效果图

用$B(x)$对$A$进行膨胀的结果就是把结构元素$B$平移后使$B$与$A$的交集非空的点构成的集合。膨胀使图像扩大。

例如：若 $A=\begin{matrix}0&0&0&0\\0&1&1&0\\0&0&0&0\end{matrix}$，$B=\begin{matrix}0&1\\1_{\circ}&0\end{matrix}$（$1_{\circ}$表示结构元素$B$的原点位置），则：

$$A\oplus B=\begin{matrix}0&0&1&1\\0&1&1&0\\0&0&0&0\end{matrix}。$$

对图 4-18（a）的二值图像作膨胀操作，如图 4-19 所示。其中图 4-19（a）为使用 10×2 的全 1 矩阵处理后的结果；图 4-19（b）为使用 10 阶全 1 矩阵处理的结果。

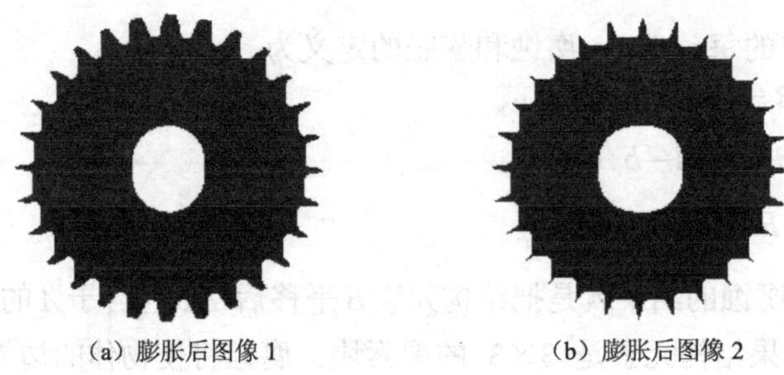

（a）膨胀后图像 1　　（b）膨胀后图像 2

图 4-19　膨胀操作

（2）开运算和闭运算

先腐蚀后膨胀的过程称为开运算。开运算使图像的轮廓变得光滑，断开狭窄的间断和消除细的突出物的作用。

先膨胀后腐蚀的过程称为闭运算。它具有填充物体内细小空洞、消除罅缝，连接邻近物体和平滑边界轮廓的作用。

开启和闭合运算的定义为：

开运算：$A\circ B=(A\Theta B)\oplus B$

闭运算：$A\bullet B=(A\oplus B)\Theta B$

以前者为例，对图4-18（a）的二值图像作开启操作，如图4-20（a）所示，使用的结构矩阵为 40×30 的全 1 矩阵；使用 40×30 的全 1 的结构矩阵进行闭合操作，结果如图4-20（b）所示。

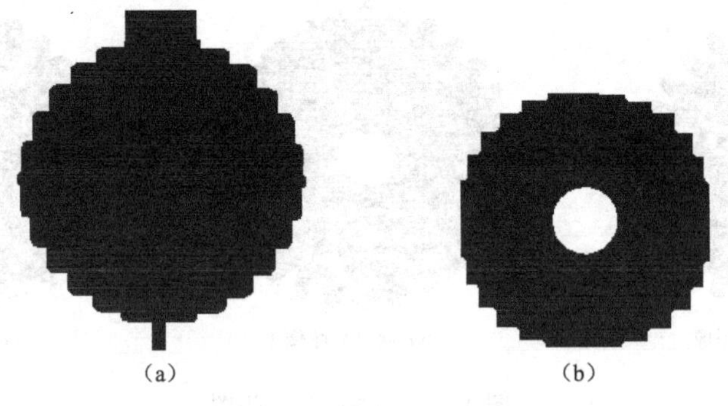

（a）　　（b）

图 4-20　开运算与闭运算操作

### 4.3.2 数学形态学在图像处理中的应用

近年来，数学形态学在图像处理方面得到了日益广泛的应用。下面主要就数学形态学在边缘检测、图像分割、图像细化以及噪声滤除等方面的应用做简要介绍。

（1）边缘检测

边缘是图像最基本的特征，所谓边缘就是指周围灰度强度有反差变化的那些像素的集合，是图像分割所依赖的重要基础，也是纹理分析和图像识别的重要基础。理想的边缘检测应当正确解决边缘的有无、真假和定向定位，长期以来，人们一直关心这一问题的研究，除了常用的局部算子及以后在此基础上发展起来的种种改进方法外，又提出了许多新的技术，例如，LOG，用 Facet 模型检测边缘，Canny 的最佳边缘检测器，统计滤波检测以及随断层扫描技术兴起的三维边缘检测等。要做好边缘检测，首先，要清楚待检测的图像特性变化的形式，从而使用适应这种变化的检测方法。其次，要知道特性变化总是发生在一定的空间范围内，不能期望用一种检测算子就能最佳检测出发生在图像上的所有特性变化。当需要提取多空间范围内的变化特性时，要考虑多算子的综合应用。第三，要考虑噪声的影响，其中一个办法就是滤除噪声，这有一定的局限性；再就是考虑信号加噪声的条件检测，利用统计信号分析，或通过对图像区域的建模，而进一步使检测参数化。第四，可以考虑各种方法的组合，如先利用 LOG 找出边缘，然后在其局部利用函数近似，通过内插等获得高精度定位。第五，在正确检测边缘的基础上，要考虑精确定位的问题。经典的边缘检测方法是构造对像素灰度级阶跃变化敏感的微分算子，如 roberts 梯度算子、Sobel 梯度算子等，其边缘检测速度快，但得到的往往是断续的、不完整的结构信息，这类方法对噪声较为敏感，为了有效抑制噪声，一般都首先对原图像进行平滑，再进行边缘检测就能成功地检测到真正的边缘。

对于二值图像，边缘检测是求一个集合 A 的边界，记为 $\beta(A)$： $\beta(A)=A-\left(A\Theta B\right)$。表示：先用 $B$ 对 $A$ 腐蚀，然后用 $A$ 减去腐蚀得到，$B$ 是结构元素。操作示意图如图 4-21 所示。边界识别效果如图 4-22 所示，其中，1 表示白色，0 表示黑色。$\beta(A)$ 得到的是图像 $A$ 的内边缘。同理，记 $\alpha(A)$： $\alpha(A)=\left(A\oplus B\right)-A$，可以得到图像 $A$ 的外边缘。

数学形态学运算用于边缘检测，存在着结构元素单一的问题。它对与结构元素同方向的边缘敏感，而与其不同方向的边缘（或噪声）会被平滑掉，即边缘的方向可以由结构元素的形状确定。但如果采用对称的结构元素，又会减弱对图像边缘的方向敏感性。所以在边缘检测中，可以考虑用多方位的形态结构元素，运用不同的结构元素的逻辑组合检测出不同方向的边缘。

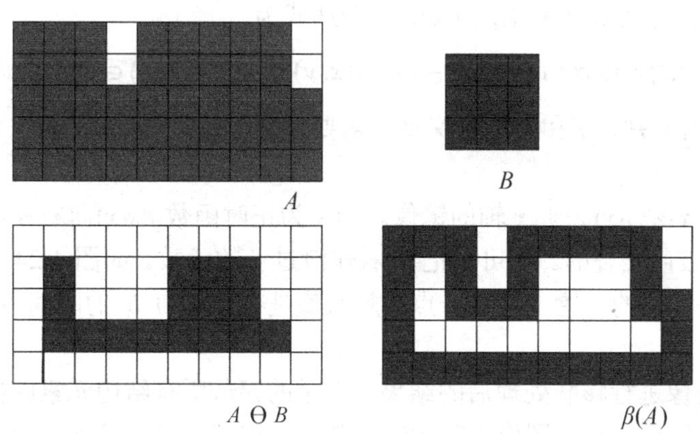


图 4-21　边缘检测操作示意图

（2）噪声滤除

对图像中的噪声进行滤除是图像预处理中不可缺少的操作。将开启和闭合运算结合起来可构成形态学噪声滤除器。

对于二值图像，噪声表现为目标周围的噪声块和目标内部的噪声孔。用结构元素 $B$ 对集合 $A$ 进行开启操作，就可以将目标周围的噪声块消除掉；用 $B$ 对 $A$ 进行闭合操作，则可以将目标内部的噪声孔消除掉。该方法中，对结构元素的选取相当重要，它应当比所有的噪声孔和噪声块都要大。

图 4-23（a）为加了椒盐噪声的二值图像，图 4-23（b）为使用开启再闭合操作后得到的图像。

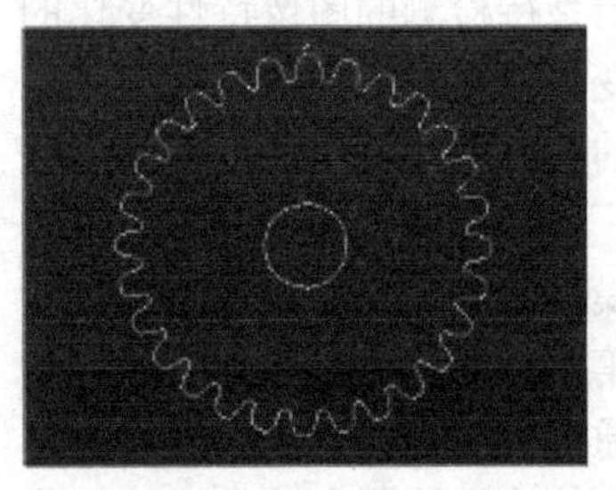

图 4-22　边界提取效果图

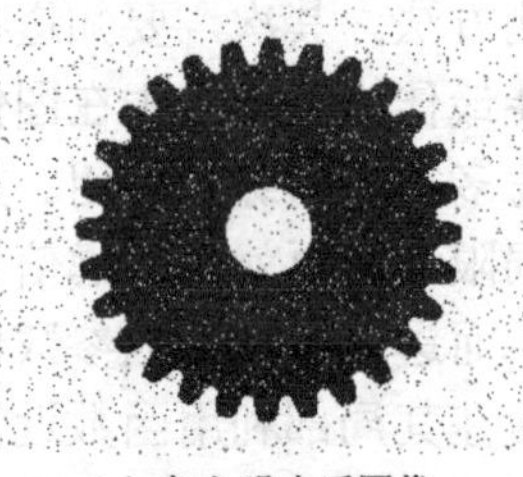

（a）加入噪声后图像

（b）滤除噪声后图像

图 4-23　利用形态学滤除噪声

对于灰度图像，滤除噪声就是进行形态学平滑。实际中常用开启运算消除与结构元素相比尺寸较小的亮细节，而保持图像整体灰度值和大的亮区域基本不变；用闭合运算消除与结构元素相比尺寸较小的暗细节，而保持图像整体灰度值和大的暗区域基本不变。将这两种操作综合起来可达到滤除亮区和暗区中各类噪声的效果。同样的，结构元素的选取也是个重要问题。

### 4.3.3　灰度形态学基本操作

前面所讲的形态学方法都是基于二值图像的，下面把形态学处理扩展到灰度图像的基本操作。

设 $f(x,y)$为输入图像，而 $b(x,y)$ 为结构元素。

（1）膨胀

用 $b$ 对函数 $f$ 进行的灰度膨胀，$f \oplus b$，表达式为

$$(f \oplus b)(s,t) = \max\left\{ f(s-x,t-y) + b(x,y) \middle| (s-x),(t-y) \in D_f ;(x,y) \in D_b \right\} \tag{4-32}$$

式中，$D_f$和 $D_b$ 分别是 $f$ 和 $b$ 的定义域。需要注意的是，$f$ 和 $b$ 是函数而不是二值形态学情况中的集合。

在上式中，$f(-x)$是 $f(x)$关于 $x$ 轴的镜像。当 $s$ 为正时函数 $f(s-x)$向右移动，为负则向左移动。而且 $f$ 和 $b$ 是彼此交叠的。也可以把 $b$ 看作滑过 $f$ 的函数。如图 4-24 所示。从图中可以看出，在每个结构元素的位置上，这一点的膨胀值是在跨度为 $b$ 的区间内 $f$ 与 $b$ 之和的最大值。

通常对灰度图像进行膨胀处理后的结果是双重的。若所有结构元素的值为正，则输出图像会趋向于比输入图像更亮；图像中暗的细节部分全部减少了还是被消除了，取决于膨胀所用的结构元素的值和形状。

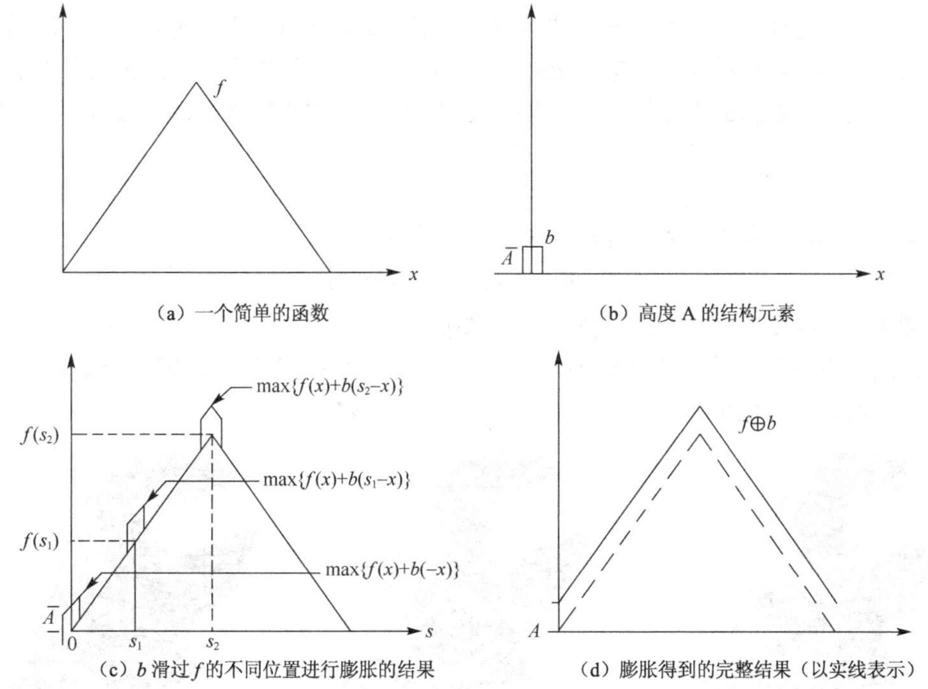


图 4-24　灰度图像的膨胀操作

（2）腐蚀

用 $b$ 对函数 $f$ 进行的灰度腐蚀，$f\Theta b$，表达式为

$$(f\Theta b)(s,t)=\min\left\{f(s+x,t+y)-b(x,y)\middle|(s+x),(t+y)\in D_f;(x,y)\in D_b\right\} \tag{4-33}$$

式中，$D_f$ 和 $D_b$ 分别是 $f$ 和 $b$ 的定义域。

如图 4-25（b）中显示的结构元素对图 4-25（a）中显示的函数进行腐蚀得到图 4-25（c）。从图中可以看出，腐蚀操作是以结构元素形状定义的区间中选取 $f-b$ 最小值为基础的。

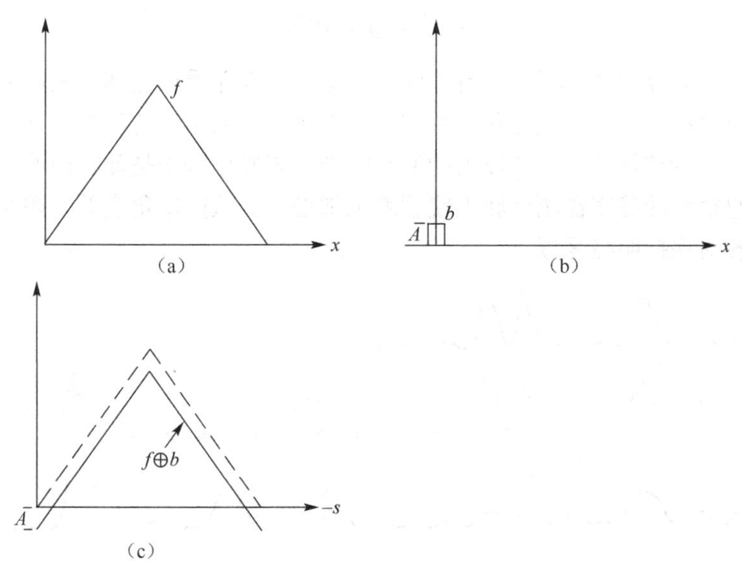


图 4-25　灰度图像的腐蚀操作

通常对灰度图像进行腐蚀处理的结果亦是双重的。若所有结构元素的值为正，则输出图像会趋向于比输入图像更暗；在输入图像中亮的细节的面积如果比结构元素的面积小，则亮的效果将被削弱。削弱的程度取决于环绕于亮的细节周围的灰度值和结构元素自身的形状和幅值。

（3）膨胀和腐蚀的比较

灰度图像的膨胀和腐蚀之间是对偶关系，其关系表达式为

$$(f\Theta b)^c(s,t)=(f^c\oplus\hat{b})(s,t) \tag{4-34}$$

如图 4-26 所示。图 4-26（a）是原始灰度图像；图 4-26（b）表示对图像进行膨胀的结果，膨胀后，图变更亮了，减弱了暗细节；图 4-26（c）表示对原图像进行腐蚀的结果，腐蚀后，图更暗了，明亮成分减少。

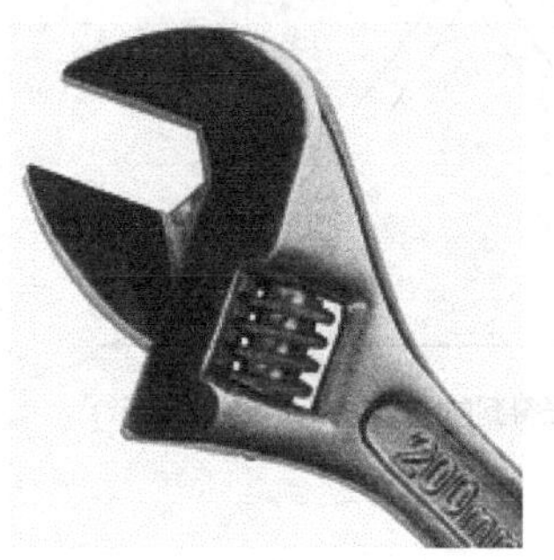

（a）原图

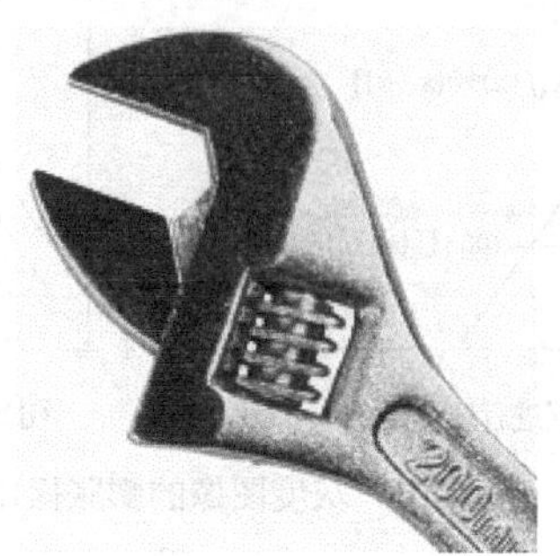

（b）膨胀后的结果

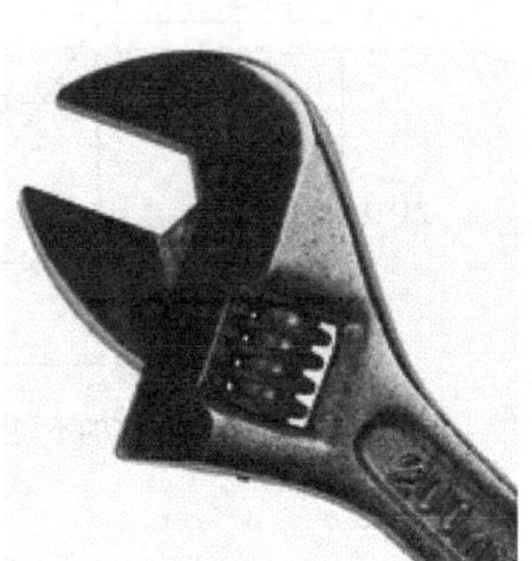

（c）腐蚀后的结果

图 4-26　膨胀和腐蚀的比较

（4）开操作和闭操作

用子图(结构元素) $b$ 对图像 $f$ 进行开操作，表达式为

$$f\circ b=(f\Theta b)\oplus b \tag{4-35}$$

用子图(结构元素) $b$ 对图像 $f$ 进行闭操作，表达式为

$$f\bullet b=(f\oplus b)\Theta b \tag{4-36}$$

如图 4-27 所示，$f$ 看作曲面，$b$ 看作滚动的球。开操作看作是球在曲面的下侧面滚动。结果是比球体直径窄的波峰在幅度和尖锐程度上都减小。从图像角度看，开操作去除较小的明亮细节，相对保持整体灰度级和较大的明亮区域。闭操作看作是球在曲面的上侧面滚动。结果是比球体直径窄的谷底在幅度和尖锐程度上都增大。从图像角度看，闭操作去除较小的暗细节成分，相对保持明亮区域。

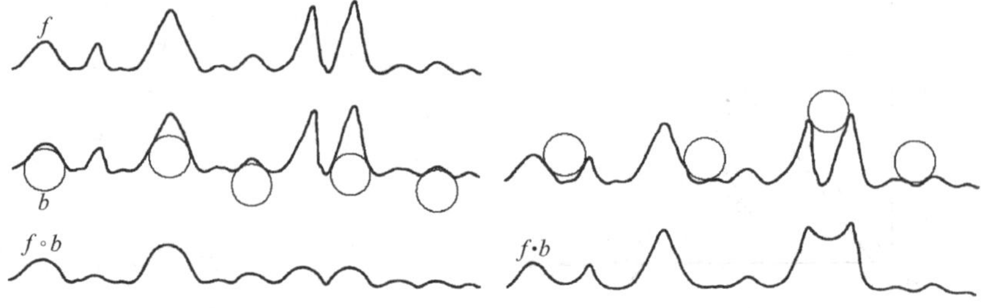


图 4-27　开操作与闭操作示意图

开操作与闭操作，二者之间是对偶的关系。对图 4-26（a）进行开操作与闭操作，效果如图 4-28 所示。开操作使小的明亮细节尺寸变小，暗的效果不变化；闭操作使小的暗细节的尺寸缩小，明亮部分受影响较小。

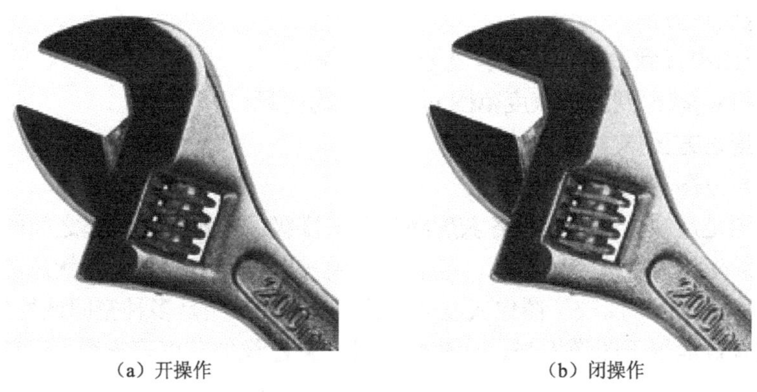

（a）开操作　（b）闭操作

图 4-28　开操作与闭操作的比较

### 4.3.4 讨论

目前，数学形态学存在的问题及研究方向主要集中在以下几个方面。

① 形态运算实质上是一种二维卷积运算，当图像维数较大时，特别是用灰度形态学、软数学形态学、模糊形态学等方法时，运算速度很慢，对处理器的要求很高。

② 由于结构元素对形态运算的结果有决定性的作用，所以，需结合实际应用背景和期望合理选择结构元素的大小与形状。

③ 软数学形态学中关于结构元素核心、软边界的定义，及对加权统计次数的选择也具有较大的灵活性，应根据图像拓扑结构合理选择，没有统一的设计标准。

④ 为达到最佳的滤波效果，需结合图像的拓扑特性选择形态开、闭运算的复合方式。

⑤ 有待进一步将数学形态学与神经网络、模糊数学结合研究灰度图像、彩色图像的处理和分析方法。

⑥ 形态运算的光学实现及其他硬件实现方法，有待进一步研究开发。

⑦ 将形态学与小波、分形等方法结合起来可对现有图像处理方法进行改进。

数学形态学对图像的处理具有直观上的简明性和数学上的严谨性，在定量描述图像的形态特征上具有独特的优势，为基于形状细节进行图像处理提供了强有力的手段。建立在集合理论基础上的数学形态学，主要通过选择相应的结构元素采用膨胀、腐蚀、开启、闭合四种基本运算的组合来处理图像。数学形态学在图像处理中的应用广泛，有许多实用的算法，但在每种算法中结构元素的选取都是一个重要的问题。

## 4.4 灰度均衡的原理与方法

灰度均衡的目的是为了校正不均匀照射，通过点运算使得输入图像转化为在每一灰度级上都有相同的像素点数的输出图像，即输出图像的直方图是平的。其原理为一个灰度映射函数 Gnew = F(Gold)，将原灰度直方图改造成所希望的直方图，由信息学的理论来解释，具有最大熵(信息量)的图像为均衡化图像。直观上可以认为，如果一幅图像其像素占有全部可能的灰度级并且分布均匀，则这样的图像有高对比度和多变的灰度色调。直方图均衡化导致图像的对比度增加。

灰度均衡的方法：

① 计算灰度直方图；

② 在直方图中找到最小和最大灰度分布 $w_1$、$w_2$；

③ 将 $w_1$ 和 $w_2$ 映射到新的灰度范围 $w_3$、$w_4$（均衡算法）。

### 4.4.1　图像灰度直方图

（1）灰度直方图的概念

灰度直方图是反映一幅图像中各灰度级与各灰度级像素出现的频率之间的关系。以灰度级为横坐标，纵坐标为灰度级的频率，绘制频率同灰度级频率的关系图就是灰度直方图。它是图像的重要特征之一，反映了图像灰度分布的情况。直方图是多种空间域处理技术的基础，直方图操作能有效地用于图像增强。如图 4-29 是一幅图像的灰度直方图，频率的计算公式为式（4-37）。

$$v_i = \frac{n_i}{n} \tag{4-37}$$

式中，$n_i$ 是图像中灰度为 $i$ 的像素数，$n$ 为图像的总像素数。

（2）直方图的性质

① 灰度直方图只能反映图像的灰度分布情况，而不能反映图像像素的位置，即丢失了像素的位置信息。

对于暗色图像，其直方图的组成成分集中在灰度级低的一侧；对于明亮图像，其直方图的组成成分集中在灰度级高的一侧；对于低对比度图像，其直方图窄而集中于灰度级的中部；对于高对比度图像，其直方图灰度级的范围很宽。

② 一幅图像对应唯一的灰度直方图，反之不成立，不同的图像可对应相同的直方图。图 4-30 给出了两幅图像具有相同直方图的例子。

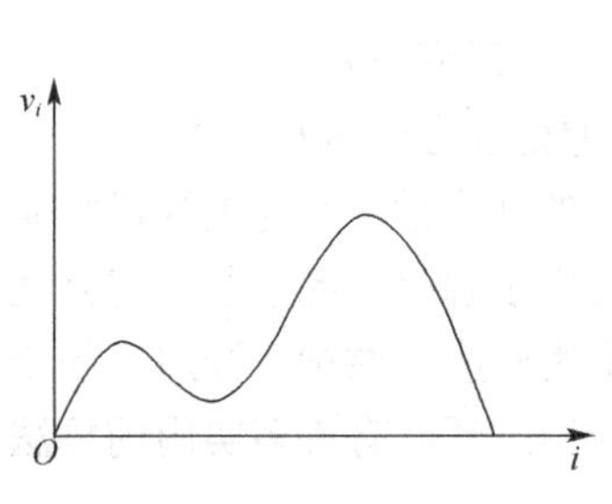

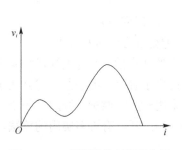

图 4-29　一幅图像的灰度直方图

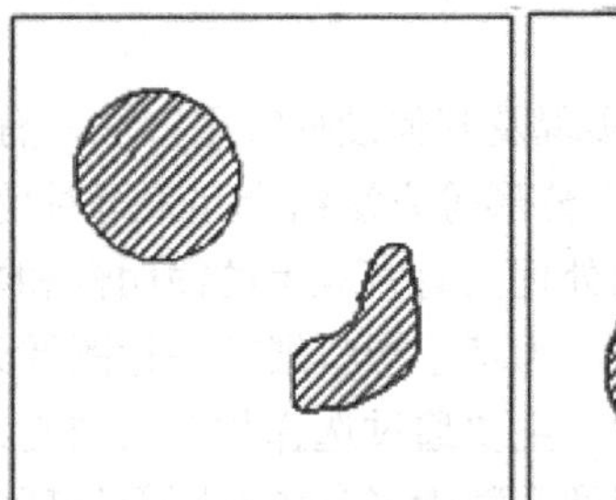

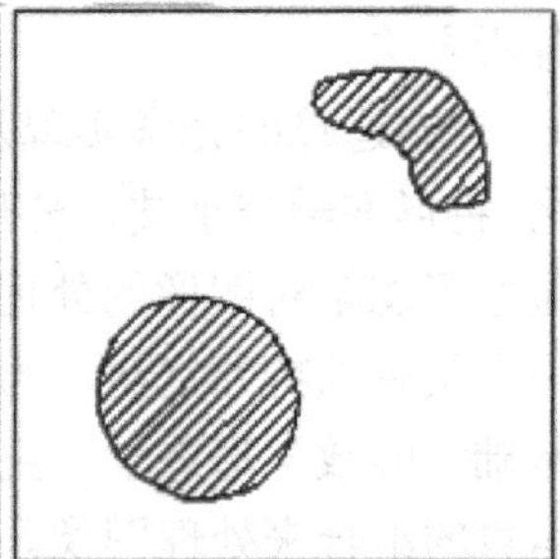

图 4-30　不同的图像具有相同直方图

③ 一幅图像分成多个区域，多个区域的直方图之和即为原图像的直方图。如图 4-31 所示。

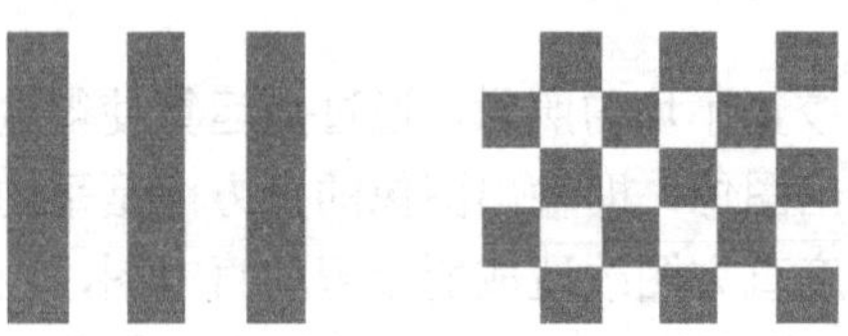

图 4-31　整幅直方图与每个区域的直方图的关系

（3）直方图的应用

1）用于判断图像量化是否恰当

直方图给出了一个直观的指标，用来判断数字化一幅图像量化时是否合理地利用了全部允许的灰度范围。一般来说，数字化获取的图像应该利用全部可能的灰度级。如图 4-32（a）是恰当分布的情况，数字化器允许的灰度许可范围 [0，255]均被有效利用了；图 4-32（b）是图像对比度低的情况，图中 S、E 部分的灰度级未能有效利用，灰度级数少于 256，对比度减小；图 4-32（c）图像 S、E 处具有超出数字化器所能处理的范围的亮度，则这些灰度级将被简单地置为 0 或 255，亮度差别消失，相应的内容也随之失去，由此将在直方图的一端或两端产生尖峰。丢失的信息将不能恢复，除非重新数字化。可见数字化时利用直方图进行检查是一个有效的方法。直方图的快速检查可以使数字化中产生的问题及早暴露出来，以免浪费大量时间。

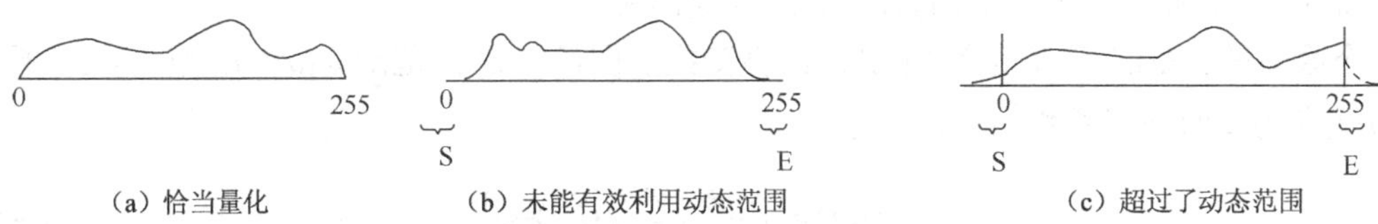


图 4-32　直方图用于判断量化是否恰当

2）用于确定图像二值化的阈值

选择灰度阈值对图像二值化是图像处理中讨论得较多的一个问题。假定一幅图像 $f(x,y)$ 如图4-33 所示，其中背景是黑色，物体为灰色。背景中的黑色像素产生了直方图上的左峰，而物体中各灰度级产生了直方图上的右峰；由于物体边界像素数相对较少，从而产生了两峰之间的谷。选择谷对应的灰度作为阈值 $T$，利用式（4-38）对图像进行二值化处理，得到一幅二值图像 $g(x,y)$。

$$g(x,y)=\begin{cases}0 & f(x,y)<T\\1 & f(x,y)\geqslant T\end{cases} \tag{4-38}$$

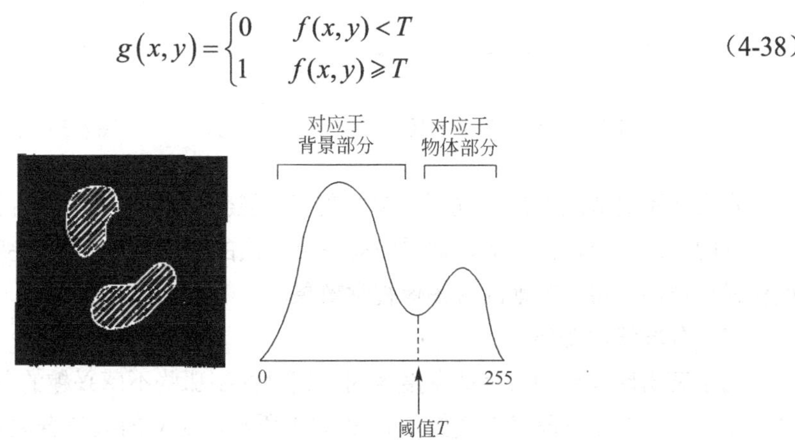


图 4-33　利用直方图选择二值化的阈值

3）用直方图统计面积

当物体部分的灰度值比其他部分灰度值大时，可利用直方图统计图像中物体的面积。

$$A=n\sum_{i\geqslant T}v_i \tag{4-39}$$

式中，$n$ 为图像像素总数，$v_i$ 是图像灰度级为 $i$ 的像素出现的频率。

4）计算图像信息量 $H$(熵)

假设一幅数字图像的灰度范围为[0，$L-1$]，各灰度级像素出现的概率为 $P_0$，$P_1$，$P_2$,⋯，$P_{L-1}$，根据信息论可知，各灰度级像素具有的信息量分别为：$-\log_2 P_0$，$-\log_2 P_1$，$-\log_2 P_2$,⋯，$-\log_2 P_{L-1}$。则该幅图像的平均信息量(熵)为

$$H=-\sum_{i=0}^{L-1} P_i \log_2 P_i \tag{4-40}$$

熵反映了图像信息丰富的程度，它在图像编码处理中有重要意义。

### 4.4.2 均衡算法

（1）线性均衡 linear

将 $w_1$ 和 $w_2$ 映射到 $w_3$、$w_4$ 的方法有线性变换法。

令原图像 $f(i,j)$的灰度范围为[$a,b$]，线性变换后图像 $g(i,j)$的范围为[$a',b'$]，如图 4-34 所示。$g(i,j)$与 $f(i,j)$之间的关系式如下。

$$g(i,j)=a'+\frac{b'-a'}{b-a}\left[f(i,j)-a\right] \tag{4-41}$$

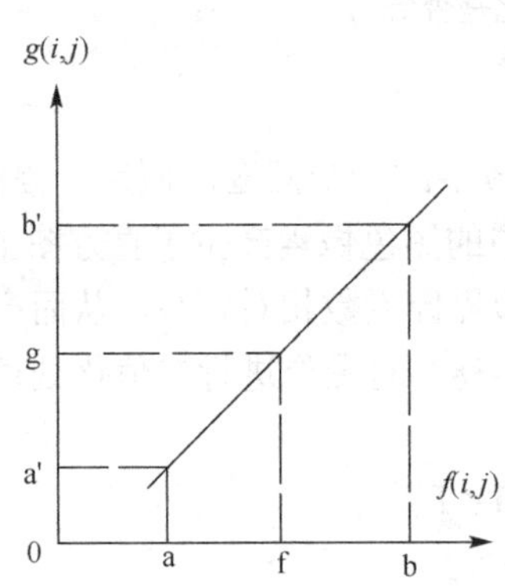


图 4-34　线性变换示意图

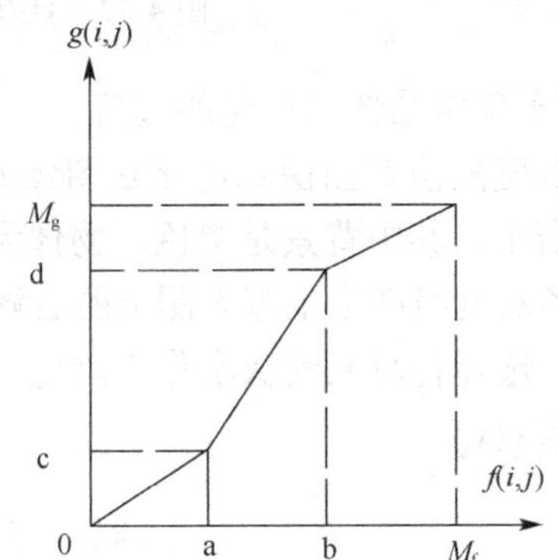


图 4-35　分段线性变换

在曝光不足或过度的情况下，图像灰度可能会局限在一个很小的范围内。这时在显示器上看到的将是一个模糊不清、似乎没有灰度层次的图像。采用线性变换对图像每一个像素灰度作线性拉伸，将有效地改善图像视觉效果。

（2）分段线性变换

为了突出感兴趣的目标或灰度区间，相对抑制那些不感兴趣的灰度区间，可采用分段线性变换。常用的是三段线性变换，如图 4-35 所示。对应的数学表达式如下。

$$g\left(i,j\right)=\begin{cases}(c/a)f(i,j) & 0\leqslant f(i,j)<a\\ \left[(d-c)(b-a)\right]\left[f(i,j)-a\right]+c & a\leqslant f(i,j)<b\\ [(M_g-d)(M_f-b)][f(i,j)-b]+d & b\leqslant f(i,j)\leqslant M_f\end{cases} \tag{4-42}$$

（3）对数均衡 Logarithm

对数均衡变换的一般表达式如下。

$$g(i,j)=a+\frac{\ln\left[f(i,j)+1\right]}{b.\ln c} \qquad (4\text{-}43)$$

这里 $a$、$b$、$c$ 是为了调整曲线的位置和形状而引入的参数。当希望对图像的低灰度区进行较大的拉伸而对高灰度区压缩时，可采用这种变换，它能使图像灰度分布与人的视觉特性相匹配。

（4）指数均衡 Exponent

指数均衡变换的一般表达式如下

$$g(i,j)=b^{c\left[f(i,j)-a\right]}-1 \qquad (4\text{-}44)$$

这里参数 $a$、$b$、$c$ 用来调整曲线的位置和形状。这种变换能对图像的高灰度区给予较大的拉伸。

（5）通用均衡算法

以上四种算法的应用范围和效果都是有限的。下面介绍通用的直方图均衡化算法。

一幅图像中灰度级 $k$ 出现的概率近似为：$v_k=\dfrac{n_k}{n}$，而直方图均衡化变换函数的离散形式为

$$s_k=\sum_{j=0}^{k}\frac{n_j}{n} \qquad k=0,1,2,\cdots,L-1 \qquad (4\text{-}45)$$

其中，$n_j$ 是输入图像中灰度级为 $j$ 级灰度的像素个数；$n$ 是图像中像素的总数；$s_k$ 是输入图像中 $k$ 级灰度被映射到输出图像上的灰度值；$L$ 是灰度级总数。

此处 $s_k$ 为归一化的灰度，需进一步通过线性拉伸算法转化到[0, $L$–1]之中。这样可以得到均衡化的直方图，通过点运算使得输入图像转化为在每一灰度级范围上都有相同的像素点数的输出图像。

图 4-36 显示的是直方图均衡化前后的图像的变化以及直方图的变化。

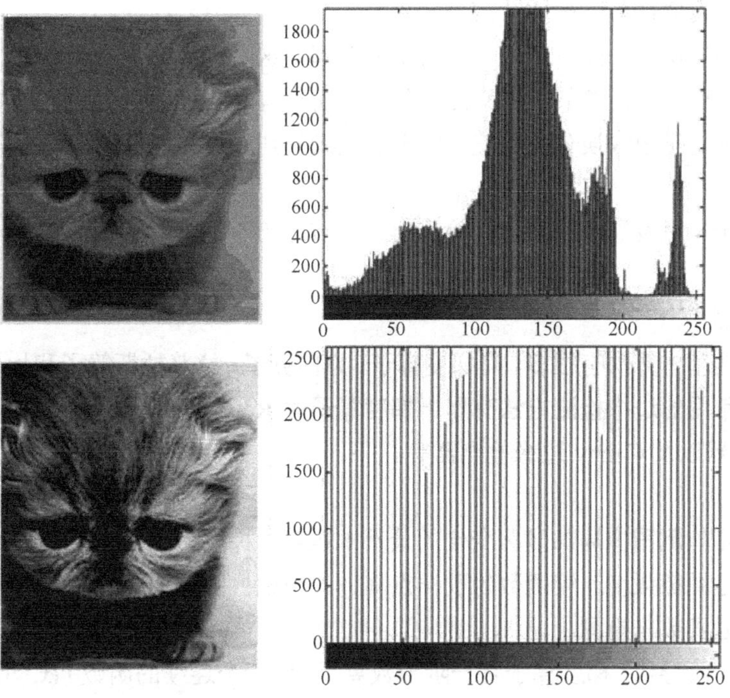


图 4-36　直方图均衡化前后对比图

# 4.5　边缘检测算法及其应用

人类视觉系统认识目标的过程分为两步：首先，把图像边缘与背景分离出来；其次，才能知觉到图像的细节，辨认出图像的轮廓。计算机视觉正是模仿人类视觉的这个过程，因此在检测物体边缘时，先对其轮廓点进行粗略检测，然后通过链接规则把原来检测到的轮廓点连接起来，同时也检测和连接遗漏的边界点及去除虚假的边界点。图像的边缘是图像的重要特征，是计算机视觉、模式识别等的基础，因此边缘检测是图像处理中一个重要的环节；然而，边缘检测又是图像处理中的一个难题，由于实际景物图像的边缘往往是各种类型的边缘及它们模糊化后结果的组合，且实际图像信号存在着噪声；噪声和边缘都属于高频信号，很难用频带做取舍。

边缘检测算法有如下四个步骤。

① 滤波：边缘检测算法主要是基于图像强度的一阶和二阶导数，但导数的计算对噪声很敏感，因此必须使用滤波器来改善与噪声有关的边缘检测器的性能。需要指出，大多数滤波器在降低噪声的同时也导致了边缘强度的损失，因此，增强边缘和降低噪声之间需要折中。

② 增强：增强边缘的基础是确定图像各点邻域强度的变化值。增强算法可以将邻域（或局部）强度值有显著变化的点突显出来。边缘增强一般是通过计算梯度幅值来完成的。

③ 检测：在图像中有许多点的梯度幅值比较大，而这些点在特定的应用领域中并不都是边缘，所以应该用某种方法来确定哪些点是边缘点。最简单的边缘检测判据是梯度幅值阈值判据。

④ 定位：如果某一应用场合要求确定边缘的位置，则边缘的位置可在子像素分辨率上来估计，边缘的方位也可以被估计出来。

在边缘检测算法中，前三个步骤用得十分普遍。这是因为大多数场合下，仅仅需要边缘检测器指出边缘出现在图像某一像素点的附近，而没有必要指出边缘的精确位置或方向。边缘检测误差通常是指边缘误分类误差，即把假边缘判别成边缘而保留，而把真边缘判别成假边缘而去掉。

最近的二十年里发展了许多边缘检测器，本节介绍 5 种常用的检测算子，并对其特点进行了讨论和比较。

### 4.5.1　边缘检测

边缘检测的基本算法有很多，有梯度算子、方向算子、拉普拉斯算子和坎尼（Canny）算子等等。几种常用的边缘检测方法有属于梯度算子的 Roberts 算子、Sobel 算子和 Prewitt 算子、LOG 滤波器以及 Canny 边缘检测器等。

（1）梯度

边缘检测是检测图像局部显著变化的最基本运算。梯度是函数变化的一种度量，而一幅图像可以看作是图像强度连续函数的取样点阵列。因此，图像灰度值的显著变化可以用函数梯度的离散逼近函数来检测。

梯度对应一阶导数，梯度算子是一阶导数算子。对一个连续的函数 $f(x, y)$，它在位置 $(x, y)$ 的梯度可表示为一个矢量，如下

$$G(x,y)=\nabla f(x,y)=\begin{bmatrix}G_x & G_y\end{bmatrix}^{\mathrm{T}}=\begin{bmatrix}\dfrac{\partial f}{\partial x} & \dfrac{\partial f}{\partial y}\end{bmatrix}^{\mathrm{T}} \tag{4-46}$$

有两个重要的性质与梯度有关：①矢量 $G(x,y)$的方向就是函数$f(x, y)$增大时的最大变化率方向；②梯度的幅值由下式给出

$$mag(\nabla f)=\left|G(x,y)\right|=\sqrt{{G_x}^2+{G_y}^2} \tag{4-47}$$

由矢量分析可知，梯度的方向定义为

$$\alpha(x,y)=\arctan\left(\frac{G_y}{G_x}\right) \tag{4-48}$$

其中，$\alpha$ 角是相对 $x$ 轴的角度。

对于数字图像，式（4-46）的导数可用差分来近似。最简单的梯度近似表达式为

$$\begin{aligned}G_x&=\Delta_x f(x,y)=f(x,y)-f(x+1,y)\\G_y&=\Delta_y f(x,y)=f(x,y)-f(x,y+1)\end{aligned} \tag{4-49}$$

对 $G_x$ 和 $G_y$ 各用一个模板，所以需要 2 个模板组合起来以构成 1 个梯度算子，如图 4-37 所示。

（2）Roberts 算子

Roberts 算子是一种利用局部差分算子寻找边缘的算子。

$$g(x,y)=\left[f(x,y)-f(x+1,y+1)\right]^2+\left[f(x+1,y)-f(x,y+1)\right]^2 \tag{4-50}$$

其中$f(x,y)$、$f(x+1,y)$、$f(x,y+1)$和$f(x+1,y+1)$ 分别为 4 领域的坐标，且是具有整数像素坐标的输入图像；其中的平方根运算使得该处理类似于人类视觉系统中发生的过程。

Roberts 算子是 2×2 算子模板。图 4-38 所示的 2 个卷积核形成了 Roberts 算子。图像中的每一个点都用这 2 个核做卷积。

由于 Robert 算子通常会在图像边缘附近的区域内产生较宽的响应，故采用上述算子检测的边缘图像常需做细化处理，边缘定位的精度不是很高。

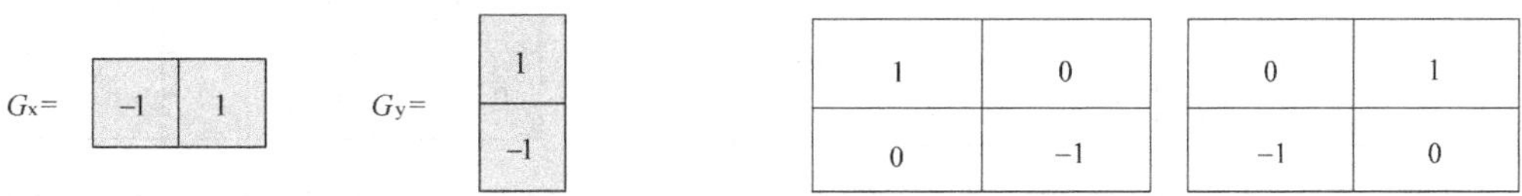


图 4-37　梯度算子　　　　图 4-38　Roberts 算子

（3）Sobel 算子

Sobel 算子是一种一阶微分算子，它利用像素邻近区域的梯度值来计算 1 个像素的梯度，然后根据一定的阈值来取舍。Sobel 算子由下式给出。

$$s=\left(\mathrm{d}x^2+\mathrm{d}y^2\right)^{\frac{1}{2}} \tag{4-51}$$

Sobel 算子是 3×3 算子模板。图 4-39 所示的 2 个卷积核 dx、dy 形成 Sobel 算子。一个核对通常的垂直边缘响应最大，而另一个核对水平边缘响应最大；2 个卷积的最大值作为该点的输出值。运算结果是一幅边缘幅度图像。Sobel 算子对灰度渐变和噪声较多的图像处理得较好，是边缘检测器中最常用的算子之一。

| -1 | 0 | 1 |
|---|---|---|
| -2 | 0 | 2 |
| -1 | 0 | 1 |

| 1 | 2 | 1 |
|---|---|---|
| 0 | 0 | 0 |
| -1 | -2 | -1 |

图 4-39　Sobel 算子

（4）Prewitt 算子

Prewitt 算子由下式给出。Prewitt 算子与 Sobel 算子的方程完全一样。

$$S_p = \left(\mathrm{d}x^2 + \mathrm{d}y^2\right)^{\frac{1}{2}} \tag{4-52}$$

Prewitt 算子是 3×3 算子模板。图 4-40 所示的 2 个卷积核 dx、dy 形成了 Prewitt 算子。与 Sobel 算子的方法一样，图像中的每个点都用这 2 个核进行卷积，取最大值作为输出值。Prewitt 算子也产生一幅边缘幅度图像。Prewitt 算子对灰度渐变和噪声较多的图像处理得较好。与 Sobel 算子不同，这一算子没有把重点放在接近模板中心的像素点。

（5）LOG 滤波器

以上几种算子均为一阶算子，这里介绍一种基于二阶导数算子的边缘检测算法。在此之前，先介绍这种二阶导数算子——拉普拉斯算子。

1）拉普拉斯算子

二维函数 $f(x,y)$ 的拉普拉斯算子由下式给出。

$$\nabla^2 f(x,y) = -[f(x+1,y) + f(x-1,y) + f(x,y+1) + f(x,y-1)] + 4f(x,y) \tag{4-53}$$

拉普拉斯算子的模板里对应中心像素的系数应是正的，而对应中心像素邻近像素的系数应是负的，且它们的和为零。图 4-41 为拉普拉斯算子常用的 2 种模板。

| -1 | 0 | 1 |
|---|---|---|
| -1 | 0 | 1 |
| -1 | 0 | 1 |

| 1 | 1 | 1 |
|---|---|---|
| 0 | 0 | 0 |
| -1 | -1 | -1 |

图 4-40　Prewitt 算子

| 0 | -1 | 0 |
|---|---|---|
| -1 | 4 | -1 |
| 0 | -1 | 0 |

| -1 | -1 | -1 |
|---|---|---|
| -1 | 8 | -1 |
| -1 | -1 | -1 |

图 4-41　拉普拉斯算子常用的 2 种模板

拉普拉斯算子的作用是可以确定一个像素是在一条边缘暗的一边还是亮的一边；但作为一个二阶导数，拉普拉斯算子对噪声具有无法接受的敏感性；拉普拉斯算子的幅值产生双边缘，这是复杂的分割不希望有的结果；拉普拉斯算子不能检测边缘的方向。

2）LOG (Laplacian of Gaussian) 算法

二阶导数算子的弱点是对噪声十分敏感。针对这个问题的解决方法就是利用高斯滤波器滤除噪声，由此产生 LOG 算法，即高斯滤波＋拉普拉斯边缘检测。它把 Gauss 平滑滤波器和 Laplacian 锐化滤波器结合了起来，先平滑掉噪声，再进行边缘检测，所以效果会更好。

$$G(x,y) = \frac{\partial^2 G}{\partial x^2} + \frac{\partial^2 G}{\partial y^2} = \frac{1}{\pi\sigma^2}(\frac{x^2+y^2}{\sigma^2} - 1)\exp\left(-\frac{x^2+y^2}{2\sigma^2}\right) \tag{4-54}$$

式中，$G(x,y)$ 是对图像进行处理时选用的平滑函数 (Gaussian 函数)；$x$，$y$ 为整数坐标；$\sigma$ 为高斯分布的均方差。对平滑后的图像 $f_s$ $[f_s = f(x,y) \times G(x,y)]$ 做拉普拉斯变换，得到：

$$h(x,y)=\nabla^2 f_s(x,y)=\nabla^2\left[f(x,y)\times G(x,y)\right]=f(x,y)\times\nabla^2 G(x,y) \tag{4-55}$$

即先对图像平滑，后拉氏变换求二阶微分，等效于把拉氏变化作用于平滑函数，得到一个兼有平滑和二阶微分作用的模板，再与原来的图像进行卷积；接下来的边缘检测判据是二阶导数零交叉点并对应一阶导数的较大峰值；然后使用线性内插方法在亚像素分辨率水平上估计边缘的位置。

常用的 LOG 算子是 5×5 的模板。如图 4-42 所示。

| 0 | 0 | –1 | 0 | 0 |
|---|---|---|---|---|
| 0 | –1 | –2 | –1 | 0 |
| –1 | –2 | 16 | –2 | –1 |
| 0 | –1 | –2 | –1 | 0 |
| 0 | 0 | –1 | 0 | 0 |

图 4-42　LOG 算子常用的 5×5 的模板

（6）Canny 算子

Canny 算子是一阶算子。Canny 算子检测边缘的方法是寻找图像梯度的局部极大值，该方法是使用两个阈值来分别检测强边缘和弱边缘，它不易受噪声的干扰，能够检测到真正的弱边缘。其方法的实质是用一个准高斯函数作平滑运算 $f_s = f(x,y)\times G(x,y)$，然后以带方向的一阶微分算子定位导数最大值。平滑后 $f_s(x,y)$的梯度可以使用 2×2 一阶有限差分近似式。见式（4-56）。

$$\begin{aligned}P[i,j]&\approx\left(f_s[i,j+1]-f_s[i,j]+f_s[i+1,j+1]-f_s[i+1,j]\right)/2\\ Q[i,j]&\approx\left(f_s[i,j]-f_s[i+1,j]+f_s[i,j+1]-f_s[i+1,j+1]\right)/2\end{aligned} \tag{4-56}$$

在这个 2×2 正方形内求有限差分的均值，便于在图像中的同一点计算 $x$ 和 $y$ 的偏导数梯度。幅值和方向角可用直角坐标到极坐标的坐标转化来计算。

$$\begin{aligned}M[i,j]&=\sqrt{P[i,j]^2+Q[i,j]^2}\\ \theta[i,j]&=\arctan\left(Q[i,j]/P[i,j]\right)\end{aligned} \tag{4-57}$$

$M[i,j]$ 反映了图像的边缘强度；$\theta(i,j)$ 反映了边缘的方向。使得 $M[i,j]$ 取得局部最大值的方向角 $\theta(i,j)$，就反映了边缘的方向。

接下来对梯度幅值进行非极大值抑制 NMS(Non-Maxima suppression)，提取出在各自的梯度方向上梯度最大的像素。

$$\begin{aligned}\xi[i,j]&=Sector\left(\theta[i,j]\right)\\ N[i,j]&=NMS\left(M[i,j],\xi[i,j]\right)\end{aligned} \tag{4-58}$$

式中，$\xi[i,j]$为对梯度方向的标定，按照方向角 $\theta(i,j)$ 的大小划分为四个范围，可分别标定为 0、1、2、3，然后对每种情况进行各自方向上的非极大值抑制，若在该方向上的邻近像素有比它的梯度幅值大的，则将该像素标定为零。

然后用双阈值算法检测和连接边缘。双阈值计算。

$$\tau_2=2\tau_1 \tag{4-59}$$

式中，$\tau_2$ 决定边缘；而 $\tau_1$ 追踪边缘断线。梯度幅值大于 $\tau_2$ 的肯定是边缘；小于 $\tau_1$ 肯定不是边缘；而在 $\tau_1$ 和 $\tau_2$ 之间的，则根据其邻近像素有没有大于高阈值的像素来决定。

Canny 算子也可用高斯函数的梯度来近似，在理论上很接近 4 个指数函数的线性组合形成的最佳边缘算子。在实际工作应用中编程较为复杂且运算较慢。

### 4.5.2　几种算子的比较

差分边缘检测方法是最原始、基本的方法。根据灰度迅速变化处一阶导数达到最大（阶跃边缘情况）原理，利用导数算子检测边缘。

梯度边缘检测方法利用梯度幅值在边缘处达到极值检测边缘。该法不受施加运算方向限制，同时能获得边缘方向信息，定位精度高，但对噪声较为敏感。

Roberts 算子采用对角线方向相邻两像素之差近似梯度幅值检测边缘。检测水平和垂直边缘的效果好于斜向边缘，定位精度高，但由于不包括平滑，所以对于噪声比较敏感。

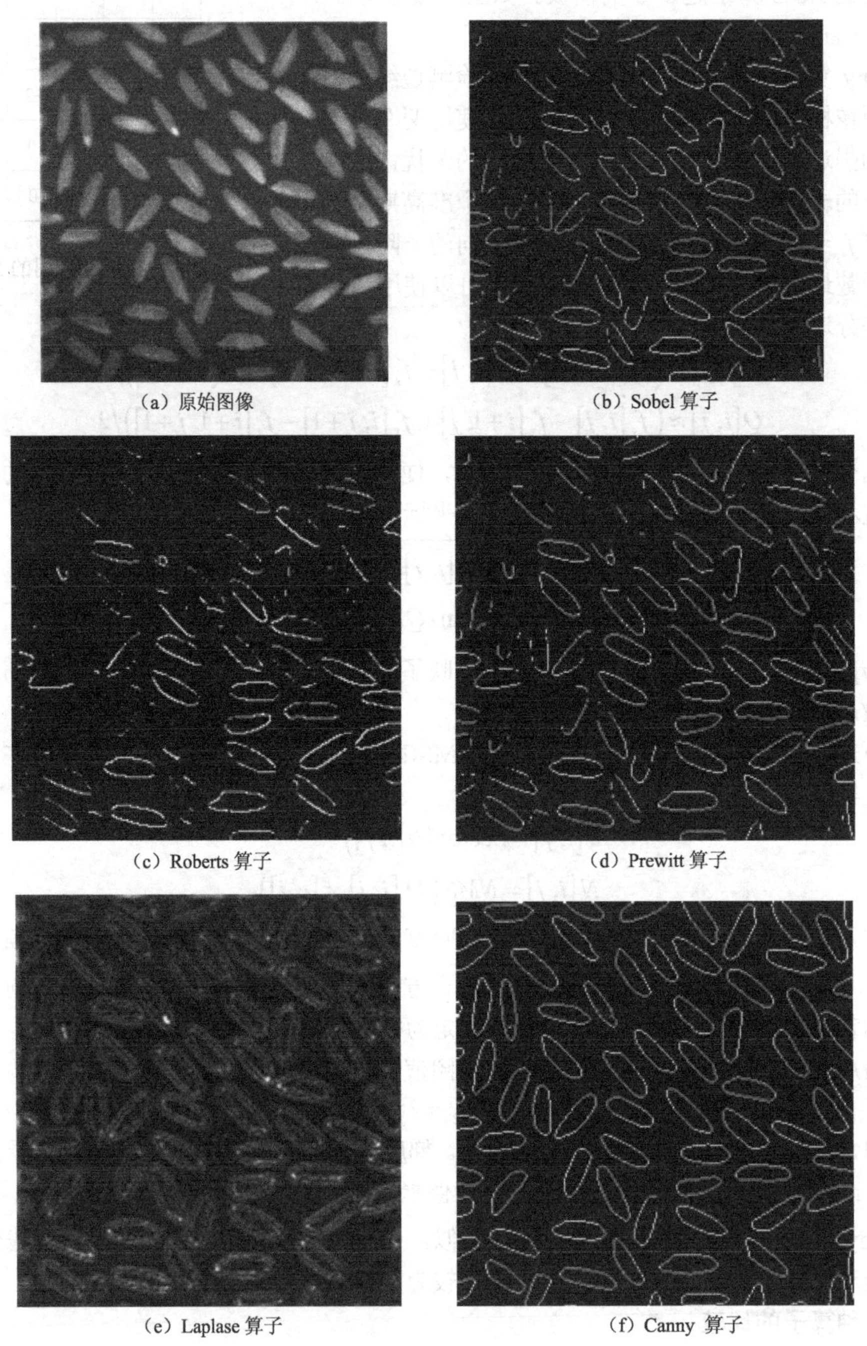

（a）原始图像　（b）Sobel 算子

（c）Roberts 算子　（d）Prewitt 算子

（e）Laplase 算子　（f）Canny 算子

图 4-43　几种边缘检测算子对图像检测边缘的比较

Sobelt 算子和 Prewit 算子都是一阶的微分算子。Sobel 算子根据像素点上下、左右邻点灰度加权差，在边缘处达到极值这一现象检测边缘。对噪声具有平滑作用，提供较为精确的边缘方向信息，边缘定位精度不够高。当对精度要求不是很高时，是一种较为常用的边缘检测方法。

Prewitt 算子利用像素点上下、左右邻点灰度差，在边缘处达到极值检测边缘。对噪声具有平滑作用，定位精度不够高。

LOG 滤波器方法通过检测二阶导数过零点来判断边缘点，是二阶微分算子，利用边缘点处二阶导函数出现零交叉原理检测边缘。LOG 滤波器中的 $\sigma$ 正比于低通滤波器的宽度，$\sigma$ 越大，平滑作用越显著，去除噪声越好，但图像的细节也损失越大，边缘精度也就越低；所以在边缘定位精度和消除噪声级间存在着矛盾，应该根据具体问题对噪声水平和边缘点定位精度要求适当选取 $\sigma$；而且 LOG 方法不具方向性，对灰度突变敏感，定位精度高，同时对噪声敏感，且不能获得边缘方向等信息；没有解决如何组织不同尺度滤波器输出的边缘图为单一的、正确的边缘图的具体方法。

Canny 方法则以一阶导数为基础来判断边缘点，它是一阶传统微分中检测阶跃型边缘效果最好的算子之一，它比 Roberts 算子、Sobel 算子和 Prewitt 算子极小值算法的去噪能力都要强，但它也容易平滑掉一些边缘信息。

如图 4-43 所示，分别用 Sobel、Prewitt、Roberts 和 Laplace 算子进行处理后结果的比较。

通过以上对经典边缘检测算子的分析和实际结果的验证，得出以下结论。

① Roberts 算子简单直观，Laplace 算子利用二阶导数零交叉特性检测边缘。两种算子定位精度高，但受噪声影响大；Laplace 算子只能获得边缘位置信息，不能得到边缘的方向等信息。

② Sobel 算子和 Prewitt 算子具有平滑作用，能滤除一些噪声，去掉部分伪边缘，但同时也平滑了真正的边缘；定位精度不高。Sobel 算子可提供最精确的边缘方向估计。

③ Sobel 算子、Prewitt 算子检测斜向阶跃边缘效果较好，Roberts 算子检测水平和垂直边缘效果较好。

## 4.6 Blob 分析

### 4.6.1 Blob 分析简介

Blob 分析(Blob Analysis)是对图像中相同像素的连通域进行分析，该连通域称为 Blob。Blob 分析可为机器视觉应用提供图像中的斑点的数量、位置、形状和方向，还可以提供相关斑点间的拓扑结构。

Blob 分析主要适用于以下机器视觉应用：二维目标图像、高对比度图像、存在/缺席检测、数值范围和旋转不变性需求。Blob 分析不适用于以下机器视觉应用：低对比度图像、不能够用两个灰度表示的特征、图形检测需求。

Blob 分析的主要内容包括：

① 图像分割(Image Segmentation)。因为 Blob 分析是一种对闭合目标形状进行分析处理的基本方法。在进行 Blob 分析以前，必须把图像分割为构成斑点(Blob)和局部背景的像素集合。Blob 分析一般从场景的灰度图像着手进行分析。在 Blob 分析以前，图像中的每一像素必须被指定为目标像素或背景像素。典型的目标像素被赋值为 1，背景像素被赋值为 0。分割时设定了两种方法，固定阈值分割（Hard Threshold）和动态阈值分割（Soft Threshold）。

② 连通性分析(Connectivity Analysis) 。当图像被分割为目标像素和背景像素后，必须进行连通性分析，以便将目标图像聚合为目标像素或斑点的连接体。在图像中寻找一个或多个相似灰度的“斑点”，并将这些“斑点”按照四邻域或者八邻域方式进行连通性分析，将目标像素聚合为目标像素或斑点的连接体，就形成了一个 Blob 单元。通过对 Blob 单元进行图形特征分析，可以将单纯的图案灰度信息迅速转化为图案的形状信息，包括图形质心、图形面积、图形周长、图形外接最小矩形以及其他图形信息。使用 Blob 分析，通过多级分类器的过滤，在一定程度上可满足机器视觉中对图像处理的需求。

连通性分析的三种类型如下。

● 全图像连通性分析（Whole Image ConnectivityAnalysis）：在全图像连通性分析中，被分割图像的所有的目标像素均被视为构成单一斑点的像素。即使斑点像素彼此并不相连，为了进行 Blob 分析，它们仍被视为单一的斑点。所有的 Blob 统计和测量均通过图像中的目标像素进行计算。

● 连接 Blob 分析（Connected Blob analysis）：连接 Blob 分析通过连通性标准，将图像中目标像素聚合为离散的斑点连接体。一般情况下，连接性分析通过连接所有邻近的目标像素构成斑点。不邻近的目标像素则不被视为是斑点的一部分。

● 标注连通性分析（Labeled Connectivity Analysis）：在机器视觉应用中，由于所进行的图像处理过程不同，可能需对某些已被分割的图像进行 Blob 分析，而这些图像并未被分割为目标像素和背景像素。例如：图像可能被分为四个不同像素集合，每一集合代表不同的像素值范围。这类分割称为标注连通性分析。当对标注分割的图像进行连通性分析时，将连接所有具有同一标注的图像。标注连通分析不再有目标和背景的概念。

③ Blob 工具。Blob 工具是用来从背景中分离出目标，并测量任意形状目标物的形态参数。这个处理过程，Blob 并不是分析单个的像素，而是对图形的行进行操作。图像的每一行都用游程长度编码（RLE）来表示相邻的目标范围。这种方法与基于像素的算法相比，处理速度能够加快。为了适应各种不同的需求，Blob 提供了很多过滤和分类模式来定义测量参数，而且有较好的操作性能。

### 4.6.2　Blob 分析应用

（1）多颜色标识

在某些应用场合中，经常会使用多种颜色描述物体的特性，例如彩色糖果和药片的识别与分类，苹果等农副产品的质量分级，足球机器人的身份识别与定位，都要通过色彩分割并做 Blob 分析，找出其规律和特点。以足球机器人为例，一个机器人的标识 (ID) 决定了该机器人所属组别和编号，良好的标识设计对机器人位置测量、角色分配和运动控制非常重要。

设计机器人标识的基本思路是：每个机器人有个主标识，代表机器人所属组别，同组的机器人有相同的主标识色，外加一个副标识，用来识别机器人编号。设计机器人的副标识通常有两种方法，一是颜色法，有几个机器人就用几种颜色，理论上这种标识方法可以识别 256×256×256 种机器人，如果机器人数目不多，就比较容易处理，但如果机器人数超过 5 个，就很难调节和区分颜色，而且颜色对环境光线很敏感，不适合动态环境。这种设计方法如图 4-44 所示。

（2）快速查表技术

在 24 位彩色系统中，共有 $2^{24}$＝16777216 种颜色，一种颜色的 RGB 值会落在 R (0～255)，G (0～255)，B (0～255)的范围内，这样就存在一种查找表(look-up-table，LUT)，是大小为 256×

256×256 bytes 的三维矩阵，可以用符号代表 16777216 种颜色，例如紫色或粉红色。每个 RGB 值可以通过此表查出代表何种颜色。但在实际应用中，LUT 的尺寸过大，查表过程比较耗时，对 LUT 进行了改进，提出一种快速查表(fast look-up-table，FLUT)的方法。

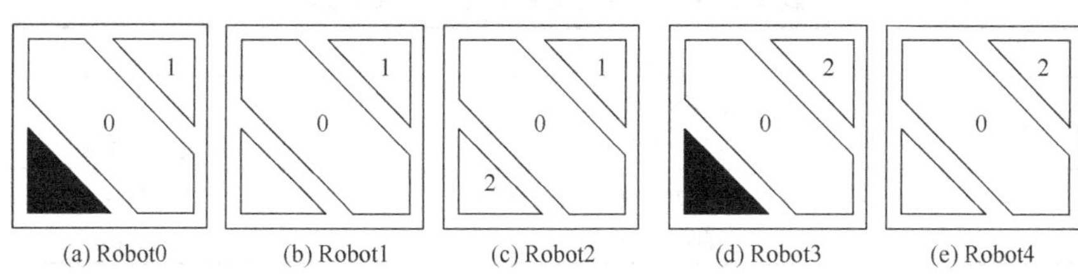


图 4-44　3～5 个机器人标识设计的新方案

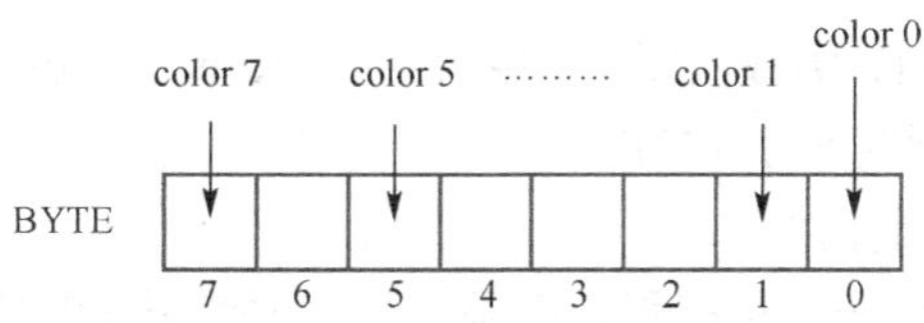


图 4-45　FLUT 中每个 BYTE 的格式

FLUT 是一个 3×256 字节的二维矩阵，FLUT[0][256]、FLUT[1][256]和 FLUT[2][256]分别表示 R,、G、B 的索引序号。每个字节的定义如图4-45 所示，每位代表一种颜色，最多可以代表 8 种颜色。如果颜色种类大于 8，还可以定义更多位。每位用 1 或 0 表示特定颜色存在与否。

建立 FLUT 的算法如下。

① 根据颜色种类调节每种颜色的 RGB 范围，以黄色(Yellow)为例，设 RGB 范围为 Rmax, Rmin, Gmax, Gmin, Bmax 和 Bmin，定义 FLUT 中每个字节的第一位表示黄色；

② i 从 0 到 255：

```
if ((Yellow.Rmin    i) && (i    Yellow.Rmax))
                FLUT[0][i] = FLUT[0][i] | 0x1;
     if ((Yellow.Gmin    i) && (i    Yellow.Gmax))
             FLUT[1][i] = FLUT[1][i] | 0x1;
     if ((Yellow.Bmin    i) && (i    Yellow.Bmax))
              FLUT[2][i] = FLUT[2][i] | 0x1;
```

③ 重复步骤②，遍历其他颜色；

④ 颜色范围冲突检测：在颜色调节过程中，很可能会发生一种颜色的 RGB 范围与另一种颜色的 RGB 范围发生重叠，导致颜色识别的混乱——我们称为颜色冲突，检测方法是：

```
令 j 从 0 到 255;
   k 从 0 到 255;
      m 从 0 到 255;
      d = FLUT [0][j] & FLUT [1][k] & FLUT [2][m];
```

检测值 d 一旦不等于下列数值中的一个：0x1，0x2，0x4，0x8，0x10，0x20，0x40，0x80，就意味着颜色冲突发生了，需要重新调整颜色范围。

颜色的查找方法为，代入某个像素的 RGB 值到下式

c = FLUT [0][R] & FLUT [1][G] & FLUT [2][B]

当 c = 0x1, 0x2, 0x4, 0x8, 0x10, 0x20, 0x40 或 0x80，可以知道该像素值属于何种颜色。

**表 4-2　LUT 和 FLUT 的计算复杂度比较**

| 处　理 | LUT | FLUT |
|---|---|---|
| 建表时间 | $O(2^8\times2^8\times2^8\times n)$<br>耗时 2322ms | $O(2^8\times3\times n)$<br>耗时 313ms |
| 查表时间 | $O(f(2^8\times2^8\times2^8)\times Row\times Col)$<br>耗时 3~4ms | $O(f(2^8\times3)\times Row\times Col)$<br>耗时 <1ms |

表 4-2 比较了 LUT 和 FLUT 的建表时间和查表时间，计算环境同为 Pentium4 2.0GHz，内存为 256M；$O$ 表示计算复杂度，$n$ 表示颜色种类，$f$ 表示内存读取时间，时间采样通过 MS VC++中的 timeGetTime() 函数获得，精度为 1ms，Row 和 Col 分别表示图像行数和列数。由表 4-2 知，显然 FLUT 耗时小于 LUT。

（3）基于 RLE 的图像重构技术

RLE(Run length encoding)又称行程长编码，是一种使用非常普遍的图像压缩技术。RLE 技术同样可以用来重构彩色图像，下面将用基于对象的方法(OOP)来描述这一技术。

首先，定义 RLE 元素的数据结构：

```
struct RLE_ELEMENT
{
        int iRLE_ID;                    // RLE 索引序号
        int iRow;                       // 图像矩阵的行数
        int iStart_Pos, iEnd_Pos;       // 在某行的起始列和终止列
        int iColourRef;                 // 从 FLUT 获取的颜色值
        int iNexELE;                    // 下一个 RLE 的索引序号
};
```

一个 RLE 元素描述了一条线的特征，包括在图像中的位置、参考颜色和下一个 RLE 的指示序号等。相同颜色的 RLE 元素可以像链条一样重构一个颜色块。颜色块 COL_OBJECTS 的数据结构定义为：

```
struct COL_OBJECTS
{
        int ColourObjID;                // 颜色块索引序号
        int StartIndex;                 // 起始 RLE 序号
        int ColourRef;                  // 参考颜色
        int TotalPixel;                 // 像素个数
        float Orientation;              // 颜色块角度
        POINT COG;                      // 颜色块重心位置
    };
```

颜色块数据结构有块索引序号、起始 RLE 元素序号、参考颜色、总像素个数、位置和角度等要素组成。重构颜色块的算法步骤如下：

① 为每行图像生成 RLE 元素；

② 消除过长或过短的 RLE 元素：基于对颜色对象的先验知识，如果 RLE 长度大于颜色

对象的尺寸，这个 RLE 则是异常的；反之，当 RLE 长度为一个像素时，认为是一个噪声，也要被删去；

③ 连接相同颜色且相邻的 RLE 元素组成颜色块。如果图像同一行中两个相邻且同色的 RLE 元素（RLE[i] 和 RLE[i+1]）距离小于给定阈值（颜色对象的先验知识获得），二者可以连接成同一个 RLE 元素，并且 RLE[i] 中的 iNextindex 指向 RLE[i+1]；同样，如果相邻行的两个 RLE 元素颜色相同且在位置上有重叠，例如（RLE[i].iEnd_Pos　RLE[j].iStart_Pos 并且 RLE[i].iStart_Pos　RLE[j].iEnd_Pos），那么二者可以连接起来，而且 RLE[i] 中的 iNextindex 指向 RLE[j]；

④ 比较当前帧图像中的每个颜色块与上一帧图像中颜色块的位置。根据颜色对象移动的最大速度，相应颜色对象的位置变化不应该超出这一速度，如果超出了，可以认为该颜色块是非法的，那么就不得不用上一帧的颜色块的位置来代替。

（4）标识算法

利用上述方法找到组别颜色块和头标记颜色块之后，要对二者进行配对，以形成不同的机器人标识进行编号和计算位置与角度，基本配对思想是在同一个机器人上，两个颜色块的间距及范围不会超出机器人的尺寸。

定义机器人标识的数据结构为：

```
struct ID_OBJECTS
{
        int PriColObject;        // 组别颜色块对象
        int SecColObject;        // 头标记颜色块对象
        BOOL ObjectFound;        // 是否找到该标识
        float Orientation;       // 机器人的方向角
        POINT position;          // 机器人的位置
};
```

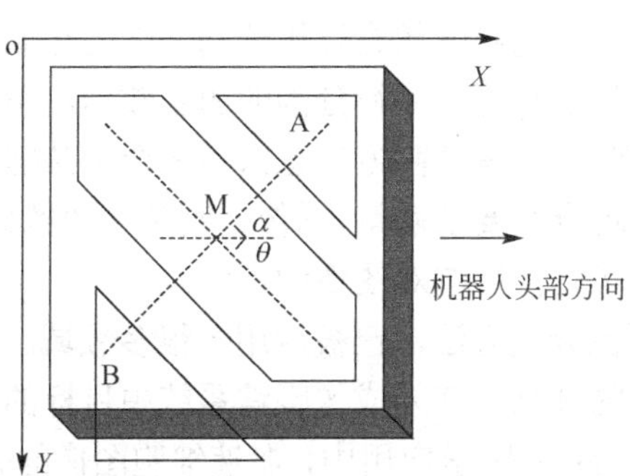


图 4-46　机器人标识(A：头标记颜色区；M：组别颜色区；B：编号颜色区)

标识配对算法如下：

① 通过颜色块对象匹配找出所有的机器人标识，通过上述的方法计算组别颜色块的位置和角度；

② 对每一个机器人标识，如图4-46 所示，在距离重心 M 一定范围处找到 B 点，这个范围由标识设计决定；

③ 在 B 点周围采集 5×5 像素区域，取得其平均 YUV 颜色值， 由这个值对同组机器人

进行编号。例如，在图 4-46 中，机器人 0 号、1 号和 2 号的编号色分别为黑、白和红色，头标记为绿色；机器人 3 号和 4 号的编号色为黑和白，而头标记为红色。

## 4.7 阈值分割的原理与方法汇总

前面介绍的图像增强是对整幅图像的质量进行改善，是输入输出均为图像的处理方法，而图像分割则是更详细地研究并描述组成一幅图像的各个不同部分的特征及其相互关系，是输入为图像而输出为从这些图像中提取出来的属性的处理方法。

图像分割是图像处理与计算机视觉领域低层次视觉中最为基础和重要的领域之一，它是对图像进行视觉分析和模式识别的基本前提。图像分割的结果不是一幅完美的图像，而是用数字、文字、符号、几何图形或其组合表示图像的内容和特征，对图像景物的详尽描述和解释。

阈值是在分割时作为区分物体与背景像素的门限，大于或等于阈值的像素属于物体，而其他属于背景。这种方法对于在物体与背景之间存在明显差别（对比）的景物分割十分有效。实际上，在任何实际应用的图像处理系统中，都要用到阈值化技术。为了有效地分割物体与背景，人们发展了各种各样的阈值处理技术，包括全局阈值、自适应阈值、最佳阈值等等。

### 4.7.1 图像分割

所谓图像分割是指根据灰度、彩色、空间纹理、几何形状等特征把图像划分成若干个互不相交的区域，使得这些特征在同一区域内，表现出一致性或相似性，而在不同区域间表现出明显的不同。简单地讲，就是在一幅图像中，把目标从背景中分离出来，以便于进一步处理。图像分割是一个经典的难题，到目前为止既不存在一种通用的图像分割方法，也不存在一种判断是否分割成功的客观标准。

图像分割是一种重要的图像技术，在理论研究和实际应用中都得到了人们的广泛重视。图像分割的方法和种类有很多，有些分割运算可直接应用于任何图像，而另一些只能适用于特殊类别的图像。有些算法需要先对图像进行粗分割，因为它们需要从图像中提取出来的信息。许多不同种类的图像或景物都可作为待分割的图像数据，不同类型的图像，已经有相对应的分割方法对其分割，同时，某些分割方法也只是适合于某些特殊类型的图像分割。分割结果的好坏需要根据具体的场合及要求衡量。图像分割是从图像处理到图像分析的关键步骤，可以说，图像分割结果的好坏直接影响对图像的理解。

阈值法是一种传统的图像分割方法，已被应用于很多领域。例如，在红外技术应用中，红外无损检测中红外热图像的分割，红外成像跟踪系统中目标的分割；在遥感应用中，合成孔径雷达图像中目标的分割等；在医学应用中，血液细胞图像的分割，核磁共振图像的分割；在农业工程应用中，水果品质无损检测过程中水果图像与背景的分割；在工业生产中，机器视觉运用于产品质量检测等。

图像分割常用的有五种方法。

（1）对图像特征、空间做分类的方法

常用的图像特征有颜色特征、纹理特征、形状特征、空间关系特征等。

① 颜色特征　它是一种全局特征，描述了图像或图像区域所对应的景物的表面性质。一般颜色特征是基于像素点的特征，此时所有属于图像或图像区域的像素都有各自的贡献。由于颜色对图像或图像区域的方向，大小等变化不敏感，所以颜色特征不能很好地捕捉图像

中对象的局部特征；另外，仅使用颜色特征查询时，如果数据库很大，常会将许多不需要的图像也检索出来。颜色直方图是最常用的表达颜色特征的方法，其优点是不受图像旋转和平移变化的影响，进一步借助归一化还可不受图像尺度变化的影响，其缺点是没有表达出颜色空间分布的信息。

② 纹理特征　它也是一种全局特征，它也描述了图像或图像区域所对应景物的表面性质，但由于纹理只是一种物体表面的特性，并不能完全反映出物体的本质属性，所以仅仅利用纹理特征是无法获得高层次图像内容的。与颜色特征不同，纹理特征不是基于像素点的特征，它需要在包含多个像素点的区域中进行统计计算。在模式匹配中，这种区域性的特征具有较大的优越性，不会由于局部的偏差而无法匹配成功。作为一种统计特征，纹理特征常具有旋转不变性，并且对于噪声有较强的抵抗能力。但是，纹理特征也有其缺点，一个很明显的缺点是当图像的分辨率变化的时候，所计算出来的纹理可能会有较大偏差；另外，由于有可能受到光照、反射情况的影响，从 2D 图像中反映出来的纹理不一定是 3D 物体表面真实的纹理。

③ 形状特征　各种基于形状特征的检索方法都可以比较有效地利用图像中感兴趣的目标来进行检索，但它们也有一些共同的问题，包括：目前基于形状的检索方法还缺乏比较完善的数学模型；如果目标有变形时，检索结果往往不太可靠；许多形状特征仅描述了目标局部的性质，要全面描述目标常对计算时间和存储量有较高的要求；许多形状特征所反映的目标形状信息与人的直观感觉不完全一致，或者说，特征空间的相似性与人视觉系统感受到的相似性有差别。另外，从 2D 图像中表现的 3D 物体实际上只是物体在空间某一平面的投影，从 2D 图像中反映出来的形状常不是 3D 物体真实的形状，由于视点的变化，可能会产生各种失真。

④ 空间关系特征　所谓空间关系，是指图像中分割出来的多个目标之间的相互的空间位置或相对方向关系，这些关系也可分为邻接关系、 重叠关系和包容关系等。空间关系特征的使用可加强对图像内容的描述区分能力，但空间关系特征常对图像或目标的旋转、反转、尺度变化等比较敏感；另外，实际应用中，仅仅利用空间信息往往是不够的，不能有效准确地表达场景信息。为了检索，除使用空间关系特征外，还需要其他特征来配合。

（2）基于区域的方法（如区域生长分割法、分裂合并法、分水岭分割法等）

① 区域生长分割法。所谓区域生长(region growing )是指将成组的像素或区域发展成更大区域的过程。从种子点的集合开始，从这些点的区域增长是通过将与每个种子点有相似属性如强度、灰度级、纹理颜色等的相邻像素合并到此区域。它是一个迭代的过程，这里每个种子像素点都迭代生长，直到处理过每个像素，因此形成了不同的区域，这些区域它们的边界通过闭合的多边形定义.区域生长分割算法的关键是初始种子点的选取和生长规则的确定。算法的优点在于计算简单，对于均匀的连通目标有很好的分割效果；缺点是需要人为设定种子点，对噪声敏感，可能导致区域出现空洞。

② 分裂合并法。基本思想是从整幅图像开始通过不断分裂合并来得到各个区域。分裂合并算法的关键是分裂合并准则的设计，这种算法对复杂图像的分割效果较好，但算法复杂，计算量大，分裂可能破坏区域的边界。

③ 分水岭分割法。是一种基于拓扑理论的数学形态学的分割方法，其基本思想是把图像看作是测地学上的拓扑地貌，图像中每一点像素的灰度值表示该点的海拔高度，每一个局部极小值及其影响区域称为集水盆，而集水盆的边界则形成分水岭。分水岭分割法对微弱边

缘具有良好的响应，具有很强的边缘检测能力，正是由于其对微弱边缘的良好响应，此算法可以得到比较好的封闭连续边缘；但是同时对于图像中的噪声，物体表面细微的灰度变化，该算法也会产生“过度分割”的现象。

（3）基于边缘的方法（边缘检测等）

图像的边缘是指图像局部区域亮度变化显著的部分，该区域的灰度剖面一般可以看做一个阶跃，即从一个灰度值在很小的缓冲区域内急剧变化到另一个灰度相差较大的灰度值。图像的边缘部分集中了图像的大部分信息，图像边缘的确定与提取对于整个图像场景的识别与理解是非常重要的，同时也是图像分割所依赖的重要特征。边缘检测主要是图像的灰度变化的度量、检测和定位。边缘检测的基本思想是先利用边缘增强算子，突出图像中的局部边缘，然后定义像素的“边缘强度”，通过设置阈值的方法提取边缘点集。但是由于噪声和图像模糊，检测到的边界可能会有间断的情况发生。

（4）基于函数优化的方法（贝叶斯算法-Bayesian）

贝叶斯（1702～1763），英国数学家，在数学方面主要研究概率论。他首先将归纳推理法用于概率论基础理论，并创立了贝叶斯统计理论，对于统计决策函数、统计推断、统计的估算等做出了贡献。贝叶斯决策理论方法是统计模式识别中的一个基本方法。贝叶斯决策判据既考虑了各类参考总体出现的概率大小，又考虑了因误判造成的损失大小，判别能力强。

（5）综合考虑边缘和区域信息的混合分割方法

这类方法既可以很好地提取出图像中目标的边缘，又可以使得算法的计算相对简单，对于均匀的连通目标有较好的分割效果。

### 4.7.2 阈值分割的基本概念

图像阈值化分割是一种最常用，同时也是最简单的图像分割方法，它特别适用于目标和背景占据不同灰度级范围的图像。它不仅可以极大地压缩数据量，而且也大大简化了分析和处理步骤。图像阈值化的目的是要按照灰度级，对像素集合进行一个划分，得到的每个子集形成一个与现实景物相对应的区域，各个区域内部具有一致的属性。这样的划分可以通过从灰度级出发选取一个或多个阈值来实现。

阈值分割法是一种基于区域的图像分割技术，其基本原理是：通过设定不同的特征阈值，把图像像素点分为若干类。常用的特征包括：直接来自原始图像的灰度或彩色特征；由原始灰度或彩色值变换得到的特征。设原始图像为 $f(x,y)$，按照一定的准则在 $f(x,y)$ 中找到特征值 $t$，将图像分割为两个部分，分割后的图像表达式如下。

$$g(x,y)=\begin{cases} b_0 & f(x,y)<t \\ b_1 & f(x,y)\geqslant t \end{cases} \tag{4-60}$$

若取 $b_0$=0（黑），$b_1$=1（白），即为通常所说的图像二值化。如图 4-47 所示。

若将式（4-60）作如下修改，即为图像的半二值化。

$$g(x,y)=\begin{cases} f(x,y) & f(x,y)<t \\ b_1 & f(x,y)\geqslant t \end{cases} \tag{4-61}$$

灰度图像二值化的依据通常是直方图。直方图是不同灰度值对应的像素分布图，用二维坐标系表示，其横轴代表的是图像中的亮度，由左向右，从全黑逐渐过渡到全白，即从 0 到 255；纵轴代表的则是图像中处于这个亮度范围的像素的相对数量。

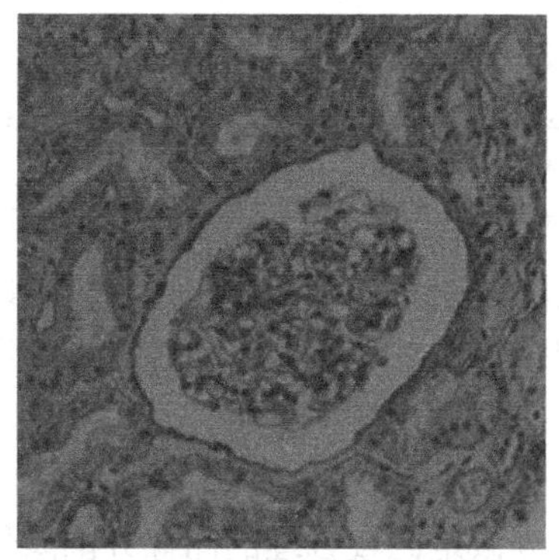
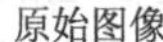
原始图像

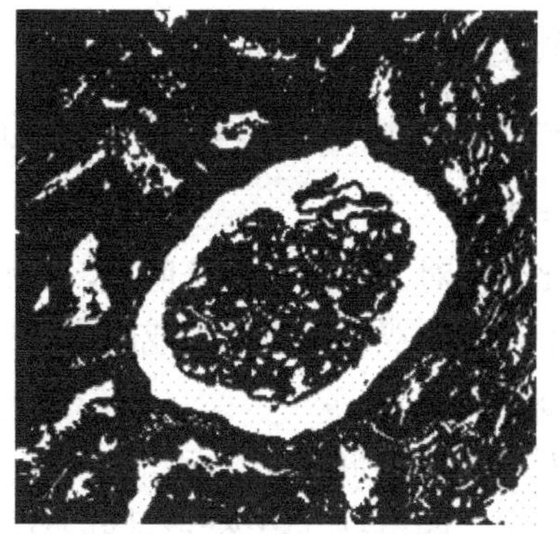
阈值分割后的二值化图像

图 4-47　图像二值化

一般意义下，阈值运算可以看作是对图像中某点的灰度、该点的某种局部特性以及该点在图像中的位置的一种函数，这种阈值函数可记作为：$T(x, y, N(x, y), f(x,y))$，其中，$f(x,y)$ 是点$(x, y)$的灰度值；$N(x, y)$是点$(x, y)$的局部邻域特性。根据对 $T$ 的不同约束，可以得到 3 种不同类型的阈值，即：

① 点相关的全局阈值 $T = T(f(x,y))$ (只与点的灰度值有关)；

② 区域相关的全局阈值 $T = T(N(x, y), f(x,y))$（与点的灰度值和该点的局部邻域特征有关）；

③ 局部阈值或动态阈值 $T = T(x, y, N(x, y), f(x,y))$（与点的位置、该点的灰度值和该点邻域特征有关）。

所有这些阈值化方法，根据使用的是图像的局部信息还是整体信息，可以分为上下文无关（non-contextual）方法[也叫做基于点（point-dependent）的方法]和上下文相关（contextual）方法[也叫做基于区域（region-dependent）的方法]；根据对全图使用统一阈值还是对不同区域使用不同阈值，可以分为全局阈值方法（global thresholding）和局部阈值方法（local thresholding，也叫做自适应阈值方法 adaptive thresholding）；另外，还可以分为双阈值方法（bilever thresholding）和多阈值方法（multithresholding）。

本节分三大类对阈值选取技术进行综述：

① 基于点的全局阈值方法；

② 基于区域的全局阈值方法；

③ 局部阈值方法和多阈值方法。

### 4.7.3　基于点的全局阈值选取方法

（1）p-分位数法

1962 年 Doyle 提出的 p-分位数法（也称 p-tile 法），可以说是最古老的一种阈值选取方法。该方法使目标或背景的像素比例等于其先验概率来设定阈值，简单高效，但是对于先验概率难于估计的图像却无能为力。

例如，根据先验知识，知道图像目标与背景像素的比例为 $P_O/P_B$，则可根据此条件直接在图像直方图上找到合适的阈值 $T$，使得 $f(x,y) \geqslant T$ 的像素为目标，$f(x,y) < T$ 的像素为背景。

（2）迭代法

初始阈值选取为图像的平均灰度 $T_0$，然后用 $T_0$ 将图像的像素点分作两部分，计算两部分各自的平均灰度，小于 $T_0$ 的部分为 $T_A$，大于 $T_0$ 的部分为 $T_B$。

计算 $T_1 = \dfrac{T_A + T_B}{2}$，将 $T_1$ 作为新的全局阈值代替 $T_0$，重复以上过程，如此迭代，直至 $T_K$ 收敛，即 $T_{K-1} = T_K$。

经试验比较，对于直方图双峰明显，谷底较深的图像，迭代方法可以较快地获得满意结果。但是对于直方图双峰不明显，或图像目标和背景比例差异悬殊，迭代法所选取的阈值不如最大类间方差法。

（3）直方图凹面分析法

从直观上说，图像直方图双峰之间的谷底，应该是比较合理的图像分割阈值，但是实际的直方图是离散的，往往十分粗糙、参差不齐，特别是当有噪声干扰时，有可能形成多个谷底。从而难以用既定的算法，实现对不同类型图像直方图谷底的搜索。

Rosenfeld 和 Torre 在 1983 年提出可以构造一个包含直方图 $HS$ 的最小凸多边形 $\overline{HS}$，由集差 $HS - \overline{HS}$ 确定 $HS$ 的凹面。若 $h(i)$ 和 $\bar{h}(i)$ 分别表示 $HS$ 与 $\overline{HS}$ 在灰度级之处的高度，则 $\bar{h}(i) - h(i)$ 取局部极大值时所对应的灰度级可以作为阈值。

但此方法仍然容易受到噪声干扰，对不同类型的图像，表现出不同的分割效果。往往容易得到假的谷底。此方法对某些只有单峰直方图的图像也可以作出分割。如图 4-48 所示。

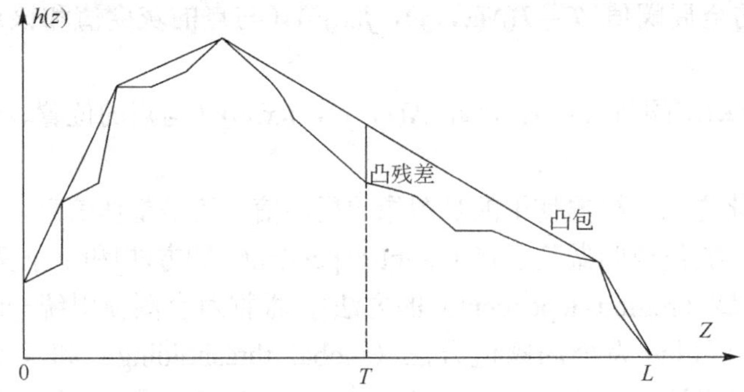


图 4-48　直方图凹面分析法示例图

（4）最大类间方差法

由 Otsu 于 1978 年提出的最大类间方差法以其计算简单、稳定有效，一直广为使用。从模式识别的角度看，最佳阈值应当产生最佳的目标类与背景类的分离性能，此性能用类别方差来表征，为此引入类内方差 $\sigma_W^2$、类间方差 $\sigma_B^2$ 和总体方差 $\sigma_T^2$，并定义三个等效的测量准则。

$$\lambda = \frac{\sigma_B^2}{\sigma_W^2} \tag{4-62}$$

$$\kappa = \frac{\sigma_T^2}{\sigma_W^2} \tag{4-63}$$

$$\eta = \frac{\sigma_B^2}{\sigma_T^2} \tag{4-64}$$

鉴于计算量的考量，一般通过优化第三个准则获取阈值。此方法也有其缺陷，当图像中目标与背景的大小之比很小时该方法失效。

在实际运用中，往往使用以下简化计算公式：

$$\sigma^2(T)=W_a(\mu_a-\mu)^2+W_b(\mu_b-\mu)^2 \tag{4-65}$$

式中，$\sigma^2$ 为两类间最大方差，$W_a$ 为 A 类概率，$\mu_a$ 为 A 类平均灰度，$W_b$ 为 B 类概率，$\mu_b$ 为 B 类平均灰度，$\mu$ 为图像总体平均灰度。即阈值 $T$ 将图像分成 A、B 两部分，使得两类总方差 $\sigma^2(T)$ 取最大值的 $T$，即为最佳分割阈值。

（5）小结

对于基于点的全局阈值选取方法，除上述主要几种之外，还有最大熵方法、最小误差阈值、矩量保持法、模糊集方法等。近年来有一些新的研究手段被引入到阈值选取中。比如人工智能、神经网络、数学形态学、小波分析与变换等。总的来说，基于点的全局阈值算法，与其他几大类方法相比，算法时间复杂度较低，易于实现，适于在线实时图像处理系统。

### 4.7.4 基于区域的全局阈值选取方法

基于点的全局阈值选取方法中，有一个共同的弊病，那就是它们实际上只考虑了直方图提供的灰度级信息，而忽略了图像的空间位置细节，其结果就是它们对于最佳阈值并不是反映在直方图的谷点的情况会束手无策，但通常很多图像恰恰是这种情况；另一方面，完全不同的两幅图像却可以有相同的直方图，所以即使对于峰谷明显的情况，这些方法也不能保证能够得到合理的阈值。于是，诞生了很多基于空间信息的阈值化方法。

可以说，局域区域的全局阈值选取方法，是基于点的方法，再加上考虑点领域内像素相关性质组合而成，所以某些方法常称为“二维×××方法”。由于考虑了像素领域的相关性质，因此对噪声有一定抑制作用。

（1）二维熵阈值分割方法

使用灰度级——局域平均灰度级形成的二维灰度直方图进行阈值选取，这样就得到二维熵阈值化方法。

如图 4-49，在 0 区和 1 区，像素的灰度值与领域平均灰度值接近，说明一致性和相关性较强，应该大致属于目标或背景区域；2 区和 3 区一致性和相关性较弱，可以理解为噪声或边界部分。

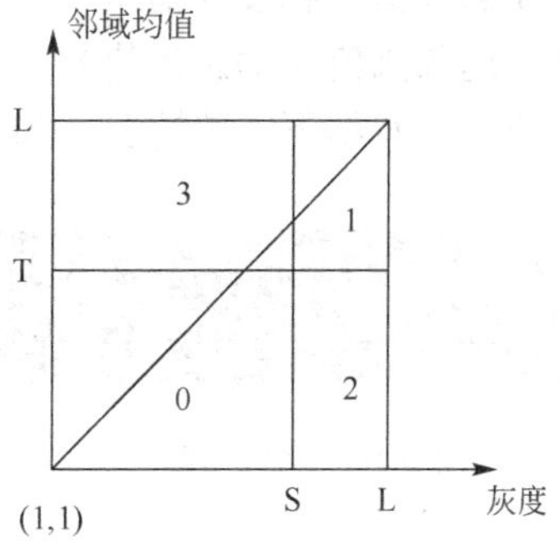

图 4-49　二维灰度直方图：灰度－领域平均灰度

（2）简单统计法

简单统计法是一种基于简单的图像统计的阈值选取方法。使用这种方法，阈值可以直接计算得到，从而避免了分析灰度直方图，也不涉及准则函数的优化。该方法的计算公式如下。

$$T=\frac{\sum_x\sum_y e(x,y)f(x,y)}{\sum_x\sum_y e(x,y)} \tag{4-66}$$

其中，$e(x,y)=\max\{|e_x|,|e_y|\}$

$$e_x=f(x-1,y)-f(x+1,y)$$

$$e_y=f(x,y-1)-f(x,y+1)$$

因为 $e(x,y)$ 表征了点 $(x,y)$ 邻域的性质，因此本方法也属于基于区域的全局阈值法。

（3）直方图变化法

从理论上说，直方图的谷底是非常理想的分割阈值，然后在实际应用中，图像常常受到噪声等影响而使其直方图上原本分离的峰之间的谷底被填充，或者目标和背景的峰相距很近或者大小差不多，要检测它们的谷底就很难了。

在上一节基于点的全局阈值方法中，直方图凹面分析法的缺点是容易受到噪声干扰，对不同类型的图像，表现出不同的分割效果，往往容易得到假的谷底。这是由于原始的直方图是离散的，而且含噪声，没有考虑利用像素邻域性质。

而直方图变化法，就是利用一些像素邻域的局部性质变换原始的直方图为一个新的直方图。这个新的直方图与原始直方图相比，或者峰之间的谷底更深，或者谷转变成峰从而更易于检测。这里的像素领域局部性质，在很多方法中经常用的是像素的梯度值。

例如，由于目标区的像素具有一定的一致性和相关性，因此梯度值应该较小，背景区也类似。而边界区域或者噪声，就具有较大的梯度值。最简单的直方图变换方法，就是根据梯度值加权，梯度值小的像素权加大，梯度值大的像素权减小。这样，就可以使直方图的双峰更加突起，谷底更加凹陷。

（4）其他基于区域的全局阈值法

松弛法利用邻域约束条件迭代改进线性方程系统的收敛特性，当用于图像阈值化时其思想是：首先根据灰度级按概率将像素分为“亮”和“暗”两类，然后按照领域像素的概率调整每个像素的概率，调整过程迭代进行，使得属于亮（暗）区域的像素“亮（暗）”的概率变得更大。

其他还有许多方法利用灰度值和梯度值散射图，或者利用灰度值和平均灰度值散射图。

### 4.7.5 局部阈值法和多阈值法

（1）局部阈值（动态阈值）

当图像中有如下一些情况，如阴影、照度不均匀、各处的对比度不同、突发噪声、背景灰度变化等，如果只用一个固定的全局阈值对整幅图像进行分割，则由于不能兼顾图像各处的情况而使分割效果受到影响。有一种解决办法就是用与像素位置相关的一组阈值（即阈值使坐标的函数）来对图像各部分分别进行分割。这种与坐标相关的阈值也叫动态阈值，此方法也叫变化阈值法，或自适应阈值法。这类算法的时间复杂性可空间复杂性比较大，但是抗噪能力强，对一些用全局阈值不易分割的图像有较好的效果。

例如，一幅照度不均（左边亮右边暗）的原始图像如图 4-50 所示。

如果只选择一个全局阈值进行分割，那么将出现如图 4-51 所示的两种情况，如果阈值低，对亮区效果好，则暗区效果差；如果阈值高，对暗区效果好，则亮区效果差；两种都不能得到满意的效果。

若使用局部阈值，则可分别在亮区和暗区选择不同的阈值，使得整体分割效果较为理性。如图 4-52 所示。

进一步，若每个数字都用不同的局部阈值，则可

图 4-50　原始图像

（a）阈值低，对亮区效果好，则暗区差

（b）阈值高，对暗区效果好，则亮区差

图 4-51　全局阈值分割处理的结果

图 4-52　按两个区域取局部阈值的分割结果

达到更理想的分割效果。以下是两种常用的局部阈值法。

1）阈值插值法

首先将图像分解成系列子图，由于子图相对原图很小，因此受阴影或对比度空间变化等带来的问题的影响会比较小。然后对每个子图计算一个局部阈值（此时的阈值可用任何一种固定阈值选取方法）。通过对这些子图所得到的阈值进行插值，就可以得到对原图中每个像素进行分割所需要的合理阈值。这里对应每个像素的阈值合起来构成的一个曲面，叫做阈值曲面。

2）水线阈值算法

水线（也称分水岭或流域，watershed）阈值算法可以看成是一种特殊的自适应迭代阈值方法，它的基本思想是：初始时，使用一个较大的阈值将两个目标分开，但目标间的间隙很大；在减小阈值的过程中，两个目标的边界会相向扩张，它们接触前所保留的最后像素集合就给出了目标间的最终边界，此时也就得到了阈值。

（2）多阈值法

很显然，如果图像中含有占据不同灰度级区域的几个目标，则需要使用多个阈值才能将它们分开。其实多域值分割，可以看作单阈值分割的推广，前面提到的大部分阈值化技术，诸如最大类间方差法，最大熵方法、矩量保持法和最小误差法等都可以推广到多阈值的情形。以下介绍另外几种多阈值方法。

1）基于小波的多域值方法

小波变换的多分辨率分析能力也可以用于直方图分析，一种基于直方图分析的多阈值选取方法思路如下：首先在粗分辨率下，根据直方图中独立峰的个数确定分割区域的类数，这里要求独立峰应该满足三个条件：① 具有一定的灰度范围；② 具有一定的峰下面积；③ 具有一定的峰谷差。然后，在相邻峰之间确定最佳阈值，这一步可以利用多分辨的层次结构进行。首先在最低分辨率一层进行，然后逐渐向高层推进，直到最高分辨率。可以基于最小距离判据对在最低层选取的所有阈值逐层跟踪，最后以最高分辨率层的阈值为最佳阈值。

2）基于边界点的递归多域值方法

这是一种递归的多阈值方法。首先，将像素点分为边界点和非边界点两类，边界点再根据它们的邻域的亮度分为较亮的边界点和较暗的边界点两类，然后用这两类边界点分别作直方图，取两个直方图中的最高峰多对应的灰度级作为阈值。接下去，再分别对灰度级高于和低于此阈值的像素点递归的使用这一方法，直至得到预定的阈值数。

3）均衡对比度递归多域值方法

首先，对每一个可能阈值计算对应于它的平均对比度。

$$\mu(t)=\frac{C(t)}{N(t)} \tag{4-67}$$

式中，$C(t)$是阈值为 $t$ 时图像总的对比度，$N(t)$是阈值 $t$ 检测到的边界点的数目。然后，选择 $\mu(t)$的直方图上的峰值所对应的灰度级为最佳阈值。对于多阈值情形，首先用这种方法确定一个初始阈值，接着，去掉初始阈值检测到的边界点的贡献再做一次 $\mu(t)$的直方图，并依据新的直方图选择下一个阈值。这一过程可以这样一直进行下去，直到任何阈值的最大平均对比度小于某个给定的限制为止。

### 4.7.6 分割图像的结构

通常，每个物体在被检测时都应该标以一个序号。这个物体的编号可用来识别和跟踪景物中的物体。本节讨论三种对分割图像进行结构化的方法。

（1）物体隶属关系图

一种保存分割信息的方法是另外生成一幅与原图大小相同的图像。在这幅图像中逐个像素地用物体隶属关系进行编码。在物体隶属关系图中，每个像素的灰度级按其在原始图像中所对应的像素所属的物体序号进行编码。例如，图像中所有属于 24 号物体的像素在隶属关系图中都将具有第 24 级灰度值。

隶属关系图技术通用性很强，但它不是一种对保存分割信息特别紧凑的方法。它需要一幅附加的全尺寸的数字图像来描述甚至只包含一个小物体的场景。然而它是一种可以显著压缩的图像，因为它通常包含大片具有恒定灰度级的区域。

如果仅对物体的大小和形状感兴趣，分割后可舍弃原始图像。如果仅有一个物体或物体不需要区分，还可以进一步减少数据量。无论是哪一种情况，隶属关系图都变成了一幅二值图像。

有时对图像分割的不同需要，要求该过程用对整幅图像的多遍扫描实现。在这种多遍图像扫描的分割过程中，一个二值或多值隶属关系图经常作为一个中间步骤。

（2）边界链码

存储图像分割信息的一个更紧凑的形式是边界链码。既然边界已经定义了一个物体，就没有必要在存储内部点的位置。此外，边界链码还利用了边界是连通路径这一事实。

链码是从物体边界上任意选取的某个起始点的$(x, y)$坐标开始的。这个起始点有 8 个邻接点，其中至少有一个是边界点。边界链码规定了从当前边界点走到下一个边界点这一步骤必须采用的方向。由于有 8 种可能的方向，因此可以将它们从 0 到 7 编号。图 4-53 显示了一种可用的 8 个方向的编码方案。因此边界编码包含了起始点的坐标，以及用来确定围绕边界路径走向的编码序列。

用边界链码存储一个物体的分割，只需要一个起始点的$(x, y)$坐标以及每个边界点的三比特信息。这比物体隶属关系图所需的存储空间少了许多。当一个复杂场景被分割时，程序可以以一个单记录的方式存储每个物体的边界，其中包含物体编号、周长（边界点的数目）和链码。此外，有几种大小形状特征还可以直接从边界链码中抽取出来。

生成边界链码时，由于必须在整幅图像中跟踪边界，所以常常需要对输入图像进行随机存取。采用图像分割中的边界跟踪技术时，链码的生成是一个自然的副产品。

（3）线段编码

线段编码是用来存储被抽取物体的一种逐行处理技术，类似于前文提到的行程长编码技术。这个过程可用图 4-54 所示的例子清楚地说明。假设用灰度阈值 T 来分割一幅图像。程序从顶部开始逐行检查图像，寻找灰度级大于或等于 T 的像素。

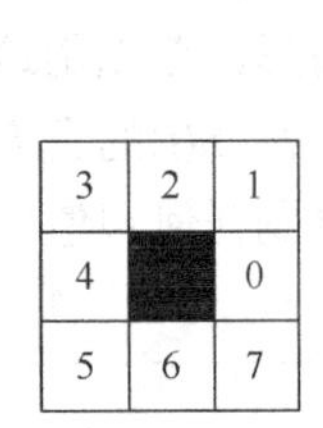

图 4-53　边界方向码

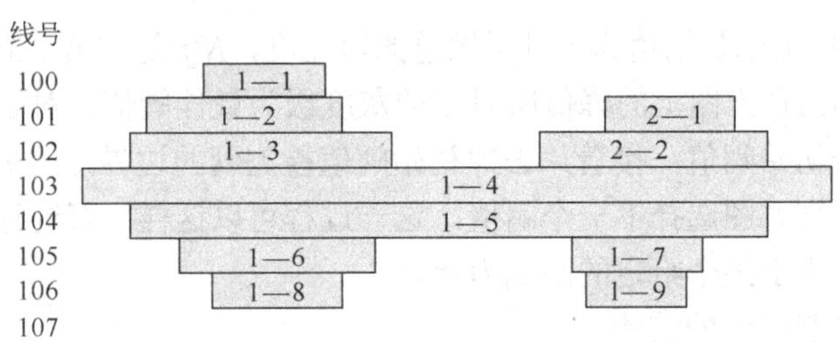

图 4-54　物体的线段

在该图中，标为 1—1 的区段是第 100 号线上灰度高于或等于阈值的三个邻接像素形成的序列。1—1 段是程序所遇到的第一个物体（编号 1 的物体）的第一条线段。

在对 101 号线进行检查时，程序遇到高于阈值的两端，1—2 和 2—1。由于这时很难断定这两端是否属于同一物体，因此程序假定 101 号线上的第二段为第二个物体，称为物体 2 的一部分。由于 1—2 段紧接在 1—1 段下面，程序假定这两段都是 1 号物体的一部分。

这个过程在第 102 号线继续下去，但在 103 号线处仅发现一个区段，并且它同时位于物体 1 和物体 2 的下面。此时程序才认识到物体 1 和 2 实际上是同一个，因此接着只对物体 1 编号。

在第 105 号线，程序又发现两个区段。由于它们都位于段 1—5 下面，显然都属于物体 1。在 107 号线中，段 1—8 和 1—9 下面没有发现任何段，物体 1 的分割也完成了。在这种方法中，正是这些线段结合起来，确定了被分割的物体。

# 4.8　模式匹配算法及其应用

### 4.8.1　字符串模式匹配

字符串的模式匹配可以定义为：在字符集∑上，给定一个长度为 $N$ 的文本字符串 T[1...N]，以及一个长度为 $M$ 的模式字符串 P[1...M]。如果对于 1≤S≤N，存在 T[S+1...S+M] = P[1...M]，则模式 P 在文本 T 的位置 S 处出现，即模式与文本匹配。字符串的模式匹配问题就是要寻找 P 在 T 中是否出现，以及出现的位置。

这是最简单的也是最经典的字符串的模式匹配问题。对于这个问题，最早的算法是 Brute-Force 算法（朴素字符串匹配算法）。

1970 年，S.A. COOK 从理论上证明了串匹配问题可以在 $O(m+n)$时间内解决，同一年，Morris 和 Pratt 仿照 COOK 的证明构造了一个算法，随后，Knuth 对这个算法进行了一些改进，最终，在 1976 年，历史上第一个在线性时间内解决字符串的模式匹配的算法被发现了，这个算法简称为 KMP (Knuth-Morris-Pratt)算法，它的时间复杂度为 $O(m+n)$。在 1977 年，Boyer 和 Moore 提出了另一个与 KMP 算法截然不同的却同样拥有线性时间复杂度的算法（BM 算法）。BM 算法在实际的模式匹配中，跳过了很多无用的字符，这种跳跃式的比较方式，使 BM 算法获得了极高的效率，特别是在大字符集上进行字符串的模式匹配时。在实际的应用中，BM 算法比 KMP 算法更有效率。此后，又有一些更有效率的算法被提出，大多都是在 KMP 算法或 BM 算法的基础上做了一些改进。

（1）朴素模式匹配算法

朴素模式匹配算法又称简单匹配算法或 Brute-Force 算法，它是字符串模式匹配中比较简单的一种算法。它从主串的第一个字符开始进行模式匹配，依次比较主串和模式串中的每个字符，若比较全部相等（模式匹配成功），则返回模式串中第一个字符在主串中的位置；否则主串指针从比较失败的字符处回溯到第二个字符开始重新和模式串进行匹配，这样依此下去，直到和模式串匹配成功或到主串的末尾（匹配不成功）为止。

朴素模式匹配算法的 C/C++代码实现：

```
// 定义一个字符串结构体
typedef struct   {
    char data[MAX_SIZE];
    int length;
```

```
    } string;

    int BruteForce(string s, string t)
    {
        int i = 0, j = 0;
        while (i < s.length && j < t.length) {
            if (s[i] == t[j]) {
                i++;
                j++;
            }
            else {
                i = i - j + 1;   // 主串指针回溯
                j = 0;
            }
        }

        if (j > t.length)
            return i - t.length;
        else
            return -1;
    }
```

朴素模式匹配算法在通常情况下其时间复杂度都近似于 O(n+m)，但在最坏情况下（如极端情况：主串 aaaaa … 很多个 a … aaaaab，模式串 aaaaab），由于主串指针需要不停的回溯，因此其时间复杂度需为 O(nm)。

此算法的思想是直截了当的：将主串 S 中某个位置 i 起始的子串和模式串 T 相比较。即从 j=0 起比较 S[i+j]与 T[j]，若相等，则在主串 S 中存在以 i 为起始位置匹配成功的可能性，继续往后比较（j 逐步增 1），直至与 T 串中最后一个字符相等为止，否则改从 S 串的下一个字符起重新开始进行下一轮的“匹配”，即将串 T 向后滑动一位，即 i 增 1，而 j 退回至 0，重新开始新一轮的匹配。

例如：在串 S =“abcabcabdabba”中查找 T=“abcabd”（假设从下标 0 开始），先是比较 S[0]和 T[0]是否相等，然后比较 S[1]和 T[1]是否相等，依次比较下去；直到比较到 S[5] 和 T[5]才不等。如图 4-55 所示。

当这样一个失配发生时，T 下标必须回溯到开始，S 下标回溯的长度与 T 相同，然后 S 下标增 1，然后再次比较。如图 4-56 所示。

这次立刻发生了失配，T 下标又回溯到开始，S 下标增 1，然后再次比较（图 4-57）。

又一次发生了失配，所以 T 下标又回溯到开始，S 下标增 1，然后再次比较。这次 T 中的所有字符都和 S 中相应的字符匹配了。函数返回 T 在 S 中的起始下标 3。如图 4-58 所示。

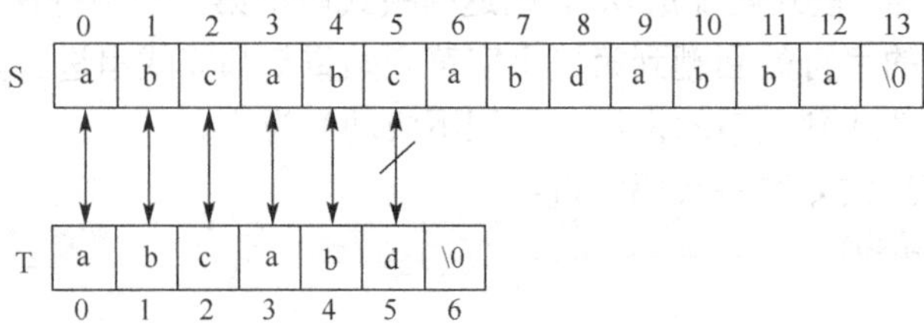


图 4-55　第一轮比较，S[5]≠T[5]

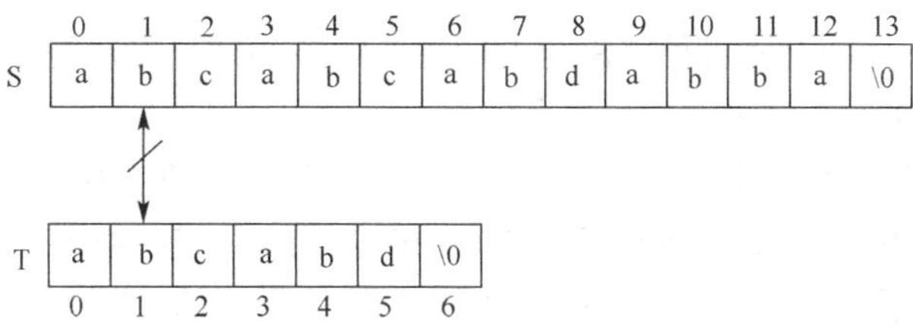


图 4-56　第二轮比较

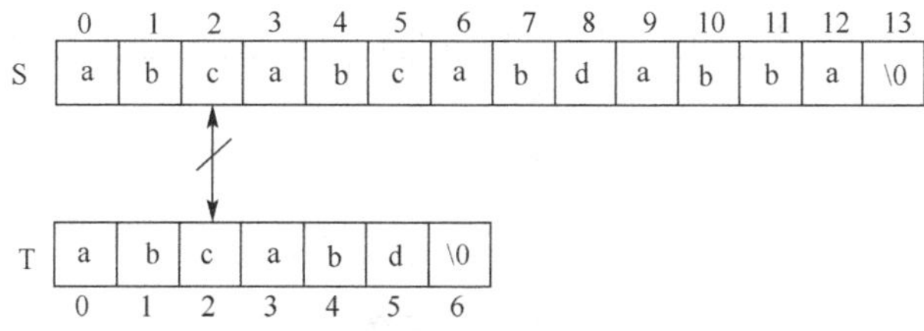


图 4-57　第三轮比较

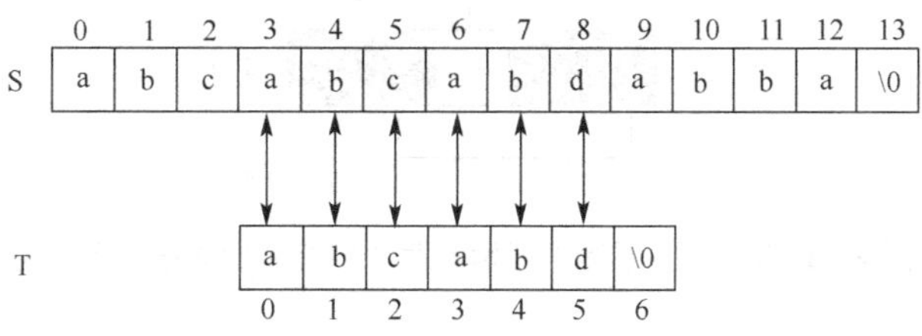


图 4-58　匹配成功

（2）KMP 算法

简单模式匹配算法因为有回溯，所以速度慢，还有一种改进算法，消除了回溯所以加快了匹配速度。这种改进算法是 D.E.Knuth 与 V.R.Prett 和 J.H.Morris 同时发现的，因此人们称之为克努特-莫里斯-普拉特操作（简称 KMP 算法）。此算法可以在 O(n+m)的时间数量级上完成串的模式匹配操作。改进之处在于：当每一轮匹配过程中出现字符不相等时，不回溯 i 指针，而是利用已经得到的“部分匹配”的结果将子串向右“滑动”尽可能远的一端距离后，继续进行比较。

KMP 算法本质上是实现了对自动机的模拟。它通过构造一个有限自动机来搜寻某给定的模式在正文中出现的位置。整个算法的核心就是对自动机的构建（或前缀函数的构建，KMP 算法不用计算变迁函数，而是根据模式预先计算出一个辅助函数 next 来实现更快速的状态切换），当完成有限自动机的构建之后对主串的搜寻就显得很简单了。

还是相同的例子，在 S = “abcabcabdabba” 中查找 T = “abcabd”，如果使用 KMP 匹配算法，当第一次搜索到 S[5] 和 T[5]不等后，S 下标不是回溯到 1，T 下标也不是回溯到开始，而是根据 T 中 T[5] = ‘d’的模式函数值（next[5] = 2，为什么？后面讲），直接比较 S[5]和 T[2]是否相等，如果相等，S 和 T 的下标同时增加；如果又相等，S 和 T 的下标又同时增加；依次类比，最终在 S 中找到了 T。如图 4-59 所示。

KMP 匹配算法和简单匹配算法效率比较，一个极端的例子是：在 S = “AAAAAA…AAB” (100 个 A)中查找 T = “AAAAAAAAAB”，简单匹配算法每次都是比较到 T 的结尾，发现字符不同，然后 T 的下标回溯到开始，S 的下标也要回溯相同长度后增 1，继续比较。如果使用 KMP 匹配算法，就不必回溯。

KMP 算法的核心思想是利用已经得到的部分匹配信息来进行后面的匹配过程。看前面的例子。为什么 T[5] = ‘d’的模式函数值等于 2 (next[5] = 2)，其实这个 2 表示 T[5] = ‘d’的前面有 2 个字符和开始的两个字符相同，且 T[5] ＝ ‘d’不等于开始的两个字符之后的第三个字符(T[2] = ‘c’)。如图 4-59 所示。

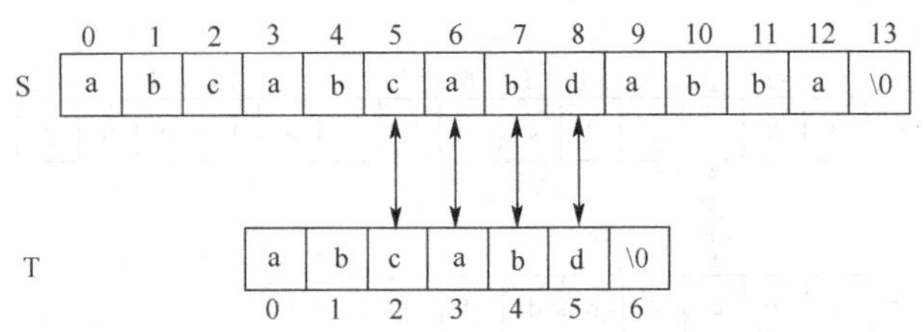


图 4-59　KMP 匹配算法示意图

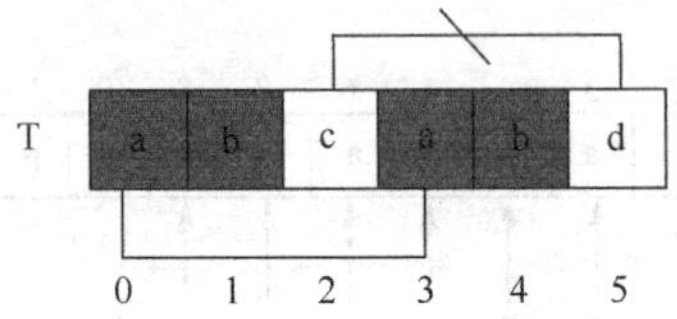


图 4-60　T[5] = d 不等于开始的两个字符之后的第三个字符

也就是说，如果开始的两个字符之后的第三个字符也为‘d’，那么，尽管 T[5] = ‘d’ 的前面有 2 个字符和开始的两个字符相同，T[5] = ‘d’ 的模式函数值也不为 2，而是为 0。

这里，next[5] = 2，其实这个 2 表示 T[5] =‘d’的前面有 2 个字符和开始的两个字符相同。如图4-61 所示。因为，S[4] = T[4]，S[3] = T[3]，根据 next[5] = 2，有 T[3] = T[0]，T[4] = T[1]，所以 S[3] = T[0]，S[4] = [1]（两对相当于间接比较过了），因此，接下来比较 S[5] 和 T[2]是否相等。

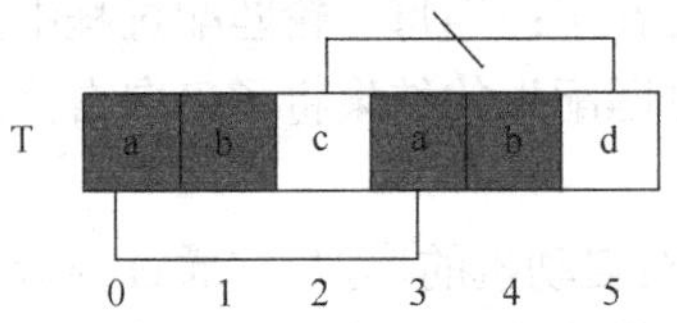


图 4-61　T[5] =‘d’的前面有 2 个字符和开始的两个字符相同

假设 S 不变，在 S 中搜索 T=“abaabd”呢？在这种情况下，当比较到 S[2]和 T[2]时，发现不等，就看 next[2]的值，next[2]=-1，意思是 S[2]已经和 T[0]间接比较过了，不相等，接下来比较 S[3]和 T[0]。

假设 S 不变，在 S 中搜索 T=“abbabd”呢？这种情况，当比较到 S[2]和 T[2]时，发现不等，就看 next[2]的值，next[2]=0，意思是 S[2]已经和 T[2]比较过了，不相等，接下来去比较 S[2]和 T[0]。

假设 S=“abaabcabdabba”，在 S 中搜索 T=“abaabd”呢？这种情况，当比较到 S[5]和 T[5]时，发现不等，就去看 next[5]的值，next[5]=2，意思是前面的比较过了，其中，S[5]的前面有两个字符和 T 的开始两个相等，接下来去比较 S[5] 和 T[2]。

总之，有了串的 next 值，一切都清楚了。那么，怎么求串的模式函数值 next[n] 呢？

定义：

① next[0] = -1 意义：任何串的第一个字符的模式值规定为-1；

② next[j] = -1 意义：模式串 T 中下标为 j 的字符，如果与首字符相同，且 j 的前面的 1 - k 个字符与开头的 1 - k 个字符不等（或者相等但 T[k] = T[j]）(1 ≤ k < j)；

如：T = "abCabCad" 则 next[6] = -1，因 T[3] = T[6]。

③ next[j] = k 意义：模式串 T 中下标为 j 的字符，如果 j 的前面 k 个字符与开头的 k 个字符相等，且 T[j] ≠ T[k] (1 ≤ k < j)，即 T[0]T[1]T[2]…T[k-1] = T[j-k]T[j-k+1]T[j-k+2]…T[j-1]，且 T[j] ≠ T[k] (1 ≤ k ≤ j)；

④ next[j] = 0 意义：除①、②、③的其他情况。

例如，求 T = "abcac" 的模式函数的值。

next[0] = -1 根据(1)；

next[1] = 0 根据 (4) 因(3)有 1 <=k < j；不能说，j=1，T[j-1] = T[0]；

next[2] = 0 根据 (4) 因(3)有 1 <= k < j；(T[0] = a) ≠ (T[1] = b)；

next[3] = -1 根据 (2)；

next[4] = 1 根据 (3) T[0] = T[3] 且 T[1] = T[4]；

求 T = "ababcaabc" 的模式函数的值。

next[0] = -1 根据(1)；

next[1] =0 根据(4) ；

next[2] =-1 根据 (2)；

next[3] =0 根据 (3) 虽 T[0] = T[2] 但 T[1] = T[3] 被划入(4)；

next[4] =2 根据 (3) T[0]T[1] = T[2]T[3] 且 T[2] ≠ T[4]；

next[5] =-1 根据 (2) ；

next[6] =1 根据 (3) T[0] = T[5] 且 T[1] ≠ T[6]；

next[7] =0 根据 (3) 虽 T[0] = T[6] 但 T[1] = T[7] 被划入(4)；

next[8] =2 根据 (3) T[0]T[1] = T[6]T[7] 且 T[2] ≠ T[8]；

总结一下，设在字符串 S 中查找模式串 T，若 S[m] ≠ T[n]，那么，取 T[n]的模式函数值 next[n]。

① next[n] = -1 表示 S[m]和 T[0]间接比较过了，不相等，下一次比较 S[m+1]和 T[0]；

② next[n] =0 表示比较过程中产生了不相等，下一次比较 S[m] 和 T[0]；

③ next[n] = k >0 但 k < n，表示 S[m]的前 k 个字符与 T 中的开始 k 个字符已经间接比较相等了，下一次比较 S[m]和 T[k]；

④ 其他值，不可能。

（3）BM 算法

R.Boyer 和 J.Moore 于 1977 年提出了一种快速字符串匹配算法，即 BM 算法。该算法是一个非常著名的模式匹配算法，它是目前所知道的平均情况下效率最好的算法。

BM 算法的主要思想为：匹配自右向左进行，将长度为 m 的模式串和长度为 n 的文本串 T 从左端对齐，使得 P1 与 T 对齐。匹配先从模式串 P 的最右端字符开始，判断 Pm 是否与 Tm 相等，如果匹配成功，则向左移动，判断 Pm-1 是否与 Tm-1 相等。这样继续下去，直到

模式串 P 全部匹配成功或是有不匹配的情况出现；若匹配失败发生在 Ti≠Pj，且 Ti 不出现在模式 P 中，则将模式右移，直到 Pl 位于匹配失败位 T 的右边第 1 位(即 Ti+l 位)，若 Ti 在模式串 P 中有若干地方出现，则应选择 i=dist[x]，其中 dist[x]=m-ma{k|P[k]=x，1≤k<m}；若模式串 P 后面 k 位和文本串 T 中一致的部分，有一部分在模式串 P 中其他部分出现，则可将 P 向右移动，直接使这部分对齐，且要求这一致部分尽可能地大。

BM 算法处理时间复杂度为 O(m+s)，空间复杂度为 O(s)，搜索阶段时间复杂度为 O(mn)。最坏情况下要进行 3n 次比较，最好情况下的时间复杂度为 O(n/m)。其中 m 为模式串 P 的长度，n 为文本串 T 的长度，s 是与 P、T 相关的有限字符集长度。

### 4.8.2 图像模式匹配

认知是一个把未知与已知联系起来的过程。对一个复杂的视觉系统来说，它的内部常同时存在着多种输入和其他知识共存的表达形式。感知是把视觉输入与事先已有表达结合的过程，而识别与需要建立或发现各种内部表达式之间的联系。匹配就是建立这些联系的技术和过程。建立联系的目的是为了用已知解释未知。

（1）模式匹配法

图像匹配是图像处理和计算机视觉领域的一个基础问题，它源自多个方面的实际问题。如不同传感器获得的信息融合，图像的差异监测，三维信息获取等。简单说来图像匹配就是将统一场景的不同图像“堆砌”或进行广义的匹配。图像匹配的核心问题在于将不同的分辨率、不同的亮度属性、不同的位置（平移和旋转）、不同的比例尺、不同的非线性变形的图像对应。

当使用图像匹配时，首先必须建立一个参考的模板，以供机器视觉应用系统在每幅获取的图像中搜索这一模板，并且计算出相应的匹配分数。这个分数表征了其与模板的相似程度。

一般的图像匹配技术是利用已知的模板采用某种算法对识别图像进行匹配计算，获得图像中是否含有该模板的信息和坐标。常规的图像匹配技术主要是利用图像像素的灰度信息和形状信息等多种特征信息。根据应用场合的不同，相应的图像匹配算法也有着很大的差别。已有的图像匹配方法大致上可分为三类：基于区域相关的匹配、基于快速傅立叶变换的匹配和基于特征的匹配。基于图像区域的匹配通常是根据图像区域的灰度信息来进行匹配，常用的方法有：互相关方法，基于 FFT 的频域相位匹配方法，以及图像矩匹配方法等。这些方法比较直观，匹配精度较高，容易实现，但速度一般比较慢，且易受光照条件的影响。基于特征的匹配方法是通过提取图像特征点进行匹配，减少了匹配过程的计算量，且特征点的提取过程可以减少噪声的影响，对灰度变化、图像形变等都有较好的适应能力。所以基于图像特征的匹配在实际中的应用越来越广泛。

用于物体识别的特征有许许多多，但大部分特征是基于图像中的区域或边界。假设区域或封闭的边界对应于一个实体，该实体或者是一个物体，或者是物体上的一部分。对于模板图像和待识别图像的匹配，首先需要确定的是用什么样的特征来度量其相似程度，即用什么样的特征来判断识别图像是否与模板图像相同。下面介绍三类常用的特征。

1）全局特征

全局特征通常是图像区域的一些特征，如面积、周长、傅立叶描述子和矩特征等。全局特征可以通过考虑区域内的所有点来得到，或只考虑区域边界上的所有点来得到。在每一种情况下，目的都是为了找到描述子，该描述子是通过考虑所有点位置、强度特性和空间关系来得到。

2）局部特征

局部特征通常位于物体的边界上或者表示区域中可分辨的一个小曲面，比如曲率及其有关的性质就属于局部特征。曲率可能是边界曲率，也可能是从曲面上计算出来的。曲面可以是强度曲面，或是 2.5 维空间曲面。一些常用的局部特征有曲率、边界段和角点。在有遮挡或图像不完整的情况下，使用物体的局部特征比用物体的全局特征更有效。

3）关系特征

关系特征是基于区域、封闭轮廓或局部特征等不同实体的相对位置建立的。这些特征通常包括特征之间的距离和相对方位测量值，它们在基于使用图像区域或局部特征来识别和描述多个实体或物体时非常有用。在多数情况下，图像中不同实体的相对位置就完全定义了一个物体。完全相同的特征，但关系特征稍微不同，则可能表示完全不同的物体。

（2）基本算法

假定有一个模板 T，我们希望检测图像 S 中的模板情况。显而易见，把模板放置在图像中的某一位置，通过比较模板的信息值和图像中的对应值，可以检测模板在哪一位置的存在。

模板匹配的工作方式跟直方图的反向投影基本一样，其过程为：通过在输入图像上滑动图像模板，对实际的图像块和输入图像进行匹配。

假设一张 100×100 的输入图像，一张 10×10 的模板图像，其查找过程如下。

① 从输入图像的左上角(0,0)开始，切割一块(0,0)至(10,10)的临时图像；

② 用临时图像和模板图像进行对比，对比结果记为 $c$；

③ 对比结果 $c$，就是结果图像(0,0)处的像素值；

④ 切割输入图像从(0,1)至(10,11)的临时图像，对比，并记录到结果图像；

⑤ 重复①～④步直到输入图像的右下角。

本节采用以下的算式来衡量模板 T(m,n)与所覆盖的子图 $S_{ij}(i,j)$的关系。

已知原始图像 S(W,H)，如图 4-62 所示。利用式（4-68）与式（4-69）来衡量它们的相似性。式（4-69）中第一项为子图的能量，第三项为模板的能量，都和模板匹配无关；第二项是模板和子图的互为相关，随$(i,j)$而改变。当模板和子图匹配时，该项有最大值。在将其归一化后，得到模板匹配的相关系数。如式（4-70）所示。

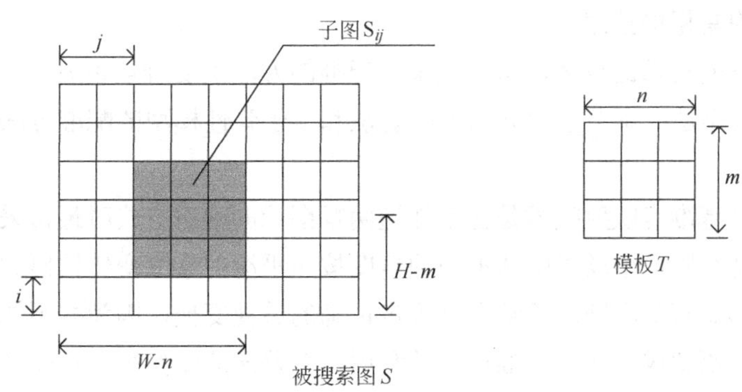


图 4-62　图像模式匹配示意图

$$D(i,j)=\sum_{m=1}^{M}\sum_{n=1}^{N}\left[S_{ij}(m,n)-T(m,n)\right]^2 \tag{4-68}$$

$$D(i,j)=\sum_{m=1}^{M}\sum_{n=1}^{N}\left[S_{ij}(m,n)\right]^2-2\sum_{m=1}^{M}\sum_{n=1}^{N}S_{ij}(m,n)T(m,n)+\sum_{m=1}^{M}\sum_{n=1}^{N}\left[T(m,n)\right]^2 \tag{4-69}$$

$$R(i,j)=\frac{\sum_{m=1}^{M}\sum_{n=1}^{N}S_{ij}(m,n)\times T(m,n)}{\sqrt{\sum_{m=1}^{M}\sum_{n=1}^{N}\left[S_{ij}(m,n)\right]^2}\sqrt{\sum_{m=1}^{M}\sum_{n=1}^{N}\left[T(m,n)\right]^2}} \tag{4-70}$$

当模板和子图完全一样时，相关系数 $R(i,j)=1$。在被搜索图 S 中完成全部搜索后，找出 R 的最大值 Rmax($im$，$jm$)，其对应的子图 S$imjm$ 即为匹配目标。显然，用这种公式做图像匹配计算量大、速度慢。可以使用另外一种算法来衡量 $T$ 和 $S_{ij}$ 的误差，见式（4-71）。

$$E(i,j)=\sum_{m=1}^{M}\sum_{n=1}^{N}\left|S_{ij}(m,n)-T(m,n)\right| \tag{4-71}$$

计算两个图像的向量误差，可以增加计算速度，根据不同的匹配方向选取一个误差阈值 $E_0$，当 $E(i,j)>E_0$ 时就停止该点的计算，继续下一点的计算。最终的实验证明，被搜索的图像越大，匹配的速度越慢；模板越小，匹配的速度越快；阈值的大小对匹配速度影响大。

（3）改进的模板匹配算法

将一次的模板匹配过程更改为两次匹配。

第一次匹配为粗略匹配。取模板的隔行隔列数据，即 1/4 的模板数据，在被搜索图上进行隔行隔列匹配，即在原图的 1/4 范围内匹配。由于数据量大幅减少，匹配速度显著提高。同时需要设计一个合理的误差阈值 $E_0$。

$$E_0=e_0\times\frac{m+1}{2}\times\frac{n+1}{2} \tag{4-72}$$

式（4-72）中，$e_0$ 为各点平均的最大误差，一般取 40～50 即可；$m$、$n$ 为模板的长宽。

第二次匹配是精确匹配。在第一次误差最小点（$i_{\min}, j_{\min}$)的邻域内，即在对角点为（$i_{\min}-1, j_{\min}-1$), ($i_{\min}+1, j_{\min}+1$)的矩形内，进行搜索匹配，得到最后结果。

### 4.8.3 图像配准中常用的技术

图像配准涉及的技术比较多，总的说来，配准的方法主要有互相关法、傅立叶变换法、点映射法和弹性模型法。本节主要介绍点映射法和基于弹性模型的配准方法。

（1）点映射

点映射或者是基准点映射技术是在不知道两幅图像的映射方式时最常采用的配准方法。例如，如果图像是在同一个场景中从不同的角度按照平滑的景深变化拍摄到的，则这两幅图像会由于透视变形而有所区别。通常不能确定正确的透视变换，因为并不知道在场景中真实的景深，但能在两幅图像中找到基准点，并利用一个普通的变换来进行配准。然而，如果场景并不是由光滑的表面组成，而是由很大的景深变化，这样两幅图像之间就会产生变形以及遮挡等问题，物体将出现在图像的不同位置，而且一些变形也会是局部的。当更多的变形是局部的，这就给全局的点映射方法图像配准带来了很大的困难。在这个情况下，利用局部的变换，例如局部点映射方法将会比较合适。

点映射方法通常有以下三个步骤组成。

第一步：计算图像中的特征。

第二步：在参考图像上找到特征点，也就是经常说的控制点，并在待配准图像中找到相对应的特征点。

第三步：利用这些配准的特征点计算出空间映射参数，这个空间通常是二维的多项式函数。通常，还需要在一幅图像中进行重采样，对另一幅图像应用空间映射和插值。

点映射方法经常不能稳定的得到配准，因此，点映射方法还经常利用各个阶段之间的反馈来找到最优的变换。

上面提到的控制点在图像配准中起到了重要的作用。在点配准后，点映射的方法就只剩下插值或者逼近了。这样，点配准的精度就确定了最后配准的精度。

很多特征都可以用来作为控制点，一般可以将它们分为内在的和外部的特征点。内在的控制点指的是图像中不依赖于图像数据本身的一些点，它们通常是为了配准的目的放入场景中的标记点，并且很容易进行识别，例如在医学图像中，就经常往患者的皮肤或者其他不会产生变形和移位的位置上放置一些特征点，以便进行配准；外在的控制点指的是那些从数据中得到点，这些点可以是手工得到的，也可以是自动获取的。手工的控制点也就是利用人的交互得到的点，例如一些可鉴别的基准点或者物体的结构，这些点一般都是选取为刚性、稳定并且在数据中很容易点击得到的。还有许多应用自动定位控制点，用来自动定位的控制点典型的有角点、直线的交点、曲线中的局部最大曲率点、具有局部最大曲率的窗口的中心、闭合区域的重心等。这些特征通常都是在配准的两幅图像中唯一的，并且对于局部的变形表现更鲁棒一些。

得到控制点后，就可以对这些控制点进行配准了。另一幅图像中配准的控制点可以用手工点击得到，也可以利用互相关等方法进行自动获取。

（2）基于弹性模型的配准

在很多图像配准中，没有直接应用插值来计算控制点之间的映射，而是采用了基于弹性模型的方法来进行。这些方法对图像中的变形利用了一个弹性的变形来模型化。从另一个角度来说，配准变换就是一个弹性的材料经过最小的弯曲和拉伸变换的结果。弯曲和拉伸的量由弹性材料的能量状态来表示。然而，插值的方法也和此类似，因为能量的最小化需要满足弹性模型的限制，而这可以用样条来解决。

通常，这些方法是逼近图像之间的配准，尽管它们有时也利用特征，但是它们没有包括点配准这个步骤。图像或者物体是模型化为一个弹性的整体，并且两幅图像之间点或者特征点的相似性是用整体的“拉伸”的外部的力来表示的。最后确定的最小能量的状态将决定定义配准的变形变换。但其问题在于最小能量状态的求取上通常包括迭代的计算过程。

## 4.9 摄像机标定

### 4.9.1 摄像机标定技术概述

计算机视觉的基本任务之一是从摄像机获取的图像信息出发，计算三维空间中物体的几何信息，并由此重建和识别物体；而空间物体表面某点的三维几何位置与其在图像中对应点之间的相互关系是由摄像机成像的几何模型决定的，这些几何模型参数就是摄像机参数。在大多数条件下，这些参数必须通过实验与计算才能得到，这个过程被称为摄像机定标（或称为标定）。标定过程就是确定摄像机的几何和光学参数，摄像机相对于世界坐标系的方位。标定精度的大小，直接影响着计算机视觉（机器视觉）的精度。迄今为止，对于摄像机标定问题已提出了很多方法，本节讨论如何针对具体的实际应用问题，采用特定的简便、实用、快速、准确的标定方法。

（1）摄像机标定分类

① 根据是否需要标定参照物来看，可分为传统的摄像机标定方法和摄像机自标定方法。

传统的摄像机标定是在一定的摄像机模型下，基于特定的实验条件，如形状、尺寸已知的标定物，经过对其进行图像处理，利用一系列数学变换和计算方法，求取摄像机模型的内部参数和外部参数；不依赖于标定参照物的摄像机标定方法，仅利用摄像机在运动过程中周围环境的图像与图像之间的对应关系对摄像机进行的标定称为摄像机自标定方法，它又分为：基于自动视觉的摄像机自标定技术（基于平移运动的自标定技术和基于旋转运动的自标定技术）、利用本质矩阵和基本矩阵的自标定技术、利用多幅图像之间的直线对应关系的摄像机自标定方以及利用灭点和通过弱透视投影或平行透视投影进行摄像机标定等。自标定方法非常灵活，但未知参数太多，很难得到稳定的结果。

一般来说，当应用场合所要求的精度很高，且摄像机的参数不经常变化时，传统标定方法为首选。而自标定方法主要应用于精度要求不高的场合，如通信、虚拟现实等。

② 从所用模型不同来看，分有线性和非线性两种。

所谓摄像机的线性模型，是指经典的小孔模型。成像过程不服从小孔模型的称为摄像机的非线性模型。线性模型摄像机标定，用线性方程求解，简单快速，已成为计算机视觉领域的研究热点之一，目前已有大量研究成果。但线性模型不考虑镜头畸变，准确性欠佳；对于非线性模型摄像机标定，考虑了畸变参数，引入了非线性优化，但方法较繁，速度慢，对初值选择和噪声比较敏感。

③ 从视觉系统所用的摄像机个数不同，分为单摄像机和多摄像机。

在双目立体视觉中，还要确定两个摄像机之间的相对位置和方向。

④ 从求解参数的结果来分有显式和隐式。

隐参数定标是以一个转换矩阵表示空间物点与二维像点的对应关系，并以转换矩阵元素作为定标参数，由于这些参数没有具体的物理意义，所以称为隐参数定标。在精度要求不高的情况下，因为只需要求解线性方程，此可以获得较高的效率。比较典型的是直接线性定标（DLT）。DLT 定标以最基本的针孔成像模型为研究对象，忽略具体的中间成像过程，用一个 3×4 阶矩阵表示空间物点与二维像点的直接对应关系。为了提高定标精度，就需要通过精确分析摄像机成像的中间过程，构造精密的几何模型，设置具有物理意义的参数（一般包括镜头畸变参数、图像中心偏差、帧存扫描水平比例因子和有效焦距偏差），然后确定这些未知参数，实现摄像机的显参数定标。

⑤ 从解题方法来分有解析法、神经网络法和遗传算法。

空间点与其图像对应点之间是一种复杂的非线性关系。用图像中的像元位置难以准确计算实际空间点间的实际尺寸。企图用一种线性方法来找到这种对应关系几乎是不可能的。解析方法是用足够多的点的世界坐标和相应的图像坐标，通过解析公式来确定摄像机的内参数、外参数以及畸变参数，然后根据得到的内外参数及畸变系数，再将图像中的点通过几何关系得到空间点的世界坐标。解析方法不能囊括上述的所有非线性因素，只能选择几种主要的畸变，而忽略其他不确定因素。神经网络法能够以任意的精度逼近任何非线性关系，跳过求取各参数的繁琐过程，利用图像坐标点和相应的空间点作为输入输出样本集进行训练，使网络实现给定的输入输出映射关系，对于不是样本集中的图像坐标点也能得到合适的空间点的世界坐标。

⑥ 根据标定块的不同有立体和平面之分。

定标通过拍摄一个事先已经确定了三维几何形状的物体来进行，也就是在一定的摄像机模型下，基于特定的实验条件如形状、尺寸已知的定标参照物（标定物），经过对其图像进行处理，利用一系列数学变换和计算方法，求取摄像机模型的内部参数和外部参数。这种定标方法的精度很高。用于定标的物体一般是由两到三个相互正交的平面组成。但这些方法需要昂贵的标定设备，而且事前要精确地设置。平面模板（作为标定物），对于每个视点获得图像，提取图像上的网格角点，平面模板与图像间的网格角点对应关系，确定了单应性矩阵（Homography），平面模板可以用硬纸板，上面张贴激光打印机打印的棋盘格。模板图案常采用矩形和二次曲线（圆和椭圆）。

⑦ 从定标步骤来看，可以分为两步法、三步法、四步法等。

⑧ 从内部参数是否可变的角度来看，可以分为可变内部参数的定标和不可变内部参数的定标。

⑨ 从摄像机运动方式上看，定标可以分为非限定运动方式的摄像机定标和限定运动方式的摄像机定标，后者根据摄像机的运动形式不同又可以纯旋转的定标方式、正交平移运动的定标方式等。

不管怎样分类，定标的最终目的是要从图像点中求出物体的待识别参数，即摄像机内外参数或者投影矩阵。然而，不同应用领域的问题对摄像机定标的精度要求也不同，也就要求应使用不同的定标方法来确定摄像机的参数。例如，在物体识别应用系统中和视觉精密测量中，物体特征的相对位置必须要精确计算，而其绝对位置的定标就不要求特别高；而在自主车辆导航系统中，机器人的空间位置的绝对坐标就要高精度测量，并且工作空间中障碍物的位置也要高度测量，这样才能准确导航。

（2）摄像机成像模型

图像是空间物体通过成像系统在像平面上的投影。图像上每一个像素点的灰度反映了空间物体表面某点的反射光的强度，而该点在图像上的位置则与空间物体表面对应点的几何位置有关。这些位置的相互关系，由摄像机成像系统的几何投影模型所决定。理想的投影成像模型是光学中的中心投影，也称为针孔模型，如图 4-63 所示。

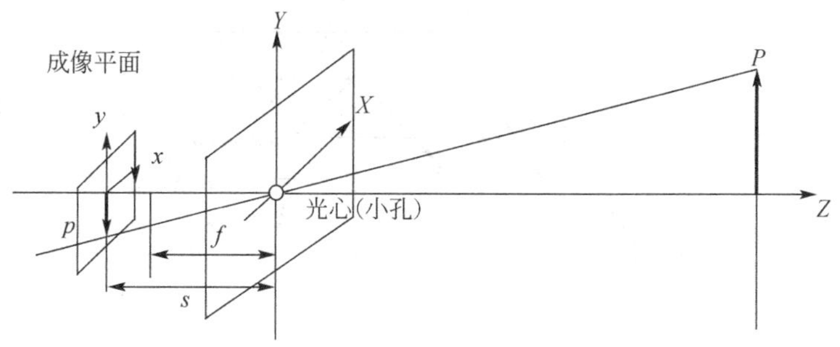


图 4-63 针孔成像模型

针孔模型假设物体表面的反射光都经过一个针孔而投影到像平面上，即满足光的直线传播条件。针孔模型主要由光心（投影中心）、成像面和光轴组成。小孔成像由于透光量太小，因此需要很长的曝光时间，并且很难得到清晰的图像。实际摄像系统通常都由透镜或者透镜组组成。两种模型具有相同的成像关系，即像点是物点和光心的连线与图像平面的交点。因此，可以用针孔模型作为摄像机成像模型。

当然，由于透镜设计的复杂性和工艺水平等因素的影响，实际透镜成像系统不可能严格满足针孔模型，产生所谓的镜头畸变，常见的如径向畸变、切向畸变、薄棱镜畸变等，因而在远离图像中心处会有较大的畸变，在精密视觉测量等应用方面，应该尽量采用非线性模型来描述成像关系。

### 4.9.2　摄像机透视投影模型

摄像机通过成像透镜将三维场景投影到摄像机二维像平面上，这个投影可用成像变换（即摄像机成像模型）来描述。摄像机成像模型分为线形模型和非线性模型。针孔成像模型就属于线形摄像机模型，本节就讨论在这种模型下，某空间点与其图像投影点在各种坐标系下的变换关系。图 4-64 所示为三个不同层次的坐标系在针孔成像模型下的关系，其中($X_w$，$Y_w$，$Z_w$)为世界坐标系；($x$，$y$，$z$)为摄像机坐标系，$o$（光心）；像面 $X_fO_fY_f$ 表示的是视野平面，其到光心的距离即 $oO$ 为 $f$（镜头焦距）；$X_fO_fY_f$ 为以像素为单位的图像坐标系，$XOY$ 为以毫米为单位的图像坐标系。

（1）三个层次的坐标系统

① 世界坐标系($X_w$，$Y_w$，$Z_w$)：也称真实或现实世界坐标系，或全局坐标系。它是客观世界的绝对坐标，一般的三维场景都用这个坐标系来表示。

② 摄像机坐标系($x$，$y$，$z$)：以小孔摄像机模型的聚焦中心为原点，以摄像机光轴为 $z$ 轴建立的三维直角坐标系。$x$、$y$ 一般与图像物理坐标系的 $X_f$、$Y_f$ 平行，且采取前投影模型。

③ 图像坐标系，分为图像像素坐标系和图像物理坐标系两种：图像物理坐标系，其原点为透镜光轴与成像平面的交点，$X$ 与 $Y$ 轴分别平行于摄像机坐标系的 $x$ 与 $y$ 轴，是平面直角坐标系，单位为毫米。图像像素坐标系，固定在图像上的以像素为单位的平面直角坐标系，其原点位于图像左上角，$X_f$、$Y_f$ 平行于图像物理坐标系的 $X$ 和 $Y$ 轴。对于数字图像，分别为行列方向。

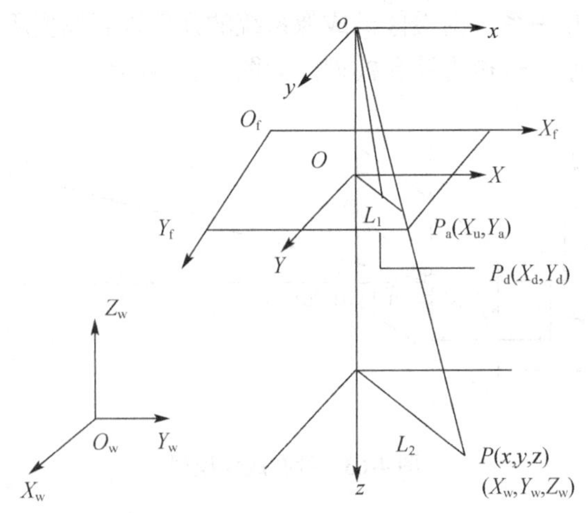


图 4-64　标定系统的坐标系

空间某点 $P$ 到其像点 $p$ 的坐标转换过程主要是通过这四套坐标系的三次转换实现的，首先将世界坐标系进行平移和转换得到摄像机坐标系，然后根据三角几何变换得到图像物理坐标系，最后根据像素和公制单位的比率得到图像像素坐标系。（实际的应用过程是这个的逆过程，即由像素长度获知实际的长度）。

通过摄像头的标定，可以得到视野平面上的 mm/pix 分辨率，对于视野平面以外的物体还是需要通过坐标转换得到视野平面上。

（2）摄像机标定参数

摄像机标定是确定摄像机内部参数或外部参数的过程。内部参数是指摄像机内部几何和光学特性，外部参数是指摄像机相对世界坐标系原点的平移和旋转位置。

摄像机内部参数是由摄像机内部几何和光学特性决定的，主要包括以下参数。

① 主点（$u_0$，$v_0$）：图像平面原点的计算机图像像素坐标；

② 有效焦距 $f$：图像平面到投影中心（光心）距离；

③ 透镜畸变系数 $k$：畸变包括径向畸变和切向畸变，由于一般切向畸变较小，对映射关系影响不大，不予考虑；

④ 轴方向的尺度因子 d$x$，d$y$：表示单位像素的实际尺寸。

摄像机外部参数是指从世界坐标系到摄像机坐标系的平移向量和旋转变换矩阵，$R$、$T$。

（3）坐标系变换关系

定义了上述各种空间坐标系后，就可以建立两两不同坐标变换之间的关系。

① 世界坐标系与摄像机坐标系变换关系

世界坐标系中的点到摄像机坐标系的变换可由一个正交变换矩阵 $R$ 和一个平移变换矩阵 $T$ 表示。

$$\begin{bmatrix} x \\ y \\ z \end{bmatrix} = R\begin{bmatrix} x_w \\ y_w \\ z_w \end{bmatrix} + T = \begin{bmatrix} r_{11} & r_{12} & r_{13} \\ r_{21} & r_{22} & r_{23} \\ r_{31} & r_{32} & r_{33} \end{bmatrix}\begin{bmatrix} x_w \\ y_w \\ z_w \end{bmatrix} + T \tag{4-73}$$

齐次坐标表示为

$$\begin{bmatrix} x \\ y \\ z \\ 1 \end{bmatrix} = \begin{bmatrix} R & T \\ 0^T & 1 \end{bmatrix}\begin{bmatrix} x_w \\ y_w \\ z_w \\ 1 \end{bmatrix} \tag{4-74}$$

式中，$T = \begin{bmatrix} t_x, & t_y, & t_z \end{bmatrix}^T$ 是世界坐标系原点在摄像机坐标系中的坐标，矩阵 $R$ 是正交旋转矩阵，其矩阵元素满足：

$$\begin{aligned} r_{11}^2 + r_{12}^2 + r_{13}^2 &= 1 \\ r_{21}^2 + r_{22}^2 + r_{23}^2 &= 1 \\ r_{31}^2 + r_{32}^2 + r_{33}^2 &= 1 \end{aligned} \tag{4-75}$$

正交旋转矩阵实际上只含有 3 个独立变量，再加上 $t_x$、$t_y$ 和 $t_z$，总共有 6 个参数决定了摄像机光轴在世界坐标系中空间位置，因此这六个参数称为摄像机外部参数。

② 图像坐标系与摄像机坐标系变换关系

如图 4-64 所示，摄像机坐标系中的物点 $P$ 在图像物理坐标系中像点 $P_u$ 的坐标为

$$\begin{cases} X = fx/z \\ Y = fy/z \end{cases} \tag{4-76}$$

齐次坐标表示为

$$z\begin{bmatrix} X \\ Y \\ 1 \end{bmatrix} = \begin{bmatrix} f & 0 & 0 & 0 \\ 0 & f & 0 & 0 \\ 0 & 0 & 1 & 0 \end{bmatrix}\begin{bmatrix} x \\ y \\ z \\ 1 \end{bmatrix} \tag{4-77}$$

将上式的图像坐标系进一步转化为图像坐标系

$$\begin{cases} u - u_0 = X/d_x = s_x X \\ v - v_0 = Y/d_y = s_y Y \end{cases} \tag{4-78}$$

齐次坐标表示为

$$\begin{bmatrix} u \\ v \\ 1 \end{bmatrix} = \begin{bmatrix} s_x & 0 & u_0 \\ 0 & s_y & v_0 \\ 0 & 0 & 1 \end{bmatrix}\begin{bmatrix} X \\ Y \\ 1 \end{bmatrix} \tag{4-79}$$

其中，$u_0$、$v_0$ 是图像中心（光轴与图像平面的交点）坐标，$d_x$、$d_y$ 分别为一个像素在 $X$ 与 $Y$ 方向上的物理尺寸，$s_x = 1/d_x$，$s_y = 1/d_y$，分别为 $X$ 与 $Y$ 方向上的采样频率，即单位长度的像素个数。

由此可得物点 $P$ 与图像像素坐标系中的像点 $P$ 的变换关系

$$\begin{cases} u - u_0 = fs_x x/z = f_x x/z \\ v - v_0 = fs_y y/z = f_y y/z \end{cases} \tag{4-80}$$

其中，$f_x = f\,s_x$，$f_y = f\,s_y$ 分别定义为 $X$ 和 $Y$ 方向的等效焦距。$f_x$、$f_y$、$u_0$、$v_0$ 4 个参数只与摄像机内部结构有关，因此称为摄像机内部参数。

③ 世界坐标系与图像坐标系变换关系（共线方程）

世界坐标系与图像坐标系变换关系为

$$\begin{cases} \dfrac{X}{f} = \dfrac{u - u_0}{f_x} = \dfrac{r_{11}x_w + r_{12}y_w + r_{13}z_w + t_x}{r_{31}x_w + r_{32}y_w + r_{33}z_w + t_z} \\ \dfrac{Y}{f} = \dfrac{v - v_0}{f_y} = \dfrac{r_{21}x_w + r_{22}y_w + r_{23}z_w + t_y}{r_{31}x_w + r_{32}y_w + r_{33}z_w + t_z} \end{cases} \tag{4-81}$$

齐次坐标表示为

$$z\begin{bmatrix} u \\ v \\ 1 \end{bmatrix} = \begin{bmatrix} f_x & 0 & u_0 & 0 \\ 0 & f_y & v_0 & 0 \\ 0 & 0 & 1 & 0 \end{bmatrix}\begin{bmatrix} R & T \\ 0^T & 1 \end{bmatrix}\begin{bmatrix} x_w \\ y_w \\ z_w \\ 1 \end{bmatrix} = M_1 M_2 X = MX \tag{4-82}$$

式（4-82）就是图像测量中最基本的共线方程。说明物点、光心和像点这三点必须在同一条直线上。这是针孔模型或者中心投影的数学表达式。根据共线方程，在摄像机内部参数确定的条件下，利用若干个已知的物点和相应的像点坐标，就可以求解出摄像机的六个外部参数，即摄像机的光心坐标和光轴方位的信息。

### 4.9.3 摄像机镜头的畸变

由于摄像机光学系统并不是精确地按理想化的小孔成像原理工作，存在有透镜畸变，物体点在摄像机成像面上实际所成的像与理想成像之间存在有光学畸变误差。主要的畸变误差分为三类：径向畸变、偏心畸变和薄棱镜畸变。第一类只产生径向位置的偏差，后两类则既产生径向偏差，又产生切向偏差，图 4-65 为无畸变理想图像点位置与有畸变实际图像点位置之间的关系。

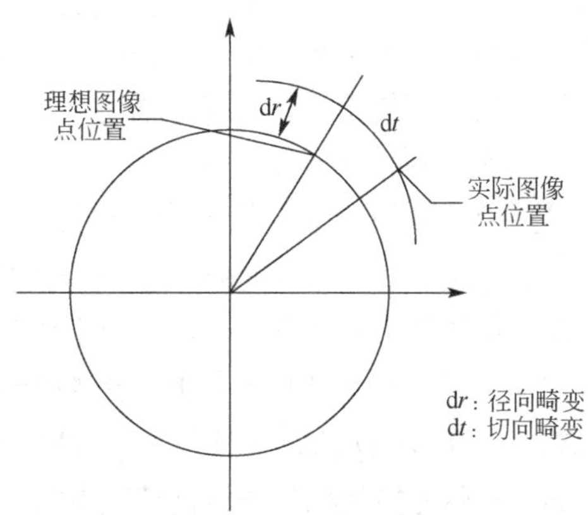


图 4-65 理想图像点与实际图像点

（1）径向变形（径向畸变）

光学镜头径向曲率的变化是引起径向变形的主要原因。这种变形会引起图像点沿径向移动，离中心点越远，其变形量越大。正的径向变形量会引起点向远离图像中心的方向移动，其比例系数增大；负的径向变形量会引起点向靠近图像中心的方向移动，其比例系数减小。如图 4-66 所示，数学模型如下。

$$\begin{aligned}\delta X_r &= k_1 X_d({X_d}^2+{Y_d}^2)+O\left[(X_d,Y_d)^5\right]\\ \delta Y_r &= k_1 Y_d({X_d}^2+{Y_d}^2)+O\left[(X_d,Y_d)^5\right]\end{aligned} \tag{4-83}$$

（2）偏心变形

由于装配误差，组成光学系统的多个光学镜头的光轴不可能完全共线，从而引起偏心变形，这种变形是由径向变形分量和切向变形分量共同构成，如图 4-67 所示，其数学模型如下。

$$\begin{aligned}\delta X_d &= p_1 X_d(3{X_d}^2+{Y_d}^2)+2p_2X_dY_d+O\left[(X_d,Y_d)^4\right]\\ \delta Y_d &= 2p_1X_dY_d+p_2Y_d({X_d}^2+3{Y_d}^2)+O\left[(X_d,Y_d)^4\right]\end{aligned} \tag{4-84}$$

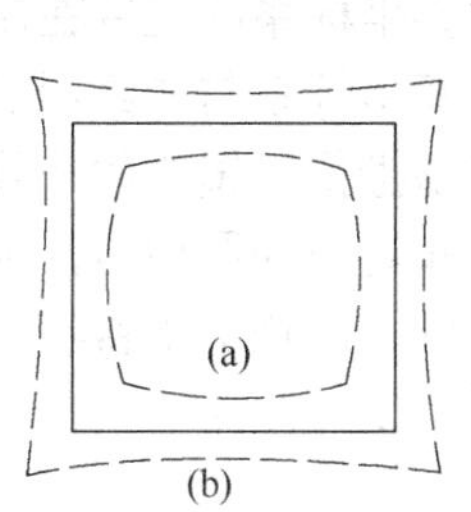


图 4-66 径向畸变
（a）桶形畸变；（b）枕形畸变

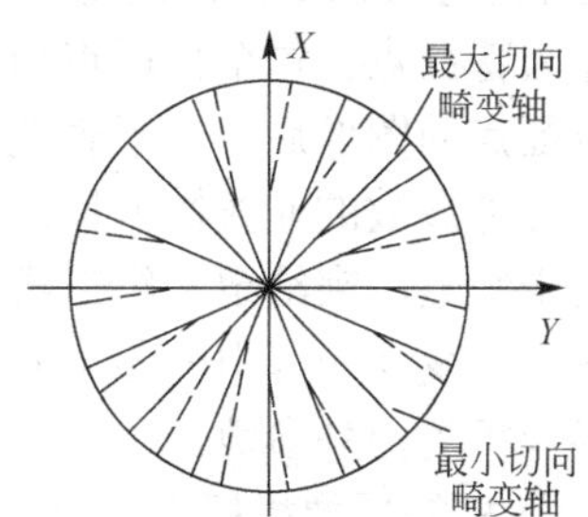


图 4-67 切向畸变
实线—无畸变—虚线—有畸变

（3）薄棱镜变形

薄棱镜变形是指由光学镜头制造误差和成像敏感阵列制作误差引起的图像变形，这种变形是由径向变形分量和切向变形分量共同构成，其数学模型为

$$
\begin{aligned}
\delta X_p &= s_1({X_d}^2 + {Y_d}^2) + O\left[(X_d, Y_d)^4\right] \\
\delta Y_p &= s_2({X_d}^2 + {Y_d}^2) + O\left[(X_d, Y_d)^4\right]
\end{aligned}
\tag{4-85}
$$

所谓摄像机的非线性模型，是指成像过程不服从小孔成像模型。线性模型为小孔成像模型，不能准确地描述成像几何关系，在远离图像中心处会有较大的畸变，使得所量测得像点坐标产生误差。摄像机的非线性模型可使用下述公式来描述

$$
\begin{aligned}
X_u &= X_d + \delta_X(X,Y) = X_d + \delta X_r + \delta X_d + \delta X_p \\
Y_u &= Y_d + \delta_Y(X,Y) = Y_d + \delta Y_r + \delta Y_d + \delta Y_p
\end{aligned}
\tag{4-86}
$$

其中，$(X_u,Y_u)$为线性模型下的图像点的理想坐标；$(X_d,Y_d)$是实际投影点的图像坐标；$\delta_x$，$\delta_y$是非线性畸变值，它与图像点在图像中的位置有关，可用下述公式来表示

$$
\begin{aligned}
\delta_X(X,Y) &= k_1 X(X^2+Y^2) + (p_1(3X^2+Y^2) + 2p_2 XY) + s_1(X^2+Y^2) \\
\delta_Y(X,Y) &= k_2 X(X^2+Y^2) + (p_2(X^2+3Y^2) + 2p_1 XY) + s_2(X^2+Y^2)
\end{aligned}
\tag{4-87}
$$

式中，$k_1$，$k_2$，$p_1$，$p_2$，$s_1$，$s_2$称为摄像机的非线性畸变参数。

镜头的畸变像差与透视畸变的并不是同一个概念。镜头的畸变是镜头成像造成的，在设计镜头时可以采取各种手段（如非球面镜）来减小畸变。透视畸变是由视点、视角、镜头指向（俯仰）等因素决定的，这是透视的规律。无论是何种镜头，如果视点相同，视角相同，镜头指向相同的话，产生的透视畸变是相同的。

### 4.9.4 经典标定方法简介

（1）摄像机标定方法概述

现有的摄像机标定方法按是否需要参照标定物，大体可以分为两类：传统的摄像机标定方法和摄像机自标定方法。

1）传统的摄像机标定方法

传统的摄像机标定方法是使用最为普遍的标定方法，利用一个形状尺寸已知的物体作为标定物，用摄像机拍摄若干幅标定物的图片，通过计算二维图像点与三维空间点之间的关系来完成标定，通过对标定物的合理设计就可以得到高精度的结果。按照标定参照物与算法思路，该方法可以分成若干类，如基于3D立体靶标的摄像机标定、基于2D平面靶标的摄像机标定以及基于径向约束的摄像机标定等。

① 基于3D立体靶标的摄像机标定。

基于3D立体靶标进行摄像机标定是将一个3D立体靶标放置在摄像机前，靶标上每一个小方块的顶点均可作为特征点。每个特征点相对于世界坐标系的位置在制作时应精确测定。摄像机获得靶标上特征点的图像后，由于表现三维空间坐标系与二维图像坐标系关系的方程是摄像机内部参数和外部参数的非线性方程，如果忽略摄像机镜头的非线性畸变并把透视变换矩阵中的元素作为未知数，来给定一组三维控制点和对应的图像点，那么，就可以利用直接线性变换法来求解透视变换矩阵中的各个元素。所以，由靶标上特征点的世界坐标和图像坐标，即可计算出摄像机的内外参数。

② 基于2D平面靶标的摄像机标定。

该方法又称为张正友标定法，这是一种适合应用的新型灵活方法。该方法要求摄像机在

两个以上不同的方位拍摄一个平面靶标，摄像机和 2D 平面靶标都可以自由移动，且内部参数始终不变，假定 2D 平面靶标在世界坐标系中的 $Z=0$，那么，通过线性模型分析就可计算出摄像机参数的优化解，然后用基于最大似然法进行非线性求解。在这个过程中得出考虑镜头畸变的目标函数后就可以求出所需的摄像机内、外部参数。这种标定方法既具有较好的鲁棒性，又不需昂贵的精密标定块，很有实用性。但是，张正友方法在进行线性内外参数估计时，由于假定模板图像上的直线经透视投影后仍然为直线，进而进行图像处理，这样，实际上会引入误差，所以，该方法在广角镜畸变比较大的情况误差较大。

③ 基于径向约束的摄像机标定。

Tsai(1986)给出了一种基于径向约束的两步法标定方法，该方法的核心是先利用 RAC（径向一致约束）条件用最小二乘法解超定线性方程，以求出除 $t_z$（摄像机光轴方向的平移）外的其他摄像机外参数，然后再在摄像机有和无透镜畸变两种情况下求解摄像机的其他参数。Tsai 方法的精度比较高，适用于精密测量，但它对设备的要求也很高，不适用于简单的标定。这种方法的精度是以设备的精度和复杂度为代价的。

2）摄像机自标定方法

摄像机自标定方法，是一种不依赖于标定参照物，仅利用摄像机在运动过程中周围环境图像与图像之间的对应关系来对摄像机进行的标定的方法。目前已有的自标定技术大致可以分为基于主动视觉的摄像机自标定技术、直接求解 Kruppa 方程的摄像机自标定方法、分层逐步标定法、基于二次曲面的自标定方法等几种。

① 基于主动视觉的自标定法

所谓主动视觉系统，是指摄像机被固定在一个可以精确控制的平台上，且平台的参数可以从计算机精确读出，只需控制摄像机作特殊的运动来获得多幅图像，然后利用图像和已知的摄像机运动参数来确定摄像机的内外参数。

② 基于 Kruppa 方程的自标定方法

该方法是直接基于求解 Kruppa 方程的一种方法，利用绝对二次曲线像和极线变换的概念推导出 Kruppa 方程。基于 Kruppa 方程的自标定方法不需要对图像序列做射影重建，而是对两图像之间建立方程，这个方法在某些很难将所有图像统一到一致的射影框架场合会比分层逐步标定法更具优势，但代价是无法保证无穷远平面在所有图像对确定的射影空间里的一致性，当图像序列较长时，基于 Kruppa 方程的自标定方法可能不稳定。且其鲁棒性依赖于给定的初值。

③ 分层逐步标定法

近年来，分层逐步标定法已成为自标定研究中的热点，并在实际应用中逐渐取代了直接求解 Kruppa 方程的方法。分层逐步标定法首先要求对图像序列做射影重建，再通过绝对二次曲线（面）施加约束，最后定出仿射参数（即无穷远平面方程）和摄像机内参数。分层逐步标定法的特点是在射影标定的基础上，以某一幅图像为基准做射影对齐，从而将未知数数量缩减，再通过非线性优化算法同时解出所有未知数。不足之处在于非线性优化算法的初值只能通过预估得到，而不能保证其收敛性。由于射影重建时，都是以某参考图像为基准，所以，参考图像的选取不同，标定的结果也不相同。

④ 基于二次曲面的自标定方法

这种自标定方法与基于 Kruppa 方程的方法在本质上是相同的，它们都利用绝对二次曲线在欧氏变换下的不变性。但在输入多幅图像并能得到一致射影重建的情况下，基于二次曲面的自标定方法会更好一些，其根源在于二次曲面包含了无穷远平面和绝对二次曲线的所有信息，且基于二次曲面的自标定方法又是在对所有图像做射影重建的基础上计算二次曲面的，因此，该方法保证了无穷远平面对所有图像的一致性。

（2）基于3D立体靶标进行摄像机标定的技术

将式（4-82）写成

$$z\begin{bmatrix}u\\v\\1\end{bmatrix}=\begin{bmatrix}m_{11}&m_{12}&m_{13}&m_{14}\\m_{21}&m_{22}&m_{23}&m_{24}\\m_{31}&m_{32}&m_{33}&m_{34}\end{bmatrix}\begin{bmatrix}x_w\\y_w\\z_w\\1\end{bmatrix} \tag{4-88}$$

式中，$(x_w, y_w, z_w, 1)$是空间三维点的世界坐标，$(u, v, 1)$为相应的图像坐标，$m_{ij}$为透视变换矩阵M的元素。整理，消去z后，得到如下关于$m_{ij}$的线性方程

$$\begin{aligned}m_{11}x_w+m_{12}y_w+m_{13}z_w+m_{14}-uz_w m_{31}-uy_w m_{32}-uz_w m_{33}=um_{34}\\m_{21}x_w+m_{22}y_w+m_{23}z_w+m_{24}-vz_w m_{31}-vy_w m_{32}-vz_w m_{33}=vm_{34}\end{aligned} \tag{4-89}$$

方程（4-89）描述了三维坐标点$(x_w, y_w, z_w, 1)$与相应图像点$(u, v, 1)$之间的关系。如果已知三维世界坐标和相应的图像坐标，将变换矩阵看作未知数，则共有12个未知数。对于每一个物体点，都有如上的两个方程。因此，取6个物体点，就可以得到12个方程，从而求得变换矩阵M的系数。

（3）基于径向排列约束（RAC）的摄像机标定技术

基于RAC（Radial alignment constraint）的摄像机标定方法属于两步法，两步法是近年来较为成功的摄像机标定方法，而两步法中以T-sai的标定算法最为典型。其标定过程是先忽略镜头的误差，利用中间变量将标定方程化为线形方程求解出摄像机的外参数；然后根据已经求得的外部参数考虑实际的透镜模型，利用非线性优化的方法求取径向畸变系数$k$、有效焦距$f$以及平移分量$t_z$。

径向排列约束就是矢量$\boldsymbol{L}_1$和矢量$\boldsymbol{L}_2$具有相同的方向，即方向$(\boldsymbol{L}_1)$ =方向$(\boldsymbol{L}_2)$。由成像模型可知，径向畸变不改变$\boldsymbol{L}_1$的方向，因此，无论有无透镜畸变都不影响以上等式。有效焦距的变化，也不影响这个等式，因为焦距的变化只会影响$\boldsymbol{L}_1$的程度而不影响其方向。由式（4-73）得

$$\begin{cases}x=r_{11}x_w+r_{12}y_w+r_{13}z_w+t_x\\y=r_{21}x_w+r_{22}y_w+r_{23}z_w+t_y\\z=r_{31}x_w+r_{32}y_w+r_{33}z_w+t_z\end{cases} \tag{4-90}$$

RAC意味着存在下式

$$\frac{x}{y}=\frac{X_d}{Y_d}=\frac{r_{11}x_w+r_{12}y_w+r_{13}z_w+t_x}{r_{21}x_w+r_{22}y_w+r_{23}z_w+t_y} \tag{4-91}$$

整理得

$$x_w Y_d r_{11}+y_w Y_d r_{12}+z_w Y_d r_{13}+Y_d t_x-x_w X_d r_{21}-y_w X_d r_{22}-z_w X_d r_{23}=X_d t_y \tag{4-92}$$

上式两边同除以$t_y$，得

$$x_w Y_d\frac{r_{11}}{t_y}+y_w Y_d\frac{r_{12}}{t_y}+z_w Y_d\frac{r_{13}}{t_y}+Y_d\frac{t_x}{t_y}-x_w X_d\frac{r_{21}}{t_y}-y_w X_d\frac{r_{22}}{t_y}-z_w X_d\frac{r_{23}}{t_y}=X_d \tag{4-93}$$

再将上式表示成矢量形式

$$\begin{bmatrix} x_w Y_d & y_w Y_d & z_w Y_d & Y_d & -x_w X_d & -y_w X_d & -z_w X_d \end{bmatrix} \begin{bmatrix} r_{11}/t_y \\ r_{12}/t_y \\ r_{13}/t_y \\ t_x/t_y \\ r_{21}/t_y \\ r_{22}/t_y \\ r_{23}/t_y \end{bmatrix} = X_d \tag{4-94}$$

其中，行矢量 $\begin{bmatrix} x_w Y_d & y_w Y_d & z_w Y_d & Y_d & -x_w X_d & -y_w X_d & -z_w X_d \end{bmatrix}$ 是已知的，而列矢量 $\begin{bmatrix} r_{11}/t_y & r_{12}/t_y & r_{13}/t_y & t_x/t_y & r_{21}/t_y & r_{22}/t_y & r_{23}/t_y \end{bmatrix}^{\mathrm{T}}$ 是待求的参数。

对每一个物体点，已知其 $x_w$、$y_w$、$X_d$、$Y_d$，就可以写出公式（4-94），选取合适的 7 个点就可以解出列矢量中 7 个分量。用同一平面上的点来作标定，并选取世界坐标系，使 $z_w = 0$，这样，式 4-94 可以简化为

$$\begin{bmatrix} x_w Y_d & y_w Y_d & Y_d & -x_w X_d & -y_w X_d \end{bmatrix} \begin{bmatrix} r_{11}/t_y \\ r_{12}/t_y \\ t_x/t_y \\ r_{21}/t_y \\ r_{22}/t_y \end{bmatrix} = X_d \tag{4-95}$$

利用最小二乘法求解这个方程组。计算有效焦距 $f$，$t_z$ 平移分量和透镜畸变系数 $k$ 时，先不考虑透镜畸变，可线性求出有效焦距 $f$ 和平移矢量 $\boldsymbol{T}$ 的 $t_z$ 分量，然后利用这些值作初始值，考虑有畸变系数 $k$ 的模型，利用优化算法求解非线性方程组得到 $f$，$t_z$，$k$ 的精确值。

利用式（4-96）和旋转矩阵为正交阵的特点，可以确定旋转矩阵 $\boldsymbol{R}$ 和平移分量 $t_x$、$t_y$。

利用 RAC 方法将外部参数分离出来，并用求解线性方程的方法求解外部参数。

特别地，可将世界坐标和摄像机坐标重合，这样，标定时只求内部参数，从而简化标定。

（4）张正友标定法

1）对每一幅图像得到一个映射矩阵 $\boldsymbol{H}$

一个 2D 点可以表示为 $\boldsymbol{m} = [u, v]^{\mathrm{T}}$。一个 3D 点可以表示为 $\boldsymbol{M} = [X, Y, Z]^{\mathrm{T}}$。用 $\tilde{x}$ 表示其增广矩阵：$\tilde{\boldsymbol{m}} = [u, v, 1]^{\mathrm{T}}$ 以及 $\tilde{\boldsymbol{M}} = [X, Y, Z, 1]^{\mathrm{T}}$。摄像机通常被简化为一个针孔模型，则一个 3D 点 $\boldsymbol{M}$ 与它投影图像点之间的关系可以表示为

$$s\tilde{\boldsymbol{m}} = \boldsymbol{A}[R, t]\tilde{\boldsymbol{M}} \tag{4-96}$$

式中，$\boldsymbol{s}$ 是任意标准矢量；$R$、$t$ 为外部参数，是世界坐标系与摄像机坐标系间的旋转与平移关系；$\boldsymbol{A}$ 矩阵为摄像机内部参数，表示为

$$\boldsymbol{A} = \begin{bmatrix} \boldsymbol{\alpha} & \boldsymbol{\gamma} & \boldsymbol{u}_0 \\ 0 & \boldsymbol{\beta} & \boldsymbol{v}_0 \\ 0 & 0 & 1 \end{bmatrix}$$

其中，$(u_0, v_0)$是坐标系上的原点；$\boldsymbol{\alpha}$ 和 $\boldsymbol{\beta}$ 是图像上 $u$ 和 $v$ 坐标轴的标准矢量；$\gamma$ 表示两坐标轴的垂直度。

为了不失一般性，假定模板平面在世界坐标系 $Z = 0$ 的平面上，则由式（4-96）可以得到

$$
s\begin{bmatrix} u \\ v \\ 1 \end{bmatrix} = \boldsymbol{A}\begin{bmatrix} r_1 & r_2 & r_3 & t \end{bmatrix}\begin{bmatrix} X \\ Y \\ 0 \\ 1 \end{bmatrix} = \boldsymbol{A}\begin{bmatrix} r_1 & r_2 & r_3 \end{bmatrix}\begin{bmatrix} X \\ Y \\ 1 \end{bmatrix} \tag{4-97}
$$

其中，$\boldsymbol{A}$ 为摄像机内参数矩阵，$\tilde{\boldsymbol{M}} = [X, Y, 1]^{\mathrm{T}}$ 为标定板平面上的齐次坐标，$\tilde{\boldsymbol{m}} = [u, v, 1]^{\mathrm{T}}$ 为模板平面上的点投影到图像平面上对应点的齐次坐标，$[r_1 \quad r_2 \quad r_3]$ 和 $t$ 分别是摄像机坐标系相对于世界坐标系的旋转矩阵和平移向量。

此时，可以得到一个 3×3 的矩阵 $\boldsymbol{H}$

$$
\boldsymbol{H} = [h_1 \quad h_2 \quad h_3] = \lambda \boldsymbol{A}[r_1 \quad r_2 \quad t] \tag{4-98}
$$

利用映射矩阵可得到内参数 $A$ 的约束条件

$$
\boldsymbol{h}_1^{\mathrm{T}} \boldsymbol{A}^{-\mathrm{T}} \boldsymbol{A}^{-1} \boldsymbol{h}_2 = 0 \tag{4-99}
$$

2）利用约束条件线性求解内参数 $A$

假设：

$$
\boldsymbol{B} = \boldsymbol{A}^{-\mathrm{T}}\boldsymbol{A}^{-1} = \begin{bmatrix} \boldsymbol{B}_{11} & \boldsymbol{B}_{12} & \boldsymbol{B}_{13} \\ \boldsymbol{B}_{21} & \boldsymbol{B}_{22} & \boldsymbol{B}_{23} \\ \boldsymbol{B}_{31} & \boldsymbol{B}_{32} & \boldsymbol{B}_{33} \end{bmatrix} = \begin{bmatrix} \dfrac{1}{\alpha^2} & -\dfrac{\gamma}{\alpha^2\beta} & \dfrac{v_0\gamma - u_0\beta}{\alpha^2\beta} \\ -\dfrac{\gamma}{\alpha^2\beta} & \dfrac{\gamma^2}{\alpha^2\beta} + \dfrac{1}{\beta^2} & -\dfrac{\gamma(v_0\gamma - u_0\beta)}{\alpha^2\beta} - \dfrac{v_0}{\beta^2} \\ \dfrac{v_0\gamma - u_0\beta}{\alpha^2\beta} & -\dfrac{\gamma(v_0\gamma - u_0\beta)}{\alpha^2\beta} - \dfrac{v_0}{\beta^2} & \dfrac{(v_0\gamma - u_0\beta)^2}{\alpha^2\beta} + \dfrac{v_0}{\beta^2} + 1 \end{bmatrix} \tag{4-100}
$$

其中，$\boldsymbol{B}$ 是对称矩阵，可以表示为六维向量 $\boldsymbol{b} = [\boldsymbol{B}_{11}，\boldsymbol{B}_{12}，\boldsymbol{B}_{13}，\boldsymbol{B}_{22}，\boldsymbol{B}_{23}，\boldsymbol{B}_{33}]^{\mathrm{T}}$，基于绝对二次曲线原理求出 $\boldsymbol{B}$ 以后，再对 $\boldsymbol{B}$ 矩阵求逆，利用 Choleski 分解，便可从 $\boldsymbol{B}$ 中导出内参数矩阵 $\boldsymbol{A}$。再由 $\boldsymbol{A}$ 和映射矩阵 $\boldsymbol{H}$ 计算每幅图像相对于平面模板的外参数旋转矩阵 $\boldsymbol{R}$ 和平移向量 $\boldsymbol{t}$

$$
\begin{aligned}
\boldsymbol{r}_1 &= \lambda \boldsymbol{A}^{-1}\boldsymbol{h}_1 \\
\boldsymbol{r}_2 &= \lambda \boldsymbol{A}^{-1}\boldsymbol{h}_2 \\
\boldsymbol{r}_3 &= \boldsymbol{r}_1 \times \boldsymbol{r}_2 \\
\boldsymbol{t} &= \lambda \boldsymbol{A}^{-1}\boldsymbol{h}_3
\end{aligned} \tag{4-101}
$$

3）最大似然估计

采用极大似然准则(Maximum likelihood estimation)对上述参数进行优化。假设有 $n$ 幅关于模板平面的图像，而模板平面上有 $m$ 个标定点，那么极大似然估计值就可以通过下式最小化得到（即制定评价函数）

$$
\sum_{i=1}^{n}\sum_{j=1}^{m}\left\| \boldsymbol{m}_{ij} - \boldsymbol{m}(\boldsymbol{A}, k_1, k_2, \boldsymbol{R}_i, \boldsymbol{t}_i, \boldsymbol{M}_j) \right\|^2 \tag{4-102}
$$

其中，$\boldsymbol{m}_{ij}$ 为第 $j$ 个点在第 $i$ 幅图像中的像点；$\boldsymbol{R}_i$ 为第 $i$ 幅图像旋转矩阵；$\boldsymbol{t}_i$ 为第 $i$ 幅图像的平移向量；$\boldsymbol{M}_j$ 为第 $j$ 个点的空间坐标；初始估计值利用上面线性求解的结果，畸变系数 $k_1$，$k_2$ 初始值为 0。

（5）举例

用计算机产生一张有 18×18 个圆形平面图样，且圆的大小与圆与圆之间的间距都是相同的。然后以 1∶1 的比例打印出来，贴在一块光洁水平的玻璃板上，作为标定模板，如图 4-68 所示。取每个圆形的圆心作为特征点，则共有 324 个特征点，选定世界坐标系（如以第一个角点为原点），便可以得出各特征点的世界坐标。

对标定板图样进行采集。目标图样的采集过程就是通过 CCD 摄像机和图像采集卡等数字图像采集系统将其获取至计算机中成为灰度图像的过程。如图 4-69 所示，获得 5 张不同位姿的标定板图像。

利用边缘检测算子，对图像进行边缘检测，得到处理后的图像，如图 4-70 所示。

再取出每个圆圈上的点，计算其中心位置，最后对得到的中心点进行排序。将这些提取出的中心点作为参考点，利用张正友标定法进行标定，计算出矩阵 $A$，以及 $k_1$ 和 $k_2$。

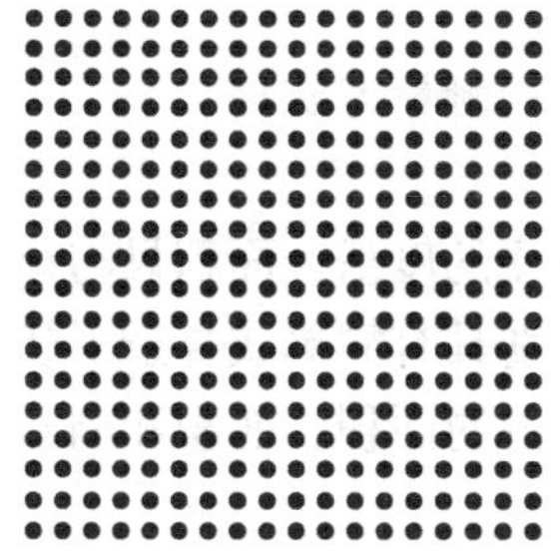

图 4-68　标定用模板

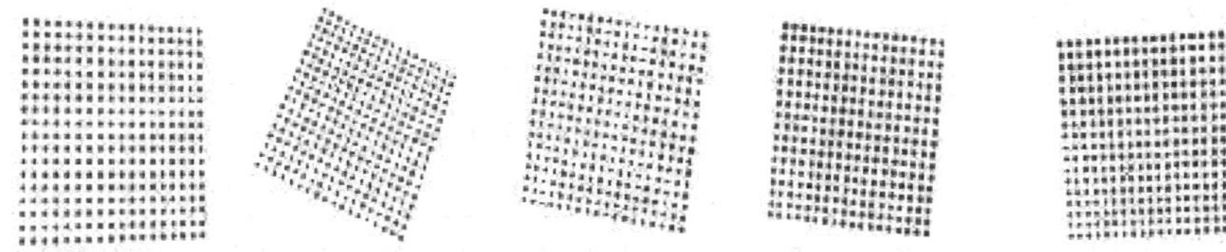

图 4-69　采集到的标定图像

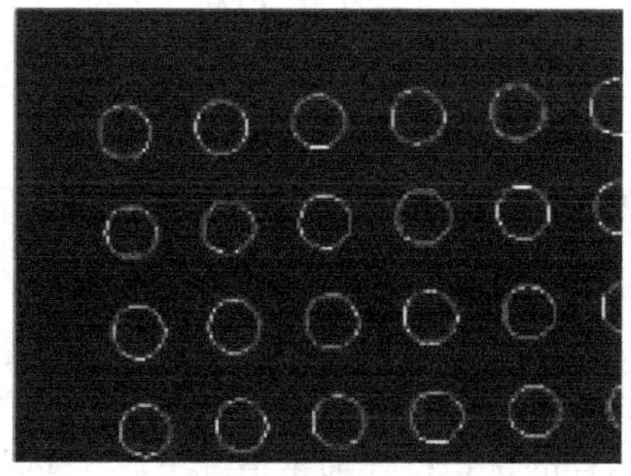

图 4-70　边缘检测图像

将摄像机标定技术应用在机器视觉中，用来检测工业流水线上产品是否为次品。首先是相机标定，有两种方法：① 把相机放绝对水平，然后对一个标准圆拍照，保证成像也是标准圆，记下两个圆的比例关系。以后就可以对成像施以比例变换可得到物体的真实面貌；② 相机放任意位置，对一平面物体图像成像，在相片上取四个和物体平面图像对应的点，列方程组解出平面物体成像时的八个成像系统的未知常量，然后可以根据变换公式变形复原拍到的真实物体面貌。第二步即为检测真实物体面貌的主轴。最后，标定任意形状物体主轴后，把拍照的物体主轴和标准物体图像的主轴对齐，计算两个图的差异，如果差异为 0，那么该产品完全标准；如果差异超过某一值，就可认为是次品。

## 4.10 测量算法

在物体从图像中分割出来后，进一步就可以对它的几何特征进行测量和分析，在此基础上可以识别物体，也可以对物体分类，或对物体是否符合标准进行判别，实现质量监控。与图像分割一道，物体测量与形状分析在工业生产中有重要的应用，它们是机器视觉的主要内容之一。

### 4.10.1 尺寸测量

本节讨论几种常用的物体尺寸的测量方法。

（1）面积和周长

面积是物体的总尺寸的一个方便的度量。面积只与该物体的边界有关，而与其内部灰度级的变化无关。物体的周长则在区别具有简单或复杂形状物体时特别有用。一个形状简单的物体用相对较短的周长来包围它所占的面积。面积和周长可以从已分割的图像抽取物体的过程中计算出来。

① 边界定义　在给出一个计算物体面积和周长的算法时，要注意物体边界的问题是：边界像素是全部还是部分地包含在物体中？或者，物体的实际的边界是穿过了边界像素的中心还是围绕着它们的外边缘？

② 像素计数面积　最简单的面积计算方法是统计边界内部（也包括边界上）的像素的数目。与这个定义相对应，周长就是围绕所有这些像素的外边界的长度。

③ 多边形的周长　一个让人更满意的测量物体周长的的方法是将物体边界定义为以各边界像素中心为顶点的多边形。于是，相应的周长就是一系列横竖向（$\Delta p = 1$）和对角线方向（$\Delta p = \sqrt{2}$）的间距之和。一个物体的周长可表示为

$$p = N_e + \sqrt{2} N_o \tag{4-103}$$

其中，$N_e$ 和 $N_o$ 分别是边界链码中根据图 4-53 的约定走偶步与走奇步的数目。周长也可以简单地通过计算边界上相邻像素的中心距的和得到。

④ 多边形的面积　按像素中心定义的多边形的面积等于所有像素点的个数减去边界像素点数目的一半加 1，即

$$A = N_0 - \left[(N_b / 2) + 1\right] \tag{4-104}$$

$N_o$ 和 $N_b$ 分别是物体的像素（包括边界像素数目和边界上像素的数目）。这种以像素点计数法表示面积的修正方法是基于这样的认识：在通常情况下，一个边界像素的一半在物体内而另一半在物体外；而且，绕一个封闭曲线一周，由于物体总的来说是凸的，相当于一半像素的附加面积是落在物体外的。换句话说，通过减去周长的一半来近似地修正这种由像素点计数导出的面积。

1）计算面积和周长

如图 4-71 所示。一个多边形的面积等于由各顶点与内部一点的连线所组成的全部三角形

的面积之和，可以令该点为图像坐标系的原点。图4-72 中的水平和垂直线将区域划分为若干个矩形，其中有些以三角形的边作为其对角线，因而，这种矩形有一半面积落在三角形之外，即

$$dA = x_2 y_1 - \frac{1}{2}x_1 y_1 - \frac{1}{2}x_2 y_2 - \frac{1}{2}(x_2 - x_1)(y_1 - y_2) \tag{4-105}$$

展开并整理该公式可简化为

$$dA = \frac{1}{2}(x_2 y_1 - x_1 y_2) \tag{4-106}$$

而整个多边形的面积为

$$A = \frac{1}{2}\sum_{i=1}^{N_b}(x_{i+1} y_i - x_i y_{i+1}) \tag{4-107}$$

其中 $N_b$ 是边界点的数目。

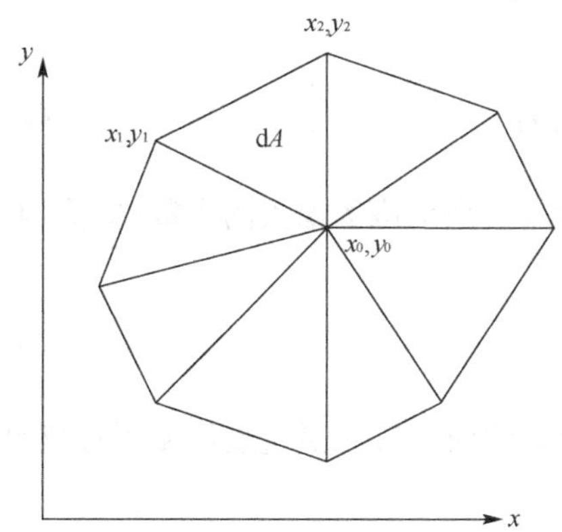


图 4-71　计算一个多边形的面积

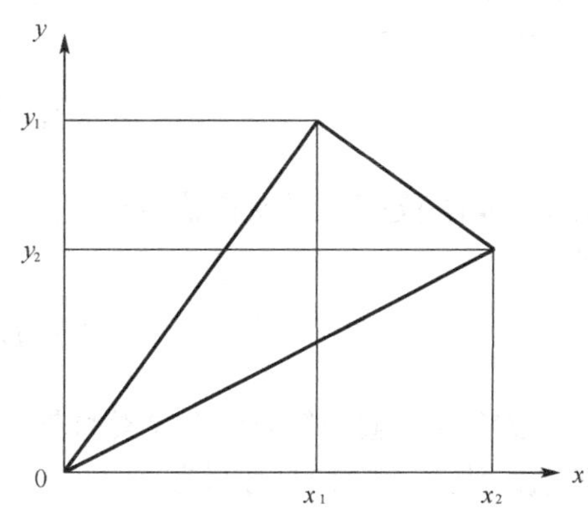


图 4-72　计算一个三角形的面积

需要注意的是，如果原点位于物体之外，任意一个特定三角形都包含了一些不在多边形内的面积。还应注意一个特定三角形的面积可以为正或负，它的符号是由遍历边界的方向来决定的。当对边界作了一次完整的遍历后，落在物体之外的面积都已被减去。

相应的周长等于多边形各边长之和。如果该多边形的所有边界点都用作顶点，周长将成为前面所得出的所有横竖向和对角线方向测量值之和。

2）边界平滑

通常，由于图像噪声和边界点被限制在矩形采样网格内，周长的测量值被人为地偏高。对边界进行平滑可以减少噪声，但并不能减轻直线式采样的影响。

边界的进一步平滑，可以在只用边界像素的一个子集作为顶点来计算面积和周长时实现。尤其是在曲率很小的区域上，可以简单地跳过一些边界像素。但是，过分使用这样的处理，会使物体的真实形状受损，而且会降低测量的精确性。

边界平滑也可以用参数形式表示边界的方式实现。如果物体凹陷不严重，边界可以通过以物体内某点为极点的极坐标表示。在这种情况下，边界可用 $\rho(\theta)$形式的函数表示。唯一的要求是对每个 $\theta$，$\rho$ 值必须唯一。

如果形状过于复杂，以至于极点不存在，边界可以用更一般的复数边界函数表示

$$B(p_i) = x_i + jy_i$$

其中，$p_i$ 是从边界上任意一个起点到第 $i$ 个边界点的距离，$i = 1, 2\cdots$，$N_b$ 是边界点的

序号。

经过平滑后的边界函数上的点不再受限于采样网格。这些点的全部或一部分可被用作面积和周长计算中的顶点。

（2）平均灰度和综合灰度

综合灰度 IOD 是物体所有像素的灰度级之和。它反映了物体的“质量”或“重量”，从数量上等价于面积乘以物体内部的平均灰度。平均灰度等于 IOD 除以面积。

IOD 可直接从图像的直方图计算得到。

$$IOD = \int_0^a \int_0^b D(x,y)\mathrm{d}x\mathrm{d}y \tag{4-108}$$

其中，$D(x,y)$是图像的灰度函数，$a$ 和 $b$ 是所划定的图像区域的边界。如果在灰度级为 0 的背景上有深色的物体，则 IOD 反映了物体的面积和灰度的组合。

对数字图像，有

$$IOD = \sum_{i=1}^{NL}\sum_{j=1}^{NS} D(i,j) \tag{4-109}$$

其中，$D(i,j)$是$(i,j)$处像素的灰度值。令 $N_k$ 代表灰度级为 $k$ 时所对应的像素的个数。则式（4-109）可写为

$$IOD = \sum_{k=0}^{255} kN_k \tag{4-110}$$

显然，上式是将一幅图像内所有像素的灰度级加起来。然而，$N_k$ 只是灰度级 $k$ 所对应的直方图上的值，故式（4-110）可写为

$$IOD = \sum_{k=0}^{255} kH(k) \tag{4-111}$$

即用灰度级加权的直方图之和。令式（4-109）等于式（4-111），并且令灰度级的增量趋向极限 0，可得到类似的适用于连续图像的表达式

$$IOD = \int_0^\infty DH(D)\mathrm{d}D \tag{4-112}$$

和

$$\int_0^a \int_0^b D(x,y)\mathrm{d}x\mathrm{d}y = \int_0^\infty DH(D)\mathrm{d}D \tag{4-113}$$

如果图像中的物体被阈值灰度级为 T 的边界勾画出来，则物体边界内的 IOD 可由下式给出

$$IOD(T) = \int_T^\infty DH(D)\mathrm{d}D \tag{4-114}$$

内部灰度级的平均值 MGL 等于 IOD 与面积之比

$$MGL = \frac{IOD(T)}{A(T)} \frac{\int_T^\infty DH(D)\mathrm{d}D}{\int_T^\infty H(D)\mathrm{d}D} \tag{4-115}$$

（3）长度和宽度

当一个物体已从一幅图像中分割出来后，它在水平和垂直方向的跨度只需知道物体的最大和最小行/列号就可计算。但对具有随机走向的物体，水平和垂直并不一定是感兴趣的方向。

在这种情况下，有必要确定物体的主轴并测量与之相关的长度和宽度。

当物体的边界已知时，有几种方法可以确定一个物体的主轴。可以算出物体内部点的一条最佳拟合直线（或曲线），也可以从矩（moments）的计算得出，第三种方法是应用物体的最小外接矩形（MER-Minimum Enclosing Rectangle）。

应用 MER 技术，物体的边界以 3°左右的增量旋转 90°。每次旋转一个增量后，用一个水平放置的 MER 来拟合其边界。如图 4-73 所示。为了计算需要，只需记录下旋转后边界点的最大和最小 $x$，$y$ 值。在某个旋转角度，MER 的面积达到最小值。这时的 MER 的尺寸可以用来表示该物体的长度和宽度。MER 最小时的旋转角度给出了该物体的主轴方向。

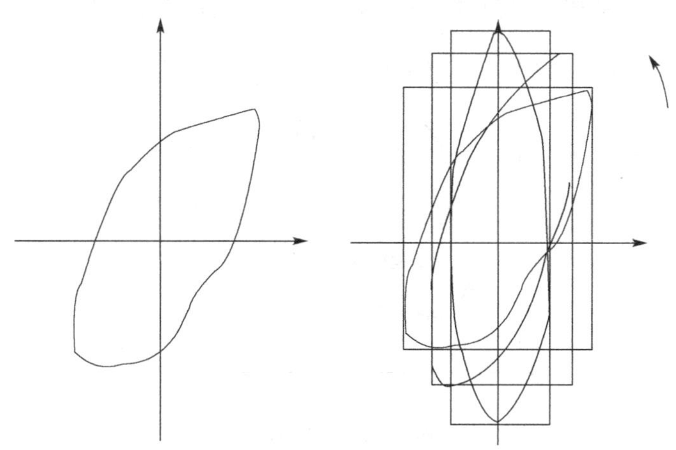

图 4-73　用 MER 来拟合边界

### 4.10.2　形状分析及描述

（1）矩形度

矩形度用物体的面积与其最小外接矩形的面积之比来刻画，反映物体对其外接矩形的充满程度。反映物体矩形度的参数是矩形拟合因子。

$$R = A_{\mathrm{O}}/A_{\mathrm{R}} \tag{4-116}$$

其中，$A_{\mathrm{O}}$ 是该物体的面积，$A_{\mathrm{R}}$ 是其 MER 的面积。对于矩形物体 R 取得最大值 1.0，对于圆形物体 R 取值为 $\pi/4$，对于纤细的、弯曲的物体取值变小。矩形拟合因子的值限定在 0 到 1 之间。

另一个与形状有关的特征是长宽比

$$A = W/L \tag{4-117}$$

它等于 MER 的宽与长的比值。这个特征可以把较纤细的物体与方形或圆形物体区分开。

（2）圆形度

圆形度用来刻画物体边界的复杂程度，它们在圆形边界时取最小值。最常用的圆形度是周长的平方与面积的比。这个特征对圆形形状取最小值 4π。越复杂的形状取值越大。圆形度指标 $C$ 与边界概念有着粗略的联系。

$$C = P^2/A \tag{4-118}$$

一个相关的圆形度指标是边界能量。假定一个物体的周长为 $P$，用变量 $p$ 表示边界上的点到某一起始点的距离。在任一点，边界都有一个瞬时曲率半径 $r(p)$。这是在该点与边界相

切的圆的半径，如图 4-74 所示。在 $p$ 点的曲率函数为

$$K(p)=1/r(p) \tag{4-119}$$

函数 $K(p)$是周期为 $P$ 的周期函数。可以用下式计算单位边界长度的平均能量

$$E=\frac{1}{P}\int_0^p|K(p)|^2\,\mathrm{d}p \tag{4-120}$$

对于一固定的面积值，一个圆具有最小边界能量

$$E_0=(\frac{2\pi}{P})^2=(\frac{1}{R})^2 \tag{4-121}$$

$R$ 是该圆的半径。曲率可以很容易由链码算出，因而边界能量也可方便计算。

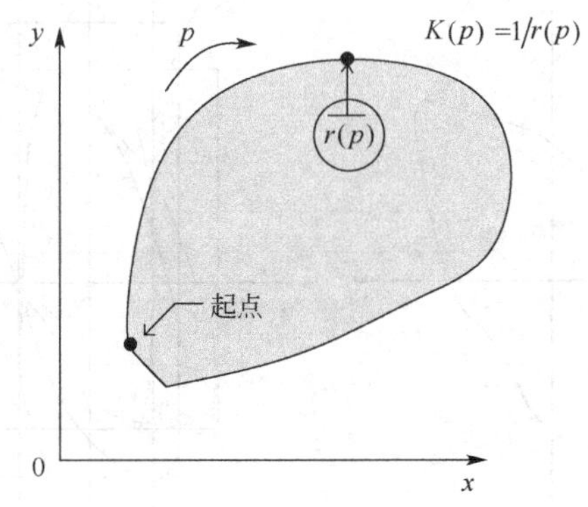


图 4-74 曲率半径

第三个圆形度指标利用了从边界上的点到物体内部某点的平均距离。这个距离为

$$\bar{d}=\frac{1}{N}\sum_{i=1}^{N}x_i \tag{4-122}$$

其中，$x_i$是从一个具有 $N$ 个点的物体中的第 $i$ 个点到与其最近的边界点的距离，相应的形状度量为

$$g=\frac{A}{\bar{d}^2}=\frac{N^3}{\sum_{i=1}^{N}x_i} \tag{4-123}$$

等式（4-123）的分母中的和是经距离变换后的图像的 IOD。经距离变换后的图像中某像素的灰度级反映了该像素与其最近边界的距离。

（3）不变矩

定义 具有两个变元的有界函数 $f(x,y)$的矩集被定义为

$$M_{jk}=\int_{-\infty}^{\infty}\int_{-\infty}^{\infty}x^j y^k f(x,y)\mathrm{d}x\mathrm{d}y \tag{4-124}$$

这里 $j$ 和 $k$ 可取所有的非负整数值。这个集合完全可以确定函数 $f(x,y)$本身，换句话说，集合$\left\{M_{jk}\right\}$对于函数 $f(x,y)$是唯一的。

为了描述形状，假设 $f(x,y)$在物体内取值为 1 而在其外都取 0 值。这种剪影函数只反映了物体的形状而忽略了其内部的灰度级细节，这样它就与物体的轮廓建立了一一对应的关系，每个特定的形状具有一个特定的轮廓和一个特定的矩集。

参数 $j+k$ 称为矩的阶。零阶矩只有一个

$$M_{00}=\int_{-\infty}^{\infty}\int_{-\infty}^{\infty}f(x,y)\mathrm{d}x\mathrm{d}y \tag{4-125}$$

显然，它是该物体的面积。1 阶矩有两个，高阶矩则更多。用 $M_{00}$ 除所有的 1 阶矩和高阶矩可以使它们和物体的大小无关。

1）中心矩

一个物体的质心坐标是

$$\overline{x}=\frac{M_{10}}{M_{00}} \quad \overline{y}=\frac{M_{01}}{M_{00}} \tag{4-126}$$

所谓的中心距是以质心作为原点进行计算

$$\mu_{jk}=\int_{-\infty}^{\infty}\int_{-\infty}^{\infty}(x-\overline{x})^j(y-\overline{y})^k f(x,y)\mathrm{d}x\mathrm{d}y \tag{4-127}$$

因此中心距具有位置无关性。因此，对于规格化的中心矩，平移、旋转和尺度变化都是不变的。

2）主轴

使二阶中心距 $\mu_{11}$ 变得最小的旋转角 $\theta$ 可以由下式得出

$$\tan 2\theta=\frac{2\mu_{11}}{\mu_{20}-\mu_{02}} \tag{4-128}$$

对 $x$，$y$ 轴旋转 $\theta$ 角得到坐标轴 $x'$，$y'$，称为该物体的主轴。等式（4-128）中在 $\theta$ 为 90º 时的不确定性可以通过指定

$$\mu_{20}<\mu_{02} \quad \mu_{30}>0 \tag{4-129}$$

得到解决。

3）不变矩

相对于主轴计算并用面积规范化的中心矩，在物体放大、平移、旋转时保持不变。只有三阶或更高阶的矩经过这样的规范化后不能保持不变性。这些矩的幅值反映了物体的形状并能够用于模式识别。不变矩及其组合已经用于印刷体字符的识别和染色体分析中。

不变矩具备了好的形体特征所应该具有的某些性质，但它们并不能确保在任意特定的情况下都具有所有这些性质。一个物体形状的唯一性体现在一个矩的无限集中。因此，要区别相似的形体需要一个很大的特征集。这样所产生的高维分类器对噪声和类的变化十分敏感。在某些情况下，几个阶数相对较低的矩可以反映一个物体的显著形状特征。如果既可靠又能区别形体特征的不变矩的确存在的话，通常可以实验找到。

（4）形状描述子

有时，需要使用既能比单个参数提供更多的细节，但又比用图像本身紧凑的方法描述物体形状。形状描述子就是一种对物体形状的简洁的描述。

1）微分链码

前面章节中讨论过的边界链码就是一种形状描述子。图4-75 显示了一个简单物体和其边界链码以及边界链码的微分。微分链码反映了边界的曲率，峰值处显示了凹凸性，而边界链码将边界切线角作为环绕物体边界长度的函数显示。两个函数都可以加以进一步分析获得形状度量。

多边形形体在每个顶点处有一个尖峰凸起，从而可在微分链码中分离出来。例如，一个多边形是否是三角形可以用微分链码的傅立叶展开式中的三次谐波的幅值来度量。因此可以用三次谐波和四次谐波的幅值比来区分三角形和正方形。在对边界链码进行求微分之前通常

要先对其进行平滑处理。

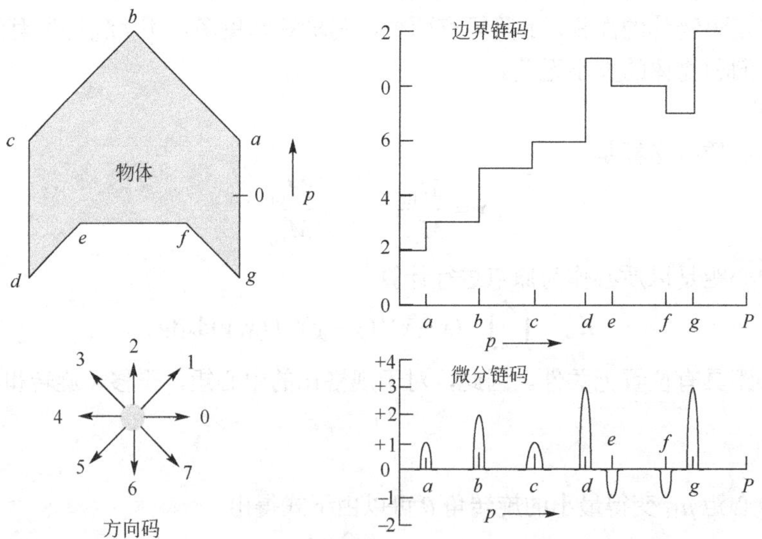


图 4-75　链码和它的导数

2）傅立叶描述子

傅立叶描述子的基本思想是用物体边界的傅立叶变换作为形状描述，利用边界区域的封闭性和周期性，将二维问题转化为一维问题。它是描述闭合曲线的一种方法，其利用一系列傅立叶系数来表示闭合曲线的形状特征，但与链码不同，只适用于单闭合曲线。

假设一个二维物体的轮廓是由一系列像素组成，从这些边界点的坐标中可以推导出三种形状表达，分别是曲率函数、质心距离和复坐标函数。轮廓线上某一点的曲率定义为轮廓切向角度相对于弧长的变化率；质心距离定义为从物体边界点到物体中心的距离；复坐标函数使用复数表示的像素坐标。

设 $P$ 为边界轮廓上的任意一点，以边界轮廓上的点 $A$ 为参照点，记 $s$ 为从 $A$ 到 $P$ 点的弧长，并设边界轮廓线的周长为 $S$（图 4-76），则 $P$ 点可表示成弧长的函数

$$u(s)=(X(s),Y(s)),0\leqslant s\leqslant S$$

若将坐标原点移到质心处，并设 $t=2\pi s/S$，则轮廓线可表示成

$$x(t)=X(t)-\bar{X},y(t)=Y(t)-\bar{Y}$$

$$u(t)=(x(t),iy(t)),0\leqslant t\leqslant 2\pi$$

这样，将物体的边界轮廓与周期函数相对应，因此可以用它的傅立叶变换系数来刻画其轮廓特征。对这种复坐标函数的傅立叶变换会产生一系列复数系数，这些系数在频率上表示了物体形状。其中，低频分量反映了图像主体的基本形状，高频分量表达了形状的细节特征。傅立叶形状描述子可以从这些参数中得出。不变性是基于轮廓的形状表示所固有的特点。由于傅立叶变换系数的模具有平移及旋转不变性，故

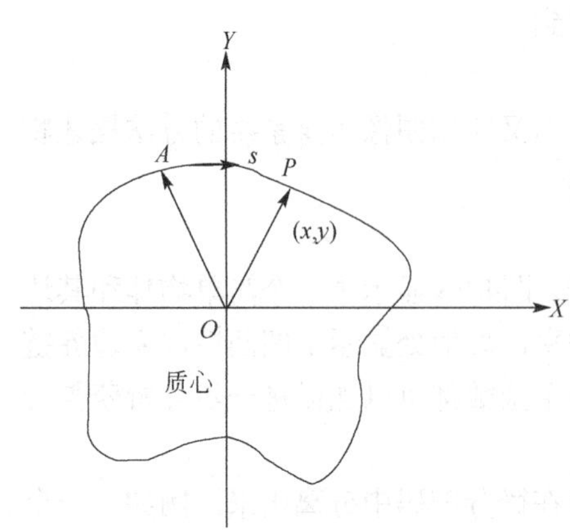


图 4-76　物体的边界轮廓描述方式

可用傅立叶变换的系数向量作为特征来识别物体。为了保持旋转不变性，仅仅保留了参数的大小信息，而省去了相位信息。缩放的不变性是通过将参数的大小除以直流分量或第一个非零参数的大小来保证的。在实现时，通常需要将其幅值规范化，如除以最大幅值或平均幅值，以便得到尺度无关的形状识别特征。

补充一点，对于傅立叶变换而言，其要求输入信号为均匀采样，而在描述图像边缘时存在两种间距，在这种情况下，利用傅立叶描述子来对曲线进行描述仅仅是一种近似的描述。

3）中轴变换（抽骨架）

另一种能保持形状信息的技术就是中轴变换。物体的内部一点位于中轴上的充要条件是：它是就一个物体与边界相切于两个相邻点的圆的圆心。与中轴上每点相联系的一个值是上述圆的半径，它带代表了从该点到边界的最短距离。

中轴变换是寻找所有满足如下条件的点及对应参数：以该点为中心存在一个包含于物体内的，且与物体边界相切于两点的圆盘，该点的参数就是相应圆盘的半径。因此中轴变换就是得到物体的骨架和骨架上每点到物体边界的最短距离的过程。找出中轴的一个方法是用腐蚀法，一种像剥洋葱皮似地依次去除外部周边点的方法。在此过程中如果去掉某一点会使物体变为不连通，那么该点就在中轴上，它的值就是已被剥去的层数。

对于二值图像而言，中轴变换能够保持物体的原本形态，这意味着该变换是可逆的，并且物体可以由它的中轴变换重建。但在实际上，由于离散化的原因，重构的物体与原物体存在细微的差别。

### 4.10.3　曲线和曲面拟合

在图像分析中，为了描述物体的边界或其他特征，有时需要根据一组数据点集来拟合曲线与曲面。曲线与曲面的拟合是数值分析中重要的内容，通常使用最小均方误差准则来找出一定参数形式下的最佳拟合函数。具体选择什么参数形式与问题有关，通常采用多项式形式特别是二次多项式形式，而对于更为一般的情况也可采用样条函数形式。

曲线拟合可以用来估计混有噪声的观察值的基本函数，条件是函数的形式已经知道或被假定。曲面拟合可用来从一幅图像中抽取感兴趣的物体，或估计物体的幅度、尺寸和形状参数。表面拟合也应该能对一些其他的因素进行估计，从而将它去除。如果所关注的物体有一个已知或可假设的函数形式，表面拟合可用作测量目的。例如宇宙空间图像中的星星，可以用二维高斯函数建模。由于拟合过程可确定描述每个物体的各个参数值（例如，位置、尺寸、形状、幅度），它也可用作测量函数。

（1）最小均方误差拟合

给定一个子集$(x_i, y_i)$，一个常用的拟合技术是找出函数$f(x)$，使其均方误差最小。这可以通过下式给出

$$MSE = \frac{1}{N}\sum_{i=1}^{N}[y_i - f(x_i)]^2 \tag{4-130}$$

其中，$(x_i, y_i), i = 1,2,\cdots,N$ 是数据点。

例如，若假定$f(x)$是抛物线，那么它的参数形式为

$$f(x) = c_0 + c_1 x + c_2 x^2 \tag{4-131}$$

曲线拟合的过程就是用来确定系数 $c_0$，$c_1$，$c_2$ 的最佳取值。也就是说，希望确定这些系数的值，以使该抛物线到给定点的误差在均方误差的意义下最小。这是经典的最小二乘法

问题。

上述方法很容易推广到其他参数形式的拟合函数中。通常采用的拟合函数有圆或椭圆，或其他二次或三次多项式函数，此外还有高斯函数等。实现时可用 Matlab 工具，非常方便。

（2）矩阵公式

运用矩阵代数对前述问题求解是很方便的。首先构造包含给定的 $x$ 值的矩阵 $\boldsymbol{B}$，包含 $y$ 值的矩阵 $\boldsymbol{Y}$，和包含待定系数的矩阵 $\boldsymbol{C}$。

$$\boldsymbol{Y}=\begin{bmatrix} y_1 \\ y_2 \\ \vdots \\ y_N \end{bmatrix} \quad \boldsymbol{B}=\begin{bmatrix} 1 & x_1 & x_1^{\,2} \\ 1 & x_2 & x_2^{\,2} \\ \vdots & \vdots & \vdots \\ 1 & x_N & x_N^{\,2} \end{bmatrix} \quad \boldsymbol{C}=\begin{bmatrix} c_0 \\ c_1 \\ c_2 \end{bmatrix} \tag{4-132}$$

表示每一个数据点误差的列向量可以写作

$$\boldsymbol{E}=\boldsymbol{Y}-\boldsymbol{BC} \tag{4-133}$$

其中，矩阵积 $\boldsymbol{BC}$ 是由式（4-131）算出的 $y=f(x)$值的列向量。

式（4-130）中的均方差可以由下式给定

$$MSE=\frac{1}{N}E^{\mathrm{T}}E \tag{4-134}$$

将式（4-133）代入式（4-134），对 $C$ 中的元素进行微分，并令导数为零，可得出解决方案。

$$C=\left[B^{\mathrm{T}}B\right]^{-1}\left[B^{\mathrm{T}}Y\right] \tag{4-135}$$

这是使均方差极小的系数向量。方阵$[B^{\mathrm{T}}B]^{-1}B^{\mathrm{T}}$称为 $B$ 的伪逆矩阵，这种方案称为伪逆法。

如果点的个数和系数个数相等，$B$ 是一个方阵。倘若它是非奇异的，则可以直接求逆。在这种情况下，式（4-135）可以简化为

$$C=B^{-1}Y \tag{4-136}$$

这样，面临的问题就是对包含多个未知量的线性方程组求解。

（3）一维抛物线拟合

下面以对 5 个数据点拟合一条抛物线，作为一个数值的例子。已知数值如下

$$X=\begin{bmatrix} 0.9 \\ 2.2 \\ 3 \\ 4 \\ 5 \end{bmatrix} \quad Y=\begin{bmatrix} 1.8 \\ 3 \\ 2.5 \\ 3 \\ 2 \end{bmatrix} \quad B=\begin{bmatrix} 1 & 0.9 & 0.81 \\ 1 & 2.2 & 4.84 \\ 1 & 3 & 9 \\ 1 & 4 & 16 \\ 1 & 5 & 25 \end{bmatrix} \tag{4-137}$$

该计算过程为

$$B^{\mathrm{T}}B=\begin{bmatrix} 5 & 15 & 56 \\ 15 & 56 & 227 \\ 56 & 227 & 986 \end{bmatrix} \quad B^{\mathrm{T}}Y=\begin{bmatrix} 12.3 \\ 37.7 \\ 136.5 \end{bmatrix} \quad \text{和} \quad C=\begin{bmatrix} 0.747 \\ 1.415 \\ -0.230 \end{bmatrix} \tag{4-138}$$

将计算值和实际值作比较，并观察误差向量

$$Y = \begin{bmatrix} 1.8 \\ 3 \\ 2.5 \\ 3 \\ 2 \end{bmatrix} \quad BC = \begin{bmatrix} 1.83 \\ 2.75 \\ 2.92 \\ 2.73 \\ 2.07 \end{bmatrix} \quad E = \begin{bmatrix} -0.3 \\ 0.25 \\ -0.42 \\ 0.27 \\ -0.07 \end{bmatrix} \tag{4-139}$$

如果假设这是一个自动聚焦的应用，需要确定抛物线的顶点位置。令式（4-131）的导数为零可以得到

$$x_{\max} = -\frac{c_2}{2c_3} = 3.076 \qquad f(x_{\max}) = 2.923 \tag{4-140}$$

如果这些点碰巧是沿着同一条扫描线的灰度级，那么 $x_i$ 之间是等间隔的，但通常对点的排列并没有任何限制。它们可以是任意分散的点组。唯一的限制是 $f(x)$是 $x$ 的一个函数，因此对任意 $x$ 取值必须唯一。也就是说，$f(x)$不能为了拟合这些数据而往回折返。

式（4-135）右边的第一个因子是一个矩阵的逆，它可能带来计算上的麻烦。然而不管在拟合中用到多少个点，这个矩阵是 3×3 的。因此，计算的复杂度不会过于繁琐。

（4）二维三阶拟合

可将前述技术推广到高于二阶的多项式拟合技术，以及推广到二维函数。

一种有效的背景矫正技术可用于对一些背景点进行二项式拟合得到，这些背景点根据低灰度值原则选择，而从图像中减去所得出的函数就可实现将背景矫正。

用一个拟合二维三阶函数的例子来说明这个方法。该函数共有 10 项

$$f(x,y) = c_0 + c_1x + c_2y + c_3xy + c_4x^2 + c_5y^2 + c_6x^2y + c_7xy^2 + c_8x^3 + c_9y^3 \tag{4-141}$$

矩阵 $B$ 是 $N$×10 矩阵

$$B = \begin{bmatrix} 1 & x_1 & y_1 & x_1y_1 & {x_1}^2 & {y_1}^2 & {x_1}^2y_1 & x_1{y_1}^2 & {x_1}^3 & {y_1}^3 \\ \vdots & \vdots & \vdots & \vdots & \vdots & \vdots & \vdots & \vdots & \vdots & \vdots \end{bmatrix} \tag{4-142}$$

因此，式（4-135）中就需要有一个 10×10 的矩阵式逆。

（5）二维高斯拟合

可以通过对图像进行二维高斯曲面拟合，从而实现对这幅图中的圆形或椭圆形物体进行度量。一个二维高斯方程是

$$z_i = A\exp[-\frac{(x_i - x_0)^2}{2{\sigma_x}^2} - \frac{(y_i - y_0)^2}{2{\sigma_y}^2}] \tag{4-143}$$

其中，$A$ 是幅值，$(x_i，y_i)$是位置，$\sigma_x$ 和 $\sigma_y$ 是两个方向上的标准差。

如果对等式两边取对数、展开平方项并加以整理，可以得到一个 $x$ 和 $y$ 的二次项。如果两边同乘以 $z_i$，就得到

$$z_i\ln(z_i) = [\ln(A) - \frac{{x_0}^2}{2{\sigma_x}^2} - \frac{{y_0}^2}{2{\sigma_y}^2}]z_i + \frac{x_0}{{\sigma_x}^2}[x_iz_i] + \frac{y_0}{{\sigma_y}^2}[y_iz_i] - \frac{{x_i}^2z_i}{2{\sigma_x}^2} - \frac{{y_i}^2z_i}{2{\sigma_y}^2} \tag{4-144}$$

它写成矩阵形式为

$$Q = CB \tag{4-145}$$

其中，$Q$ 是一个 $N$×1 向量，其元素为

$$q_i = z_i\ln(z_i) \tag{4-146}$$

$C$ 是一个完全由高斯参数复合的 5 元向量

$$C^{\mathrm{T}}=\left[\ln(A)-\frac{{x_0}^2}{2{\sigma_x}^2}-\frac{{y_0}^2}{2{\sigma_y}^2},\ \frac{x_0}{{\sigma_x}^2},\ \frac{y_0}{{\sigma_y}^2},\ -\frac{1}{2{\sigma_x}^2},\ -\frac{1}{2{\sigma_y}^2}\right] \tag{4-147}$$

$B$ 是一个 $N\times 5$ 矩阵，其第 $i$ 行为

$$[b_i]=\begin{bmatrix} z_i & z_i x_i & z_i y_i & z_i {x_i}^2 & z_i {y_i}^2 \end{bmatrix} \tag{4-148}$$

矩阵 $C$ 按前述公式（4-145）计算，从中可以得到高斯参数

$${\sigma_x}^2=-\frac{1}{2c_4} \qquad {\sigma_y}^2=-\frac{1}{2c_5} \tag{4-149}$$

$$x_0=c_2{\sigma_x}^2 \qquad y_0=c_3{\sigma_y}^2 \tag{4-150}$$

$$A=\exp[c_1+\frac{x_0}{2{\sigma_x}^2}+\frac{y_0}{2{\sigma_y}^2}] \tag{4-151}$$

其中只有一个 5×5 的矩阵必须求逆，与拟合所用的点数 $N$ 无关。

（6）椭圆拟合

在许多类型的图像中，所关注的物体是圆形，或至少是椭圆形。因此，根据一组边界点去拟合一个具有任意大小、形状和走向的椭圆是很有价值的。

二次曲线的一般方程为

$$ax^2+bxy+cy^2+dx+ey+f=0 \tag{4-152}$$

它可以代表一个椭圆，如果满足

$$b^2-4ac<0 \tag{4-153}$$

一个椭圆由 5 个参数确定：中心的 $x$，$y$ 坐标，长半轴和短半轴的长度，其主轴与水平轴的夹角。可以通过将五个点的坐标代入方程（4-152）求出所得到的五个方程的解来拟合一个椭圆。同时，可以通过计算一系列通过五个点的椭圆并取参数平均值（或取中指）的方法获得一个最佳拟合。

不失一般性，可以令 $a=1$ 来规整方程（4-152），进而写出均方误差和如下

$$\varepsilon^2=\sum_i({x_i}^2+bx_iy_i+c{y_i}^2+dx_i+ey_i+f)^2 \tag{4-154}$$

如果在方程（4-154）中分别对 $b$，$c$，$d$，$e$ 和 $f$ 取偏导，令每个式子等于零，可得到五个由 $x_i$ 和 $y_i$ 的平方项，以及它们乘积所组成的方程，进而同时解出这些系数。这个过程可以利用前面所述的 5×5 矩阵的逆来完成。

## 习　题

1. 设计一段程序，实现快速傅立叶变换。
2. 通过 C 程序设计，实现中值滤波、均值滤波，并给出图片处理效果。
3. 设计 C 程序，实现数学形态学的腐蚀、膨胀、开和闭运算。
4. 设计直方图的生成和指数均衡的 C 代码。
5. 通过 C 程序设计 sobel 边缘检测算法和 canny 边缘检测算法。
6. 设计 C 程序实现最大类间方差法。
7. 写一篇短文，描述张正友标定方法及 C 程序设计。
8. 设计 C 程序实现黑白图片中的周长和面积的计算。

# 第 5 章　软件的开发与实现

## 5.1　图像文件格式

位图文件(bmp)和 jpg 是图像文件的两种格式，均有着广泛的使用。在图像处理中，两种格式的文件都会用到。下面介绍这两种文件格式及其区别。

### 5.1.1　位图文件简介

bmp 是英文 bitmap（位图）的简写，它是 Windows 操作系统中的标准图像文件格式，这种格式的特点是：包含的图像信息较丰富，几乎不进行压缩；这也因此导致了它固有的缺点：占用磁盘空间过大，但图像中的资料不会丢失。所以，当前 bmp 格式在单机上比较流行。bmp 是一种与硬件设备无关的图像文件格式，使用非常广泛。它采用位映射存储格式，除了图像深度可选以外，不采用其他任何压缩。bmp 文件存储数据时，图像的扫描方式是按从左到右、从下到上的顺序。 由于 bmp 文件格式是 Windows 环境中交换与图有关的数据的一种标准，因此在 Windows 环境中运行的图形图像软件都支持 bmp 图像格式。

bmp 亦称为点阵图像或绘制图像，是由称作像素的单个点组成的。这些点可以进行不同的排列和染色以构成图样。当放大位图时，可以看见赖以构成整个图像的无数单个方块。扩大位图尺寸的效果是增大单个像素，从而使线条和形状显得参差不齐。但是如果从稍远的位置观看图像，位图图像的颜色和形状又显得是连续的。由于每一个像素都是单独染色的，可以通过以每次一个像素的频率操作选择区域而产生近似相片的逼真效果。例如加深阴影和加重颜色。缩小位图尺寸也会使原图变形，因为这是通过减少像素来使整个图像变小。同样，由于位图图像是以排列的像素集合体形式创建的，所以不能单独操作局部位图。

处理位图时要着重考虑分辨率，输出图像的质量决定于处理过程开始时设置的分辨率的高低。分辨率（dpi)，每英寸的像素个数，指一个图像文件中包含的细节和信息的大小，以及输入、输出、或显示设备能够产生的细节程度。操作位图时，分辨率既会影响最后输出的质量，也会影响文件的大小。处理位图需要谨慎，因为给图像选择的分辨率在整个过程中都伴随着文件。无论是在一个 300 dpi 的打印机还是在一个 2570 dpi 的照排设备上印刷位图文件，文件总是以创建图像时所设的分辨率大小印刷，除非打印机的分辨率低于图像的分辨率。如果希望最终输出看起来和屏幕上显示的一样，那么在开始工作前，就需要了解图像的分辨率和不同设备分辨率之间的关系。

位图颜色的常用编码方法包括：RGB 和 CMYK。RGB 是位图颜色的一种常用编码方法，可以直接用于屏幕显示，它是用红、绿、蓝三原色的光学强度来表示一种颜色的编码方法。CMYK 是位图颜色的另一种常用编码方法，用青、品红、黄、黑四种颜料含量来表示一种颜色，可以直接用于彩色印刷。如果要在原有的图片编码方法基础上，增加像素的透明度信息，则需使用 Alpha 通道。图形处理中，通常把 RGB 三种颜色信息称为红通道、绿通道和蓝通道，相应的把透明度称为 Alpha 通道。多数使用颜色表的位图格式都支持 Alpha 通道。

与位图分辨率紧密关联的是色彩深度，色彩深度又叫色彩位数，即位图中要用多少个二进制位来表示每个点的颜色，是分辨率的一个重要指标。常用有 1 位、2 位、4 位、8 位、16 位、24 位和 32 位等，分别对应单色，4 色，16 色，256 色，增强色和真彩色。色深 16 位以上的位图还可以根据其中分别表示 RGB 三原色或 CMYK 四原色（有的还包括 Alpha 通道）的位数进一步分类，如 16 位位图图片还可分为 R5 G6 B5、R5 G5 B5 X1（有 1 位不携带信息）、R5 G5 B5 A1、R4 G4 B4 A4 等。

位图的颜色格式是通过颜色面板值 planes 和颜色位值 bitcount 计算得来的，颜色面板值永远是 1，而颜色位值则可以是 1、4、8、16、24、32 其中的一个。如果它是 1，则表示位图是一张单色位图，即通常是黑白位图，只有黑和白两种颜色，当然也可以是任意两种指定的颜色；如果它是 4，则表示这是一张 VGA 位图；如果它是 8、16、24、或是 32，则表示该位图是其他设备所产生的位图。

索引颜色（颜色表）是位图常用的一种压缩方法。从位图图片中选择最有代表性的若干种颜色，通常不超过 256 种，编制成颜色表，然后将图片中原有颜色用颜色表的索引来表示。这样原图片可以被大幅度有损压缩，适合于压缩网页图形等颜色数较少的图形，不适合压缩照片等色彩丰富的图形。

位图有两种类型，即：设备相关位图 DDB 和设备无关位图 DIB。DDB 位图在早期的 Windows 系统（Windows 3.0 以前)中是很普遍的，并且它也是唯一的。但随着显示器制造技术的进步，以及显示设备的多样化，DDB 位图的一些固有的问题开始浮现出来。比如，它不能够存储或者获取创建这张图片的原始设备的分辨率，这样，应用程序就不能快速地判断客户机的显示设备是否适合显示这张图片。为了解决这一难题，微软创建了 DIB 位图格式。

设备无关位图 DIB 包含下列的颜色和尺寸信息：

① 原始设备即创建图片的设备的颜色格式；

② 原始设备的分辨率；

③ 原始设备的调色板；

④ 一个位数组，由红、绿、蓝（RGB）三个值代表一个像素；

⑤ 一个数组压缩标志，用于表明数据的压缩方案（如果需要的话）。

DIB 位图也有两种形式，即：底到上型 DIB 和顶到下型 DIB。底到上型 DIB 的原点在图像的左下角，而顶到下型 DIB 的原点在图像的左上角。如果 DIB 的高度值是一个正值，那么就表明这个 DIB 是一个底到上型 DIB；如果高度值是一个负值，那么它就是一个顶到下型 DIB，且顶到下型的 DIB 位图是不能被压缩的。

设备相关位图 DDB 之所以现在还被系统支持，只是为了兼容旧 Windows 3.0 软件，如果程序员现在要开发一个与位图有关的程序，都会尽量使用或生成 DIB 格式的位图。

bmp 文件可分为四个部分：位图文件头、位图信息头、调色板、图像数据阵列。位图文件头数据结构包含 bmp 图像文件的类型、显示内容等信息；位图信息头数据结构包含有 bmp 图像的宽、高、压缩方法，以及定义颜色等信息；调色板是可选的，有些位图需要调色板，有些位图如真彩色图就不需要调色板；位图数据会根据 bmp 位图使用的位数不同而不同，在 24 位图中直接使用 RGB，而其他的小于 24 位的使用调色板中颜色索引值。表 5-1所示位图文件存储格式说明。

表 5-1 位图文件存储格式说明

| 结 构 体 | 说 明 |
|---|---|
| BitmapFileHeader | 位图文件信息头 |
| BitmapInfo | 位图信息，由以下两个结构体组成 |
| BitmapInfoHeader | 位图信息头 |
| RGBQUAD | 颜色表 |
| BitmapData | 位图数据 |

bmp 文件信息头数据结构含有 bmp 文件的类型、文件大小和位图起始位置等信息，其结构定义如下：

```
typedef struct tagBITMAPFILEHEADER
  {
    WORDbf Type;              // 位图文件的类型，必须为 bmp（0～1 字节）
    DWORD bfSize;             // 位图文件的大小，以字节为单位（2～5 字节）
    WORD bfReserved1;         // 位图文件保留字，必须为 0（6～7 字节）
    WORD bfReserved2;         // 位图文件保留字，必须为 0（8～9 字节）
    DWORD bfOffBits;          // 位图数据的起始位置，以相对于位图
    // 文件头的偏移量表示，以字节为单位（10～13 字节）
  } BITMAPFILEHEADER;
```

bmp 位图信息头数据用于说明位图的尺寸等信息，其结构定义如下：

```
typedef struct tagBITMAPINFOHEADER
  {
    DWORD biSize;              // 本结构所占用字节数（14～17 字节）
    LONG biWidth;             // 位图的宽度，以像素为单位（18～21 字节）
    LONG biHeight;            // 位图的高度，以像素为单位（22～25 字节）
    WORD biPlanes;            // 目标设备的级别，必须为 1（26～27 字节）
    WORD biBitCount;          // 每个像素所需的位数，必须是 1（双色），
    //4（16 色），8（256 色)或 24（真彩色）之一（28～29 字节）
    DWORD biCompression;      // 位图压缩类型，必须是 0（不压缩），
    //1（BI_RLE8 压缩类型)或 2（BI_RLE4 压缩类型）之一（30～33 字节）
    DWORD biSizeImage;        // 位图的大小，以字节为单位（34～37 字节）
    LONG biXPelsPerMeter;     // 位图水平分辨率，每米像素数（38～41 字节）
    LONG biYPelsPerMeter;     // 位图垂直分辨率，每米像素数（42～45 字节）
    DWORD biClrUsed;          // 位图实际使用的颜色表中的颜色数（46～49 字节）
    DWORD biClrImportant;     // 位图显示过程中重要的颜色数（50～53 字节）
  } BITMAPINFOHEADER;
```

颜色表用于说明位图中的颜色，它有若干个表项，每一个表项是一个 RGBQUAD 类型的结构，定义一种颜色。RGBQUAD 结构的定义如下：

```
typedef struct tagRGBQUAD
  {
    BYTE rgbBlue;             // 蓝色的亮度（值范围为 0～255）
    BYTE rgbGreen;            // 绿色的亮度（值范围为 0～255）
    BYTE rgbRed;              // 红色的亮度（值范围为 0～255）
    BYTE rgbReserved;         // 保留，必须为 0
    } RGBQUAD;
```

颜色表中 RGBQUAD 结构数据的个数由位图信息头结构中的 biBitCount 来确定，当 biBitCount = 1，4，8 时，分别有 2，16，256 个表项；当 biBitCount = 24 时，没有颜色表项。

位图信息头和颜色表组成位图信息，BITMAPINFO 结构定义如下：

```
typedef struct tagBITMAPINFO
{
    BITMAPINFOHEADER bmiHeader;     // 位图信息头
    RGBQUAD bmiColors[1];           // 颜色表
  } BITMAPINFO;
```

紧跟在彩色表之后的是位图数据 BitmapData 字节阵列。图像的每一扫描行由表示图像像素的连续的字节组成，每一行的字节数取决于图像的颜色数目和用像素表示的图像宽度。扫描行是由底向上存储的，这就是说，阵列中的第一个字节表示位图左下角的像素，而最后一个字节表示位图右上角的像素。

当 biBitCount = 1 时，8 个像素占 1 个字节，每个像素只能用一 BIT 来表示，颜色只能有两种，1 或 0，也就是双色，具体颜色需查色彩表。

当 biBitCount = 4 时，2 个像素占 1 个字节，每个像素占半个字节（4 位），可能颜色有 24 = 16 种，也就是 16 色，具体颜色需查色彩表。

当 biBitCount = 8 时，1 个像素占 1 个字节，可能颜色有 28 = 256 种，也就是 256 色，具体颜色需查色彩表。

当 biBitCount = 16 时，1 个像素占 2 个字节，可能颜色有 216 = 65536 种，也就是 64K，具体颜色需查色彩表。

当 biBitCount = 24 时，1 个像素占 3 个字节，可能颜色有 224，这么多颜色如果是写色彩表就需要占用至少 16M，所以，每个字节表示一种颜色，正好三个字节 RGB。

当 biBitCount = 32 时，1 个像素占 4 个字节，32 位真彩就是原来的 rgbReserved 使用上，作为透明度标示。理解方法同 24 位，加上 Reserved 保留的透明度。

Windows 规定，一个扫描行所占的字节数必须是 4 的倍数（即以 long 为单位），不足的以 0 填充。

一个扫描行所占的字节数计算方法：DataSizePerLine =（biWidth×biBitCount+31）/ 8；

一个扫描行所占的字节数： DataSizePerLine = DataSizePerLine / 4×4；（字节数必须是 4 的倍数）；

位图数据的大小（不压缩情况下）：DataSize = DataSizePerLine×biHeight。

### 5.1.2 jpg 文件简介

jpg 全名是 jpeg，jpeg 图片以 24 位颜色存储单个光栅图像，是与平台无关的格式，支持最高级别的压缩，但这种压缩是有损耗的，文件缩小是以牺牲图像质量为代价。jpeg 图像压缩标准是由国际标准化组织 ISO 和国际电话电报咨询委员会为静态图像所建立的第一个国际数字图像压缩标准，也是至今一直在使用的、应用最广的图像压缩标准。jpeg 由于可以提供有损压缩，因此压缩比可以达到其他传统压缩算法无法比拟的程度。jpeg 格式可在 10:1 到 20:1 的比率下轻松地压缩文件，最高压缩比率可以高达 100:1。

jpeg 的优点是：用于摄影图片或写实图片时支持高级压缩，可以很好地处理写实摄影图片；利用可变的压缩比可以控制文件大小；对于渐近式 jpeg 文件支持交错；广泛支持 Internet 标准。

jpeg 的缺点是：有损耗压缩会使原始图片数据质量下降；当编辑和重新保存 jpeg 文件时，会混合原始图片数据的质量下降，即这种下降是累积性的；对于颜色较少、对比级别强烈、实心边框或纯色区域大的较简单的作品，jpeg 压缩无法提供理想的结果。有时压缩比率会低到 5:1，严重损失了图片完整性。这一损失产生的原因是，jpeg 压缩方案可以很好地压缩类似的色调，但是不能很好地处理亮度的强烈差异或处理纯色区域，因此不适用于所含颜色很少、具有大块颜色相近的区域或亮度差异十分明显的较简单的图片。

由于 jpeg 的无损压缩方式并不比其他的压缩方法更优秀，因此着重来分析它的有损压缩。jpeg 的有损压缩步骤分为：① 颜色转换；② DCT 变换；③ 量化；④ 编码。

① 颜色转换。由于 jpeg 只支持 YUV 颜色模式的数据结构，而不支持 RGB 图像数据结构。YUV 是被欧洲电视系统所采用的一种颜色编码方法，其中的 Y、U、V 几个字母不是英文单词的组合词，Y 代表亮度，U、V 代表色差，U 和 V 是构成彩色的两个分量。所以在将彩色图像进行压缩之前，必须先对颜色模式进行数据转换。各个值的转换可以通过下面的转换公式计算得出

$$Y = 0.299\,R + 0.587\,G + 0.114\,B$$

$$U = -0.169\,R - 0.3313\,G + 0.5\,B$$

$$V = 0.5\,R - 0.4187\,G - 0.0813\,B$$

其中，Y 表示亮度，U 和 V 表示颜色。

转换完成之后还需要进行数据采样。一般采用的采样比例是 2∶1∶1 或 4∶2∶2。由于在执行了此项工作之后，每两行数据只保留一行，因此，采样后图像数据量将压缩为原来的一半。

② DCT 变换。DCT 变换（Discrete Cosine Transfor，离散余弦变换）是将图像信号在频率域上进行变换，分离出高频和低频信息的处理过程；然后再对图像的高频部分即图像细节进行压缩，以达到压缩图像数据的目的。在图像压缩中，一般把图像分解为 8×8 的子块，然后对每一个子块进行 DCT 变换、量化，并对量化后的数据进行 Huffman 编码。DCT 变换可以消除图像的空间冗余，Huffman 编码可以消除图像的信息熵冗余。DCT 是无损的，它只将图像从空间域转换到变换域上，使之更能有效地被编码。变换后得到一个频率系数矩阵，其中的频率系数都是浮点数。

③ 量化。由于在后面编码过程中使用的码都是整数，因此需要对变换后的频率系数进行量化，将之转换为整数。由于进行数据量化后，矩阵中的数据都是近似值，和原始图像数据之间有了差异，这一差异是造成图像压缩后失真的主要原因。在这一过程中，质量因子的选取至为重要。值选得过大，可以大幅度提高压缩比，但是图像质量就比较差；反之，质量因子越小，图像重建质量越好，但是压缩比越低。对此，ISO 已经制定了一组供 jpeg 代码实现者使用的标准量化值。

从颜色转换完成到编码之前，图像并没有得到进一步的压缩，DCT 变换和量化可以说是为编码阶段做准备。

④ 编码。采用两种机制：一是 0 值的行程长度编码；二是熵编码。

在 jpeg 中，采用曲徊序列，即以矩阵对角线的法线方向作“之”字排列矩阵中的元素。这样做的优点是使得靠近矩阵左上角、值比较大的元素排列在行程的前面，而行程的后面所排列的矩阵元素基本上为 0 值。行程长度编码是非常简单和常用的编码方式。

熵编码实际上是一种基于统计特性的编码方法。在 jpeg 中允许采用 Huffman 编码或者算术编码。

jpeg 文件由下面 8 个部分组成。

① 图像开始 SOI（Start of Image）标记。

② APP0 标记（Marker）：a. APP0 长度（length）；b.标识符（identifier）；c. 版本号（version）；

d. X 和 Y 的密度单位（units=0：无单位；units=1：点数/英寸；units=2：点数/厘米）；e. X 方向像素密度（X density）；f. Y 方向像素密度（Y density）；g. 缩略图水平像素数目（thumbnail horizontal pixels）；h. 缩略图垂直像素数目（thumbnail vertical pixels）；i. 缩略图 RGB 位图（thumbnail RGB bitmap）；

③ APPn 标记（Markers），其中 n=1~15（任选）：a. APPn 长度（length）；b. 详细信息(application specific information)。

④ 一个或者多个量化表 DQT（difine quantization table）：a. 量化表长度（quantization table length）；b. 量化表数目（quantization table number）；c. 量化表（quantization table）。

⑤ 帧图像开始 SOF（Start of Frame）：a. 帧开始长度（start of frame length）；b. 精度（precision），每个颜色分量每个像素的位数（bits per pixel per color component）；c. 图像高度（image height）；d. 图像宽度（image width）；e. 颜色分量数（number of color components）；f. 对每个颜色分量（for each component）。

⑥ 一个或者多个霍夫曼表 DHT（Difine Huffman Table）：a. 霍夫曼表的长度(Huffman table length) ；b. 类型、AC 或者 DC（Type, AC or DC）；c. 索引（Index）；d. 位表（bits table）；e. 值表(value table)。

⑦ 扫描开始 SOS（Start of Scan）：a. 扫描开始长度（start of scan length）；b. 颜色分量数（number of color components）；c. 每个颜色分量；d. 压缩图像数据（compressed image data）。

⑧ 图像结束 EOI（End of Image）。

## 5.2 相关函数库的选择及使用

机器视觉处理软件有很多种，比如源代码开放的 OpenCV，英特尔高性能多媒体函数库，Mathworks 公司的图像处理工具包，Matrox 公司的 Imaging Library，National Instruments 公司的 LabVIEW 等。

如果目标是机器视觉算法研究，需要考虑软件的源代码是否开放。

如果目标是机器视觉系统的开发，需要考虑的因素有：图像处理函数库是否完备；发布费用是否高昂；使用是否方便；开发平台是否统一；与硬件结合是否容易；公司的售后服务及技术支持是否到位等。

### 5.2.1 英特尔高性能多媒体函数库

（1）IPP 简介

Intel IPP（Intel Integrated Performance Primitives，即英特尔集成性能基元）是一款面向多核的扩展函数库，其中包含众多针对多媒体、数据处理和通信应用高度优化的软件函数，可构建随选即用的功能并提高应用程序性能。作为众多英特尔性能库中的一个，Intel IPP 可提供优化的软件构建模块，从而对英特尔的优化编译器和性能优化工具进行有益补充。Intel IPP 既可作为独立的产品使用，也可与英特尔编译器专业版结合使用，构成一个更为完善、经济有效的解决方案。

作为一套高度优化的跨体系结构软件库，它为多媒体、音频编解码器、视频编解码器（例如 H.263、MPEG-4）、图像处理（JPEG）、信号处理、语音压缩（例如 G.723、GSM AMR）、密码技术、计算机视觉提供了大量的库函数，以及此类处理功能的数学支持例程。它针对大量的英特尔微处理器进行优化：英特尔奔腾Ⅳ处理器、采用英特尔迅驰移动计算技术的英特尔奔腾 M 处理器组件、英特尔安腾Ⅱ处理器、英特尔至强处理器以及基于英特尔 XScale 技术的英特尔 PCA 应用处理器。通过采用一套跨各种体系结构的通用 API（Application Programming Interface，应用程序编程接口），开发人员可以获得平台兼容性、降低开发成本并轻松移植应用程序。Intel IPP 产品组件以及给应用程序开发人员带来的好处如图 5-1所示。

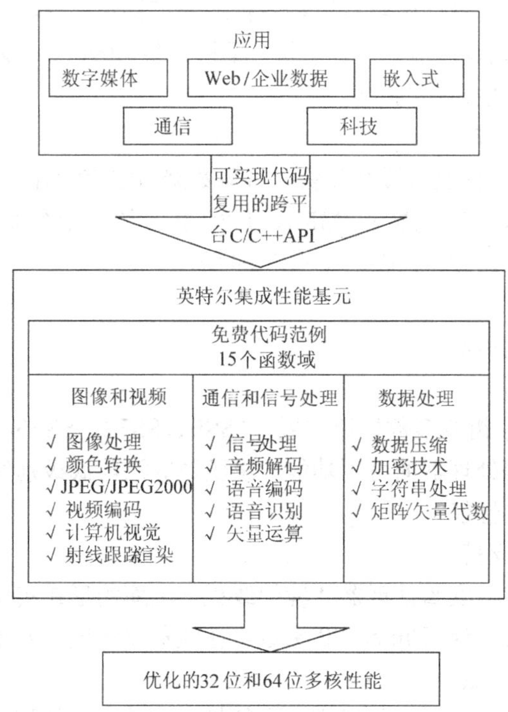


图 5-1 英特尔高性能多媒体函数库（Intel IPP）产品组件以及给应用程序开发人员带来的好处

Intel IPP 具有如下优点。

1）多核处理器支持

Intel IPP 5.3 全面支持当今的多核计算平台：

多核优化的线程函数：对 1700 多个针对矩阵和矢量数学、信号/图像过滤和卷积、图像/JPEG 压缩、颜色转换和计算机视觉的重要函数进行内部线程处理，自动在多核系统上实现最大性能。

多核优化的示例代码：许多 Intel IPP 示例代码经过了线程处理，可展示在视频编码和解码等应用程序中，有效利用 Intel IPP 函数的情况。

2）通用 API

Intel IPP 将英特尔奔腾、英特尔安腾Ⅱ、英特尔至强以及 Intel Personal Internet Client Architecture（Intel PCA）处理器的支持集成到一个软件包。通过采用一套跨越多种体系结构的通用 API，开发人员可以获得平台兼容性、降低开发成本，并更轻松地完成应用程序的移植。Intel IPP 支持每种体系结构的独特功能。Intel PCA 支持还仅仅是奔腾与安腾处理器功能支持的一小部分。

3）跨体系结构

Intel IPP 针对安腾Ⅱ、英特尔至强、奔腾Ⅳ及奔腾-M 处理器，以及基于英特尔 XScale 技术的 Intel PCA 进行过优化。由于采用跨体系结构的通用 API，使用 Intel IPP 函数可最大限度减少移植应用程序的工作量，同时针对新的目标处理器取得最佳优化效果。

4）优化技术

先进的软件与硬件优化技术，可轻松实现最佳应用程序性能。Intel IPP 具备经过高度优化的函数库，按照其设计，这些函数可以在各种基于英特尔处理器的平台上实现最佳应用程序性能，从 PC 机、工作站及服务器，到手机、手持设备。Intel IPP 采用了涉及软件与硬件的先进性能调整技术，可产生最佳的性能。

这些技术包括以下几方面。

① 微体系结构调整：预取与缓存分块、避免数据与跟踪缓存失误、避免分支预测失误；

② 指令集体系结构调整：英特尔 MMX 技术、数据流单指令多数据扩展指令集（SSE）、SSE2、SSE3 和 Intel 扩展内存 64 位技术（EM64T）；

③ 超线程技术；

④ 算法调整与内存管理。

5）性能优化的函数

Intel IPP 函数基于单指令多数据流扩展 （SSE、SSE2、SSE3、SSSE3 和 SSE4）指令集以及其他优化指令集等处理器的可用功能，将函数算法与低级别优化相匹配，以提供仅靠优化的编译器难以实现的性能。

6）线程化应用程序支持

Intel IPP 以针对奔腾与安腾处理器环境的线程安全库的形式实现，这样，既可以在应用程序中使用线程，同时又能保证 Intel IPP 函数可在线程化环境中安全使用。

7）完全线程安全的函数

所有 Intel IPP 函数都具有完全的线程安全特性，可简化与线程化应用程序的集成过程。

8）编码器-解码器示例

代码样本可加速应用程序、组件及编解码器的开发；MPEG、H.263、图像处理、MP3 及 G.723 等。

（2）IPP 的函数库

Intel IPP 的函数库可以充分利用针对 Intel 处理器进行过优化的跨平台函数库，使用以下领域预先构建好的函数：

① 视频编码：用于 DV25/50/100、MPEG-2、MPEG-4、H.263 和 MPEG-4 Part 10（H.264）编解码器的关键算法组件。这些函数包括：运动补偿、运动估计、修正离散余弦变换、量子化和反量子化、熵编码。

② 图像和 2D 信号处理：Intel IPP 是图像和 2D 信号处理算法的首选库，包含多种可针对图像和图像内区域 （ROI） 执行的算法。

a．变换：子波变换、傅立叶变换（FFT/DFT，实数/复数）、分屏（Hamming，Bartlett）、离散余弦门（DCT）；

b．过滤函数：一般线性过滤，卷积/解卷积（LR 和 FFT），框、最小值、最大值、中值过滤，维纳滤波器，固定过滤器（Prewitt、Sobel、Laplace、Gauss、Scharr、Roberts），锐化/高通/低通滤波器；

c．几何变换：调整大小、镜像、旋转、修剪，仿射变换，透视变换，双线性变形，坐标重新映射；

d. 图像统计：和、积分、倾斜积分，平均值、最小值、最大值、直方图、标准偏差，图像矩，图像范数（L1、L2、无穷大），图像质量因子计算，近邻测量（交叉相关、平方距离），阈值/比较运算；

e. 图像算术/逻辑运算：Alpha 构图、算术运算（加/减/乘/除/平方根/平方/自然对数/幂/绝对值）、 逻辑运算（与、或、异或、移位、非）；

f. 图像数据交换/初始化：复制/设置/转置矩阵、信道交换、Jaehne/Ramp/Z 形初始化、多个图像类型的内存分配。

③ 计算机视觉：Intel IPP 包含针对多种主要计算机视觉运算进行优化的函数，可用于安全、计算机控制、媒体管理、媒体注释等领域的应用程序。

这些函数包括特征检测（角、Canny 边缘检测）、距离变换、图像梯度、填注、运动模板生成、光流计算（Lucas-Kanade)、模式识别（Haar 分类器）、棱锥函数（高斯/拉普拉斯金字塔）、通用金字塔函数、相机校准、3D 重构。

为了增强实时任务的性能，已经过优化的 Intel IPP 自动包含在广受欢迎的 OpenCV 开放源代码计算机视觉库中。

④ 颜色转换：如今随着多种格式的数字媒体的蓬勃发展，在不同的色彩形式间转换的需求也随之产生。Intel IPP 提供了 32/24/16 位/像素格式的丰富颜色转换例程。

颜色模型转换：RGB、YUV、YCbCr、BGR、CbYCr、HSV、LUV、Lab、YCC、HLS、SBGR、YCoCg、YCCK、XYZ、CMYK；

颜色格式转换：YCbCr422、YCbCr420、YCbCr411、CbYCr422、BGR565、BGR555、BGR565Dither。

还有查询表转换（线性/立方/调色板）、彩色到灰度转换（固定/自定义系数）、图像位分辨率降低、颜色扭曲转换（整数/浮动像素值）、伽玛校正（向前/向后）。

⑤ 字符串处理：使用 Intel IPP 优化的字符串操作，将优化的文本数据库管理、搜索与检索或文档索引处理功能集成到应用程序中。

这些函数包括子字符串替换/插入、字符串串联/拆分、大小写转换、字符串/子字符串匹配、正则表达式匹配、散列值计算。

⑥ JPEG 编码：用于 JPEG、JPEG 2000 和运动 JPEG 编解码器的重要算法组件。图 5-2 显示了 JPEG 和 JPEG 2000 编解码器处理流程中适合使用 Intel IPP 的 JPEG 编码组件的地方。

⑦ 语音编码：Intel IPP 包含一整套支持以下语音编解码器/函数的例程：G.722.1、G.722 子带 ADPCM、G.723.1、G.726、G.728、回声消除、G.729、GSM-AMR、AMR-宽带、GSM 全速率、压缩扩展。

⑧ 信号处理：包括了以下用途的信号处理功能。

a. 过滤和卷积：有限脉冲响应（FIR)、无限脉冲响应（IIR)、中值过滤、循环卷积、自动/交叉相关；

b. 变换：傅里叶变换（FFT、DFT、Goertzel)、离散余弦变换（DCT)、希耳伯特变换、子波变换（固定/自定义过滤器）、功率谱计算；

c. 分屏/采样：上采样/下采样、分屏、(Bartlett/Blackman/Hamming/Hann/Kaiser)；

d. 数组/信号初始化/处理：移动/复制/设置/归零、色调/三角/Ramp/Jaehne 生成、随机矢量生成（均匀/高斯）、数组分配、实数/复数转换、极坐标/笛卡尔坐标转换；

e. 数组/信号统计：和/最大值/最小值/平均值/标准偏差/范数、点积、设置阈值、维特比解码；

f. 数组算术/逻辑运算：算术运算（加/减/乘/除/平方根/平方/自然对数/幂/绝对值）、逻辑运算（与、或、异或、移位、非）、数组排序、幅/相。

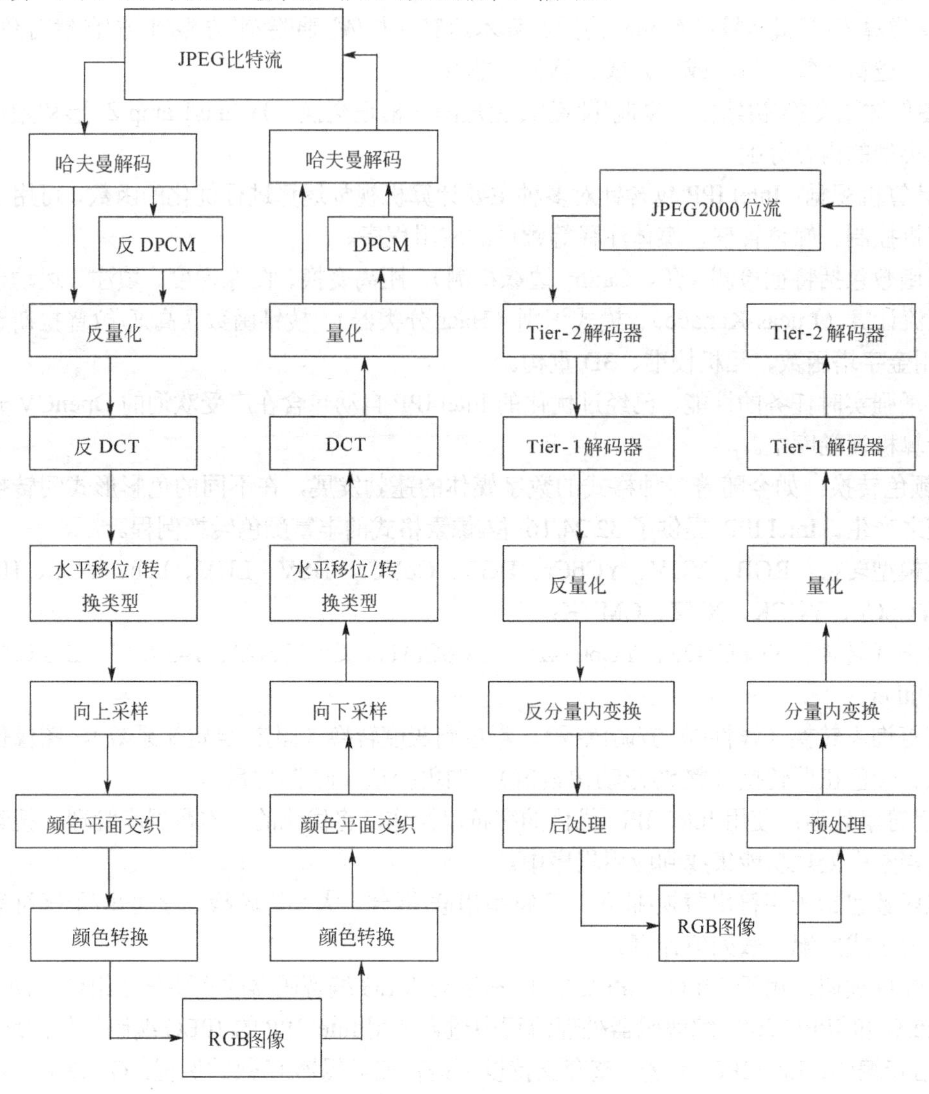


图 5-2 JPEG 和 JPEG 2000 编解码器处理流程中的英特尔 IPP 组件

⑨ 数据压缩：除了使用编解码器进行的视频、音频和图像压缩之外，Intel IPP 还提供了无损压缩法函数，例如应用广泛的“zlib”（inflate 和 deflate）和“libbzip2”库中使用的那些函数。

a. Burrows-Wheeler 变换技术：Burrows-Wheeler 变换（BWT）、广义区间变换、前移（MTF）、行程编码（RLE）；

b. 熵编码：哈夫曼编码、变长编码（VLC）；

c. 基于字典的压缩：LZSS 编码/解码、LZ77 编码/解码。

⑩ 音频编码：用于 MP3 和 ACC 编解码器的重要算法组件。图 5-3显示了 AAC 编解码器处理流程中适合使用 Intel IPP 的 JPEG 编码组件的地方。这些函数包括：哈夫曼编码、预量化频谱数据、修正离散余弦变换、块过滤、频域预测、光谱带复制、快速傅立叶转换。

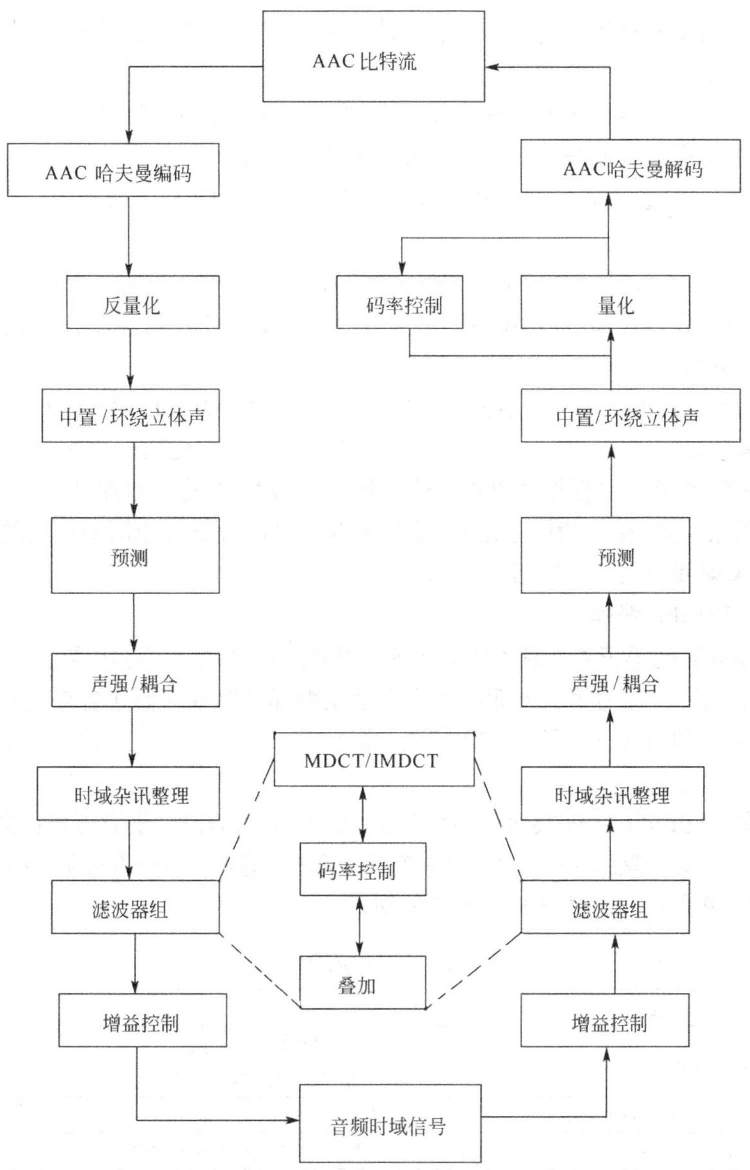


图 5-3　AAC 编解码器处理流程中的英特尔 IPP 组件

⑪ 语音识别：使用 Intel IPP 丰富的语音识别功能，在应用程序中集成高级语音识别、IP 语音和语音注解功能：包括特征处理、模型评估、模型估计、模型匹配、矢量量化。这些函数有声学回声消除（AEC）、多相重采样、高级 Aurora 函数、Ephraim-Malah 噪声抑制、语音活动检测。

⑫ 矢量/矩阵运算：Intel IPP 针对多种不同的应用程序提供了丰富的矩阵和矢量运算，其中包括物理建模和 3D 转换/光照计算。

a. 矩阵代数：特征值/特征向量计算、最小平方（QR 分解/back-sub）、线性方程组（LU/Cholesky）、关注区域（ROI）提取、矢量/矩阵的快速复制；

b. 矢量代数：点积、L2 范数计算、“saxpy”（ax+y）运算、线性组合（ax+by）、幂/根函数、指数/对数/误差/误差函数、三角/双曲线函数、极坐标/笛卡尔坐标转换。

对于要求在大型数据集上进行高性能线性代数运算的应用程序，英特尔数学核心函数库可能也有帮助。

⑬ 密码技术：使用 Intel IPP 快速建立强大的，高性能的加密模块和应用。以下是 Intel IPP 的密码技术函数中所包含的众多密码构建模块中的一部分。

a．对称密码：分组密码（AES/Rijndael、DES、Triple DES、Blowfish、Towfish）、流密码（ARCFour）；

b．单向散列：广义散列（MD5、SHA1-512）、掩码生成（MD5、SHA1-512）；

c．数据验证：密钥散列（HMAC-MD5、HMAC-SHA1-512）、数据验证函数（DES、TDES、Rijndael、Blowfish、Towfish）；

d．不对称密码技术：椭圆曲线密码（GF（p）与 GF（2m））、RSA 算法（RSA-OAEP、RSA-SSA）、离散对数密码技术、大数算术、蒙哥马利缩减、伪随机数生成、质数生成。

Intel IPP 的密码函数已根据密码算法验证体系（CAVP）进行过验证。

⑭ 射线跟踪与渲染：在射线跟踪、逼真图像渲染以及物理应用中使用的核心运算：限定框计算、对象射线交叉、阴影/反射计算。

（3）如何使用 IPP 编程

IPP 的使用同其他第三方库基本没有区别。IPP 基本是由三部分组成。

① 头文件（.h）：作为第三方库，头文件就是编译的时候需要包含进项目文件里。包含进去之后就可以在项目文件里调用 IPP 函数。具体需要包含哪些头文件进项目，取决于使用的函数。

② 链接库（lib、dll）：链接库是项目链接的时候应用的，以生成可执行文件。

③ 示范代码，以及辅助文档：如果觉得有些函数不好理解，可查看说明文档和示范代码。

安装 Intel IPP 之后，具体结构如表 5-2 所示。

**表 5-2 Intel IPP 的结构**

| 目 录 | 目 录 说 明 |
|---|---|
| <ipp directory> | Intel IPP 安装主目录；<br>如："E:\Intel\IPP\5.3\ia32” |
| <ipp directory>/ippEULA.rtf | 用户 License 协议书 |
| <ipp directory>/bin | 基于 IA-32 架构的 Intel IPP DLLs |
| <ipp directory>/demo | IPP 函数使用示例程序 |
| <ipp directory>/doc | 所有 Intel IPP 文档 |
| <ipp directory>/include | Intel IPP 头文件 |
| <ipp directory>/lib | 所有基于 IA-32 架构的 Intel IPP 静态库 |
| <ipp directory>/stublib | 所有基于 IA-32 架构的 Intel IPP stub 库，用于链接 DLLs |
| <ipp directory>/tools | Intel IPP 性能测试和链接工具 |

这里介绍一下 IPP 在 VC++下的基本使用方法。跟所有 Windows API 函数一样，Intel IPP 函数的使用的基本步骤如下。

① 设置环境变量，即 LIB 和 INCLUDE 库路径，以及执行程序路径；一般情况下分别为：<ipp directory>\lib 或<ipp directory>\stublib、<ipp directory>\include、<ipp directory>\ bin。

在 MS 编译器中，可在编译器的项目属性进行设置；也可设置操作系统级环境变量：我的电脑（右键）—>系统属性—>高级—>环境变量。

具体在 VC++环境中操作步骤如下：打开 VC++后，点击菜单栏的“工具→选项”，在左侧找到“项目和解决方案→VC++目录”，在“可执行文件”的目录中添加“<ipp directory>\bin”，在“包含文件”的目录中添加“<ipp directory>\include”，在“库文件”中添加“<ipp directory>\stublib”和“<ipp directory>\lib”，确定即可。

② 在应用程序中，包含 IPP 头文件“ipp.h”，(#include “ipp.h”)。具体使用的函数也需要包含相应的头文件。

③ 根据所调用的 IPP 函数确定其使用参数，调用 IPP 函数；然后就可在具体的项目中使用 IPP。例如使用 IPP 的图像处理函数，这些函数的具体说明可以在“<ipp directory>\doc\ippiman.pdf”这个文档中找到。

函数的命名也有其规律，IPP 库中函数原型的命名遵循以下格式：

ipp<domain><operation>_<function-specific modifier>_<datatype>_<data modifier>

<domain>：用一个字符表示该函数所属领域的函数集合。例如<S>表示是信号处理的函数集。

<operation>：表示该函数具体实现的功能。例如 FIR，DCT 等。

<function-specific modifier>：函数功能的修饰符，对<operation>提供的函数名字，当功能表述并不确切时，函数功能的修饰符对其功能进行进一步的说明。

<datatype>：指出参数列表中数据位宽等。一般形式为 num<U｜S>[c]：num 表示一个整数，具体的数据位的宽度。一般为 8，16，32，64。<U｜S>表示数据类型是有符号的数据，还是无符号的数据。[c]表示复杂的数据类型，如 16sc 指 16b 有符号整形复数。

<data modifier>：数据类型修饰符。对参数列表中的数据类型进行进一步的说明。在 IPP 库中数据类型的修饰符有以下几种。D1：一维信号（缺省）；D2：二维信号；I：源指针和目的指针相同；Sfs：测量结果的数值。

例如，图像拷贝的函数，也就是 Copy 这一功能，对于不同的图像，应当使用不同的 Copy 函数，它的命名如下：首先是前缀“ippi”，所有图像处理的函数都以“ippi”开头；然后是功能名称“Copy”；之后连对应的模式，将“<function-specific modifier>”替换成对应的颜色模式，例如“8u_C1R”，其中的“C1R”表示图像只有一个颜色通道，而“8u”表示每个像素的颜色的数据类型都是 8 位无符号数，也就是说这种图像是一个字节表示一个像素的。我们平时用的较多的是“8u_C3R”，也就是三个颜色通道，每个通道的数据类型都是 8 位无符号数。但是显示的时候往往需要 4 个通道，也就是除了 RGB 以外，还多了一个 Alpha 通道（透明度），这是因为计算机一般都设成 32 位色深的。这时就需要把 24 位的图像转化成 32 位的，用“ippiCopy_8u_C3AC4R”这个函数就可以了。其中“8u_C3”就代表原始图像是 8 位无符号数据，3 个通道，而 AC4R 就表示目标图像是带有 Alpha 通道的 4 通道图像。

函数的完整形式为：

IppStatus ippiCopy_8u_C3AC4R（const Ipp<datatype>* pSrc, int srcStep，

Ipp<datatype>* pDst, int dstStep, IppiSize roiSize）;

其返回值是 IppStatus，可参考返回值说明，其实是一个整型值，只不过 IPP 为了方便，为这些值都用宏替换赋了名称。

函数的参数中，其中 pSrc 和 pDst 都是指针，pSrc 即源图像的图像数据指针，而 pDst 则指向目标图像的数据。前面的 Ipp<datatype>*中的 datatype 需要替换成相应的数据类型代码，例如 8 位无符号数，就是“Ipp8u*”。而 srcStep 和 dstStep 则是指行扫描宽度，也就是图像的

一行占用多少字节，这个参数在许多图像处理的函数中都会用到。例如一个 320×240 的 8u_C3R 图像，它的行扫描宽度就是 320×（3×8）/8=960。

最后的 roiSize 是一个 IppiSize 结构体，定义如下：

```
typedef struct {
  int width;
  int height;
} IppiSize;
```

即图像的宽高。

【例 5-1】如何使用 IPP 编程对图像实施中值滤波。

```
IppStatus filterMedian （ void ）
{
  IppiPoint anchor = { 1,1 };
  Ipp8u x[5*4], y[5*4]={0};
  IppiSize img={3,4}, roi={3,2}, mask={3,3};
  ippiSet_8u_C1R （ 0x10, x, 5, img ）;
  // 提高信号水平线，以免图像边缘被滤波器破坏
  img.width = 5-3;
  ippiSet_8u_C1R （ 0x40, x+3, 5, img ）;
  // 一个尖峰信号，将被滤波
  x[5+1] = 0;
  // ROI（感兴趣的区域）在图像内部，偏移指针在 ROI 起始处跳转
  return ippiFilterMedian_8u_C1R （ x+6, 5, y+6, 5, roi, mask, anchor ）;
}
```

其中，目标图像 y 包含如下数据：

```
00 00 00 00 00
00 10 10 40 00
00 10 10 40 00
00 00 00 00 00
```

【例 5-2】调用 IPP 函数对图像进行阈值操作。

```
void Posterize（unsigned char* pPixelData, int width, int height）
{
IppiSize roi = { width, height};                    // 定义兴趣区域
Ipp8u thresholds[] = { 128, 128, 128};              // 定义三个通道的阈值
Ipp8u valuesLT[] = { 0, 0, 0 };                     // 设定三个通道的最低值
Ipp8u valuesGT[] = { 255, 255, 255};                // 设定三个通道的最高值
ippiThreshold_LTValGTVal_8u_C3IR（pPixelData,width*3, roi,
Thresholds,valuesLT,thresholds,valuesGT）;          // 调用阈值化函数
}
```

【例 5-3】利用 IPP 创建一幅图像并用 OpenCV 显示它。

```
#include "cv.h"
#include "highgui.h"
#include "ipp.h"
#include <stdio.h>
int main（）
{
Ipp8u *gray = NULL;                                 // 定义一幅图像，类型为 Ipp8u
IppiSize size;                                      // 定义存储图像大小的变量
```

```
IplImage* img = NULL;                              // 定义一幅 IplImage 类型的图像
CvSize sizeImg;
int i = 0, j = 0;
size.width = 640;    size.height = 480;
gray = (Ipp8u *) ippsMalloc_8u ( size.width * size.height ); // 为图像申请内存
for (i = 0; i < size.height; i++)
      for (j = 0; j < size.width; j++ )
        * (gray + i * size.width + j ) = (Ipp8u) abs (255 * cos ((Ipp32f) (i * j ) ) );
// 给 gray 赋值
sizeImg.width = size.width;
sizeImg.height = size.height;
img = cvCreateImage (sizeImg, 8, 1);
cvSetImageData ( img, gray, sizeImg.width );       // 将 gray 中数据传给 img
cvNamedWindow ("image", 0 );                       // 创建一个新的窗口，并命名为"image"
cvShowImage ("image", img );                       // 在"image"窗口中显示 img 图像
cvWaitKey (0);                                     // 等待关闭窗口的命令
cvDestroyWindow ("image");                         // 销毁"image"窗口
ippsFree (gray);                                   // 调用 IPP 函数释放 gray 所占内存
cvReleaseImage (&img );                            // 调用 OpenCV 函数释放 img 所占内存
return (0);
}
```

从以上这些例子可以看出，采用 OpenCV 与 IPP 混合编程，使用起来比较简便。

### 5.2.2 OpenCV 函数库

OpenCV（Intel Open Source Computer Vision Library）是 Intel 公司面向应用程序开发者开发的计算机视觉库，其中包含大量的函数用来处理计算机视觉领域中常见的问题，例如运动分析和跟踪、人脸识别、3D 重建和目标识别等。相对于其他图像函数库，OpenCV 是一种源码开放式的函数库，开发者可以自由地调用函数库中的相关处理函数。OpenCV 中包含 300 多个处理函数，具备强大的图像和矩阵运算能力，可以大大减少开发者的编程工作量，有效提高开发效率和程序运行的可靠性。另外，由于 OpenCV 具有很好的移植性，开发者可以根据需要在 MS-Windows 和 Linux 两种平台进行开发。

（1）OpenCV 的特点

OpenCV 是一个基于 C/C++语言的开源图像处理函数库，其代码都经过优化，可用于实时处理图像，具有良好的可移植性，可以进行图像/视频载入、保存和采集的常规操作，具有低级和高级的应用程序接口（API），提供了面向 Intel IPP 高效多媒体函数库的接口，可针对使用的 Intel CPU 优化代码，提高程序性能。

（2）基本功能

① 图像数据操作（内存分配与释放，图像复制、设定和转换）；

② 图像/视频的输入输出（支持文件或摄像头的输入，图像/视频文件的输出）；

③ 矩阵/向量数据操作及线性代数运算（矩阵乘积、矩阵方程求解、特征值、奇异值分解）；

④ 支持多种动态数据结构（链表、队列、数据集、树、图）；

⑤ 基本图像处理（去噪、边缘检测、角点检测、采样与插值、色彩变换、形态学处理、直方图、图像金字塔结构）；

⑥ 结构分析（连通域/分支、轮廓处理、距离转换、图像矩、模板匹配、霍夫变换、多

项式逼近、曲线拟合、椭圆拟合、狄劳尼三角化)；

⑦ 摄像头定标（寻找和跟踪定标模式、参数定标、基本矩阵估计、单应矩阵估计、立体视觉匹配)；

⑧ 运动分析（光流、动作分割、目标跟踪)；

⑨ 目标识别（特征方法、HMM 模型)；

⑩ 基本的 GUI（显示图像/视频、键盘/鼠标操作、滑动条)；

⑪ 图像标注（直线、曲线、多边形、文本标注)。

（3）OpenCV 中的常用结构

在 OpenCV 函数库的编程过程中，常常需要用到一些常用的结构，了解这些结构能够很好地利用 OpenCV 函数库，下面分别对 CvSize 和 IplImage 两个结构进行介绍。

1）CvSize 结构

CvSize 结构表示矩形尺寸的结构，结构体中分别定义了矩形的宽度和高度，具体定义如下：

```
typedef struct CvSize
{
int width;                          //矩形宽度，单位为像素
int height;                         //矩形高度，单位为像素
} CvSize;
```

与 CvSize 结构相关的是其构造函数：

```
inline CvSize cvSize（int width, int height)；
```

在定义 CvSize 结构变量时，可以按照如下方式定义：

CvSize size = cvSize（400,300)；  //定义宽为 400 像素，高为 300 像素的矩形

Cvsize 结构用来设置矩形区域大小，在一些复杂高级的结构体常常能够看到它。

2）IplImage 结构

由于 OpenCV 主要针对的是计算机视觉方面的处理，因此在函数库中，最重要的结构体是 IplImage 结构。IplImage 结构来源于 Intel 的另外一个函数库 Intel Image Processing Library（IPL)，该函数库主要是针对图像处理。IplImage 结构具体定义如下：

```
typedef struct _IplImage
{
int   nSize;                    // IplImage 大小
int   ID;                       //版本（=0)
int   nChannels;                //大多数 OpenCV 函数支持 1、2、3 或 4 个通道
int   alphaChannel;             //被 OpenCV 忽略
int   depth;                    //像素的位深度，主要有以下支持格式： IPL_DEPTH_8U，
IPL_DEPTH_8S，IPL_DEPTH_16U，IPL_DEPTH_16S，IPL_DEPTH_32S，IPL_DEPTH_32F
和 IPL_DEPTH_64F
char colorModel[4];             //被 OpenCV 忽略
char channelSeq[4];             // 同上
int   dataOrder;                // 0—交叉存取颜色通道，1—分开的颜色通道，只有 cvCreateImage
                                  可以创建交叉存取图像
int   origin;                   //图像原点位置： 0 表示顶-左结构，1 表示底-左结构
int   align;                    // 图像行排列方式（4 or 8)，在 OpenCV 被忽略，使用 widthStep
                                  代替
int   width;                    // 图像宽像素数
int   height;                   // 图像高像素数
struct _IplROI *roi;       /    /图像感兴趣区域，当该值非空时，只对该区域进行处理
struct _IplImage *maskROI;      //在 OpenCV 中必须为 NULL
```

```
    void  *imageId;                    //同上
    struct _IplTileInfo *tileInfo;     //同上
    int  imageSize;                    //图像数据大小（在交叉存取格式下 ImageSize = image -> height
                                         * image -> widthStep），单位字节
    char *imageData;                   //指向排列的图像数据
    int  widthStep;                    //排列的图像行大小，以字节为单位
    int  BorderMode[4];                //边际结束模式，在 OpenCV 被忽略
    int  BorderConst[4];               //同上
    char *imageDataOrigin;             //指针指向一个不同的图像数据结构（不是必须排列的），是为
                                         了纠正图像内存分配准备的
} IplImage;
```

IplImage 结构体是整个 OpenCV 函数库的基础，在定义该结构变量时需要用到函数 cvCreatImage，变量定义方法如下：

```
IplImage* src = cvCreateImage（cvSize（400,300）, IPL_DEPTH_8U,3）;
```

上句定义了一个 IplImage 指针变量 src，图像的大小是 400×300，图像颜色深度 8 位，3 通道图像。

### 5.2.3 Matrox 图像处理函数库

由加拿大 Matrox 公司出品的 Matrox Imaging Library（MIL），是一套相当完整且功能强大的影像处理软件，MIL 函数开发包是一个独立于硬件的 32 位图像处理函数库，以满足不同速率、不同解析度以及不同传输（存储）场合的需求，其中有大量基本的图像处理函数。

MIL 是一个在图像采集、分析、显示和存储方面完全的并且容易使用的程序库，它支持现有的和未来的 Matrox library 硬件，应用程序可以简单地移植到新的硬件平台。MIL 的场验证处理和分析功能包括点对点、统计、滤波、形态学、几何变换、FFT、几何和基于灰度相关模式的识别、粒子分析、测量、OCR、条形码和矩阵码的识别、校准和 JPEG/JPEG2000 图像压缩。对于 Microsoft Windows 系列操作系统，可以使用 DLL 和 OCX，对于快速 Windows 应用程序开发，MIL 捆绑了 ActiveMIL。ActiveMIL 是一个管理图像采集、处理、分析、显示和存档的动态控件的集合。ActiveMIL 完全集成到 Microsoft Visual Basic 或 Visual C++快速应用程序开发环境中。ActiveMIL 可以快速简单的将一个图像应用程序和 Windows 用户界面结合起来。应用程序开发包含拖动和滚动工具放置以及加标点和单击配置，充分地减少代码量。使用 ActiveMIL，OEMs 和集成商可以减少用户界面开发时间，从而使工作的焦点集中在图像任务上。

MIL 提供了一个无缝支持全系列 Matrox 图像卡产品的通用 API。可以使用所选择的图像卡采集图像，MIL 还支持采集基于 IEEE 1394 图像设备的图像。图像可以使用任何 x86 兼容处理器或 Matrox 视频处理器处理，当使用 Matrox 显卡时，图像显示可以优化，当然用其他显卡也可以。

MIL 可重复使用的应用程序代码，一旦应用程序建立起来，就可以进行很小或不进行改动将它从一个平台移动到另一个平台。例如，将某一板卡的应用程序变为另一板卡的程序只需简单地改变一行代码即可。

使用 MIL，用户不需要对特定系统有很高的认识。MIL 的设计可以应付每一个硬件平台的特殊性，并且提供简单的系统管理和控制（例如硬件检测，初始化和缓冲区拷贝）。例如，当采集到主机内存，MIL 会分配一个合适类型的缓冲区（如 non-paged 内存）。

图像工业要求高精确度。为了适应这种需求，MIL 的块分析、校准、边缘查找、几何模型查找、测量和模式匹配都以亚像素精度进行运算。如几何模型查找的位移精度可以上到 1/40 像素。

MIL 支持多进程和多线程编程模式。多个不共享 MIL 数据的 MIL 应用程序或共享 MIL 数据多线程的单一 MIL 应用程序可以在 Windows 系列操作系统下运行。

MIL 提供同步技术来访问共享 MIL 数据，并且确保使用相同 MIL 资源的多个线程不会互相影响。结合 Windows 操作系统，这些能力可以使多处理器 PC 或多节点 Matrox 视频处理器应用程序的建立成为可能。

MIL 支持单一图像或序列图像的存盘和读盘。支持的格式有 TIF（TIFF）、BMP、JPG（JPEG）、JP2（仅为 JPEG2000 比特流）和 AVI，也支持原始格式（raw）。

MIL 提供明晰的图像显示管理，可以以一个动态视频率自动跟踪和刷新图像显示窗口。MIL 也允许图像显示在用户自定义的窗口中。如果硬件支持，MIL 在 CPU 不参与的情况下可以在动态视频上使用非破坏的覆盖图，也可以显示视频过程中减小图像撕裂的存在。

MIL 也支持多屏的显示配置，扩展桌面模式（Windows 桌面在多个显示器上），辅助模式（显示器不显示 Windows 桌面而仅提供 MIL 显示），或者两种模式混合。多屏显示可以用 Matrox 图像卡或 Matrox 显卡实现。

MIL 可以熟练地对数据进行操作。如将黑白图像保存为 1、8、16 和 32 比特整数格式，也可以是 32 比特浮点数格式。MIL 也可以控制彩色图像存储为打包或不打包的 RGB/YUV 格式。也包含两种数据类型的转换指令。

可以选择 Matrox 图像硬件产品线进行灵活的、高质量的图像抓取。MIL 处理的图像可以从任何类型的彩色或黑白源获取，包括标准、高分辨率、高速率、触发相机、线扫描、慢扫描设备，VCRs 和定制设备。

MIL 包括 Matrox Intellicam 相机配置软件，这是一个基于 Windows 的程序。它允许用户互动的配置 Matrox 图像采集卡和不同的图像源。

## 习　题

1. 设计基于 IPP 函数库的 C++开发环境，并实现 bmp 图像的读入及中值滤波算法。
2. 学会调用 OPNECV 函数库，实现数学形态学的腐蚀和膨胀运算。
3. 写一篇短文，综述国内外商业图像处理软件的特点。

# 第 6 章　机器视觉工程应用

## 6.1　快速实时视觉检测系统的设计

### 6.1.1　重要概念

（1）快速与实时

快速是指在被检测物体快速运动的情况下采集图像，对于隔行扫描相机而言容易产生锯齿现象，对于逐行扫描相机而言容易造成图像模糊。

实时是指在需要的时候会及时提供处理结果。实时并非快速，关键是对系统响应时间的掌握。

机器视觉系统的实时性包括软实时和硬实时两个概念。软实时是指被测物体在传送过程中停下来一段时间，供图像采集处理；而硬实时是指被测物体无间歇的连续传送，检测系统连续采集和处理，一旦发现问题，立刻做出处理。

（2）系统延迟

为保证机器视觉检测系统的实时性，必须要明确系统的反应时间，也称作系统延迟。

反应时间是行为的开始到产生结果之间的时间。检测系统从被触发到输出信号，内部事件依次发生，每个反应时间都有一定的范围，从几纳秒到几秒。实际应用中，只需知道每个反应时间的最大值和最小值即可。

成像过程中的时间延迟包括：触发到开始成像的延迟；相机拍摄到获取图像的延迟；图像从相机到采集卡的延迟；图像从采集卡到处理器的延迟。

图像处理过程中断延迟包括：算法消耗时间；处理结果送达 I/O 端口的延迟。

（3）触发

从机器视觉系统设计角度看，触发是指零件到达预期成像的位置，特定传感器感应到物体的存在，输出脉冲信号通知视觉系统开始采集图像。触发延迟包括零件到达的时间和视觉系统受到触发信号的时间，范围从纳秒到秒。

触发方式有硬件触发和软件触发两种。

硬件触发通过光电开关或霍尔开关等传感器，检测零件是否到达视场，反应时间从几微秒到几毫秒。多数图像采集卡可以接受外部触发信号，直接开始图像获取，并输出曝光控制，不需要软件干涉，延时在 1ms 内。某些采集卡则发送中断给 CPU，由 CPU 识别中断，进入中断服务程序，发出采集命令给采集卡指示采集开始和中止。

软件触发则通过图像处理的方法检测被测物体是否进入视场。对于离散零件，这种方法复杂且不可靠，比硬件触发方法耗时。

### 6.1.2　应用项目组织

（1）组织结构

机器视觉应用项目涵盖了光、机、电、液、气、软件、网络、数据库等多种技术，项目管理繁琐且细致，一个典型的商业化的机器视觉项目需要一个团队来参与，这个团队包括项目经理、研发小组、文档管理小组和安装与测试小组。项目经理对机器视觉系统必须非常专业和熟悉，负责项目的总体设计、任务分配、进度安排和必要的开发工作；研发小组致力于光学系统设计、机械安装结构设计、信号与电气设计、软件功能设计和代码开发，并负责现场安装和调试；文档管理小组负责所有相关文档的建立、修订和使用维护说明书的撰写，与研发小组交叉进行，并行工作；安装与测试小组主要负责软件功能的测试和完善，软件培训以及现场使用情况的跟踪，可与研发共同进行。

（2）视觉系统的评价指标

机器视觉系统是通过机器代替人眼检测功能的系统，其应用效果能显著节省劳动力，提高产品质量，降低废品率，节约原材料，并为企业建立良好的质量管理形象，只有通过这些产品质量优势指标，才能说服用户。

机器视觉的特点是自动化、客观、非接触和高精度，与一般意义上图像处理系统相比，机器视觉强调的是精度和速度，以及工业现场环境下可靠性。因此，检测精度、检测速度和系统的可靠性，都可以作为视觉系统的评价指标。

检测精度因系统而异。例如，在尺寸测量机器视觉系统中，测量检测精度可以达到0.01mm；在表面缺陷检测视觉系统中，缺陷面积可以达到0.1mm×0.1mm。

机器视觉的检测速度需要与生产速度或生产线上的生产节拍相匹配。例如，视觉系统有足够的能力达到10000件/min的在线检测速度；高速印刷生产线上，检测速度可以达到300米/分钟。

平均无故障时间（Mean Time Between Failure，MTBF），是衡量一个产品（尤其是电器产品）的可靠性指标。单位为“小时”。它反映了产品的时间质量，是体现产品在规定时间内保持功能的一种能力。具体来说，是指相邻两次故障之间的平均工作时间，也称为平均故障间隔。它适用于可维修产品。

同时，机器视觉系统应用技术的进步使得其使用已极为方便。值得注意的是，当评估在生产线上安装机器视觉系统的可行性时，制造商们越来越多地把机器视觉系统易于安装维护亦作为了一个主要的因素来考虑。

（3）文档管理

机器视觉应用项目的文档应包括：

① 系统综述，性能描述；

② 检测对象的描述：尺寸，颜色，数量等物理变量；

③ 视觉系统的性能要求：速度，精确度，可靠性；

④ 检测过程：部件如何进入相机视野、如何设计外触发等；

⑤ 光学：场景大小，距离等；

⑥ 机械要求：尺寸限制，安装方式，封装方式；

⑦ 附件要求：电源等；

⑧ 环境要求：环境光，温度，湿度，灰尘，污垢，清洗方式等；

⑨ 设备接口：网络等；

⑩ 操作接口：屏幕，控制器，操作权限等；

⑪ 技术支持：培训，维护，升级等。

（4）产品测试

机器视觉项目要在生产现场长期、稳定、易维护的运行，在测试阶段需要解决以下问题：

① 操作界面：控制器和屏幕显示是否符合人机工程；

② 检测精度：准确性和可重复性；

③ 检测效率：能否满足生产能力的要求；

④ 灵敏度：环境和系统的微小变化会不会造成性能变化；

⑤ 可维护性：零件更换和光学校准是否容易；

⑥ 长时间运行的稳定性。

（5）成本核算

经济指标是对机器视觉系统评价的重要内容之一。机器视觉系统成本包含初期成本和操作成本。

初期成本包括：

① 设备采购；

② 系统开发和集成费用；

③ 运输与安装费用；

④ 培训费用；

⑤ 项目管理费用。

操作成本包括：

① 定期维护；

② 再培训；

③ 系统升级。

### 6.1.3 基本设计参数

一个机器视觉应用项目在总体设计初期，要考虑如何选择摄像机的类型、计算摄像机的视场、估计分辨率、计算数据处理量、评估硬件处理的可能性、选择摄像机型号、选择镜头、选择光照技术、选择采集卡、设计图像处理算法等。

（1）选择摄像机的类型

摄像机的类型包括线阵相机（一维线扫描方式）、面阵相机（二维面扫描方式）以及三维摄像技术。根据项目的具体要求，从成本或性价比的角度考虑，一般优先选择面阵相机；而线阵相机的适用范围一般包括一维位置测量、移动的卷筒物（如纸）、大量传送的零件、圆柱体外围成像、离散部件的高分辨率成像，相机可以根据位置关系与被测物发生相对移动。

（2）计算摄像机的视场

被测物体进入摄像机的视场才能获得完整的图像，在设计过程中要选择相机在何处采像、零件上要拍摄的部位、零件上会引起视觉混乱的部位（例如内孔、折弯）、零件安装的部位及位置变化量，以及可能会限制相机安装的设备。

计算视场 FOV 的公式为

$$\mathrm{FOV}=(D_\mathrm{p}+L_\mathrm{v})(1+P_\mathrm{a}) \tag{6-1}$$

式中　FOV——某方向上视场大小（包括水平方向和垂直方向）；

$D_\mathrm{p}$——视场方向零件最大尺寸；

$L_\mathrm{v}$——零件位置和角度的最大变化量；

$P_\mathrm{a}$——相机对准系数，通常为 0.1。

【例 6-1】 某零件为矩形，设计标准尺寸为 4cm×3cm，安装位置偏差为±0.5cm，无旋

转位置偏差，由式（6-1）可知

$$\text{FOV（水平）} = (4+1)(1+10\%) = 5.5\text{cm}$$

$$\text{FOV（垂直）} = (3+1)(1+10\%) = 4.4\text{cm}$$

（3）计算分辨率

科学的计算分辨率，可获得有效的检测精度和合理的成本，分辨率包括图像分辨率、空间分辨率、特征分辨率、测量分辨率和像素分辨率等 5 个概念。

1）图像分辨率 $R_i$

图像分辨率是图像行和列的数目，由相机和采集卡决定，普通灰度面阵相机的图像分辨率一般有 640×480 和 1000×1000，线阵相机的图像分辨率特指横向像素个数，常见的有 1024，2048，4096，最大可到 8k 甚至更高。一般选择原则是：选择相机的图像分辨率和采集卡的图像分辨率中的较低者。

2）空间分辨率 $R_s$

空间分辨率是指像素中心映射到场景上的间距，如 0.1cm/像素。对给定图像分辨率，空间分辨率取决于视场尺寸，镜头放大倍率等因素。

3）特征分辨率 $R_f$

特征分辨率是指能被视觉系统可靠采集到的物体最小特征的尺寸，如 0.05mm。相机和采集卡都服从 Shannon 采样定律，每个点至少用 2 个像素来描述，在实际应用中，用 3～4 个像素描述最小特征点，但同时要求较好的对比度和较低的噪声。如果对比低，噪声高，则需要更多的像素来描述特征。当某个特征在图像中既表现为 3 个像素，又表现为 4 个像素时，就会导致系统很难识别。

4）测量分辨率 $R_m$

测量分辨率是指目标尺寸或位置的可以被检测到的最小变化，如 0.01mm。当原始数据为像素时，可以用数据拟合技术将图像和模型（如直线）进行拟合，理论上测量分辨率可达到 1/1000 像素，而实际应用一般只能达到 1/10 像素。测量分辨率一般取决于拟合算法、每个像素位置误差、用来拟合模型的像素个数和模型拟合实际目标的程度等因素。

测量误差通常来自系统误差和偶然误差。偶然误差是不可预测、不可修正的，影响测量的准确性和可重复性；系统误差不影响测量的可重复性，可以通过校正技术修正。通常测量要求准确度要 10 倍于允许误差，测量分辨率 10 倍于准确度，这意味着测量分辨率要 100 倍于允许误差，实际应用中通常为 20 倍。

5）像素分辨率 $M_p$

像素分辨率是指像素的灰度或彩色等级，通常由采集卡或相机的数/模转换得到。单色视觉系统通常每个像素用 8 位表示，即 256 级灰度，也可用 10 位或 12 位表示，以满足高端图像分析的要求（如生物医学分析）；彩色视觉系统中，RGB 每个原色用 8 位表示，共 16,777,216 种颜色。

计算分辨率的公式如下。

$$R_i = \text{FOV} / R_s \tag{6-2}$$

$$R_s = \text{FOV} / R_i \tag{6-3}$$

$$R_m = R_s \times M_p \tag{6-4}$$

$$R_s = R_m / M_p \tag{6-5}$$

$$R_f = R_s \times F_p \tag{6-6}$$

式中 $M_p$——测量分辨率的像素表示；

$F_p$——最小特征的像素点数。

【例 6-2】 要检测标准尺寸为 4cm×3cm 的零件上直径为 0.5mm 的孔，设特征分辨率($R_f$)为 0.5mm，最小特征的像素点数($F_p$)为 4，假设对比度和图像噪声均理想，求最小图像分辨率。(设视场大小为 4cm×3cm)

解：

计算空间分辨率

$$R_s = R_f / F_p = 0.5\text{mm} / 4\text{像素} = 0.125\text{mm}/\text{像素}$$

计算图像分辨率

$$R_i(\text{水平}) = \text{FOV}(\text{水平})/R_s = 40/0.125 = 320$$

$$R_i(\text{垂直}) = \text{FOV}(\text{垂直})/R_s = 30/0.125 = 240$$

得到最小图像分辨率为 320×240。

【例 6-3】 要求将零件标准尺寸为 4cm×3cm，±0.05mm 的误差必须测量出来，软件要求能测量 1/10 像素 ($M_p$)的精度，取允许误差与测量分辨率的比例为 20，求最小图像分辨率。(设视场大小为 4cm×3cm)

解：

计算测量分辨率

$$R_m = 0.05/20 = 0.0025\text{mm}$$

计算空间分辨率

$$R_s = R_m / M_p = 0.0025/0.1 = 0.025\text{mm}/\text{像素}$$

计算图像分辨率

$$R_i(\text{水平}) = \text{FOV}(\text{水平})/R_s = 40/0.025 = 1600$$

$$R_i(\text{垂直}) = \text{FOV}(\text{垂直})/R_s = 30/0.025 = 1200$$

得到最小图像分辨率为 1600×1200。

(4) 计算线扫描速度

线扫描速度是专门针对线阵相机而言，线扫描速度的计算公式为

$$T_s = R_s / S_p \tag{6-7}$$

式中 $T_s$——相机扫描速度 (扫描次数/s)；

$R_s$——空间分辨率；

$S_p$——零件经过相机的速度。

【例 6-4】 要求检测 18cm 宽的连续运行的编织带，移动速度 3m/min，视场 20cm，特征分辨率必须为 0.5mm，允许用 4 个像素来描述，求线阵相机的最小扫描速度。

解：

计算空间分辨率

$$R_s = R_f / F_p = 0.5/4 = 0.125\text{mm}/\text{像素}$$

计算图像分辨率

$$R_i = \text{FOV}/R_s = 200/0.125 = 1600$$

计算扫描速度

$$S_p = 3\text{m}/\text{min} = 50\text{mm}/\text{s}$$

$$T_s = R_s / S_p = 0.125/50 = 0.0025\text{s}/\text{像素}$$

（5）计算数据处理量

数据处理量是指计算机每秒处理的像素个数，该值用来评估计算机的处理能力。

$$R_p = R_i(\text{水平}) \times R_i(\text{垂直}) / T_i \tag{6-8}$$

式中，$R_i$——图像分辨率；

$T_i$——相邻图像采集的最短时间(对线阵相机而言，$T_i = T_s$)。

当数据处理量 ＜10,000,000 像素/s 时，可选用一般 PC 机进行图像处理；

当数据处理量 ＞ 100,000,000 像素/s 时，可选专用图像处理计算机或者带图像处理功能的采集卡，或者选用带嵌入式处理器的相机。

【例 6-5】 图像分辨率 320×240，每秒处理 3 个零件，计算数据处理量。

解：

$$R_p = R_i(\text{水平}) \times R_i(\text{垂直}) / T_i = 320 \times 240 \div \frac{1}{3} = 230400\text{像素}/\text{s}$$

（6）面阵相机的选择

在拍摄移动的物体时，面阵相机最好选择具有逐行扫描功能的，需要配合电子快门或闪光灯来抓拍图像；拍摄静止物体时，选用隔行扫描相机可降低项目的硬件成本。

在不涉及色彩分析的场合，面阵相机一般选用灰度 CCD 或 CMOS 传感器，不仅价格较便宜，而且在相同计算能力条件下，灰度相机的数据处理量是彩色相机的 2～3 倍。

选择面阵相机分辨率时，如果图像分辨率为 320×240，那么最经济的方法是选用 640×480 的面阵相机来对视场采像，还可以提高空间分辨率。若空间分辨率保持不变，在软件处理方面只需取感兴趣的区域进行处理，从而降低数据处理量。

（7）线阵相机的选择

时域积分相机（TDI，Time Domain Integration)是一种典型的线阵相机。由于线阵相机采样频率比面阵相机高得多，每秒可达 20K 以上，因此需要更大的曝光强度，TDI 相机集成了并行线扫描功能，提高了相机的感光度，在实际应用过程中，要特别注意零件移动与相机扫描的同步，一般通过增量式脉冲编码器来获得同步信号。

彩色线扫描相机分为 3 线式扫描和 3 CCD 式扫描两种。3 线式扫描方式中，红蓝绿 3 条 CCD 芯片在空间上平行相邻排列，每条 CCD 的曝光时间均不一样，因此在组合成 RGB 像素时要进行空间校正才能保证色彩不失真。而 3 CCD 扫描方式则能保证 3 个 CCD 曝光时间完全一致，但内部安装结构复杂，成本昂贵。

对于超大幅面的检测，一个线阵相机是不够的，往往采用多个线阵相机安装在一起，使得它们各自的视场保持直线，并有小段重叠。

（8）采集卡的选择

采集卡的选择必须符合相机特性，即采集卡必须与相机输出相匹配。要确定相机是模拟输出还是数字输出，相机数据率是否符合采集卡吞吐量，以及是否匹配相机时序。

采集卡还须与计算机硬件和操作系统兼容，其运行环境要与图像处理软件运行环境兼容；有的采集卡还具备显示输出功能，可以直接与监视器相连来观察实时图像。更高级的采集卡具备板上处理能力，如颜色查找表 LUT 和 DSP 处理器，分担了计算机的处理负荷。

一般采集卡都应具备数字 I/O 功能，例如，接收传感器发来的触发图像采集信号，输出与相机时序同步信号触发闪光灯。

（9）镜头的选择

机器视觉应用项目常用的镜头根据安装方式有 C 安装镜头、CS 安装镜头、F 口镜头、放大镜头等。

C 安装镜头的特点是安装法兰和像平面有一个固定距离；CS 安装镜头的特点是适用于小型传感器相机，使用与 C 安装镜头相同的螺纹，但安装法兰到像平面的距离少了 5mm。

F 口镜头是性价比最好的，很多面阵相机和线阵相机选择 F 口镜头，但 F 口镜头最大的缺点是它的卡口安装方式。卡口安装方式是为了方便快速更换镜头，这样在设计中镜头的安装就存在一个较大的间隙，因此当机械部分晃动、振动或加速时，镜头会移动，需要用锁定的方法将镜头固定。

放大镜头多应用于平面拍摄场合，工作距离很近，但焦距有限，光圈调整范围也窄，而且不自带聚焦机构。

（10）镜头焦距的选择

镜头焦距的计算方法

$$M_{\mathrm{i}}=\frac{H_{\mathrm{i}}}{H_{\mathrm{o}}}=\frac{D_{\mathrm{i}}}{D_{\mathrm{o}}} \tag{6-9}$$

$$F=\frac{D_{\mathrm{o}}M_{\mathrm{i}}}{1+M_{\mathrm{i}}} \tag{6-10}$$

$$D_{\mathrm{o}}=\frac{F(1+M_{\mathrm{i}})}{M_{\mathrm{i}}} \tag{6-11}$$

$$LE=D_{\mathrm{i}}-F=M_{\mathrm{i}}F \tag{6-12}$$

式中　$M_{\mathrm{i}}$——图像放大倍数；

$H_{\mathrm{i}}$——图像高度；

$H_{\mathrm{o}}$——目标高度；

$D_{\mathrm{i}}$——图像与镜头距离；

$D_{\mathrm{o}}$——目标与镜头距离；

$F$——镜头焦距；

$LE$——为了聚焦，镜头必须离开图像的距离。

镜头焦距的计算方法分以下步骤。

步骤 1：选择目标距离，如果目标距离有变化，取中间值，到步骤 2 ；如果没有给定目标距离，则采用与传感器最大尺寸接近的焦距，到步骤 4；

步骤 2：计算图像放大倍数，使用预定的场景大小和图像传感器尺寸；

步骤 3：用放大倍数和目标距离，计算焦距；

步骤 4：选择与计算焦距最接近的镜头；

步骤 5：再重新计算选定镜头的目标距离。

【例 6-6】 场景大小定义为 8cm×6cm，图像分辨率为 320×240，相机选为 640×480 分辨率，图像采集芯片 8.8mm×6.6mm，空间分辨率为 0.125mm/像素，求镜头安装方式及焦距。

解：

采用 C 安装镜头，计算放大倍数

$$M_i = \frac{H_i}{H_o} = \frac{6.6}{60} = 0.11$$

镜头与物体距离为 10~30cm，取 20cm 来计算焦距

$$F = \frac{D_o M_i}{1 + M_i} = \frac{200 \times 0.11}{1 + 0.11} = 19.82\text{mm}$$

可供使用的镜头有 8mm、12.5mm、16mm、25mm 和 50mm，其中 16mm 最接近。

重新验算目标距离

$$D_o = \frac{F(1 + M_i)}{M_i} = \frac{16 \times (1 + 0.11)}{0.11} = 16.2\text{cm}$$

镜头伸长

$$LE = M_i F = 16 \times 0.11 = 1.76\text{mm}$$

即，镜头伸长通过一个 C 安装镜头扩展器来实现，包括一个螺纹套和两个垫圈，其中一个 1mm 厚，一个 0.5mm 厚，在镜头与相机之间使用两个垫圈，可以使镜头伸长 1.5mm，以便相机进行聚焦。

【例 6-7】 场景为 4cm×3cm，空间分辨率 0.025mm/像素，覆盖场景的图像分辨率为 1600×1200，高分辨率相机才能满足此要求。考虑用两个分辨率各为 640×480 的相机，传感器尺寸 6.4mm×4.8mm，求镜头焦距。

解：

计算相机的视野

$$\text{FOV（水平）}=R_i\text{（水平）}\times R_s=640 \times 0.025 = 16\text{mm}$$

$$\text{FOV（垂直）}=R_i\text{（垂直）}\times R_s=480 \times 0.025 = 12\text{mm}$$

可使用放大镜头，焦距有 40mm、60mm、90mm 和 135mm，物体与镜头距离在 40cm 和 80cm 之间，计算放大率

$$M_i = \frac{H_i}{H_o} = \frac{4.8}{12} = 0.4$$

使用 60cm 物体距离，计算焦距

$$F = \frac{D_o M_i}{1 + M_i} = \frac{600 \times 0.4}{1 + 0.4} = 171\text{mm}$$

因此 135mm 镜头最合适。安装时，如果两个相机不能并列安装，可以用平面镜或棱镜改变光路。

再计算物体距离

$$D_o = \frac{F(1 + M_i)}{M_i} = \frac{135 \times (1 + 0.4)}{0.4} = 472.5\text{mm}$$

【例 6-8】 设 2048 像素的线阵相机，场景为 20cm，芯片长为 28.67mm，选择镜头并求物体距离。

解：

镜头焦距有 35mm、50mm、90mm 和 135mm，由于没有确定物体距离，取镜头焦距等于或大于图像芯片的最大尺寸（即采集图像长度），最接近 28.67mm 的是 35mm，计算放大倍数

$$M_i = \frac{H_i}{H_o} = \frac{28.67}{200} = 0.143$$

计算物体距离

$$D_o = \frac{F(1+M_i)}{M_i} = \frac{35\times(1+0.143)}{0.143} = 280\text{mm}$$

计算镜头聚焦伸长

$$LE = M_i F = 35\times 0.143 = 5.0\text{mm}$$

由于所有的 35mm 镜头可在 1m 内聚焦，所以无需附加镜头扩展。

### 6.1.4　光照技术的设计

光照的目的是为了改变被测物体与背景的对比度，在机器视觉中，对比度代表了图像信号的质量，用来区分物体与背景。设计光照时，先考虑物体与背景的差异，再用光照来加强差异。

光线的控制因素如下。

（1）入射光方向

入射光方向包括光源在物体前方的前置照射和光源在物体后方的透射两种方式。

1）前置光照技术

① 镜面反射：光线通过镜面反射进入相机，容易对零件的移动敏感；

② 偏轴光：镜面反射光线不进入相机，而漫反射光进入相机，这种方式通常用来消除阴影，但不均匀；

③ 半漫射：光线来自环形光源，可在有限视场内获得比较均匀的光照；

④ 全漫射：光线来自各个方向，用来消除镜面反射和物体表面的变化；

⑤ 暗场：光线与相机中心线夹角为 90°，所有的来自物体表面的镜面反射和漫反射都不进入相机，用来拍摄有强反光的不规则表面。

2）透射光照技术

① 漫射：由半透明漫射板和背后光源组成，可以获得很好的均匀性；

② 聚光器：用聚光镜头直接将光线导入相机，产生方向特性；

③ 暗场：用来观测透明材料的杂质，杂质阻挡进入相机，适用于获得零件的轮廓图。

（2）光谱

光谱指光线的颜色或频率范围，可通过光源类型来控制，或通过光学滤镜实现。

（3）偏振

偏振可消除镜面反射光。

（4）光强

光强影响相机的曝光量，光强不足意味着较低的对比度。通过相机来放大感光增益，可以弥补光强的不足；但同时会放大噪声。过大的光强也会消耗能量，产生热量。

（5）均匀

所有的光源都会随距离增加或角度的改变而减弱。设计光照时，通常会照明一个较大的区域，而中心区域是光线较均匀的视场。

（6）物体表面特性的影响

① 反射：包括镜面反射（可能造成炫光）和漫反射（理想的漫反射是光能散发在所有方向）；

② 色彩：选择合适的波长的照明，可以弱化场景内不感兴趣的色彩特征，而强化要检

测的色彩特征，从而加强图像对比度；

③ 光密度：物体的材料不同，厚度不同，成分不同，穿透物体的光量也会不同；

④ 折射：物体的材料不同，折射效果也不同；

⑤ 纹理：物体表面纹理会影响反射；有些检测场合需要纹理分析，但许多场合，表面纹理会成为噪声；

⑥ 高度和表面朝向：物体表面高度变化和表面朝向的不同，会影响照明的强度和反射特性。

### 6.1.5 设计图像处理算法的步骤

图像处理算法的设计主要分两个步骤，即图像简化和图像解释。

图像简化，是通过对原始图像进行预处理和图像分割，来突出特征，消除背景。

图像解释，是提取被测物体的特征，包括统计特征或几何特征，并根据预设的判据输出决策。统计特征包括如平均灰度或像素和等统计信息，鲁棒但不精确；而几何特征比较精确，但容易被杂质干扰；决策技术有基于统计的，如线性分类，用于零件分类或OCR；也有基于决策树的，用于精确测量的应用场合。

图像处理算法的设计，也可以通过反求的方法，从决策输出反推到图像输入，先选择图像解释技术，再识别特征，然后选择图像简化算法，如果有多个特征，则要选择不同的分割算法。

在实际应用中，图像简化的耗时是最大的，通常占80%左右的处理时间，因此多数情况下，尽可能设计合适的光照和仪器以获得高质量的图像，即高对比度和低噪声的图像，减少预处理的工作量。设计拍摄对象进入相机的方式，也可以减少分割的工作。分割和预处理都是非常耗时的，尤其是对象重叠或接触，基于形状的分割技术可以提高分割的可靠性，但计算量大大增加。

### 6.1.6 可行性证明

当项目组接到机器视觉应用项目时，需要对其进行可行性证明。证明内容包括：

（1）实验条件

① 何种图像质量可以接受？

② 能否建立测试环境，可以再现任何图像处理问题？

③ 能否验证操作方式和速度，达到实用的要求？

④ 有无最终系统的精确光照模型和摄像器材？

⑤ 有无完善的图像样本？

⑥ 图像处理能力是否满足实时性的要求？

（2）环境要求

1）相机和光源的定位

定位中最大的问题就是调整相机和光源的位置，项目开发者要意识到相机或光源有6个自由度，其中一些是可以忽视的，而关键的自由度的调节，必须稳定可靠，而且调好后能牢固锁定。

设计定位的要求是：自由度尽可能少；减少自由度之间的相互作用，便于维护。很多设计者将相机，光学器件和光源做成模块，成为光学组件，再接入视觉系统。可维护性要好，一个好的系统，能方便维护人员更换部件，而且只需最小的重定位和重校正。

2）校正

视觉系统的校正，包括确定空间分辨率、确定相机的位置、确定颜色平衡等工作。当系统只是检测某些特征的存在，如孔、洞等，无需尺寸或颜色信息，则无需校正。在相机校正时，尽可能采用标准件调节；色彩校正时，可以利用固定在场景上的某个物体，来作为颜色调节标准；校正方式包括多点校正或单点校正。

3）零件移动

零件移动会模糊图像。解决方法有提高采样速度，但产生的问题是提高了数据处理量，同时还必须提高曝光亮度。使用面阵相机时，零件任何可见移动都会削弱图像的清晰度，必须使用逐行扫描相机，隔行扫描相机中的奇场和偶场的交错会造成垂直边缘的锯齿状模糊。

电子快门的工作时间是百万分之一秒级，要提高照明亮度，而且要考虑零件到达的时间，必须使用有外触发功能的相机。闪光照明也是提高照明亮度的一个选择。氙闪光灯的时序是毫秒；LED 闪光灯适用于较小的场景，时序是微秒级。闪光照明类似电子快门也要通过采集卡来触发。在现场使用过程中，使用闪光照明要考虑对人眼的保护。

4）摇晃和振动

摇晃和振动会造成定位和校正问题，图像模糊，以及零件损坏。解决方法是隔离光学系统与振动源。因此在器件选择时，尽量要使用工业相机、结实的 LED 光源或粗灯丝的白炽光源。

5）冷

在寒冷环境下要防止镜头凝雾，注意对光学组件进行加温和密闭，并提供干燥的循环空气。

6）热

热会使零件老化，增加图像噪声，经验法则是：温度每升高 7℃，电子元件寿命降低一半，因此要加强对光学系统和电子器件的对流和冷却。

7）湿度

湿度较大会造成凝结，视觉系统温度要略高于室温，并使用干燥空气。

8）空气杂质

灰尘、雾、杂质等会影响成像质量，可采用隔离或者使用干燥空气吹光学部件。

9）电子干扰

电子干扰会造成系统无法正常工作。干扰源一般来自电压波动、电压尖刺或其他设备的电磁辐射。最好的解决办法是隔离和接地。接地要防止大地回路，需要对电源采用滤波和稳压。

## 6.2　在包装印刷中的应用及案例分析

### 6.2.1　自动印刷品质量检测概述

近年来国内印刷竞争日趋激烈，精美印刷产品不断涌现，使得产品设计和印刷工艺越来越复杂，所用材料也越来越讲究，凹印、胶印、柔印、丝印、UV 印刷、UV 上光、全息烫印、镭射铝箔纸等技术纷纷上阵，多种印刷技术组合的产品随处可见。随着印刷工艺的复杂化和多样化，对成品检验的要求也越来越高。各道工序出现缺陷产品（如飞墨、刀丝、套印不正等）后，最终流入到最后检验工序，若全部由人工完成，工作量极大，且依靠人的视力检测很难保持持续性和稳定性，容易产生疲劳和漏检现象，造成质量事故。

根据印刷的重复性原理，印刷缺陷在线检测系统通过高速摄像头连续拍摄印刷图案，并将其与一个完好无缺的基准图像作比较，当二者差异（这种差异对应着印刷过程中产生的各种缺陷，如污迹、飞墨、色差等）超出了设定的范围时，检测系统即判定印刷缺陷产生，保存缺陷图案并用声光报警，同时控制贴标机对有缺陷的纸张进行贴标。最早用于印刷品质量检测的是将标准影像与被检测影像进行灰度对比的技术，现在普遍采用的技术是以 RGB 三原色为基础进行对比。

从实际使用上来说，影响检测能力的因素有如下几点。

（1）印刷材质的问题

印刷材质除了常见的白卡纸、铜版纸外，还存在很大比例的转移纸（包括金银卡纸、镭射纸）；纸上除了印刷外，还有素面烫金、全息定位烫金等印后工艺，其强反射特性给普通照明条件下的检测带来难度；而且压凸图案由于低色差特性也给检测带来困难。

（2）设备波动造成的纸张蛇形跑动问题

在印刷过程中，随着张力的变化和速度的波动，纸张在前进过程中会产生蛇形跑动现象，表现在运动方向的不同程度的拉伸，以及宽度方向的不同程度的偏移，给图像的采集和比对造成困难；同时由于卷筒生产过程中再现性差，无法真正获得理想的模板，假设的理想模板并非完美无缺，而待测图像无论用何种图像复原算法或对齐算法，只能从图像轮廓上与模板匹配，缺陷细节和材料形变细节仍然无法分离。

（3）检测精度的问题

基于摄像的检测系统其检测依据是图像的色彩信息，如果缺陷的尺寸或色差超出摄像的观测范围，这种缺陷理论上检测不出，或者称不可信检测。如何使检测精度与企业的质量标准达成一致，是检测设备商面临的主要问题。

（4）图像处理的网络化问题

随着观测面积的增大和检测任务的日益复杂，数据处理量急剧增长。印刷生产速度在每分钟百米以上，观测面积从几米到十几米，测量精度从 0.1mm 到 0.01mm，单机系统无法满足图像显示、数据传输、图像处理和实时控制的要求，以网络为中心的多目视觉检测和分布式计算成为现代自动化生产线计量和品检的主流需求。

（5）图像处理的速度问题

处理速度的高速化永远是机器视觉系统所追求的目标。处理速度受制于数据流量、处理算法和硬件结构。20 世纪 90 年代末，Intel 公司推出 NSP 技术、MMX 指令集和 SSE 指令集后，PCI 总线技术与 MMX/SSE 技术成为新一代图像处理系统的关键技术，可以利用强大的微机资源实现快速、低成本的运算处理。但要实现真正意义上的实时处理，还需要配以专用采集硬件。基于 FPGA/DSP 的专用硬件结构并行处理效率较高，但在数据管理、人机界面和灵活性等方法则不如通用硬件。

（6）检测后的处理问题

检测只是质量管理的手段，检测的目的是为了指导生产，及时杜绝连续废品的发生；同时也应当为成品出厂提供判断依据。

（7）在线检测设备的安装工位问题

条件允许的情况下，在线检测系统可以装在印刷机、烫金机、分切机等所有生产设备上，但对于多数企业而言，选装在合适的工位上，既能降低成本，又能提高设备利用率。

（8）检测数据与企业生产质量管理系统的结合问题

如何将检测数据信息通过网络在企业内部建立数据库，并实现数据共享，进而为生产管理、质量控制提供正确的依据，是检测系统数据管理的主要内容。

这些关键问题对光源的设计和算法的处理是极大的考验，本节介绍的对高速印品进行在线缺陷检测的机器视觉检测系统，通过独特的光学系统，可以检测到印品上的微小印刷缺陷；系统中采用的防轮廓检出算法，避免了因纸张形变造成的误检；系统通过 C/S 网络化并行结构，可以对图像数据进行分布式处理和集中统计管理；通过网络接口，为打标机提供剔除废品信息。

### 6.2.2　系统描述

（1）系统组成

印刷品质量在线检测系统的结构如图 6-1 所示。该系统采用多个彩色线阵摄像头对大幅面印刷品进行同步采集，图像数据通过 FPGA/DSP 采集卡进行辅助处理，由对应处理单元进行图像比较、缺陷提取和分类，缺陷数据通过高速以太网传送到服务器进行统计和管理，输出报警信号和缺陷位置信息；通过光电编码器与生产线保持同步，通过张力传感器获取印刷品张力信息，通过生产线接口获得纸张拉伸形变信息。

（2）成像设计

检测系统的硬件核心器件是 CCD 相机，它将影响到系统的检测方式、检测能力以及后续图像处理的运算量和数据处理方式等。线阵 CCD 相机由于其成像系统占用空间小，光源设计简单等原因，在表面检测中应用很广泛。

线阵 CCD 相机的线扫描操作与传统的扫描仪非常相似，相机中的传感器在运动物体通过它时每次扫描一行图像，然后通过一个图像采集卡将所有采集到的行合并成为一个完整的二维图像。其成像原理如图 6-2 所示。

（3）照明设计

印刷品摄像对照明系统的要求是：① 亮度足够；② 防止炫光进入摄像头；③ 无频闪；④ 光源波长分布均匀；⑤ 照射幅面大。

根据上述要求，有两种光源可以选用：白光 LED 光源和三基色荧光光源。白光 LED 光源与白炽钨丝灯泡及荧光灯相比，具有体积小、发热量低、耗电量小、寿命长、反应速度快、环保、可平面封装易开发成轻薄短小产品等优点，没有白炽灯泡高耗电、易碎及日光灯废弃物含汞污染等问题，但价格昂贵，维护困难。稀土三基色直管荧光灯是一种高效、节能的新型电光源，显色性好，是名副其实的日光型光源，已被广泛应用于电视摄像照明，虽然寿命不及 LED 光源，但价格低廉，维护方便，本系统选用此类光源。

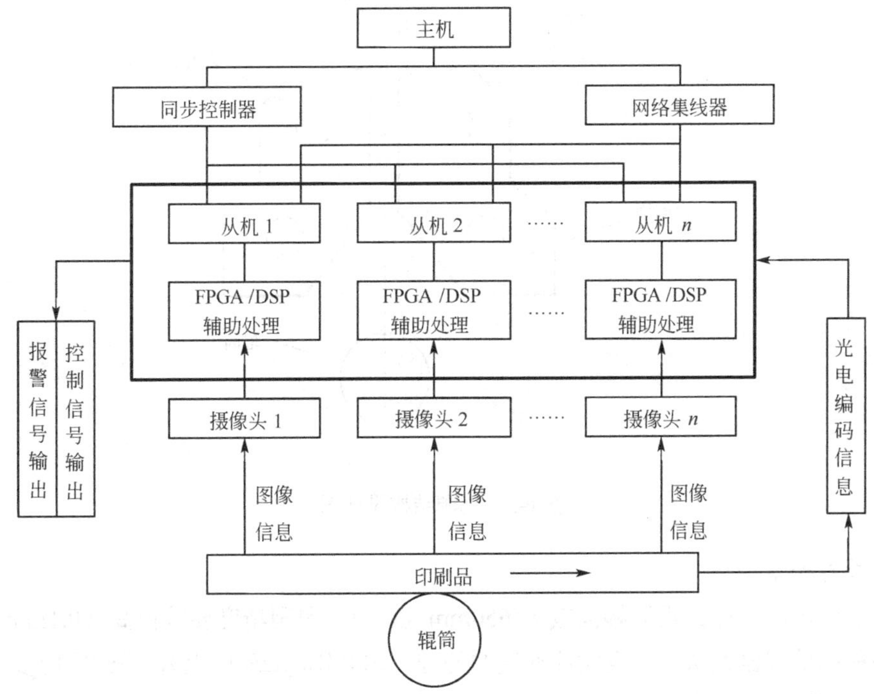


图 6-1　印刷品质量在线检测系统

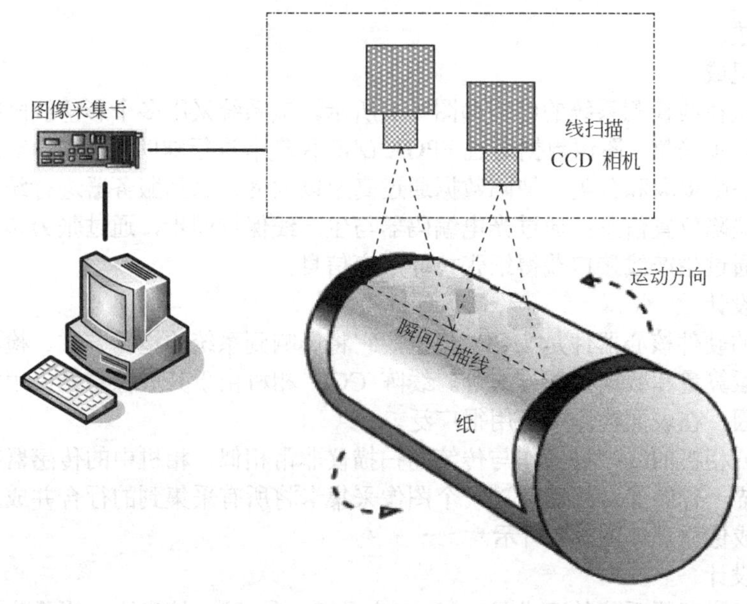


图 6-2　线阵相机成像原理

光源结构设计如图 6-3 所示，四根荧光灯分别以高角度和低角度入射到辊筒表面，低角度光突出印刷品表面轮廓，高角度光补偿整体亮度。为防止镜面反射光射入镜头，对高角度光采用漫透射面过滤。通过这种照明技术，还能实现对烫金和全息商标特征的准确提取，如图 6-4 所示。

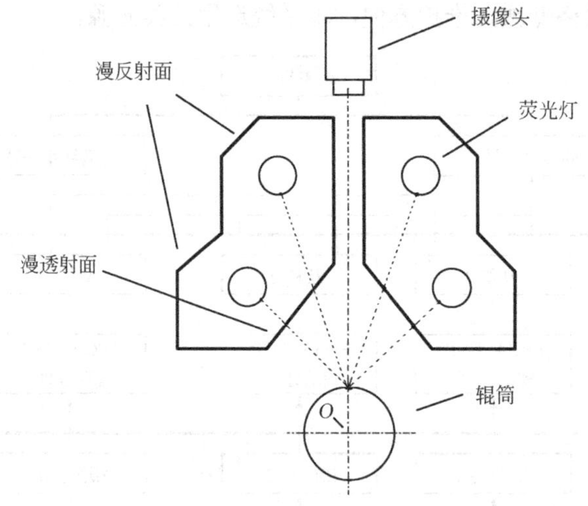


图 6-3　光源结构设计图

（4）处理器结构

在印刷生产时，印品观测幅面较大(650mm 以上)，印刷精度要求很高（0.1mm/像素），单摄像头和单处理器无法完成庞大数据量的处理（100MByte/s 以上），因此采用多摄像头结构，对不同区域进行同步并行处理，处理结果通过高速以太网传送至服务器进行数据管理和统计。系统要解决的关键问题是同步问题。

图6-4 烫金和全息成像

同步问题有两类：一是采集和处理的同步；二是缺陷数据传输的同步。采集和处理的同步通过脉冲编码器实现，各处理器由脉冲编码信号同时触发工作。同一版面的印品缺陷数据上传的同步通过脉冲编码器产生的固定时序来保证。

（5）系统工作流程

图6-5为印刷品在线检测系统的软件结构图。图中用户直接和人机交互界面交流。系统能够实现的功能有：

① 对系统进行设置。主要包括生产设置，含生产的批次信息、检验人、检测时间等基本信息；检验产品设置，含标准产品的建立、产品缺陷等级的划分、检验产品的区域设置等。

② 反馈系统状态和数据显示。系统的工作状态能实时反馈到交互界面，便于用户管理。另外，实时数据和数据通过交互界面呈现给用户，用户通过查看、编辑对这些进行管理。

人机界面将用户设置以控制流的方式传送给数据管理模块，通过通信层传给图像处理分析模块和存储模块。给模块根据设定起用相应的功能。图像分析处理模块从相机板卡处获得图像数据，处理完后得到缺陷数据，并将其以信息流的方式传送给数据管理模块。而存储模块根据需要，将原始图像数据分为图像数据或加工后的数据存储于磁盘中，并且在控制指令的调度下将其送于实时显示模块。实时显示模块获得图像数据源后，在用户的控制下可以全局或局部地查看产品状态。

### 6.2.3 算法描述

（1）算法流程

检测系统的算法流程如图6-6所示。检测系统采集到一个印刷版周的图像之后，通过色彩空间的转化和预处理，在质检人员的参与下，选择一张完好的图像作为模板图像，保存下来并建模。随后检测系统将实时采集到的版周图像与标准图像进行比对，通过自动配准算法将待测图像与模板图像对齐，再比较对应位置上的像素点的差异，设标准图像为$S_{RGB}$，待测图像为$R_{RGB}$，图像比对后得到图像差。

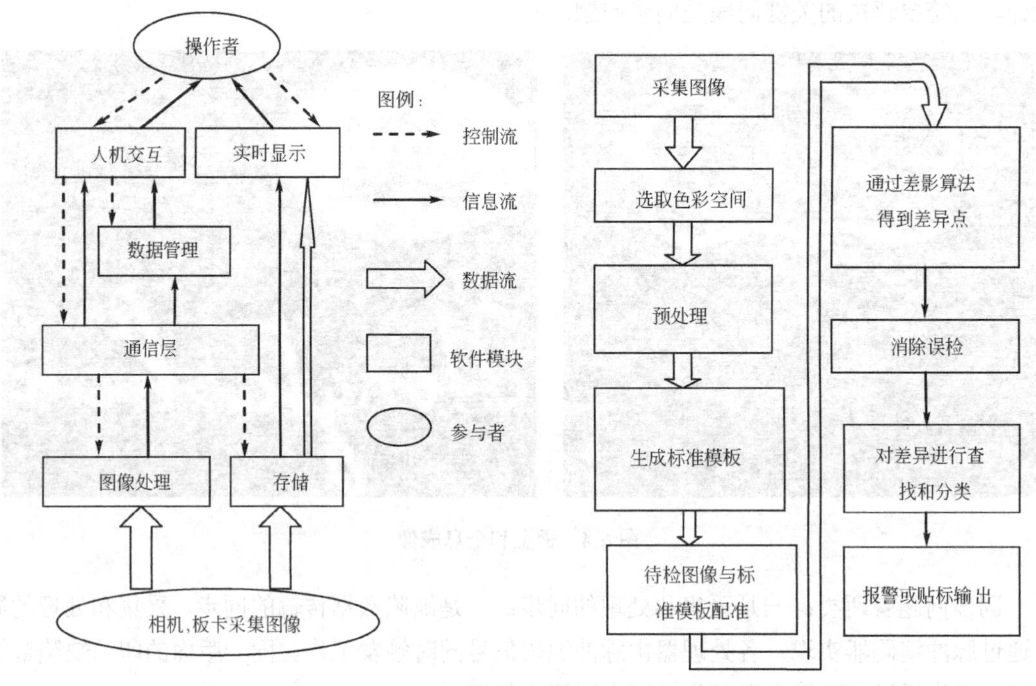


图 6-5　高速印品检测系统软件工作图　　　图 6-6　图像处理算法流程图

$$E_{\mathrm{r}}=\left|S_{\mathrm{RGB}}-R_{\mathrm{RGB}}\right| \tag{6-13}$$

图像差 $E_{\mathrm{r}}$ 中包含了 R、G、B 三通道的色差信息，通过合理的超差阈值的选择，首先消除图像采集系统的噪声信号，而后根据质检标准，对真实的超差点的色彩、强度、大小、形状进行分析和判断，找出需要报警输出的缺陷，忽略无需报警的缺陷。

（2）模板匹配与对准

检测系统中，考虑到采集图像主要存在横、纵向偏移和相对较小的拉伸变形，而且检测系统对处理的实时性要求较高，本系统采用基于模板的方法进行匹配。如图 6-7 所示，（a）为标准图像，（b）为待测图像，（c）为配准后的待测图像，（d）为对图（a）和图（c）做一次差影后取单通道阈值 15 的二值图像。

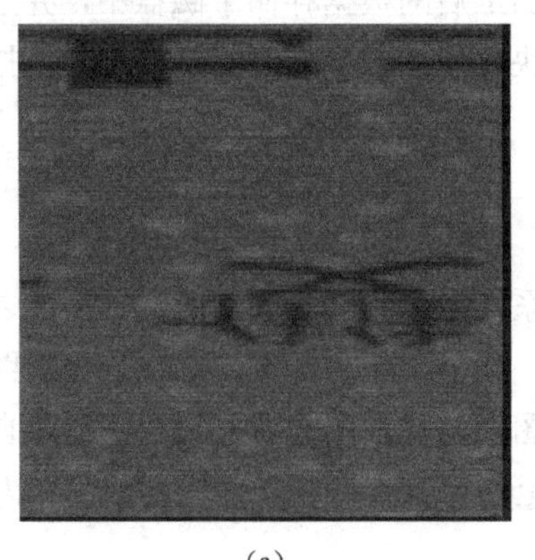

(a)

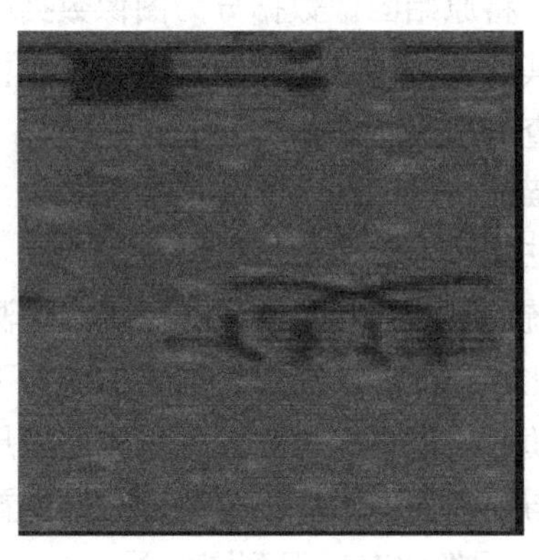

(b)

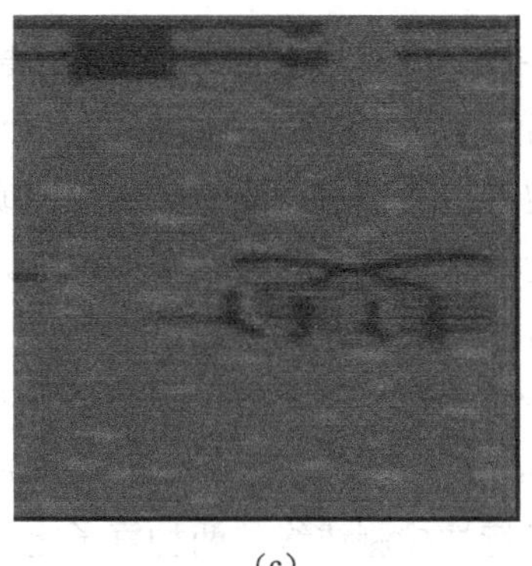
（c）

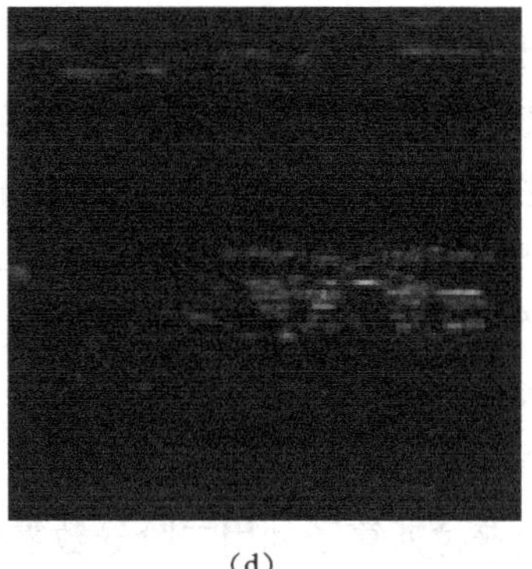
（d）

图 6-7　配准及一次差影图例

印刷过程中，为套色准确起见，印版中常刻有色标或十字线，称为马克线，其稳定可靠。本算法的块区域即采用马克线，并将其作为子图 $W(x,y)$，将标准图像记为 $f_s(x,y)$[如图 6-7（a）所示]，待测图像为 $f(x,y)$[如图 6-7（b）所示]。从印刷品的成像分析可知，纵、横向的平移是导致图像变化的主要因素，而伸缩变形则是次要因素。因此，匹配时先考虑配准纵、横向平移，然后通过特殊的差影法处理伸缩变形，进而满足实时性要求。

为此，根据求取相关函数的思路，系统中采用如下算法来配准纵、横向平移。

$$MS=\sum_{x=1}^{M}\sum_{y=1}^{N}|f(x,y)-w(x+i,y+j)| \tag{6-14}$$

$$MSM=\min_{\substack{i\in[i_s,i_e]\\ j\in[j_s,j_e]}}\{MS(i,j)\} \tag{6-15}$$

$$D_x=i_0-i_{\text{MSM}},D_y=j_0-j_{\text{MSM}} \tag{6-16}$$

这里，$(i_0,j_0)$为所需计算的纵、横起始位置坐标，$(i_s,i_e)$、$(j_s,j_e)$分别为搜索区域的起始点和终止点坐标。MS 为特征块与待检测区域的绝对差值，若求出最小的 MS，即认为匹配成功，并求出此时的偏移量 $D_x$，$D_y$。重构图像，得到纵、横向配准后的图像为：

$$f_c(x,y)=f(x+D_x,y+D_y) \tag{6-17}$$

由于马克线位置固定且颜色单一，加之平移量在 4 个像素以内。因此，搜索区域起点可定在$(i_0,j_0)$坐标位置附近，然后采用 RGB 某通道的数据，这样能大大减少搜索时间。

（3）快速差影算法

上述配准后的图像整体位置已经和标准图像对齐。但由于伸缩变形没有考虑，所以分别对单通道做绝对差影会将图案的轮廓和缺陷都反映出来，如图 6-7（d）所示。图 6-7（a）、图 6-7（c）均为彩色图像。求一次差时先分别得到 $f_s$ 和 $f_c$ 的 R、G、B 三通道数据，然后分别求对应通道的绝对差。两副图像 $f(x,y)$ 与 $h(x,y)$ 的绝对差表示为：

$$g(x,y)=|f(x,y)-h(x,y)| \tag{6-18}$$

再将求出的绝对差累加。两副图像 $f(x,y)$ 与 $h(x,y)$ 的和表示为：

$$g(x,y)=f(x,y)+h(x,y) \tag{6-19}$$

这样就可将相同的背景图案消除，从而分割出每个通道的差异之处。

图 6-7（d）中“双”字的图案轮廓十分明显，其形态和大小与可能出现的缺陷极为接近。这是由于印刷过程中的再现性是不稳定的，在张力控制的作用下，纸张会在行走方向发生不同程度的拉伸形变，这种形变对待测图像的直接影响就是与标准图像比对后，发生纹理轮廓

部分的误检，记此一次差影为 $f_{Absc}$，则 $f_{Absc}=|f_s-f_c|$。由于 $f_{Absc}$ 中含有轮廓伪影和真实缺陷成分，可分别令其中的轮廓伪影为 $f_{Absc}{}^f$，真实缺陷为 $f_{Absc}{}^r$，则有 $f_{Absc}=f_{Absc}{}^f+f_{Absc}{}^r$。可以采用如腐蚀等方法去除此伪影。但腐蚀伪影的同时也将一些小点、线缺陷去除掉或将其真实面积减小，从而不能正确反映缺陷。从图中分析，轮廓伪影主要分布在图案边缘。如果能够将这些处在边缘处的伪影去掉，那么就可以得到只含缺陷的图像。

标准图案的轮廓在位置上和一次差影后的轮廓伪影已经对齐。因此可以考虑提取出标准图像的边缘轮廓，再与 $f_{Absc}$ 做差。提取边缘可由 4.5.1 所述的边缘检测算法完成。Roberts 算子简单直观，拉普拉斯算子利用二阶导数零交叉特性检测边缘，两种算子定位精度高，但受噪声影响大。Sobel 算子具有平滑作用，能滤除一些噪声，去掉部分伪边缘。而且它对图像的每个像素，分别在水平方向与垂直方向考察邻点灰度的加权和，可以提供最精确的边缘方向估计，因此采用此算子做边缘检测。由于产生的差影在上下左右均存在， 所以使用 Sobel 算子时对其进行扩充，如图 6-8 所示。

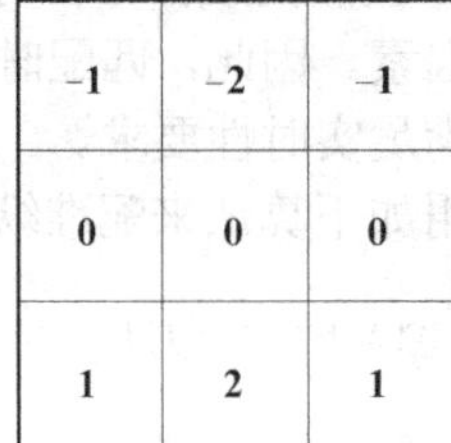

| –1 | –2 | –1 |
|---|---|---|
| 0 | 0 | 0 |
| 1 | 2 | 1 |

| 1 | 2 | 1 |
|---|---|---|
| 0 | 0 | 0 |
| –1 | –2 | –1 |

| –1 | 0 | 1 |
|---|---|---|
| –2 | 0 | 2 |
| –1 | 0 | 1 |

| 1 | 0 | –1 |
|---|---|---|
| 2 | 0 | –2 |
| 1 | 0 | –1 |

图 6-8　扩充的 Sobel 算子

对标准图像 $f_s$ 经过上述算子计算过的图像分别记为 $f_{ss1}$，$f_{ss2}$，$f_{ss3}$，$f_{ss4}$。则令 $f_{sse}=f_{ss1}+f_{ss2}+f_{ss3}+f_{ss4}$，$f_{sse}$ 即为提取边缘后的完整轮廓图像。其边缘处图像灰度值加强，而非边缘处灰度值基本为零。若为了突出轮廓，也可将其阈值化，即令轮廓处灰度值为 255。处理后的效果如图 6-9 所示。

提取边缘轮廓后的图像与 $f_{Absc}$ 作差，即令 $f_f=f_{Absc}-f_{sse}=f_{Absc}{}^f+f_{Absc}{}^r-f_{sse}$ 。这里轮廓伪影 $f_{Absc}{}^f$ 其灰度值至多为 255。而 $f_{sse}$ 中加强后的轮廓灰度值为 255，因此有 $f_{Absc}{}^f\leqslant f_{sse}$，所以在实际运算中有 $f_f=f_{Absc}{}^r$，这样就将一次差影中的轮廓伪影去除，只留下缺陷图案。在实际运用中如果伸缩量太大，即伪影范围超过求取标准图像的轮廓。可以对 $f_{sse}$ 作膨胀处理，用来扩大边缘轮廓，使标准的轮廓 $f_{sse}$ 总能覆盖 $f_{Absc}$。

（4）缺陷定位（RLE 算法）

缺陷的定位算法采用行程长编码（Run-length-encoding，RLE）算法，本系统利用此算法设计了线阵图像的污点（blob）查找算法，取得了较好的效果。实际应用证明，该算法的速度与 8 邻域搜索算法和商业图像处理软件相比，有较明显的优势，见表 6-1。工作环境是在同一台主机上（P4-2.4G，512M 内存），对 2048×2048 像素的含缺陷的灰度图像进行缺陷搜索，时间评估函数为 VC6.0 中的 timeGetTime()函数。

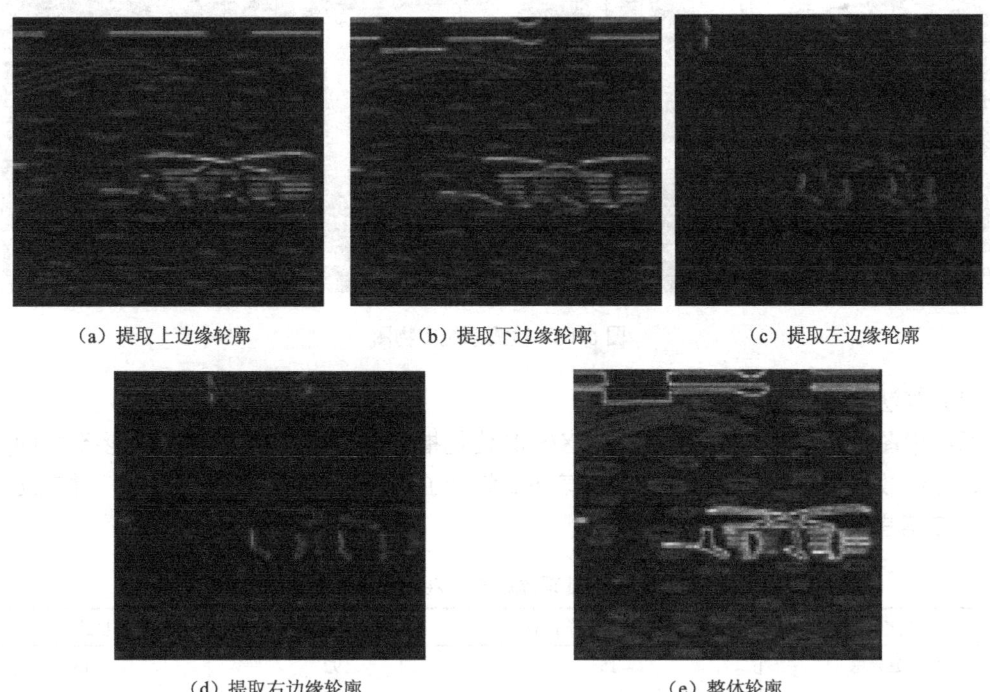

（a）提取上边缘轮廓　（b）提取下边缘轮廓　（c）提取左边缘轮廓

（d）提取右边缘轮廓　（e）整体轮廓

图 6-9　Soble 边缘轮廓提取

**表 6-1　三种算法的耗时比较**

| 算法 | 消耗时间/ms |
|---|---|
| RLE 算法 | 31 |
| 商业软件（Ruresys） | 65 |
| 8-邻域搜索算法 | 314 |

（5）缺陷分类（BP 神经网络算法）

印刷过程中产生的缺陷类型有纸张缺陷、污迹、飞墨、窜墨、刀丝、脏板、脏点、拼接、毛刺、白点、皱折、纸带、破洞、渣子、砂版、七彩印子、渣点、花版、脏块等 20 余种，缺陷提取出来后，对缺陷进行正确的分类，对指导印刷生产过程具有重要的现实意义。

系统采用 BP 神经网络完成了缺陷的分类。BP 网络的输入对应了缺陷的 6 种特征：位置、面积、长宽比、密度、色度和形状，输出对应了常见的 7 种缺陷类型，通过反复学习和改进，识别的准确率达到了 90%以上。

### 6.2.4　检测结果

系统采用两台彩色线阵 CCD 摄像头对 650mm 宽的印刷版面进行检测，宽度方向的检测精度为 0.15mm/pixel，行走方向的检测精度为 0.35mm/pixel，生产线的最大速度为 4m/s，通过千兆以太网进行并行处理和分布式控制，通过客户机/服务器方式进行集中数据查询和管理，该系统如图 6-10 所示。

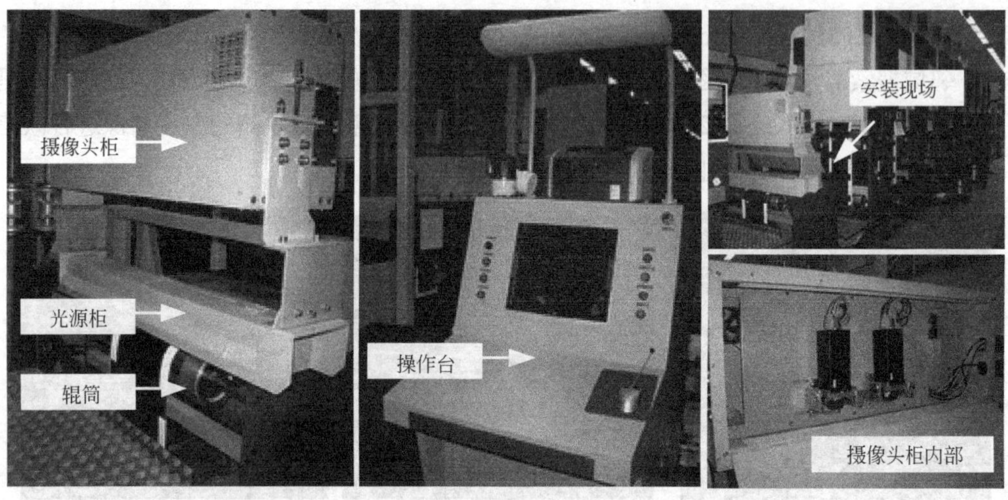


图 6-10　检测系统实物图

（1）算法效率

系统中图像处理部分全部采用 MMX/SSE 优化指令集编写，实现了单指令多数据的并行处理，算法效率是 C 语言的 8 倍以上。表 6-2 统计了处理流程的消耗时间总和，并在同一主机上与 C 语言实现方式作了比较。

**表 6-2　处理流程的消耗时间统计**

| 流程 | 本系统消耗时间/ms | C 实现/ms | 加速比 |
| --- | --- | --- | --- |
| 三通道分色 | 15 | 92 | 6.133 |
| 图像比对 | 12 | 156 | 13.0 |
| 阈值化 | 14 | 89 | 6.357 |
| 轮廓消除 | 56 | 510 | 9.107 |
| 缺陷定位 | 31 | 314 | 10.129 |
| 总计 | 128 | 1161 | 9.107 |

当生产线的速度最大（300m/min）时，检测系统采集完整一版图像的周期为 211ms，处理时间（128ms），足以满足实时性的要求，最大可以满足 500m/min 的印刷速度；而采用 C 语言则无法实现实时处理的要求。

（2）检测精度

系统的检测精度取决于检测分辨率和检测等级。

CCD 是离散采样器件，根据奈奎斯特采样定理，能检出最小缺陷尺寸在检测分辨率的 2 倍以上；例如使用上述相机观测 410mm 的幅面，印刷速度在 200m/min 时，横向像元分辨率为 0.1mm，纵向分辨率为 0.22mm，能检出稳定检出的最小缺陷为 0.2mm×0.44mm。

检测等级是系统的一个重要功能。由于印品的每个位置检测要求的严格程度不同，例如条码区最严格，而粘胶区或裁剪区最宽松，因此对所有区域采用相同等级是不现实的，会造成很大的浪费。因此区域等级的设置实际上对不同的区域采用不同的阈值，这些阈值在系统检测开始之前按照质量管理的要求预先设置。

（3）检出缺陷类型

图 6-11 列出了四种典型的印刷缺陷和缺陷检出图例，实际图片均为彩色图片。印刷缺陷

中，飞墨占了80%以上，而最致命的缺陷是刀丝类缺陷，此类缺陷由于尺寸小，痕迹轻微，有时肉眼都不易检出，在本案中，通过对邻域像素的分析，检出了0.25mm宽的刀丝。

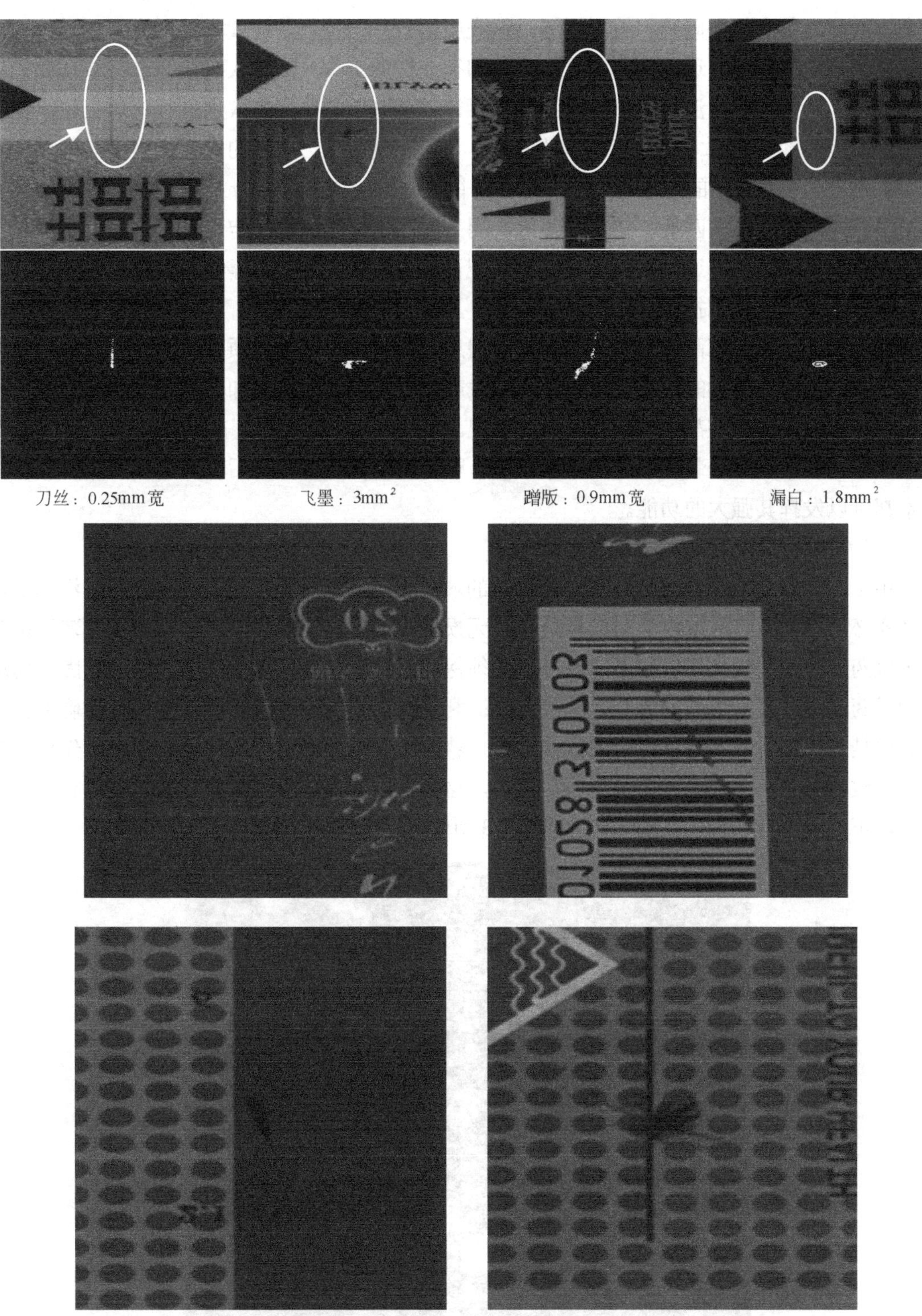


图6-11　典型印刷缺陷及其检出图例

### 6.2.5 在医药食品行业的应用

在现代包装工业自动化生产中，涉及各种各样的检查、测量，比如饮料瓶盖的印刷质量检查，产品包装上的条码和字符识别等。这类应用的共同特点是连续大批量生产、对外观质量的要求非常高。通常这种带有高度重复性和智能性的工作只能靠人工检测来完成，我们经常在一些工厂的现代化流水线后面看到数以百计甚至逾千的检测工人来执行这道工序，在给工厂增加巨大的人工成本和管理成本的同时，仍然不能保证 100%的检验合格率（即“零缺陷”）。而当今企业之间的竞争，已经不允许哪怕是 0.1%的缺陷存在。有些时候，如微小尺寸的精确快速测量、形状匹配、颜色辨识等，用人眼根本无法连续稳定地进行，其他物理量传感器也难有用武之地。这时，人们开始考虑把计算机的快速性、可靠性、结果的可重复性，从而引入了机器人视觉技术。

众所周知，食品药品关系到人类的生命健康，如果因为药品的质量问题而对人的生命造成威胁，这将是一个大的灾难。因而各药品生产厂家，尤其是世界知名大厂对药品的整个生产过程甚至后段的包装都给予了非常大的重视。在食品药品的生产、包装过程中，无论是药品的泡罩包装、液体灌装，还是后段的压盖、贴标、喷码，以及最后的装盒检测，机器视觉技术都可以发挥其强大的功能。

（1）机器视觉缺药或者缺瓶检测

由于医药行业的严格规范，对制药包装的质量也越来越苛刻，当药粒被包装进泡罩后，生产商必须保证所有泡罩内的药粒都是完好无损的；或者，在药品出厂时，一般瓶装药都是若干瓶药装在一个较大的包装内，生产商必须保证每个包装内不缺少药瓶，以避免因此而造成的对药品生产厂家信誉的影响。解决方案：利用机器视觉的方法，可以快速、准确地检测到对象是否完好无缺，通过设定图像传感器，获取包装后的对象图片信息，通过预先设定的面积参数对每个药粒或者药瓶进行检测比对，这样，破损的药粒或者缺瓶的包装都将被检测出来，正确的正常通过。如图 6-12 和图 6-13 所示。

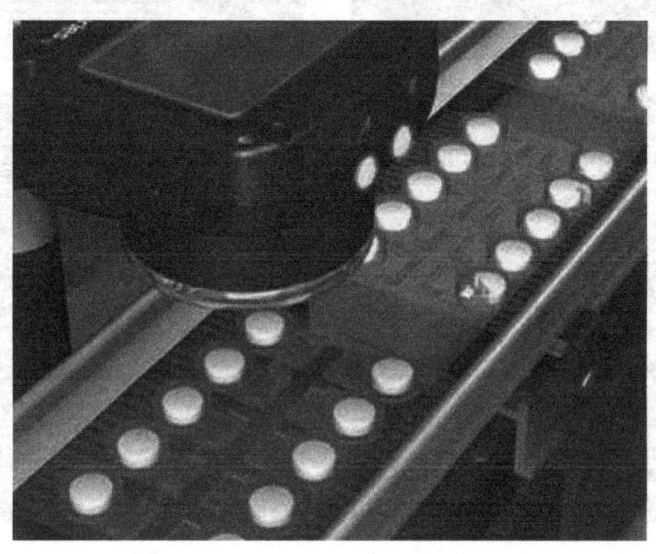

图 6-12　药粒泡罩检测

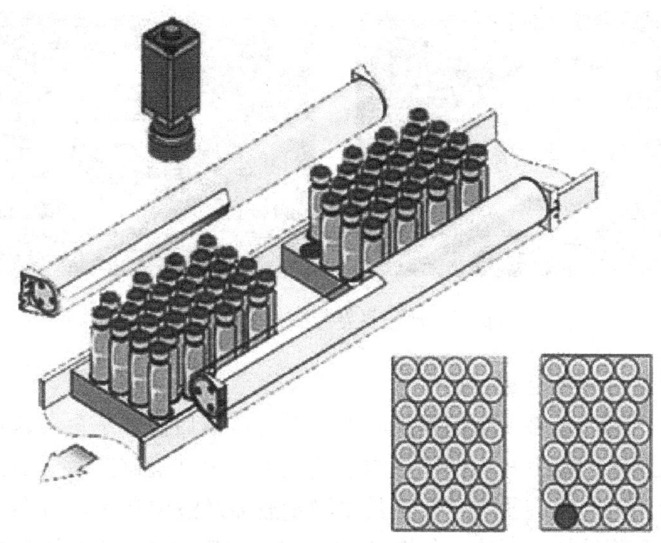

图 6-13 缺瓶检测

（2）机器视觉瓶口破损检测

液态药瓶，经罐装后，要判断瓶口是否有破损，这关系到药液中是否会混入玻璃碎屑。解决方案：将图像传感器安装在药液罐装工序后，通过图形匹配工具来判断瓶口是否有破损。在检测之前，图像传感器记录下正常的瓶口特征，当罐装好的药瓶经过传感器镜头前面时，传感器会捕捉当前的瓶口特征，与其所记忆的原瓶口特征进行比较，看是否一致，如果不同，传感器会发出信号以让剔除机构将此瓶剔除，如图 6-14 和图 6-15 所示。用户可通过视觉软件根据瓶口的特征来设定相似程度，假设设定为 90%，也就是说当被检测瓶口的特征与传感器记忆的瓶口特征相似度达 90%及以上时，传感器才认定这个瓶子的瓶口是完好的。经过这道检测，就可以把所有瓶口破损的药瓶剔除出去。

图 6-14 瓶口图像传感器安装图

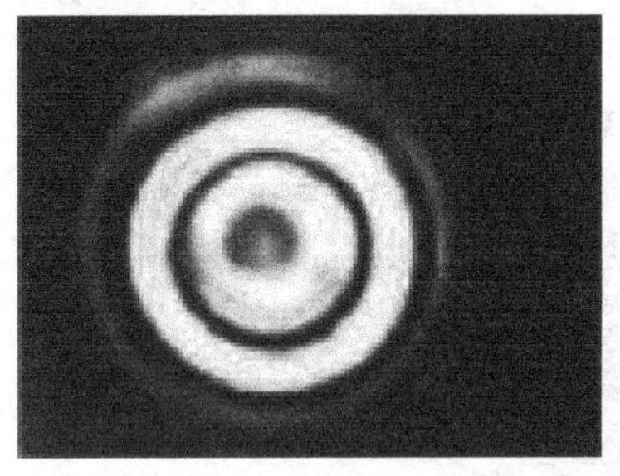
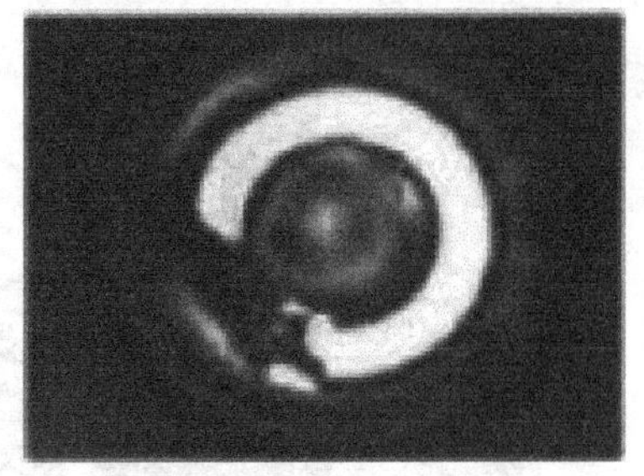

图 6-15　瓶口良好与瓶口破损示意图

（3）机器视觉灌封质量检测

在药品灌装生产线上，另一个需要关心的问题是压盖后盖子是否压装到位？药液灌装的是否够量？以确保瓶子封装完好，保证瓶内的真空度；另外确保药量正确。解决方案：将图像传感器安装在压盖工艺后，通过线性工具来测量瓶盖及液位在 $Y$ 轴方向上的变化来判断瓶盖是否安装到位以及药量是否正确，如图 6-16 和图 6-17 所示。通过测量瓶盖与瓶口之间的缝隙来判断瓶盖是否安装到位；通过测量液面与瓶口的距离来判断液位的高低。均是相对位置的测量，因而不会受瓶子在传送带上微弱跳动的影响。经过此道检测，能确保瓶盖未安装到位和药液不够的药瓶全部被剔除出去。

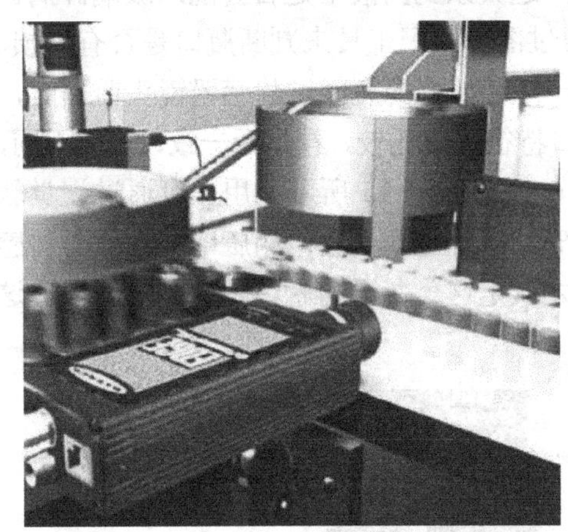

图 6-16　灌封检测图像传感器安装图

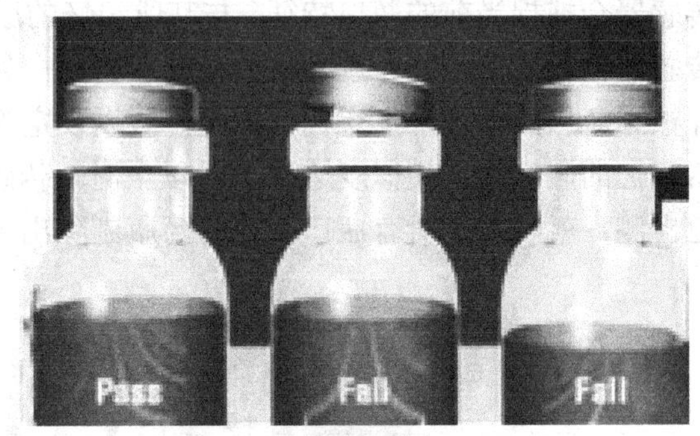


图 6-17　瓶盖及药液高度检测

上面仅仅列出了机器视觉在食品药品行业中的部分应用，推广机器视觉检测，首先要使食药品企业更多的了解机器视觉。装在哪里、怎么安装、如何达到最好效果、能带来什么具体效益，这一切都需要不断地普及和宣传。印刷包装行业的从业者要提出自己的具体需求，学习和掌握机器视觉检测的概念和操作；机器视觉行业的从业者要了解印刷的工艺，生产流程，操作方式和质量标准，只有两者的紧密结合，才能有真正符合中国国情的自动化视觉检测系统，才能达到提高质量、提高效率、降低成本的目的。

## 6.3　在表面质量检测领域中的应用及案例分析

在工业生产中，大量的工业生产过程中需要进行产品表面质量检测，这是非常重要的。机器视觉在这方面的应用主要解决了以下几个方面的问题：

① 替代人力减少成本。机器视觉的应用可以完全或部分替代人员，以减少人力成本。

② 提高产品质量。在过去的生产过程中，大多数是靠人的肉眼来对产品的检测，这不但存在着许多人为因素，而且也不可能对产品进行毫无遗漏的检测。而应用机器视觉可以对产品表面进行 100%的检测，同时又可将检测数据储存起来，利于对造成产品质量问题的原因进行实时分析，从而对生产过程给出建设性的反馈信息。

③ 提高生产效率。人眼对产品的检测大多是离线检测，无法与生产线的自动生产配合起来。即便是在线检测，也会严重限制生产线的运行速度，因为当生产线的速度超过 30m/min 的时候，人眼已经无法胜任检测工作。而随着计算机技术的迅猛发展，机器视觉可以完全胜任 100m/min 的检测速度，如果应用专门的设备可以达到 1000m/min。这样的检测速度将极大地促进生产线速率地提升，必将极大地提高生产效率。

目前应用机器视觉进行表面质量检测的行业主要有：

① 玻璃生产过程中对玻璃表面质量的检测；

② 钢铁生产过程中的冷轧钢板、镀锌钢板等彩钢板表面质量检测；

③ 纺织品生产过程中对布匹的纺织缺陷和染色缺陷的检测；

④ 造纸生产过程中对纸张表面（包括厚度）质量的检测；

⑤ 塑料生产过程中对表面质量要求较高的塑料制品的表面检测；

⑥ 电子产品生产过程中对表面质量要求较高的器件表面质量检测，如晶圆表面质量检测等。

### 6.3.1 玻璃表面质量的检测

随着国民经济的发展，工业和民众对玻璃的需求日趋增加，对高质量玻璃的需求也越来越大。对于玻璃的生产厂家而言，生产出质量高的玻璃是非常迫切的。这不仅需要提高玻璃的熔炼技术，也需要相应地提高对玻璃缺陷的检测技术。一般来说，不允许玻璃中有大量的明显的缺陷，否则会影响玻璃的外观质量，降低玻璃的均一性和透光性，降低玻璃的机械性能和热稳定性，造成大量的废品和次品。鉴于此，一套切实可用的玻璃表面质量检测设备是非常需要的。

玻璃表面质量的在线自动检测是对玻璃质量进行控制的重要手段，是稳定玻璃质量的关键所在。通过对玻璃表面质量的在线检测，可以对玻璃表面质量缺陷进行判别和分类，从而可以更好地判断玻璃制造工艺过程中存在的各种问题，指导技术人员对其进行分析和调整。此外，通过对玻璃表面质量的在线检测，还可以更加准确、快速地对玻璃进行分类和分割。这不但提高了成品率，而且降低了工人的劳动强度。

对玻璃表面质量进行识别与检测的原理为：在玻璃外观质量缺陷中，出现频率比较高的只要有气泡、夹杂、畸变、裂纹等。因此检测这些缺陷是任何一个检测系统必须要达到功能要求。由于玻璃是透明制品，无缺陷的玻璃样本质地均匀，表面光滑、洁净，如果对其进行照明之后进行图像采集时，获得的视觉图像整体灰度的均匀性较好，相邻像素点间的灰度值变化也较小。然而对于存在缺陷的玻璃，对其进行图像处理的时候，对于各种不同的缺陷，产生的图像畸变也不会相同。如果玻璃内部含有气泡缺陷，由于内部气泡是在压模过程中形成的，其内部是残留的空气，透射光在其表面发生折射，在灰度图像中气泡边缘处的灰度值低于周围背景的灰度值；表面缺陷是由于外力造成的损伤，它使破损处光洁度降低，光线透射率下降，同时，在缺陷边缘处也会发生光线的折射，使得灰度图像中局部灰度值与其周围背景相比有交大的变化，破损处边缘及其内部的灰度值均低于背景灰度值。因此，基于玻璃缺陷的以上视觉图像特征，利用图像处理技术可以玻璃的缺陷进行检测与分类。

（1）系统描述

1）系统组成

玻璃质量在线检测系统的结构如图 6-18 所示。本系统采用多个灰度线阵摄像头对大幅面浮法玻璃进行同步采集，图像数据通过 FPGA/DSP 采集卡进行辅助处理，并由对应的处理单元进行图像比较、缺陷提取和分类，缺陷数据通过高速以太网传送到服务器进行统计和管理，输出报警信号和缺陷位置信息；通过光电编码器与玻璃生产线保持同步。

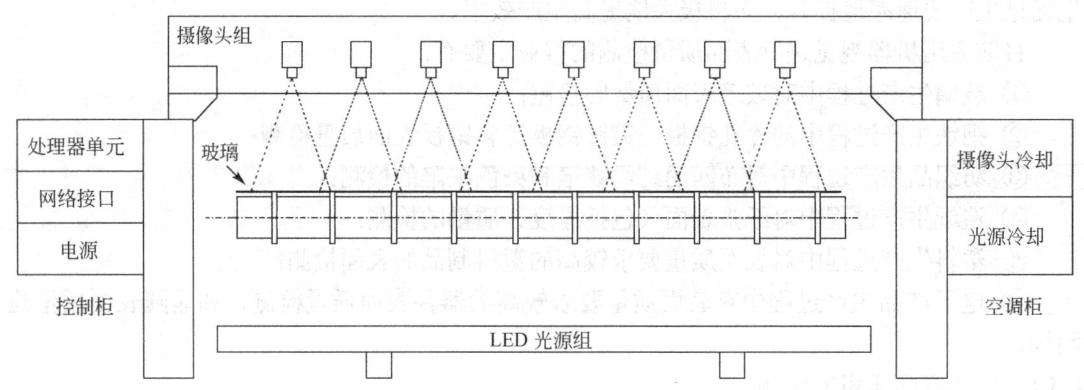


图 6-18　玻璃质量在线检测系统

2）照明设计

光源可分为自然光源和人造光源两类。自然光源使用不方便且其发光特性不容易控制，一般不适合用作图像采集系统的照明光源。人造光源有许多种，诸如卤素灯、日光灯、LED 照明光源、高频荧光灯等。日光灯为常用的照明光源，其价格便宜。LED 照明光源是一种新型的照明光源，其使用寿命长，响应速度快，光强基本不变，有多种颜色可供选择。从长远来看，运行成本比较低。而且，CCD 感光芯片对红光波长很敏感，因此，检测系统适宜于选用红光 LED 光源作为照明光源。

照明方式采用背光照方式中的正透视的照明方式，即在玻璃的背面放置光源，光线经玻璃透射进入摄像机镜头，如图 6-18 所示。光源采用发光二极管阵列，垂直于玻璃运动方向（$X$ 方向）。在计算机控制下，二极管阵列在 $X$ 方向分为两相交替闪亮，同一时刻只有一相起作用，每一相的强度是总强度的 50%。这种方式使玻璃图像背景与目标层次分明，使玻璃图像中缺陷目标边缘特征得到了增强，能够产生比较清晰、明确的边缘，在后续图像处理步骤中可以比较容易地将玻璃特征进行提取并识别出来。

检测原理是：当玻璃中没有杂质时，光线垂直入射玻璃后，出射方向不会发生改变，因而摄像头 CCD 靶面上探测到的光强信号是均匀的，如图 6-19（a）所示；当玻璃中存在光吸收型缺陷时，如砂粒等夹杂，入射光在夹杂表面发生反射，该位置的光强便被削弱，因而 CCD 靶面探测到的信号与周边相比也相应减弱，如图 6-19（b）所示；当玻璃中存在透射型缺陷时，如气泡等，入射光经由空气再折射出去，该位置光强便有可能比周围大，因而 CCD 靶面探测的信号与周边相比也相应增强，如图 6-19（c）所示。分析摄像头采集到的图像信号的强弱变化，便能获取相应位置的缺陷信息。

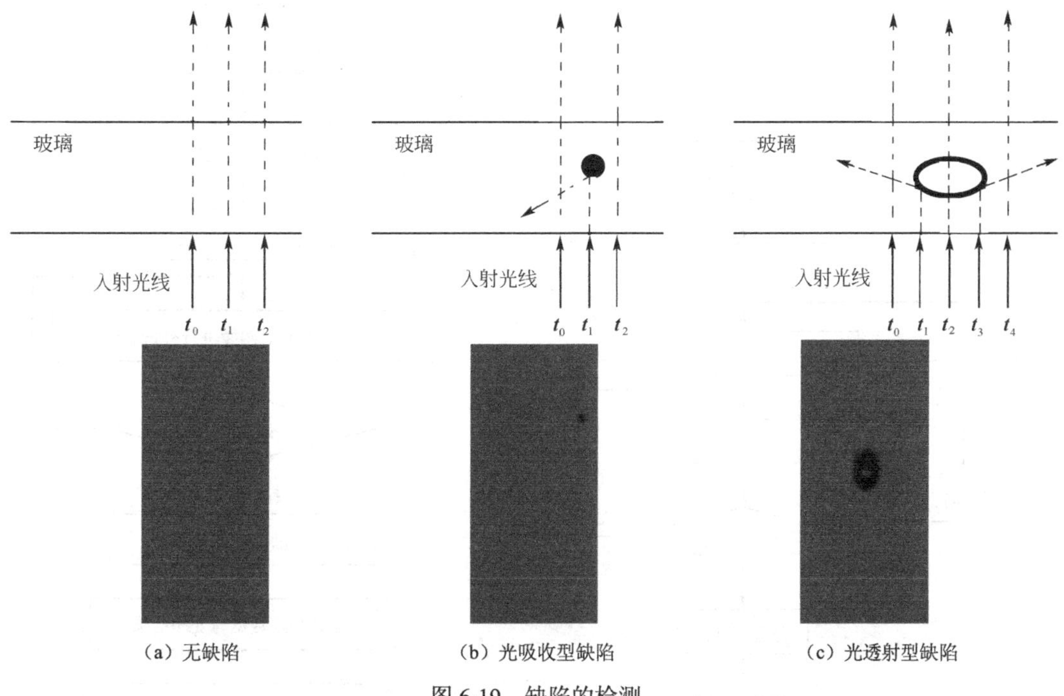


图 6-19　缺陷的检测

3）处理器结构

本系统采用分布式并行处理方式。由于在检测时玻璃观测幅面大（4000mm 以上），检测精度要求高（0.1mm/pixel），如用单摄像头和单处理器将无法实时完成庞大的数据量的处理（100MBbyte/s 以上），因此采用多摄像头对不同区域进行同步并行处理，处理结果通过高速以太网传送至服务器，由服务器进行数据管理和统计。

根据玻璃生产的幅面宽度，确定需要的 CCD 传感器的个数。通常，根据系统的要求，采用 $n+1$ 的方案，即 $n$ 台客户计算机（下位机）接 $n$ 只 CCD 传感器完成图像数据的实时采集、处理，将数据通过局域网传输到一台服务器计算机（上位机），所有客户机的数据在服务器进行整合后，给出检测结果。检测系统的网络拓扑结构图如图 6-20 所示。其中，服务器和客户端的运行流程图如图 6-21 和图 6-22 所示。

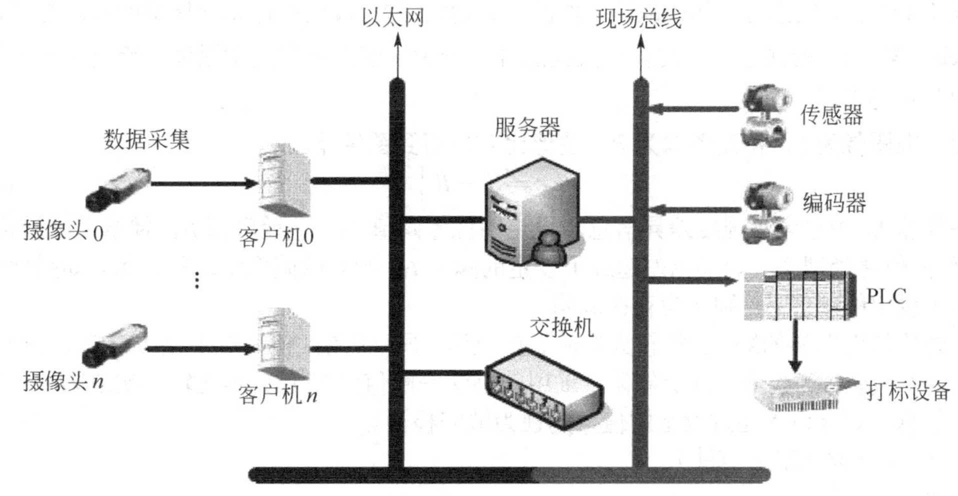


图 6-20　玻璃表面质量在线检测系统分布式网络拓扑图

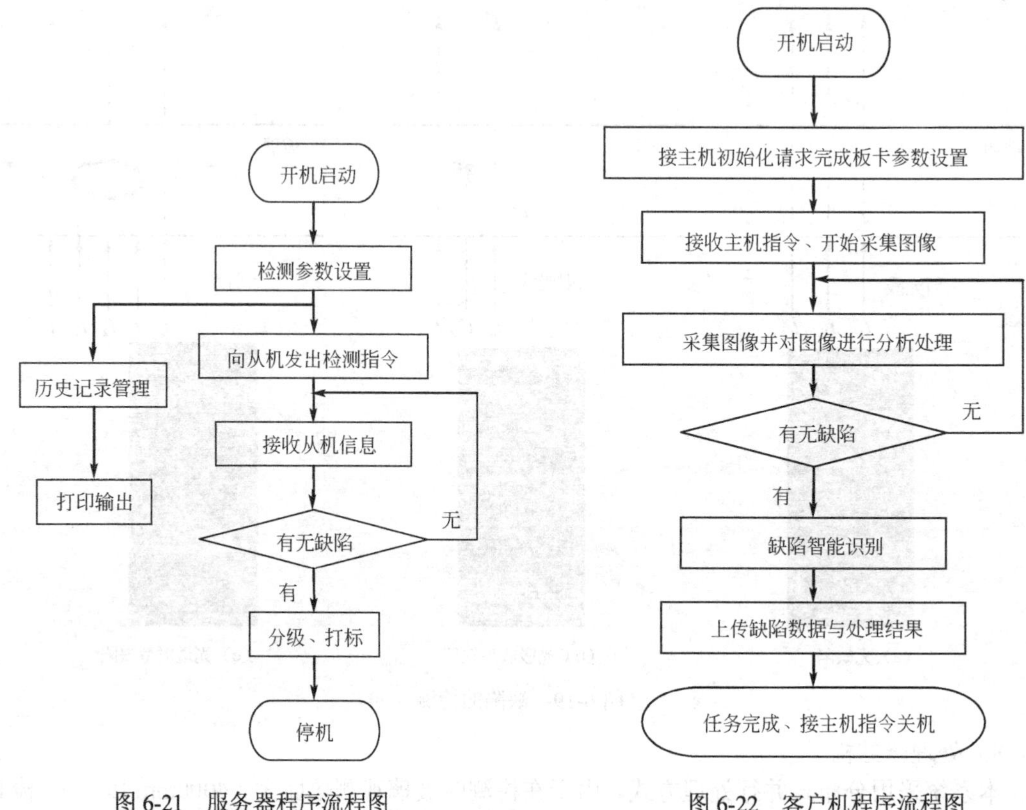


图 6-21　服务器程序流程图　　　图 6-22　客户机程序流程图

这种结构方式的关键问题是同步问题。同步问题有两类，一是采集和处理的同步，二是缺陷数据传输的同步。采集和处理的同步通过脉冲编码器实现，各处理器由脉冲编码信号同时触发工作。同一版面的玻璃缺陷数据上传的同步则通过脉冲编码器产生的固定时序来保证。

（2）算法描述

1）算法流程

浮法玻璃质量检测的内容包括缺陷的检测和玻璃整体光学质量的检测。缺陷的检测包括点缺陷（如砂石、气泡等）和线缺陷（如波筋、划痕等）；玻璃整体光学质量的检测是指斑马角（Zebra Value）的测量。因此算法流程总体上分为缺陷通道和光学通道，检测系统的算法流程如图 6-23 所示。

设标准图像为 $S$，待测图像为 $R$，图像比对后得到图像差。

$$Er = |S - R| \tag{6-20}$$

图像差 $Er$ 中包含了强度差异信息。设定图像差阈值 $T_1$，色差阈值 $t_1$，像素个数阈值 $t_2$，对 $Er$ 作阈值化处理 $T_1$，如果色差超过了设定的阈值 $t_1$，则对缺陷像素进行计数，如果此计数值超过了设定的阈值 $t_2$，则认为存在缺陷。

上述算法对明显的缺陷（如较大的砂石或气泡）很有效果，但是对于轻微痕迹的缺陷（如波筋）则不敏感，为检测出此类缺陷，采用的办法是阈值化 $T_1$ 后，再比较一次缺陷处的邻域像素的信息，如果色差超过设定阈值，则视为缺陷检出。

2）缺陷定位（RLE 算法）

详见 6.2.3 节。

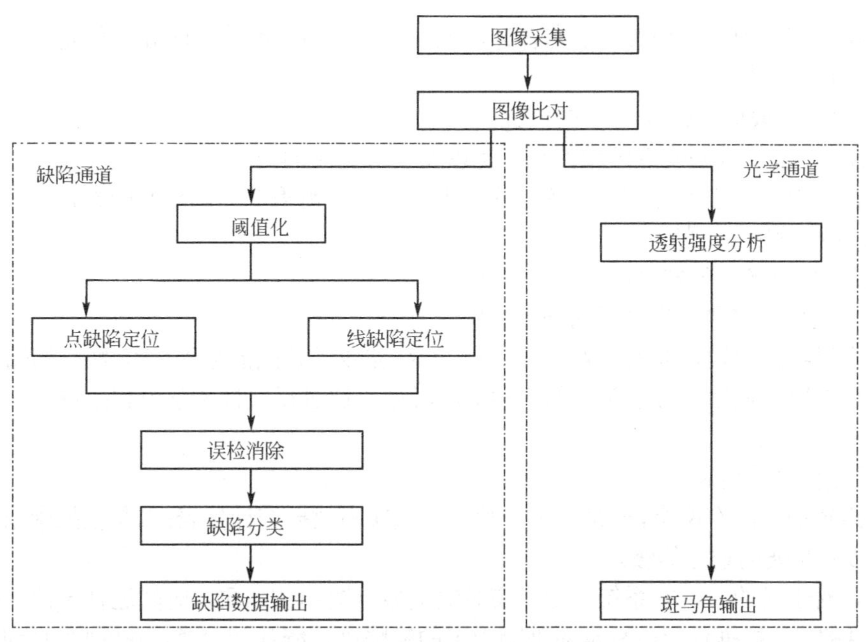


图 6-23 算法流程

3）光学变形的测量

所谓光学变形是指人透过玻璃观察景物时，因玻璃表面的不平整和内部折射率的不均匀而产生的景物变形程度。产生光学变形的主要原因是玻筋(条纹)的存在。玻筋是玻璃生产中性质与玻璃很相近的条状物质，形状不规则也没有清晰的分界。目前国内外都统一采用斑马法来测试评价浮法玻璃的光学变形，斑马角范围为 0～90°。

斑马角又称为光学变形角，是反映玻璃透射质量的一个重要技术参数。本系统通过对光强的测量来计算斑马角。光强（单位是 mdpt）与斑马角的对应关系如图 6-24 的实验数据所示。

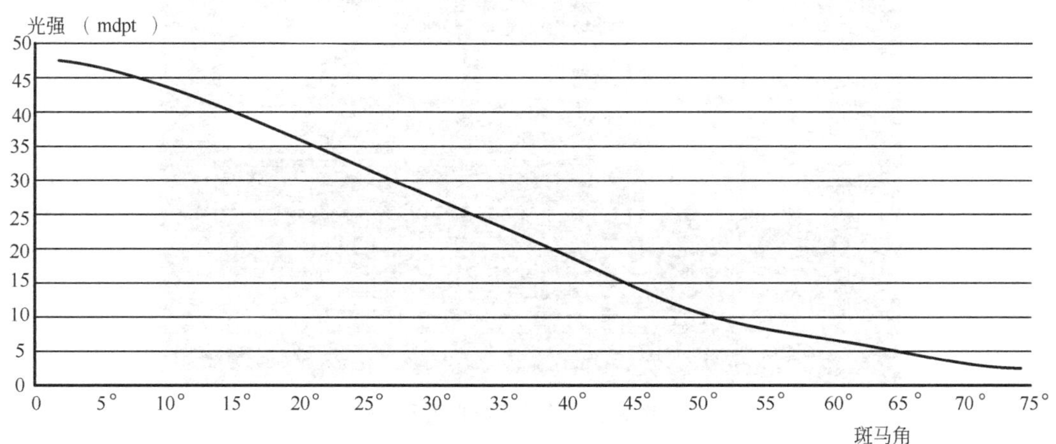


图 6-24 光强与斑马角的对应关系

4）缺陷分类（BP 神经网络算法）

浮法玻璃制造过程中产生的缺陷类型一般有气泡、结石、小坑、波形、波筋、锡点、节瘤和未知缺陷等 8 种。每种类型形态各异，大小不等，为了准确的区分，首先对缺陷图像提取如下 9 个特征参数。

*x*, *y*：缺陷在玻璃板带 *X* 与 *Y* 的位置；

*L*, *W*, $R_{lw}$：玻璃缺陷变形区域的长、宽以及长与宽比的阈值；

*Rc*：由折射光的强度计算出来的，或从光强图像中测得的缺陷核心的直径；

$P_{max}$：最大的折射强度；

*Grad*： 折射光强的梯度；

*Diff*： 变形区域和周围区域的强度区别。

基于上述特征参数，本系统采用 BP 神经网络完成了缺陷的分类，BP 网络的输入对应了缺陷的特征参数，输出对应了常见的 8 种缺陷类型，通过反复样本学习和改进，识别的准确率达到了 90%以上。

5）检测信息的传递

检测系统的目的有两个，一是为生产管理提供缺陷数据统计报表；二是根据国家标准（GB 11614-1989）为玻璃划分等级。

为此，对于目的一，本系统提供了实时缺陷显示图和按品质、时间进行统计的缺陷分布图；对于目的二，根据设定的标准对玻璃面上的缺陷进行统计和分类，并以此划分玻璃等级，同时提供打标信号给打标设备，标识出缺陷的位置。

（3）检测结果

1）算法效率

本系统采用 8 台灰度线阵 CCD 摄像头对 4800mm 宽的玻璃板面进行检测，宽度方向的检测精度为 0.1mm/pixel，行走方向的检测精度为 0.1mm/pixel，生产线的最大速度为 30m/min。通过快速以太网进行并行处理和分布式控制，通过客户机/服务器方式进行集中数据查询和管理，系统如图 6-25 所示。

图 6-25　检测系统实物图

本系统中，图像处理部分全部采用 MMX/SSE 优化指令集编写，实现了单指令多数据的并行处理，算法效率是 C 语言的 8 倍以上。表 6-3 统计了处理流程的消耗时间总和，并在同一主机上与 C 语言实现方式作了比较。

表 6-3　处理流程的消耗时间统计

| 流程 | 本系统消耗时间 /ms | C 实现/ms | 加速比 |
|---|---|---|---|
| 图像比对 | 96 | 1248 | 13.0 |
| 阈值化 | 102 | 712 | 6.357 |
| 缺陷定位 | 243 | 2512 | 10.129 |
| 总计 | 441 | 4472 | 10.141 |

当生产线的速度最大（30m/min）时，每隔 1000ms 采集 500mm 玻璃图像，图像大小为 30Mbytes，处理时间（441ms），已经足以满足实时性的要求，最大可以满足 60m/min 的生产速度；而采用 C 语言编程则无法实现实时处理的要求。

2）缺陷的检测率和误检率

在正常的生产条件下，玻璃透光率 ＞25%时，检测系统可以检测到所有肉眼可见的点缺陷和光学缺陷。能检测的缺陷包括：气泡、结石、小坑、波形、波筋、锡点和节瘤。

当统计缺陷包括光学形变尺寸时，检测率和误检率如表 6-4 所示。

表 6-4　产生光学形变的缺陷的检测率和误检率

| 缺陷尺寸/mm | ≥1.5 | ≥1.0 | ≥0.6 | ≥0.2 |
|---|---|---|---|---|
| 检测率/% | 99.0 | 99.0 | 96 | 95 |
| （未洗）误检率/% | 0.1 | 0.2 | 0.3 | 0.6 |

当统计缺陷为缺陷核心尺寸时，检测率和误检率如表 6-5 所示。

表 6-5　统计核心尺寸的缺陷的检测率和误检率

| 玻璃厚度(mm) | 3~5 | | | | >5~12 | | | |
|---|---|---|---|---|---|---|---|---|
| 缺陷尺寸（mm） | ≥1.5 | ≥1.0 | ≥0.6 | ≥0.2 | ≥1.5 | ≥1.0 | ≥0.6 | ≥0.2 |
| 检测率（%） | 99.0 | 99.0 | 95 | 90 | 99.0 | 96.0 | 90 | 80 |
| （未洗）误检率（%） | 0.1 | 0.2 | 0.3 | 0.6 | 0.2 | 0.3 | 0.5 | 0.8 |

当统计缺陷为无光学形变时，检测率和误检率如表 6-6 所示。

表 6-6　不产生光学形变的缺陷的检测率和误检率

| 透光率 | >50 | | | 50~25 | | |
|---|---|---|---|---|---|---|
| 缺陷尺寸/mm | ≥1.5 | ≥1.0 | ≥0.5 | ≥1.5 | ≥1.0 | ≥0.5 |
| 检测率/% | 92.0 | 90.0 | 75.0 | 90.0 | 75.0 | 60.0 |
| （未洗）误检率/% | 0.5 | 0.8 | 1.0 | 0.6 | 0.9 | 1.0 |

以上，检测率定义为：

$$\text{检测率}=\frac{\text{被检测系统检出的缺陷总数}}{\text{测试样片中实际缺陷总数}}\times 100\%$$

漏检率定义为：

$$\text{误检率}=\frac{\text{不存在但被检出的缺陷总数}}{\text{测试样片中实际缺陷总数}}\times 100\%$$

3）检出缺陷类型

利用玻璃表面质量检测系统对玻璃生产过程进行检测，检测出的典型瑕疵如图 6-26 所示。由图可知，玻璃内部的真实缺陷和玻璃表面的虚假缺陷区别标志为是否有畸变。对于气泡和夹杂而言，气泡缺陷核心一般为圆形，比较大的气泡中间为中空；夹杂缺陷形状不固定，且分割出较小的畸变块，在实际生产中多以单个小气泡形式出现，形状为圆形；而灰尘是由于生产过程中，设备或其他原因落到玻璃表面所致，它通常为多个物体，不均匀分布；异物是一些不规则物体，形状不唯一。

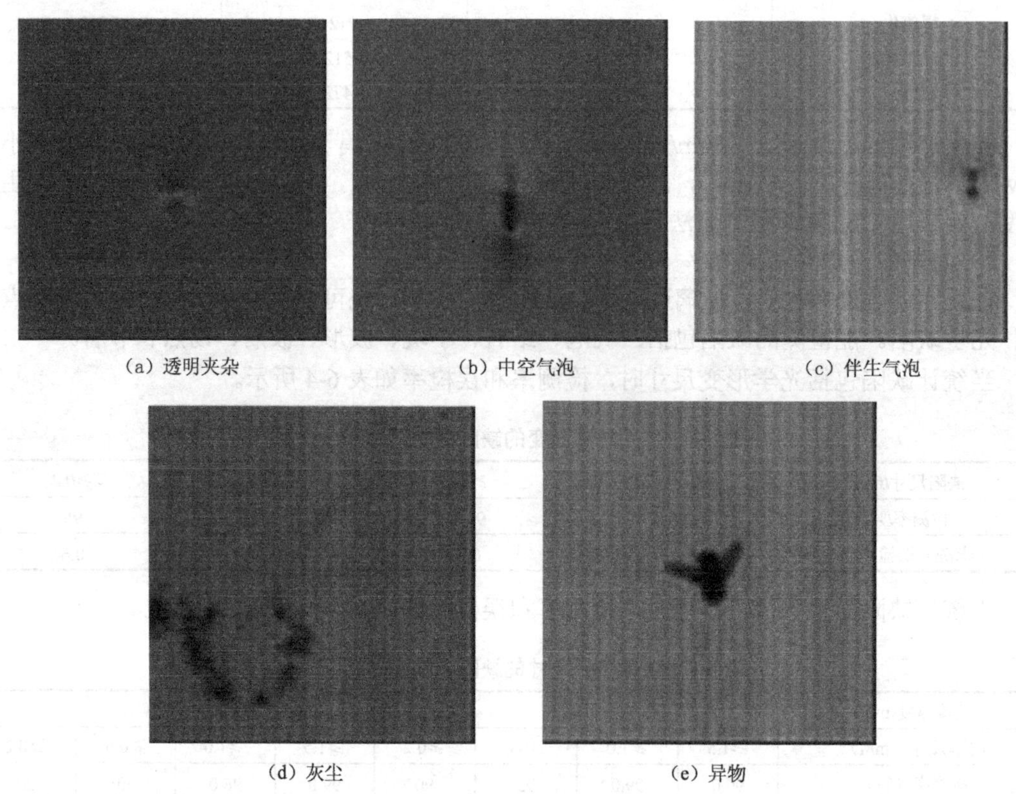

(a) 透明夹杂　(b) 中空气泡　(c) 伴生气泡

(d) 灰尘　(e) 异物

图 6-26　玻璃缺陷类别

### 6.3.2　钢板表面质量的检测

钢板生产过程中，对其质量要求非常严格。钢板的表面质量也是衡量轧钢生产过程中的一个重要的参数，由于它直接关系到板材成品率的高低，影响板材外观，降低板材抗腐蚀性、耐磨性和疲劳强度，造成巨大经济损失，因此随着在线质量控制的发展和国家大型企业信息化管理的需要，发展计算机对热轧钢板的表面质量在线实时测量变得尤为重要。

不同的钢板其表面缺陷有不同的表状，如冷轧钢板与钢带的表面缺陷，可以分为两类：钢板与钢带不允许存在的缺陷和允许存在且根据其程度不同来划分不同表面质量等级的缺陷。不允许存在的缺陷，如气泡、裂纹、结疤或结瘤、夹杂、折叠、黑膜或黑带、乳化液斑点、波纹和折印以及倒刺或毛刺等，是必须通过检测系统剔除的缺陷类别。允许存在的且根据其程度不同来划分不同表面质量等级的缺陷有：划痕、擦伤、轧辊压痕、凹坑等，可以根据划分的等级，对钢板进行区分，以便进行后续处理。

（1）系统描述

1）系统组成

对于基于机器视觉的钢板表面质量检测系统，系统结构图如图 6-27 所示。该系统主要由照明装置、图像采集装置、处理系统、显示系统部分组成。系统的工作原理：由照明装置 LED 光源发出的光均匀地照射到检测平台上面的钢板上，经光学成像系统将钢板图像成像在 CCD 传感器上。CCD 将接受到的光信息转换成电信号，并通过视频线输入计算机进行处理。

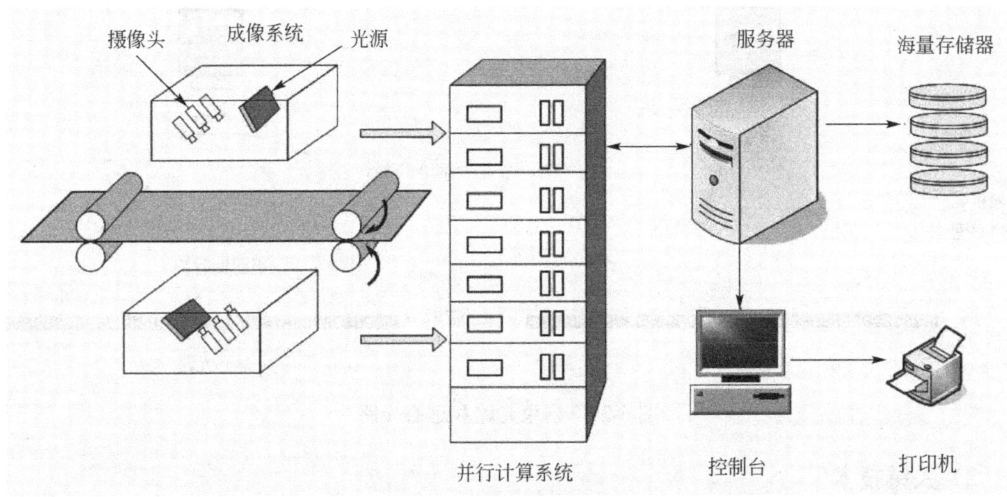


图 6-27　基于机器视觉的钢板表面质量检测系统结构图

图像采集系统由 CCD 传感器、图像采集卡组成。对于 CCD 传感器的选择，由于面阵 CCD 在检测运动图像时存在对观测对象的抖动很敏感、要求均匀的照射面、单次采集范围有限等缺点，而线阵 CCD 就不会存在这些缺点，所以图像采集系统可以选择线阵 CCD 为宜。

图像采集卡的主要功能是信号采集、信号预处理和存储及视频输入和输出，还必须与所选的 CCD 相匹配。该系统选用的图像采集卡是基于 PCI 总线，利用了 Scatter-Gather DMA，进一步加快了内存传递，允许 DMA 直接将影像模拟信号高精度的数字化并传到用户运用程序的缓冲区，用户可用缓冲区的数据进行数据处理，开发实时运用程序。

2）照明设计

光学系统设计包括根据测量精度、测量范围、现场条件，选择光学元件、布置光路、安装设备等一系列工作。在系统硬件的可靠性都能完全保证的条件下，其光学系统的精度主要体现在安装精度和器件的工作环境，这些需要通过辅助系统在项目的施工中加以实现。合理选择并安装光学镜头是保证清晰成像并获得正常视频信号的关键。其参数指标应根据不同接口、CCD 光敏面光学格式、光圈、视场、焦距、F 数等来确立。在本系统中，根据事先确定的参数：测头距测道距离、视场大小及 CCD 传感器的规格等，计算出光学镜头的焦距等参数，从而确立光学成像镜头。

由于生产现场环境恶劣，温度非常高，系统把光源和相机封装在一起做成检测传感器箱，箱体中图像采集光路配置为明场、暗场或者明暗场的组合，如图 6-28 所示。传感器箱体的标准化设计能够简化图像采集硬件的调整。目前，CCD 传感器的检测光路普遍采用扇束光路的形式，而更为优化的检测光路应采用远心光路形式，如图 6-29 所示。在远心光路中，由于 CCD 的焦平面与带钢表面重合，有可能进一步提高检测灵敏度。

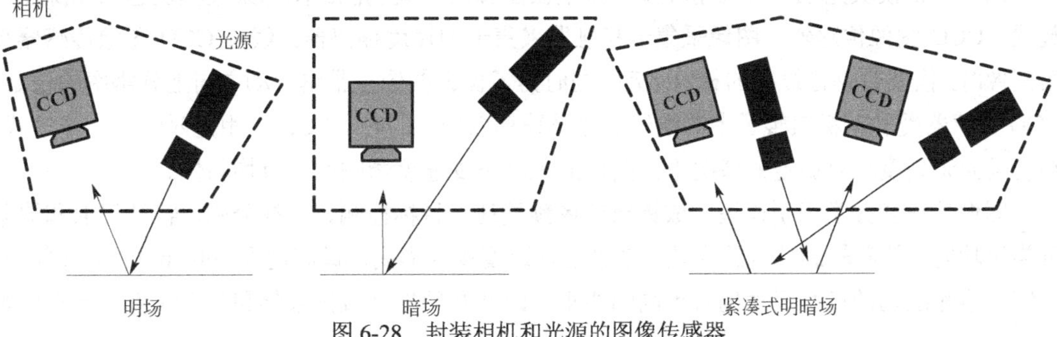


图 6-28　封装相机和光源的图像传感器

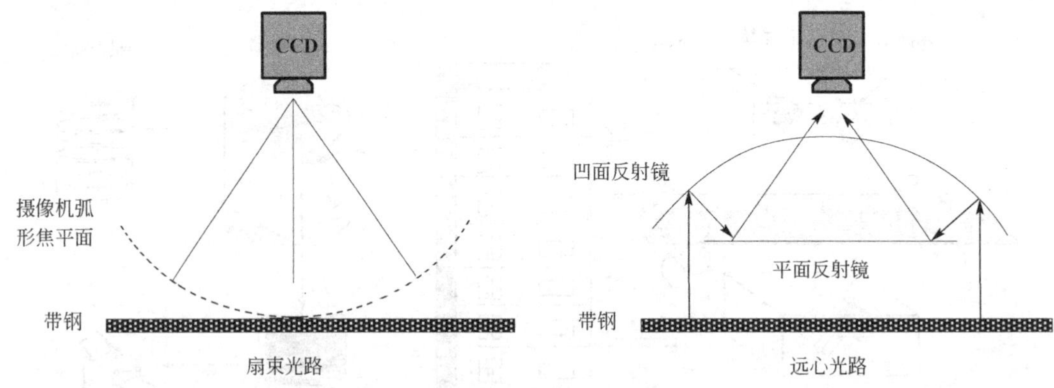


图 6-29 扇束光路和远心光路

（2）关键技术

系统的信息处理流程如图 6-30 所示。

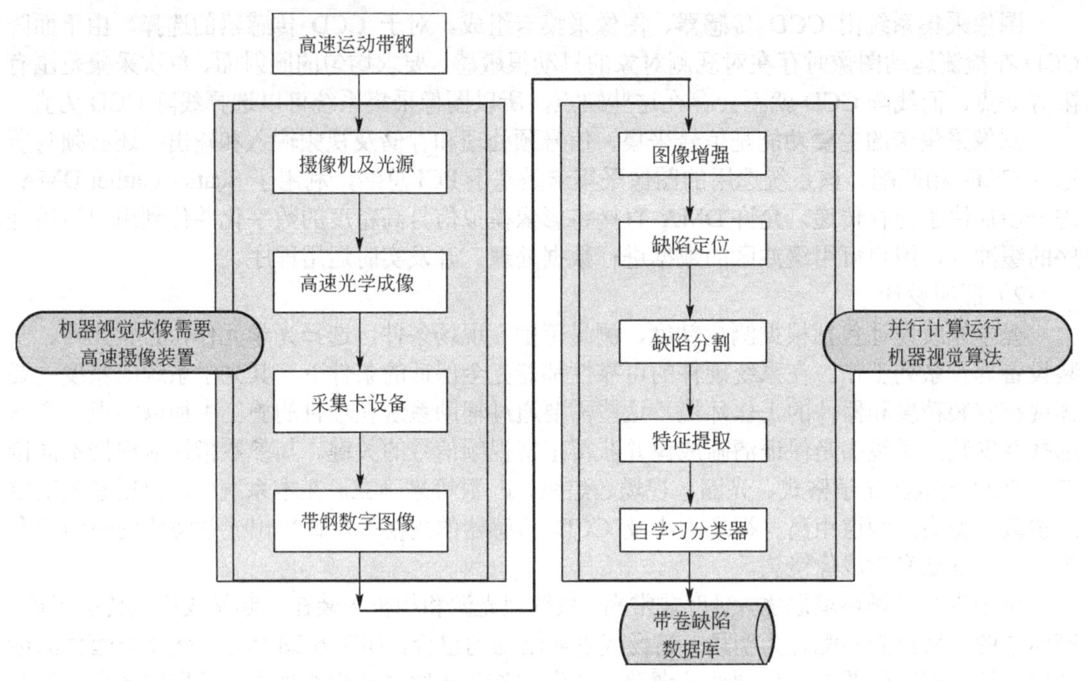


图 6-30 系统的信息处理流程图

图像采集模块完成不同应用环境下对钢板图像的采集功能。图像采集模块包括光源照明装置、CCD 图像传感器、图像采集卡和触发采集卡的速度编码器。线阵 CCD 图像传感器采集图像时，需要带钢在纵向的相对运动，同时为了保证图像在带钢运动方向上分辨率的稳定，CCD 传感器受轧制机组辊子上的编码器触发采集图像。同时，CCD 采用定时曝光工作模式，在现场光源亮度相对稳定的情况下，图像的亮度不受速度影响而具有均匀性。

图像处理和分类识别模块完成钢板图像预处理、目标检测、目标分割、特征提取和缺陷分类等功能。随着轧制技术的成熟，带钢运行速度逐渐提高，最高达到 1600 m /min。同时对带钢可检测缺陷的最小尺寸也有更高的要求，因此必须提高数据采集和处理速度。检测中数据处理一般采用分级处理的方式，将实时和即时处理相结合。实时处理即快速检测带钢图像是否存在异常，如果存在异常则进一步处理，否则放弃图像；即时处理即进一步处理可疑图像，计算分析缺陷的特征数据，对缺陷进行识别分类。

数据存储和后处理模块储存钢板缺陷数据，并产生缺陷报表。操作人员可以根据报表进行质量分析，并划分产品的质量等级。缺陷数据可根据需要随带钢的生产过程传送至下道工序。

人机接口和操作终端模块用于监控和管理生产过程。该模块可保证在生产过程中及时发现缺陷，分析缺陷产生原因，从而进行生产调整，减少不必要的损失。网络连接模块从硬件上连接系统的各个部分，包括图像处理计算机与数据服务器的连接、操作终端与服务器的连接和系统与生产现场信息系统的连接。网络连接模块不但实现了系统内部的缺陷数据、控制命令的交换，而且通过与现场生产信息系统连接，使得系统能够获取当前生产带钢的钢卷信息、材质信息等，并可以完成缺陷信息的上传。

（3）检测结果

利用钢板表面质量检测系统对带钢生产过程进行检测，检测出的典型瑕疵如图6-31所示。

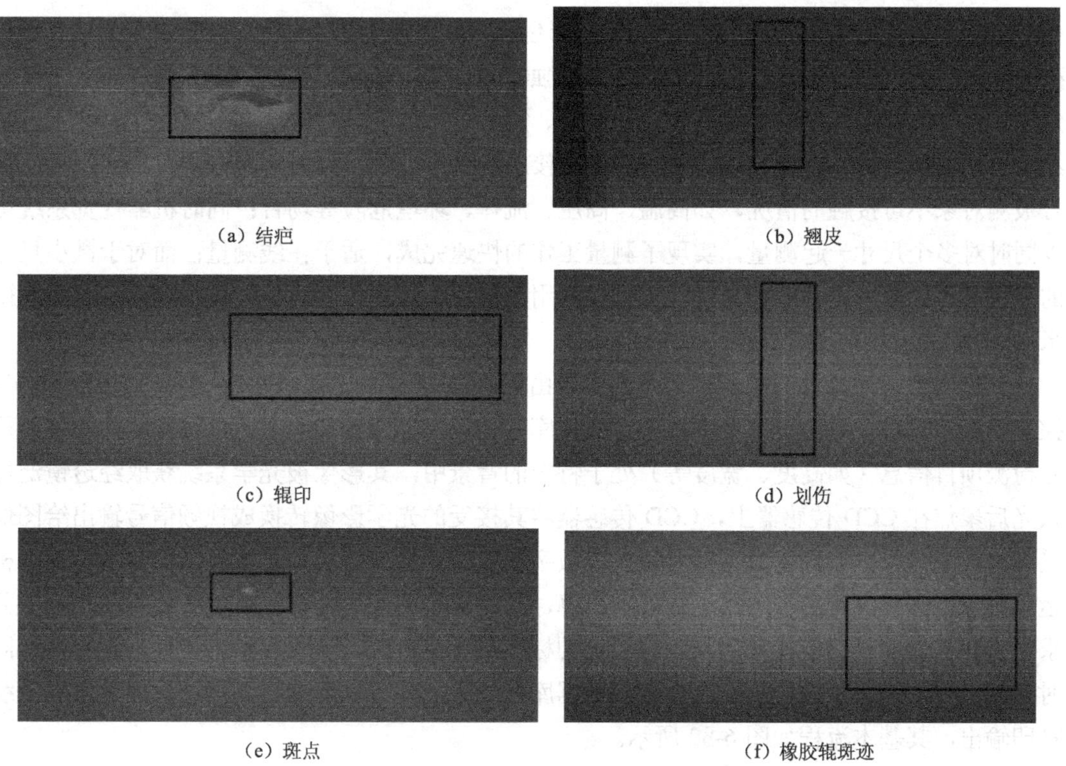


图6-31　带钢缺陷类别

从现有技术水平看，带钢表面缺陷视觉检测技术存在以下主要问题，需采取相应的解决办法。

① 图像采集质量有待提高。生产现场环境恶劣，存在噪声和油污等干扰，生产过程中还经常出现带钢抖动，使带钢表面图像质量很不稳定。系统设计者对众多缺陷的产生机理和

外在表现形式的综合知识不足，使得缺陷不能更明显地显示在图像中，所以对优化组合光源的照明方法和检测光路配置需要深入探索，以便提高对表面微小和低对比度缺陷的显现能力。对多台相机的同步标定和调试技术也有待进一步提高。

② 图像处理和缺陷识别缺乏通用的硬件平台和软件专用算法。图像处理和模式识别是机器视觉检测的关键技术，也是当前研究中最富有挑战性的课题。采用图像处理技术时，要研究如何能在背景不稳定的带钢图像中把异常的缺陷部分有效分割出来，并量化为图像缺陷特征。采用模式识别技术时，需要充分融合现有的分类识别技术、缺陷产生机理和人工经验规则，进一步提高分类的准确度。

③ 在生产系统中，不能充分整合、利用缺陷数据。对缺陷数据需要进一步挖掘和利用，使操作者可以根据检测结果分析缺陷产生的原因，并作为划分带钢质量等级的依据，帮助生产决策者根据质量要求控制带钢的产出流程。

## 6.4　在尺寸测量领域中的应用及案例分析

尺寸测量无论是在产品的生产过程中，还是产品生产完成后的质量检验中，都是必不可少的步骤，而机器视觉在尺寸测量方面有其独特的优势，包括零部件的尺寸测量，如距离、角度、直径；和零部件的形状匹配，如圆形、矩形等，这种测量方法不但速度快、非接触、易于自动化，而且精度还高。比如，这种非接触测量方法既可以避免对被测对象的损坏又适合被测对象不可接触的情况，如高温、高压、流体、环境危险等场合；同时机器视觉系统可以同时对多个尺寸一起测量，实现了测量工作的快速完成，适于在线测量；而对于微小尺寸的测量又是机器视觉系统的长处，它可以利用高倍镜头放大被测对象，使得测量精度达到微米以上。

一般用于尺寸测量的机器视觉系统主要由监视器、照明系统、图像传感器、图像采集卡、控制器、计算机、后台图像处理程序、数据库等构成。在光源的照射下，被测工件的外形尺寸检测项目信息（如高度、宽度等）处于特定的背景中，其影像被光学系统获取经透镜滤掉杂光后聚焦在 CCD 传感器上，CCD 传感器将其接受的光学影像转换成视频信号输出给图像采集卡，图像采集卡再将数字信号转换成数字图像信息供计算机处理和显示器显示，计算机运用图像处理算法对图形数据进行处理运算，从而求得图像中需要测量的边界点的坐标，并求出被测工件的尺寸值，最后与预先设定的标准尺寸相对比，从而判断出工件是否合格。同时计算机自动统计生成检测结果保存到数据库系统中，并可以选择将测量结果通过报表系统打印输出，其基本流程如图 6-32 所示。

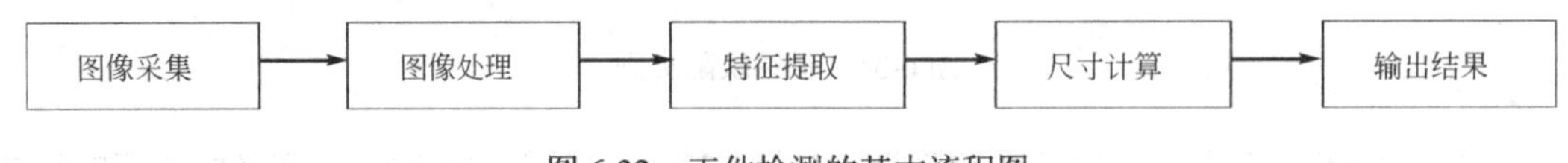


图 6-32　工件检测的基本流程图

### 6.4.1　长度测量

长度测量是尺寸测量技术中应用最为广泛的一种测量，基于机器视觉技术的长度测量发展迅速，技术比较成熟。特别是测量精度高、速度快，对在线有形工件的实时 NG (Not Good)

判定、监控分拣方面应用广泛。

长度测量可分为直线间距离测量与线段长度测量两种方式。

（1）距离测量

在距离测量时，需要对定位距离的两条直线进行识别和拟合，在得到直线方程后，可根据数学方法计算得到两线之间的距离。因此，距离测量的关键是对定位距离的直线拟合。以下介绍两种经典的直线拟合方法，即最小二乘法和哈夫变换法。

1）直线拟合的最小二乘法

设直线函数 $y=ax+b$，其中 $a$ 和 $b$ 是待定常数。记 $\varepsilon_i=y_i-(ax_i+b)$，它反映计算值 $y$ 与实际值 $y_i$ 的偏差。当然要求偏差越小越好，由于 $\varepsilon_i$ 可正可负，所以使用偏差的平方反映估计值与实际值间的差异，用 $\sum_{i=1}^{n}\varepsilon_i^2$ 来度量总偏差。当偏差的平方和最小时，则可以保证每个偏差都不会很大。这时，估计的直线方程应该与实际很接近。于是直线拟合的问题可归结为确定 $y=ax+b$ 中的常数 $a$ 和 $b$，使得 $\sum_{i=1}^{n}\varepsilon_i^2$ 最小。

由极值原理可知，函数取最小值时，其导数为零，则有：

$$
\begin{aligned}
&\frac{\partial\left(\sum_{i=1}^{n}(y_i-ax_i-b)^2\right)}{\partial a}=-2\sum_{i=1}^{n}x_i(y_i-ax_i-b)=0\\
&\frac{\partial\left(\sum_{i=1}^{n}(y_i-ax_i-b)^2\right)}{\partial b}=-2\sum_{i=1}^{n}(y_i-ax_i-b)=0
\end{aligned}
\tag{6-21}
$$

解此联立方程得：

$$
a=\frac{n\sum_{i=1}^{n}x_iy_i-\sum_{i=1}^{n}x_i\sum_{i=1}^{n}y_i}{n\sum_{i=1}^{n}x_i^2-\left(\sum_{i=1}^{n}x_i\right)^2}\qquad b=\frac{1}{n}\sum_{i=1}^{n}y_i-\frac{a}{n}\sum_{i=1}^{n}x_i
\tag{6-22}
$$

使用最小二乘法，可以方便快速地求解直线方程。但是，使用这种方法拟合出的用于定位距离的两条直线可能不平行，这种情况下一般采用一条直线上多点到另一条直线的距离的平均值来近似计算。所以这种测量方法比较适合测量精度要求不是很高的工件。

2）哈夫变换法

在进行直线拟合时，哈夫变换也是一种常用的方法。哈夫变换的主要思想是点-线的对偶性。以直线方程 $y=ax+b$ 为例，$(x,y)$点对构成了直线的图像空间，$(a,b)$点对构成了直线的参数空间。图像空间中共线的点对应在参数空间中相交的线。反过来，在参数空间中相交于一点的所有直线在图像空间里都有共线的点与之对应。这就是点—线对偶性。根据点—线对偶性，当给定图像空间的一些共线的点，就可以通过哈夫变换确定连接这些点的直线方程。

3）实例

距离测量的基本流程为：采集到的图像首先需要进行滤波和增强，然后通过阈值分割将其转化为二值图像，再进行边缘提取得到图像边缘，最后通过哈夫变换或者最小二乘法拟合图像中的直线并计算直线间的距离。如图 6-33 所示，选择一个矩形工件作为测量对象，需要测量工件上、下边间的距离。

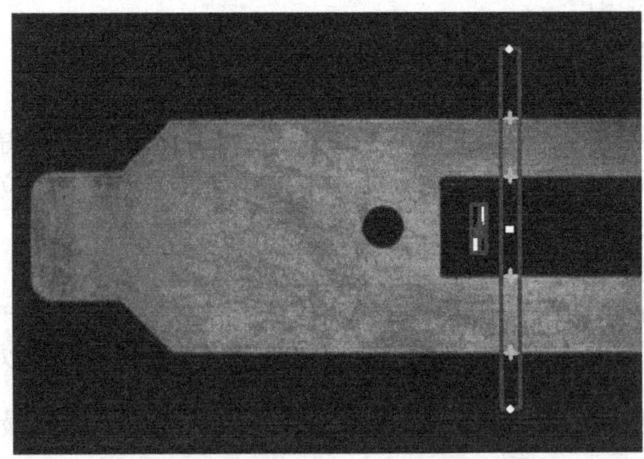

图 6-33　工件的距离测量

（2）多距离测量和齿长测量

多距离是指多条平行直线间的多个距离。对于多距离测量，如果采用哈夫变换法，则需要拟合多条直线，速度较慢，不利于实时性的要求，所以，多距离测量采用最小二乘法。

图 6-34 所示为一个接插零件，需要同时测量针脚间距。

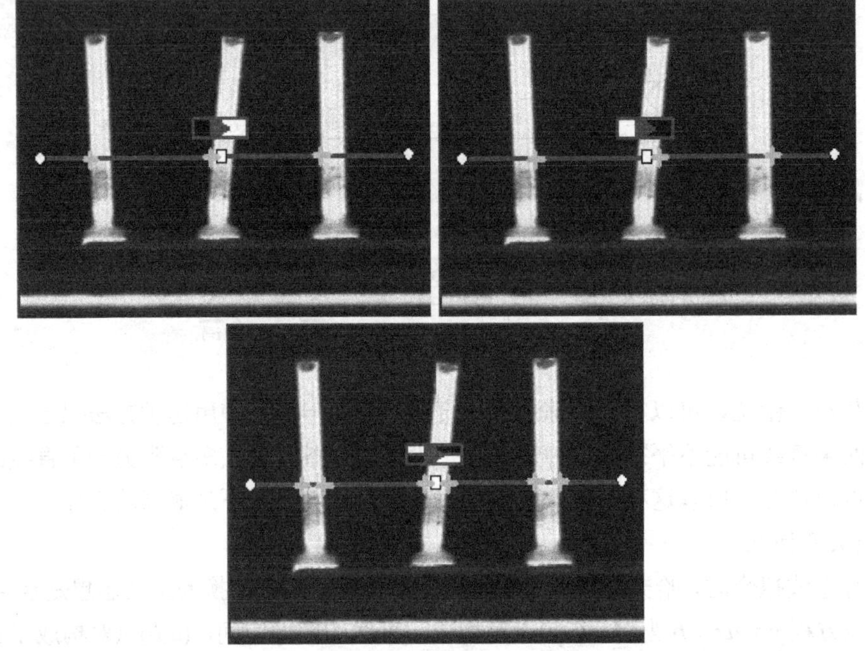

图 6-34　多距离测量

在工件检测中，有齿工件的齿长也是重要的测量内容。齿长测量的步骤是：首先在工件图中设置待测齿长区域；然后对区域内的图像进行边缘提取；对提取到的边缘进行逐行扫描，分别获得其上、下两条边的边缘点；根据得到的边缘点分别拟合出上、下两条边的直线；最后计算两条直线间的距离作为齿长结果。

（3）线段测量

在工件检测中，通常要测量多边形工件的边长，即测量两个端点间的线段的长度，这种测量称为线段测量。线段测量的核心是在工件图像中找到线段的两个端点，通常这些端点是图像的角点。因此，线段测量的重点是对图像中的角点进行检测。

常用的方法是基于 Harris 角点检测的线段测量方法，其基本流程为：首先对采集到的工件图像采用 Harris 角点检测的方法进行角点检测；然后对工件图像进行轮廓检测；再利用轮廓信息对角点位置进行精确定位；最后根据检测到的角点计算角点间的线段长度。

### 6.4.2　面积测量

面积测量在工业测量领域中应用十分广泛，比如目前比较成熟的基于机器视觉技术的果品自动筛选设备、金属腐蚀测试设备等，都是对面积测量技术的直接应用。

（1）基于区域标记的面积测量

如果已知图像中待测物体的所在区域，即可通过计算该区域内的像素点的个数得到其面积。然而实际应用中，待测图像内可能有多个需要测量面积的物体，这时就需要判定区域中物体是否是独立的物体，以及区域中的物体是否只是噪声。连通区域标记可以有效地解决这一问题。它的目的就是给图像中每一个连通的区域分配一个唯一的标记值。最常用方法是 8 连通判别算法，它的基本思想是：判断一个像素点的 8 个连通像素点是否有某已知区域内的点；如果有，则判定该点为该区域内的点；如果没有，则标记其为新区域内的点。

连通区域标记的另一个用途就是可以进行小区域的消除。在求得图像中每个连通区域的面积后，可以设置一个阈值，当区域面积小于（或大于）这个阈值时，则消去该区域。这种方法可以消除一些不关注的区域，更有利于用户对目标进行后期处理。

（2）基于轮廓向量的面积测量

数字图像中不规则区域的面积，可以用轮廓向量分析的方法进行测量。基于向量的分析方法能准确地确定边界内像素，精确地得到需要测量的面积。

该方法的原理是按一定的方向对感兴趣区域进行边界跟踪，获得一组有序边界点。把前一边界点（$P$-1）到当前边界点（$P$）的路径称为前级向量；把当前边界点（$P$）到下一边界点（$P$+1）的路径称为次级向量。针对不同的方向结合前级向量和次级向量，来判断当前边界点右侧像素是边界点、边界内点还是边界外点。在感兴趣区域的轮廓向量已知的情况下，可以用外轮廓所包含的面积减去其内部各个内轮廓所包含的面积，就可以得出该连通域实体的面积，进而可计算出具有任意形状的每个感兴趣区域的面积。

图 6-35 中是用机器视觉检测泡罩内药片是否完整，可用面积测量的方法，检测内容有：泡罩缺粒、药片破损、药片颜色、药片形状、药片位置错误等。

图 6-35　面积测量

### 6.4.3 圆测量

圆测量是尺寸测量技术中与长度测量并列的另一种应用较为广泛的测量方式。传统物理接触方式测量圆弧，参考点太多，无法从整体上来把握其综合参数，速度慢而且精度非常低。而基于机器视觉技术的圆测量则可以大大提高工件测量的速度和精度，凸显其优越性和重要性，目前技术发展较快，实际应用也已经比较成熟。

（1）正圆的测量方法

圆测量中应用最为广泛的是正圆测量，由于椭圆测量技术还不成熟，应用较少，因此通常情况下将正圆测量简称为圆测量。如轴类工件的直径测量、面板圆孔的直径等。进行圆测量首先需要对圆的外形轮廓进行识别和拟合，在得到圆的方程之后，就可以根据数学方法方便地获取相关的各种参数，如直径、圆心位置等。

1）圆测量中的哈夫变换法

圆形轮廓检测在形态识别领域中占有重要的位置，哈夫变换因其对图像噪声的鲁棒性而成为圆形轮廓检测中的常用方法。

对于半径为 $r$，圆心为$(a_1,a_2)$的圆，有解析表达式

$$(x_i-a_1)^2+(y_i-a_2)^2=r^2 \tag{6-23}$$

此时参数空间的维数为三维，即$(a_1,a_2,r)$。在参数空间中，式(6-23)表示的是一个三维锥面，它的物理意义是：图像空间中的圆对应着参数空间中的一个点，而图像空间中的一个点$(x_i,y_i)$对应着参数空间中的一个三维直立圆锥，该点约束了通过该点的一个圆锥面的参数$(a_1,a_2,r)$，如图 6-36 所示。圆边界上的所有点构成的点集就对应着参数空间中的一个锥面族，如图 6-37 所示。若集合中的点在同一圆周上，则图 6-37 所示的圆锥族相交于一点，该点即对应于图像空间的圆心和半径。

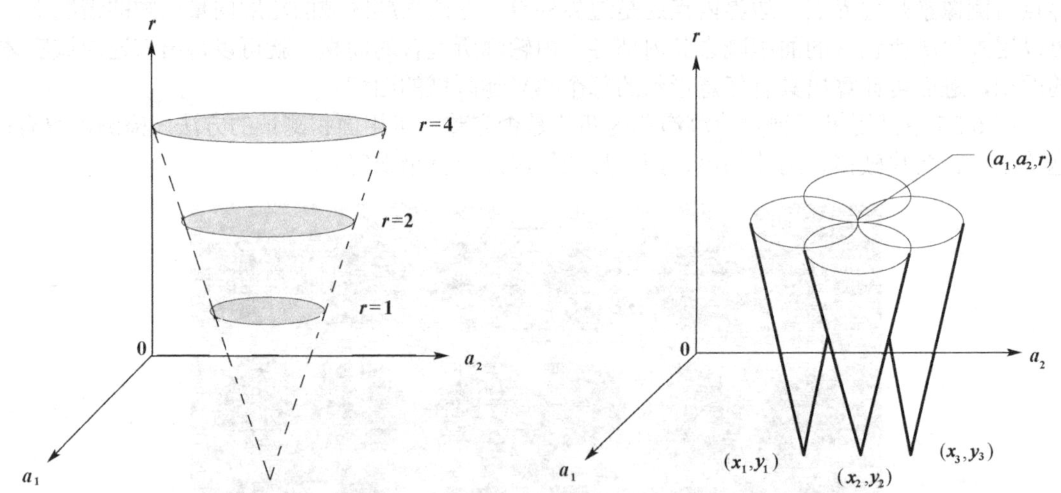


图 6-36　图像空间中的点对应参数空间中的直立圆锥　　图 6-37　圆的参数空间表示

对图像空间中的圆进行检测时，先计算图像每点的梯度信息，然后根据适当阈值求出边缘，再计算与边缘上的每一个像素距离为 $r$ 的所有点$(a_1,a_2)$，同时将对应$(a_1,a_2,r)$立方体小格的累加器加 1。改变 $r$ 的值，再重复上述过程，当对全部边缘点变换完成后，对三维阵列的所有累加器的值进行检验，其峰值格的坐标就对应着图像空间中圆形边界的圆心$(a_1,a_2,r)$。

2）最小二乘法检测圆

最小二乘法也可以拟合圆，如图 6-38 所示，其原理是：首先选择曲线的数学模型$f(x)$，通过使采样点的 $Y$ 值与$f(x)$之差的平方和最小来确定$f(x)$的系数。

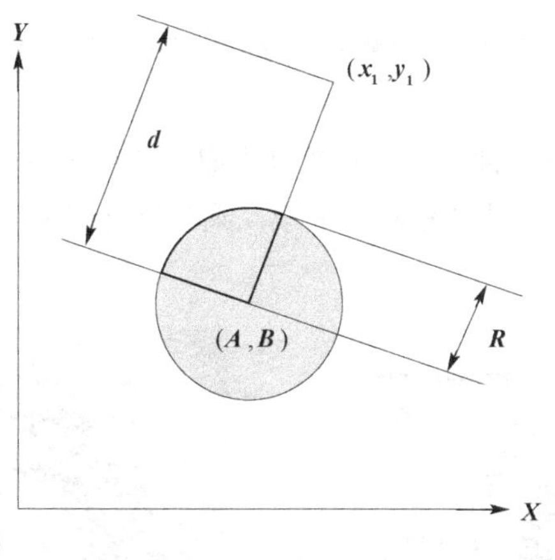


图 6-38　最小二乘法拟合圆

圆方程为

$$(x-A)^2+(y-B)^2=R^2 \tag{6-24}$$

令：$a=-2A$，$b=-2B$，$c=A^2+B^2-R^2$，则圆方程变为参数$(a,b,c)$的线性方程：

$$x^2+y^2+ax+by+c=0 \tag{6-25}$$

只需要求出 $a$，$b$，$c$，即可转化为圆的 3 个参数

$$A=-\frac{a}{2} \quad B=-\frac{b}{2} \quad R=\frac{1}{2}\sqrt{a^2+b^2-4c} \tag{6-26}$$

样本集$(X_i,Y_i)$　$i\in(1,2,\cdots,N)$中点到圆心的距离是

$$d_i^2=(X_i-A)^2+(Y_i-B)^2 \tag{6-27}$$

其与圆半径的平方的差的平方为

$$\sum\delta_i^2=\sum(d_i^2-R^2)^2=\sum(X_i^2+Y_i^2+aX_i+bY_i+c)^2$$

由极值原理可知，函数取最小值时，其导数为零，则有

$$\begin{aligned}
\frac{\partial(\sum\delta_i^2)}{\partial a}&=\sum 2(X_i^2+Y_i^2+aX_i+bY_i+c)X_i=0\\
\frac{\partial(\sum\delta_i^2)}{\partial b}&=\sum 2(X_i^2+Y_i^2+aX_i+bY_i+c)Y_i=0\\
\frac{\partial(\sum\delta_i^2)}{\partial c}&=\sum 2(X_i^2+Y_i^2+aX_i+bY_i+c)=0
\end{aligned} \tag{6-28}$$

解这个方程组，并令

$$\begin{aligned}
C&=N\sum X_i^2-\sum X_i\sum X_i\\
D&=N\sum X_iY_i-\sum X_i\sum Y_i\\
E&=N\sum X_i^3-N\sum X_iY_i^2-\sum(X_i^2+Y_i^2)\sum X_i\\
G&=N\sum Y_i^2-\sum Y_i\sum Y_i\\
H&=N\sum Y_i^3+N\sum X_i^2Y_i-\sum(X_i^2+Y_i^2)\sum Y_i
\end{aligned}$$

可得

$$a=\frac{HD-EG}{CG-D^2} \quad b=\frac{HC-ED}{D^2-GC} \quad c=-\frac{\sum(X_i^2+Y_i^2+a\sum X_i+b\sum Y_i)}{N} \tag{6-29}$$

在得到 $a$，$b$，$c$ 之后，进而就可以求得圆的 3 个参数了。

图 6-39 所示，选择一个工件作为测量对象，需要测量工件上孔的直径与圆心。

（2）多圆测量

进行多圆测量，首先对工件图像进行轮廓提取；在得到多个圆的轮廓后，把每个圆轮廓加入链表；然后对每个链表中的像素利用最小二乘法进行圆拟合。图 6-40 所示的环形工件的内外圆的检测。

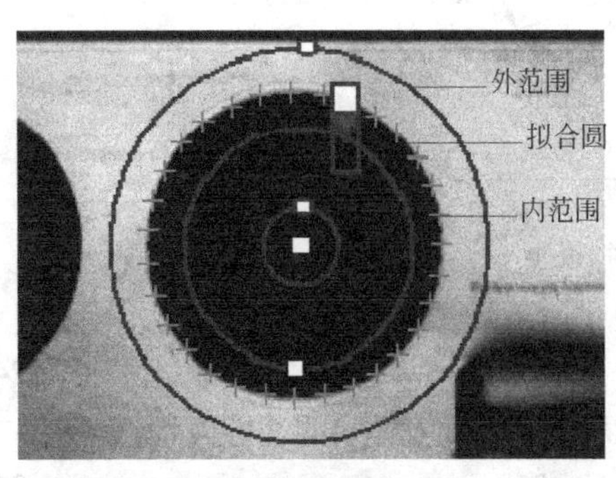


图 6-39　工件的圆测量

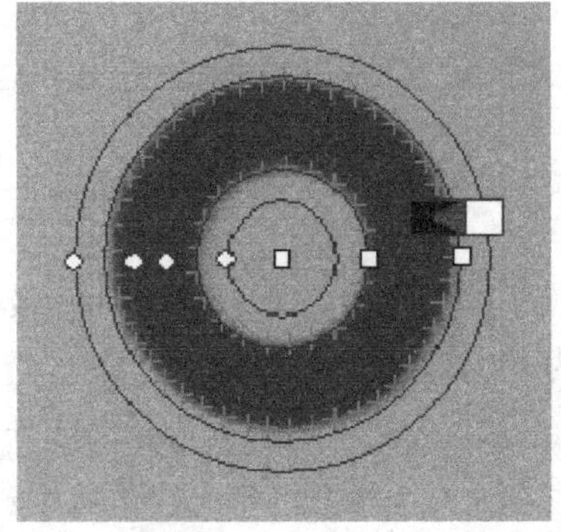


图 6-40　环形工件的多圆检测

（3）利用曲率识别法

以上两种圆测量方法主要针对简单背景下的圆图像进行测量。在复杂背景下，如背景中含有多边形、椭圆等其他图形时，这些圆测量方法就不能很好地应用。利用圆的曲率来识别圆的方法，能分离圆和其他图形，进而求解出目标圆的参数。

这种算法的原理是：首先对图像进行轮廓提取，得到图像中所有图形的轮廓；再计算所有轮廓的质心和面积，进而求解出其曲率；因为圆的曲率是常数 1，因此可以根据各轮廓的曲率判别其是否为圆；剔除非圆的轮廓，对圆轮廓进行拟合，得到圆的参数。

计算图形质心$(X_c,Y_c)$的公式为

$$X_c=\frac{\sum_{i=0}^{m}\sum_{i=0}^{n}X_i g(x_i,y_i)}{\sum_{i=0}^{m}\sum_{i=0}^{n}g(x_i,y_i)}\qquad Y_c=\frac{\sum_{i=0}^{m}\sum_{i=0}^{n}Y_i g(x_i,y_i)}{\sum_{i=0}^{m}\sum_{i=0}^{n}g(x_i,y_i)}\tag{6-30}$$

其中：

$$g(x,y)=\begin{cases}0 & (x,y)\text{不属于目标轮廓中的点}\\1 & (x,y)\text{属于目标轮廓中的点}\end{cases}\tag{6-31}$$

得到闭合轮廓的面积和质心后，就可以计算其曲率

$$\text{circularity}=\frac{\text{area}}{\max^2\times\pi}\tag{6-32}$$

其中，area 是面积；max 是质心到轮廓上点的最大距离。

（4）椭圆的测量方法

椭圆测量技术是圆测量技术的延伸。类似于圆测量方法，椭圆的测量也可以使用哈夫变换法和最小二乘法。

1）基于哈夫变换的椭圆测量方法

椭圆轮廓的检测被认为是一个复杂的过程，因为在一幅数字图像中，要确定一个椭圆需要 5 个参数，即 $r_1$，$r_2$，$x_0$，$y_0$，$\theta$，这些参数分别代表了椭圆的长、短半轴，椭圆的中心位置坐标，还有椭圆长半轴与 $X$ 轴之间的夹角。

因为哈夫变换不能很好地应用于高维参数模型，对于椭圆的检测，如不进行算法改进以降低维数，那将是一个不切实际的检测过程。一般的思想是通过以下两个步骤来减少检测的计算量及存储要求：

① 在图像中寻找潜在的椭圆中心点坐标 $x_0$，$y_0$。

② 利用已经获得的中心点确定其他的三个参数 $r_1$，$r_2$ 和 $\theta$。

为了实现这两个步骤，必须借助几何形状的自身属性，通过对几何特性的分析，找到对处理有用的信息，以降低哈夫变换的维数。

2）基于最小二乘法的椭圆测量方法

平面内任意位置的椭圆可以用 5 个独立参数来唯一确定：椭圆中心坐标($x_0$，$y_0$)、长轴半径 $a$、短轴半径 $b$、长轴与 $X$ 轴的夹角 $\theta$。用公式表达如下。

$$\frac{\left[(x-x_0)\cos\theta+(y-y_0)\sin\theta\right]^2}{a^2}+\frac{\left[-(x-x_0)\sin\theta+(y-y_0)\cos\theta\right]^2}{b^2}=1 \tag{6-33}$$

令

$$A=\frac{(b-a)^2\sin 2\theta}{b^2\cos^2\theta+a^2\sin^2\theta}$$

$$B=\frac{b^2\sin^2\theta+a^2\cos^2\theta}{b^2\cos^2\theta+a^2\sin^2\theta}$$

$$C=\frac{2x_0(b^2\cos^2\theta+a^2\sin^2\theta)+y_0(b^2-a^2)\sin^2 2\theta}{b^2\cos^2\theta+a^2\sin^2\theta}$$

$$D=\frac{2y_0(b^2\sin^2\theta+a^2\cos^2\theta)+x_0(b^2-a^2)\sin 2\theta}{b^2\cos^2\theta+a^2\sin^2\theta}$$

$$E=\frac{a^2(y_0\cos\theta+x_0\sin\theta)+b^2(x_0\cos\theta+y_0\sin\theta)-a^2b^2}{b^2\cos^2\theta+a^2\sin^2\theta}$$

则椭圆的方程可改写为

$$x^2+Axy+By^2+Cx+Dy+E=0 \tag{6-34}$$

根据最小二乘法原理，应以求目标函数

$$F(A,B,C,D,E)=\sum_{i=1}^{n}(x_i{}^2+Ax_iy_i+By_i{}^2+Cx_i+Dy_i+E)^2 \tag{6-35}$$

的最小值来确定参数 $A$、$B$、$C$、$D$ 和 $E$。由极值原理，欲使 $F(A,B,C,D,E)$为最小，必有

$$\frac{\partial F}{\partial A}=\frac{\partial F}{\partial B}=\frac{\partial F}{\partial C}=\frac{\partial F}{\partial D}=\frac{\partial F}{\partial E}=0$$

由此可得下列方程组

$$\begin{bmatrix} \sum_{i=1}^{n} x_i^2 y_i^2 & \sum_{i=1}^{n} x_i y_i^3 & \sum_{i=1}^{n} x_i^2 y_i & \sum_{i=1}^{n} x_i y_i^2 & \sum_{i=1}^{n} x_i y_i \\ \sum_{i=1}^{n} x_i y_i^3 & \sum_{i=1}^{n} y_i^4 & \sum_{i=1}^{n} x_i y_i^2 & \sum_{i=1}^{n} y_i^3 & \sum_{i=1}^{n} y_i^2 \\ \sum_{i=1}^{n} x_i^2 y_i & \sum_{i=1}^{n} x_i y_i^2 & \sum_{i=1}^{n} x_i^2 & \sum_{i=1}^{n} x_i y_i & \sum_{i=1}^{n} x_i \\ \sum_{i=1}^{n} x_i y_i^2 & \sum_{i=1}^{n} y_i^3 & \sum_{i=1}^{n} x_i y_i & \sum_{i=1}^{n} y_i^2 & \sum_{i=1}^{n} y_i \\ \sum_{i=1}^{n} x_i y_i & \sum_{i=1}^{n} y_i^2 & \sum_{i=1}^{n} x_i & \sum_{i=1}^{n} y_i & N \end{bmatrix} \begin{bmatrix} A \\ B \\ C \\ D \\ E \end{bmatrix} = - \begin{bmatrix} \sum_{i=1}^{n} x_i^3 y_i \\ \sum_{i=1}^{n} x_i^2 y_i^2 \\ \sum_{i=1}^{n} x_i^3 \\ \sum_{i=1}^{n} x_i^2 y_i \\ \sum_{i=1}^{n} x_i^2 \end{bmatrix} \tag{6-36}$$

求解该线性方程组，可以得到 $A$、$B$、$C$、$D$ 和 $E$ 的值。然后，便可反求得到平面任意位置椭圆的 5 个实际参数。

$$\begin{aligned} x_0 &= \frac{2BC - AD}{A^2 - 4B} \\ y_0 &= \frac{2D - AD}{A^2 - 4B} \\ a &= \sqrt{\frac{2(ACD - BC^2 - D^2 + 4BE - A^2E)}{(A^2 - 4B)(B - \sqrt{A^2 + (1-B)^2} - 1)}} \\ b &= \sqrt{\frac{2(ACD - BC^2 - D^2 + 4BE - A^2E)}{(A^2 - 4B)(B + \sqrt{A^2 + (1-B)^2} - 1)}} \\ \theta &= \arctan(\sqrt{\frac{n^2 - b^2 B}{n^2 B - b^2}}) \end{aligned} \tag{6-37}$$

这种方法从程序的设计难易程度和效率上来讲，实现起来比哈夫变换法要简单一些，因此目前主要采用最小二乘法来检测椭圆。

### 6.4.4 线弧测量

线弧测量的主要目的是检测图像轮廓中的直线和弧线，并将其分离开来。线弧分离在模式识别以及工业测量等领域都有着重要的应用。

（1）基于 Harris 角点检测的线弧分离

基于 Harris 角点检测的线弧分离方法的基本思路：首先对图像进行轮廓提取，得到对象的轮廓信息；然后对轮廓进行平滑，这是因为轮廓提取得到的轮廓可能不光滑，这种不光滑会使找到的角点或切点有误差；接下来使用 Harris 角点检测方法检测出轮廓的角点；角点将轮廓分割成若干段，提取其中的切点，根据得到的切点区分轮廓中的直线和曲线，可以实现线弧分离；对每段轮廓分别进行曲线拟合可以得到其直线或圆方程。

（2）基于哈夫变换的线弧分离

该方法的基本思路是：首先提取图像的轮廓信息；然后利用哈夫变换拟合出轮廓中的直线；再利用哈夫变换拟合出轮廓中的整圆或圆弧；根据拟合出的直线和圆弧信息找到图像中的角点；利用角点进行线弧分离并计算线段的长度。

### 6.4.5　角度测量

在工业零件视觉检测的应用中，常需要对工件中的一些角度进行测量，如螺母正视图中每条边相互的夹角大小是否相等、零件底面与侧面的垂直度检测等，都是比较常见的角度测量应用。角度检测的关键是对所测角度的两条边线的提取，即采用之前介绍的直线或者线段提取方法，得出两条直线的方程，其夹角就可以利用斜率得出。

直线提取的方法很多，最常用的有最小二乘法和哈夫变换法。因为哈夫变换法速度较慢，所以实际应用中，多采用最小二乘法。以图像的左上角作为坐标原点，采用计算机屏幕坐标系，直线斜率与其角度的变换公式为

$$Ang = -(\arctan k \times 180 / \pi) \tag{6-38}$$

其中，*Ang* 是求出的角度，*k* 是通过最小二乘法拟合直线得到的直线斜率。图 6-41 所示为工件倾斜角的测量。

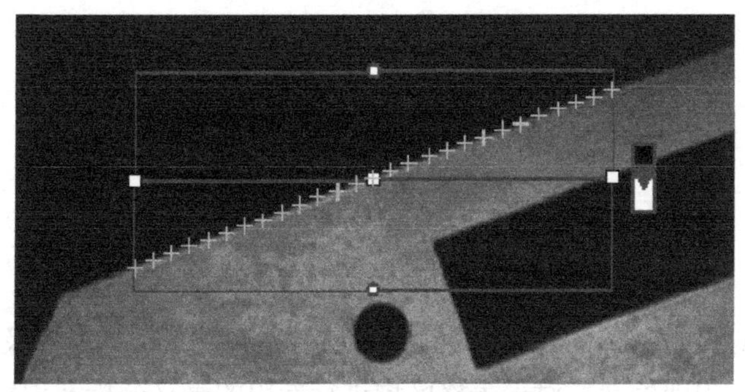

图 6-41　工件倾斜角的测量

## 6.5　在字符识别中的应用及案例分析

OCR 的英文全称为 Optical Character Recognition (光学字符识别)，是指通过扫描等光学输入方式将报刊、书籍、票据及其他印刷品上的文字转化为影像信息，再利用识别技术将影像中的文字转换成文本格式，以便计算机进行编辑处理的一种系统技术。

### 6.5.1　OCR 技术原理

OCR 识别系统的目的很简单，只是要将影像作一个转换，使得影像内的图形继续保存，有表格则表格内的资料及影像中的文字转换成计算机文字，以便减少影像资料的储存量，识别出的文字可再使用及分析，节省因键盘输入的人力与时间。从工作流程分析，OCR 识别系统须经过影像输入、影像预处理、版面分析、行字切分、特征提取、比对识别、字词校正，到最终结果输出几个过程，如图 6-42 所示。

（1）影像输入

通过各种光学输入方式，如扫描仪、传真机或 DC 等摄影器材，将票据、报刊、书籍、文稿及其他印刷品的文字转化为图像信息到计算机中。通常 OCR 影像输入使用平台型扫描仪或掌上型扫描仪，将欲识别的文件先行扫描成图形格式文件。扫描的分辨率越高，越有利于文字的识别工作。

（2）影像预处理

由于输入文件的表面不干净，或是扫描仪本身扫描时造成的失真现象，可能使得输入的影像存在一些污点或独立点，这样会影响到文字的正确识别。因此，在文字识别前，需对获取的文件影像进行倾斜校正、彩色处理并清除影像上的污点或独立点。

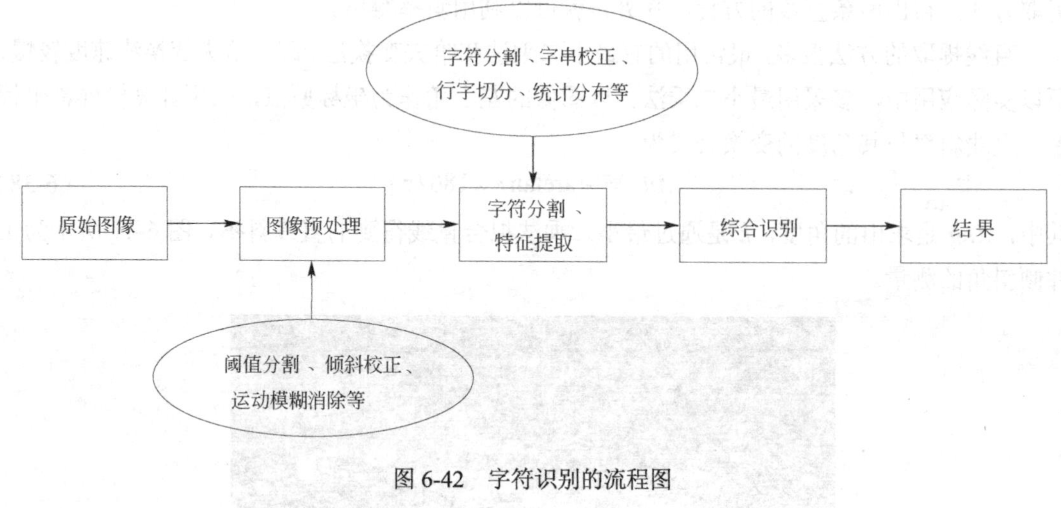


图 6-42　字符识别的流程图

（3）版面分析

版面分析完成对文本图像的总体分析，区分出排版顺序、文本段落及图形、表格的区域。对于文本区域将进行识别处理；对于表格区域进行专用的表格分析及识别处理；对于图形区域进行压缩或简单存储。

（4）行字切分

行字切分是将大幅的文字影像先切割为行，再从影像行中分离出单个字符的过程。由于扫描仪本身造成的失真，或由于扫描分辨率太低，会导致扫描后的字体发生不完整的现象，如字符的不连续与锯齿状以及字体内有破洞等，进而造成文字识别的错误。智能型的 OCR 软件会针对文件中部分文字笔画不连接的情况，正确地进行文字切割或合并。

（5）特征提取

特征提取是 OCR 识别整个环节中最重要的一环，它是从单个字符图像上提取统计特征或结构特征的过程。提取的特征的稳定性及有效性，直接决定了识别的性能。简易的区分可分为两类：一类特征为结构的特征，在文字细线化（所谓细线化是将中文字体做剥皮剔肉的动作，让字体只剩下骨架，因此这项技术又称骨架化。细线化程序可以保留中文字体的信息，并且消除不必要的资料量）后，取得字的笔画端点、交叉点的数量及位置，或以笔划段为特征，配合特殊的比对方法进行比对。而另一类为统计的特征，如文字区域内的黑/白点数比，当文字区分为几个区域时，这一个个区域黑/ 白点数比的联合，就成了空间的一个数值向量，在比对时，基本的数学理论就足以应付了。

（6）比对识别

当提取文字特征后，无论是用统计或结构的特征，都必须有一比对数据库或特征数据库来进行比对识别。数据库的内容应包含所有欲识别的文字字集，以及根据与输入文字一样的特征抽取方法所得到的特征群组。对比识别模块应用了数学运算理论，根据不同的特征特性，选用不同的数学距离函数，较知名的比对方法有：欧式空间的比对方法、松弛比对法(Relaxation)、动态程序比对法(Dynamic Programming，DP)，以及类神经网络的数据库建立及比对、HMM(Hidden Markov Model) 等方法。

（7）字词校正

OCR 的识别准确率是无法达到百分之百的，因此除错及更正的功能也成为 OCR 系统中必要的一个模块，这包括字词后处理和人工校正。字词后处理即利用比对后的识别文字与其可能的相似候选字群中，根据前后的识别文字找出最合乎逻辑的词，作更正的功能。而人工校正则是 OCR 最后的关卡，通过对照当前字符的原始图像校正识别结果，替换或修改识别有误的字符。对于 OCR 软件而言，除了一个稳定的影像处理及识别核心以降低错误率外，人工校正的操作流程及功能，同样也影响 OCR 的处理效率。

（8）输出结果

最后，将识别结果输出为需要的格式进行保存，或者通过导出命令输出到其他应用程序中。

### 6.5.2　票据字符识别系统

（1）系统描述

基于机器视觉的字符识别系统软件一般来说包括实时处理、存储、输出显示、数据管理等功能。各个功能模块之间以图像信息流为基础相互联系，而在实现上又相对独立。因此可以单独设计，使软件低耦合。

① 实时处理功能是为了保证对采集的图像数据及时准确地处理，包括预处理、特征提取、分类等算法的实现。该功能模块的特点是输入的是底层的原始图像数据，而输出的则是抽象的符号表示，数据量有很大的变化。另外，系统的主要功能集中在此，在功能的可用性、准确性、稳定性上都要求较高。

② 存储即能够将所需要的原始图像或中间处理图像存储下来，供用户分析。对于检测系统而言，由于连续采集图像，使得数据量十分巨大。

③ 图像输入输出的功能是检测系统与用户交流的人机界面。一般的主要设置有：设置图像的 ROI 区域、设置检测范围及等级等。系统处理后的结果通过该模块输出，对于拒识情况可以是提示、报警或者剔除等。

④ 数据管理功能主要是提供系统管理历史数据的功能。这些历史数据包括标准产品图像数据、生产批次数据记录、每批次识别结果记录、设置数据等。对生产批次能做生产基本状态记录，并且给出长期的检测报告，给用户的生产、决策提供依据。

按照上述软件功能分类进行了模块化的系统软件设计，软件总体结构如图 6-43 所示。

（2）算法描述

1）实时票据图像的运动模糊消除方法

在图像采集过程中，如果在相机的曝光期间采集对象和相机之间存在相对运动，则采集到的图像就会有明显的拖尾现象。同时，摄像时曝光量（图像亮度）与曝光时间是成正比的，当采集对象与相机发生运动时，其图像上某一点的曝光时间与运动速度成反比，运动速度越快，亮度越低，这种图像拖尾和亮度降低现象就是通常所说的运动模糊（Motion blur）。对运动模糊的消除属于图像还原的范畴，即把由于各种原因而产生质量降低的图像恢复原状。

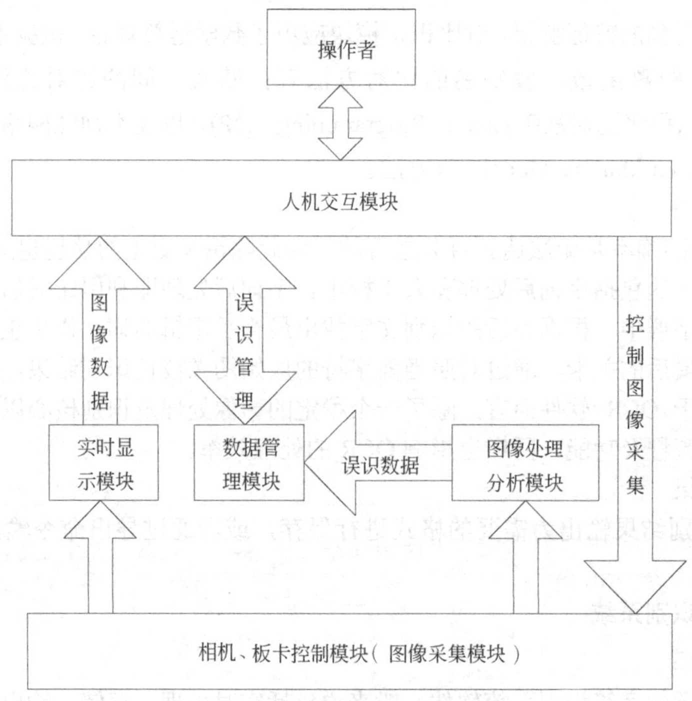


图 6-43　系统软件的总体设计示意图

运动模糊的出现对图像处理中图像细节的分辨与识别起到了障碍作用。对于票据印刷中号码、字符等细线条型图案的检测与处理则影响很大，大的运动模糊量会严重影响后续的识别结果。因此，本系统采用的运动模糊消除方法针对的是在线采集的票据号码印刷图像。

通常采用的运动模糊消除方法有以下两种：根据傅立叶变换的迭代法和微分方程递推法，在这两种算法中都需要对一个参数——运动速度（或运动距离）进行估计，而估计值的准确程度直接影响到运动模糊消除的效果。因此，针对印刷号码检测系统的具体应用，采用一种对运动速度变化不很敏感的运动模糊消除方法——形态学定向补全法。

对于某些复杂图像处理，运动模糊消除效果不好对后续图像处理会造成很大影响。但对于数字号码图像，本身笔划之间空间距离较大，在运动模糊量不是很大的情况下，对图像的视觉识别效果影响不是很大。因为运动模糊仅在垂直运动方向的一侧边缘出现，对采集到的号码图像进行阈值分割之后可以发现，运动模糊造成的图像变化是在垂直运动方向上的图像边缘一侧出现较多的平行梳齿状小毛刺，如图 6-44 (a)中所示号码图像笔划左侧的平行毛刺。对号码图像运动模糊的消除实际就是消除掉这些边缘毛刺或者使之不对后续处理造成不良影响。

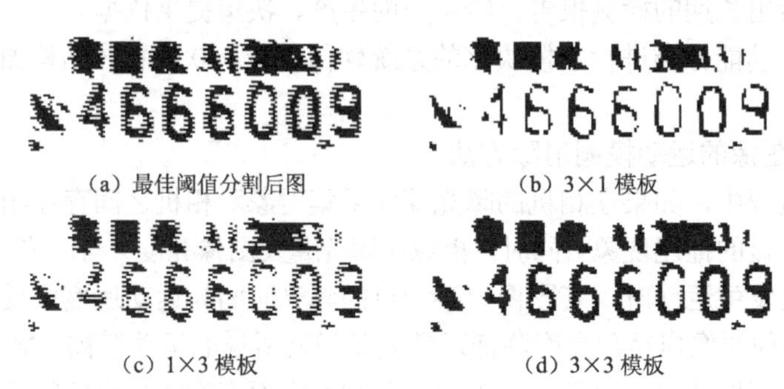


（a）最佳阈值分割后图　（b）3×1 模板

（c）1×3 模板　（d）3×3 模板

图 6-44　中值滤波法

对于毛刺状噪声的消除，常用的方法是采用滤波器和形态学运算。在各种滤波器中，中值滤波器是一种非线性平滑滤波器，在消除噪声的同时可以保持图像的细节，而且可以定向进行滤波。图 6-44 中(b)、(c)、(d)图分别是采用 3×1、1×3 和 3×3 模板的中值滤波器进行毛刺消除的效果，可以看出用 3×1 模板滤波处理后的图像笔画宽度明显变窄了，甚至有的地方还出现了断笔，但笔画还算清晰；而用 1×3 模板滤波处理的效果则很差，边缘变得更加模糊，远达不到清晰的要求。采用 3×3 模板滤波处理的图像整体效果还比较好，但仔细观察，则发现其实边缘处的毛刺依然存在，虽然被削减了不少，但并没有被消除。

利用数学形态学的基本运算可以构造出许多非常有效的图像处理与分析方法。数学形态学二值运算中的开运算可以消除图像的尖角、毛刺，起到磨光图像外边界的作用。闭运算可以填补孔洞，平滑尖角，起到磨光内边界的作用。如果采用数学形态学二值运算来消除运动模糊，从理论上分析，因为运动模糊造成的毛刺为水平方向分布，应该采用与毛刺垂直方向的形态学结构元素对图像进行形态学开运算，才可以达到消除毛刺的要求。图 6-45 (a)所示为用 3×1 的垂直方向结构元素进行开运算的结果，图 6-45 (b)为用 1×3 的水平方向结构元素进行开运算的结果。由图可以看出，虽然采用垂直方向结构元素进行开运算处理比水平方向元素进行开运算处理效果要好得多，但是真正的效果也并不很理想，甚至还不如图 6-45 (d)中采用 3×3 中值滤波器处理的效果好。

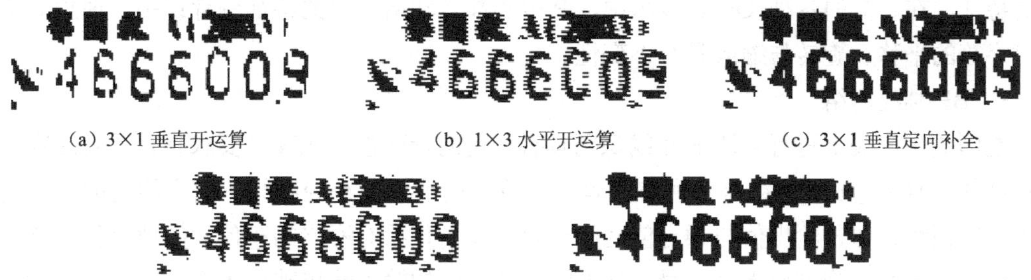

(a) 3×1 垂直开运算　(b) 1×3 水平开运算　(c) 3×1 垂直定向补全

(d) 1×3 水平定向补全　(e) 3×3 闭运算

图 6-45　数学形态学方法

考虑到运动模糊造成的模糊量并不大，如果采用形态学闭运算进行处理，填补毛刺之间的空隙，对号码图像的笔画宽度增加量也不会很大，应该不会影响图像的视觉识别效果。而且这样进行处理在运动速度变化不是十分显著的情况下可以保证稳定的处理效果，因此采用基于数学形态学二值闭运算的定向补全法进行运动模糊消除。也就是对号码图像沿垂直于运动方向上进行数学形态学的定向二值闭运算处理，达到填充图像在运动方向边缘出现的平行毛刺间隙的目的。对前面经过阈值分割的二值图像图 6-44（a）分别采用了形态学 3×1 的垂直方向结构元素和 1×3 的水平方向结构元素进行了定向补全处理，如图 6-45（c）。图 6-45（e）为采用 3×3 的结构元素模板进行闭运算的结果。从图中可以看出，图 6-45（c）的处理效果最佳，处理后图像中数字号码笔划宽度在运动方向上有所增加，但总体笔划清晰，为后续识别提供了较好的条件。图 6-45（d）效果很差，图 6-45（e）效果比图 6-45（d）好，但出现了笔划粘连，例如图中字符“4”的中间孔洞就被完全填充了。

2）字符分割及特征提取

① 字符区域的定位　字符区域的定位是字符图像分割与识别技术的关键。其要点在于从复杂的背景中找到有着特殊纹理(字符分布)的一小片矩形区域，然后把该区域从整幅图像中分割出来。字符区域的定位准确与否，直接影响到整个字符图像识别系统的识别成功率。

常有的区域选择算法有动态求取和手动求取两种方法。

② 字符串的校正　字符串倾斜的问题，一般发生在用数字相机拍摄字符图像的情况中。以车牌为例，由于车牌上下边缘与摄像机成像平面的上下边缘不能保证平行，且车牌平面法线与摄像机成像平面法线不能保证在同一直线上，造成了原图像中牌照的旋转与透视变形。另外，在工程图纸中有时也存在字符倾斜摆放的情况。目前对透视变形尚未有有效的办法进行处理，因此校正部分就是要将字符串旋转校正，使得处理后的字符串图像不一定"竖直"，但却能保证"横平"。

③ 字符分割与特征提取　由于票据作为一种独特的纸张，其中最重要的信息就是票据号码，所以研究其特征，对后续分割与识别很重要。票据字符的特点有：均匀分布的字符，即字符间距固定，每个字符宽度相等；规则间隔分布的、无断笔的字符，其字体、字形、笔画粗细、轮廓尺寸等工艺标准具有一定的规律；对于断裂字符，一些单个字符由几个成分构成；对于相互粘连在一起的字符，在单一相连成分中含有多个字符。

由于分割出来的字符要进行特征抽取才能送入分类器进行识别，针对工业现场被测件位置偏差使图像发生偏转和平移的情况，经过比较最终选择对旋转具有不变性的矩特征作为模式特征。

特征选择是模式识别中的一个关键问题，其基本任务是如何从许多特征中找出那些最有效的特征。在目前的各种 OCR 技术中，其核心都是利用字符的特征进行识别，理想的特征是对字符的平移、旋转与缩放具有不变性。

3）BP 神经网络

在印刷生产线上进行号码的在线识别具有一定的特殊性，尤其是要求具有很高的实时性和很高的识别率。BP 网络是一种有监督学习算法的前馈型神经网络。它用给定的输入输出样本进行训练，通过输出值与预定值之间误差的反向传播对网络的权值和阈值进行调整，使误差函数沿最快下降方向下降，最终使网络实现给定的输入输出映射关系，即网络的学习过程。BP 算法由两部分组成：信息的正向传递与误差的反向传播，以图 6-46 所示的简化三层网络拓扑结构为例进行基本公式推导。

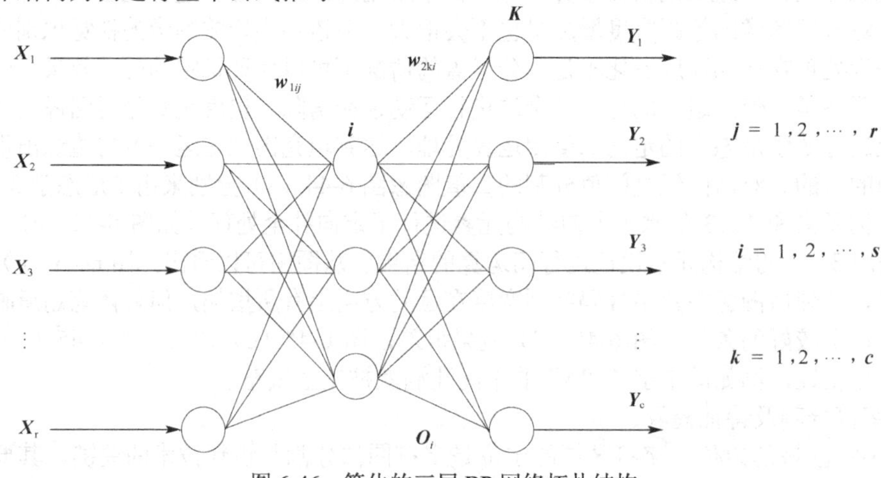


图 6-46　简化的三层 BP 网络拓扑结构

设输入层有 $r$ 个神经元，$X$ 为输入，隐含层有 $s$ 个神经元，$O$ 为输出，激励函数为 $f_1$；

输出层有 $c$ 个神经元，$Y$ 为输出，激励函数为 $f_2$；$w_{1ij}$ 为第 $j$ 个输入节点到第 $i$ 个隐节点的连接权值，$w_{2ki}$ 为第 $i$ 个隐节点到第 $k$ 个输出节点的连接权值；$\theta$ 为阈值；$T$ 为期望输出值；$\eta$ 为学习率。

① 第 $i$ 个隐节点的输出值：

$$O_i = f_1(\sum_{j=i}^{r} w_{1ij} X_j - \theta_i)(i=1,2,3,\cdots,s) \tag{6-39}$$

② 第 $k$ 个输出神经元的输出值：

$$Y_k = f_2(\sum_{i=1}^{k} w_{2ki} O_i - \theta_k)(k=1,2,3,\cdots,c) \tag{6-40}$$

③ 权值的修正 $\Delta w_{1ij}$、$\Delta w_{2ki}$ 分别由下式确定：

$$\begin{aligned} \Delta w_{2ki} &= \eta (T_k - Y_k) f_2' O_i \\ \Delta w_{1ij} &= \eta \sum_{k=1}^{c} (T_k - Y_k) f_2' w_{2ki} f_1' X_j \end{aligned} \tag{6-41}$$

# 6.6 在视觉伺服中的应用——基于视觉伺服的镭射膜在线纠偏系统

分切机（又称分条机）主要对纸和塑料薄膜等包装材料进行分切和复卷，是印后工艺的重要设备。材料在输送过程中，因为卷径不断的减小引起材料供送的速度和张力发生变化、各辊之间的不平行以及包装材料绕上卷筒时的不齐等因素，可能导致包装材料的跑偏，影响包装材料的分切质量。通常分切机采用光电头跟踪材料边缘或印刷色标进行纠偏控制，随着镭射膜的广泛应用，由于膜表面反射呈镜面反射以及反射的无序性，使得光电头对这类材料的检测信号微弱甚至几乎失效，导致分切生产效率降低。基于机器视觉的镭射膜在线纠偏系统，采用独特的照明技术和 CCD 成像技术获取镭射膜上的标准线的图像，利用最优梯度方法分析和计算位置偏差，通过视觉伺服运动控制系统实现在线自动纠偏。

### 6.6.1 系统方案

系统通过光学成像系统来检测镭射膜的偏离情况，并通过视觉伺服运动控制系统来控制分切机的刀架位置来实现在线纠偏。系统原理图如图 6-47 所示。这是一个双闭环系统，内环是速度环，外环是位置环。通常带位置环的伺服系统其位置信息取自伺服电机的编码器，不能补偿传动链上的间隙及误差，只能形成半闭环的位置控制系统。该系统能克服半闭环系统的缺陷，电机上的编码器仅作为速度反馈，位置环的采样直接来自 CCD 摄像头，系统的传动间隙和机械误差由位置反馈消除。

（1）光学部分

针对镭射膜的成型特点，系统采用低角度环形照明技术，通过彩色 CCD 相机对镭射膜的标准线进行图像采集，图像数据通过 FPGA / DSP 采集卡进行辅助处理，由对应处理单元实时比较测量位置与基准位置，输出位置偏差，光学结构如图 6-48 所示，采集效果如图 6-49 所示。

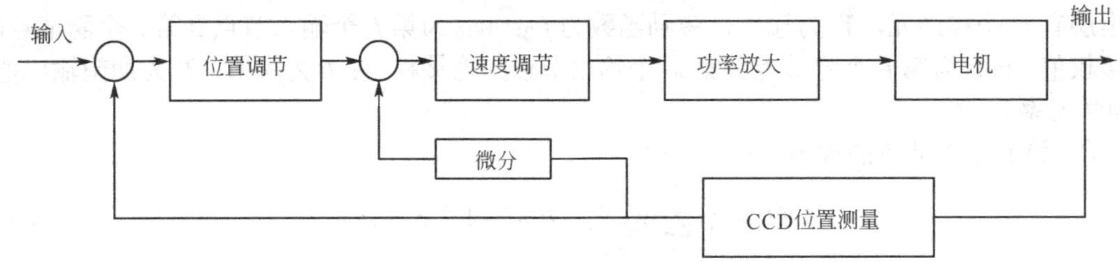


图 6-47　系统控制原理图

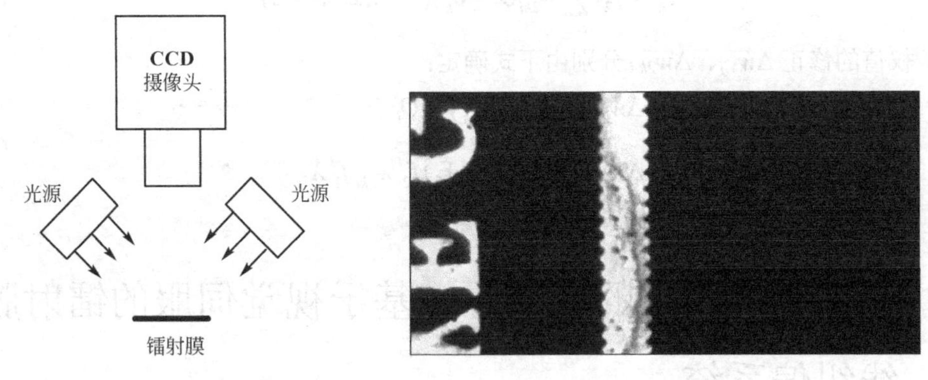


图 6-48　光学系统　　图 6-49　实际采集图

（2）算法描述

由于刀具与摄像头固联，因此只要计算出刀具位置与参考边缘的位置差异，就可以反馈控制执行机构。算法基本思想是：根据边缘灰度值的梯度变化来计算边缘的位置。

边缘是图像检测的重要特征，若以 $f(x, y)$ 来描述灰度图像上每个像素点 $(x, y)$ 的灰度值，则图像可表示为

$$I=\{f(x,y),0\leqslant f(x,y)\leqslant 255,0\leqslant x\leqslant w,0\leqslant y\leqslant h\} \tag{6-42}$$

其中 $w$ 为图像宽度，$h$ 为图像高度。根据人的视觉原理，有效的边缘是灰度值梯度变化最大的部分，在水平方向高度为 $Y$ 处的水平线上，有效边缘处灰度值的梯度描述为

$$Ge=\max(\frac{\partial f(x,Y)}{\partial x}) \tag{6-43}$$

实际计算时，取梯度的峰值面积最大处为有效边缘点。

$$Ge=\max(\sum\frac{\partial f(x,Y)}{\partial x}\mathrm{d}x) \tag{6-44}$$

由于前期印刷工艺的影响，边缘图像存在接头、断裂、色差和胶水的干扰，噪声较大，灰度和梯度的变化较大且无序，如图 6-50（b）、（c）、（d）所示，依赖某行的最大梯度面积并不能取得有效的边缘，因此采用多行最大梯度的比较来获得稳定可靠的边缘检测。

$$Ge=\max(\sum_{n=0}^{w}\frac{\partial\dfrac{\sum\limits_{i=0,j=0}^{i=H,j=w}f(x_j,y_i)}{H}}{\partial x_n}\mathrm{d}x) \tag{6-45}$$

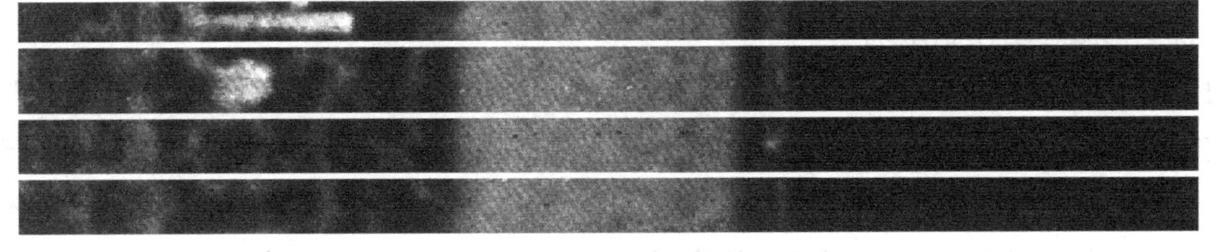

（a）原始图片

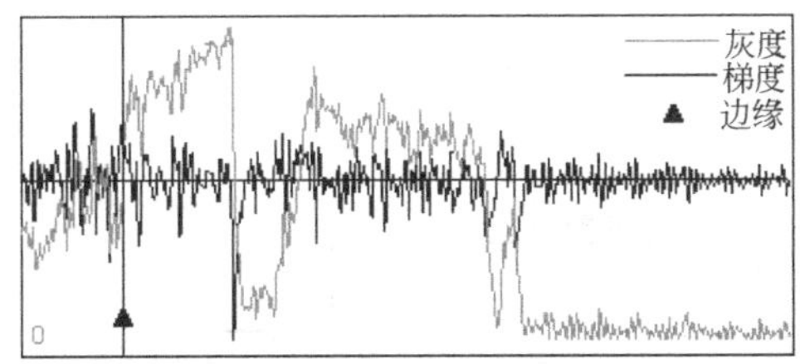


（b）扫描线 1 的灰度和梯度分布

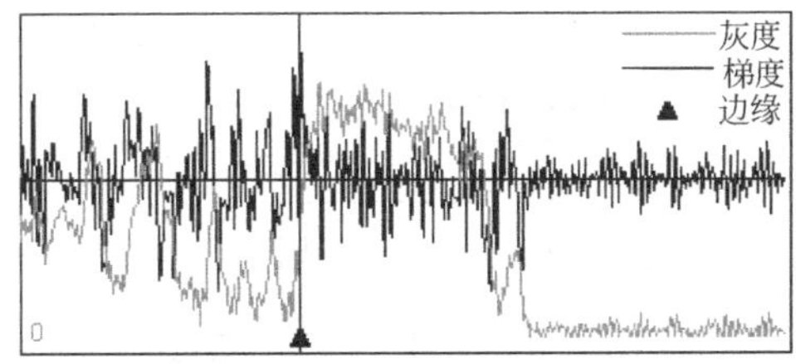


（c）扫描线 2 的灰度和梯度分布

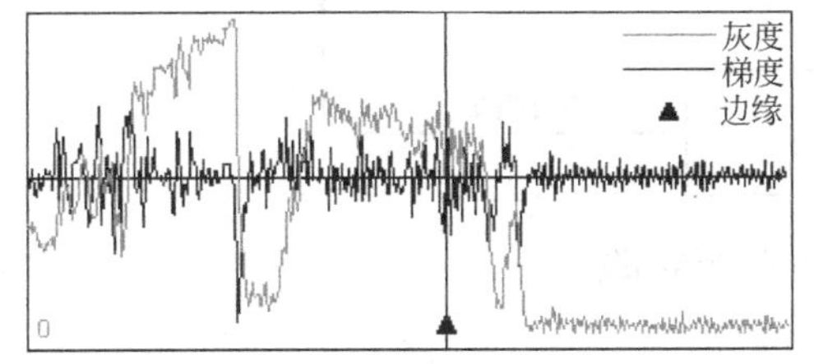


（d）扫描线 3 的灰度和梯度分布

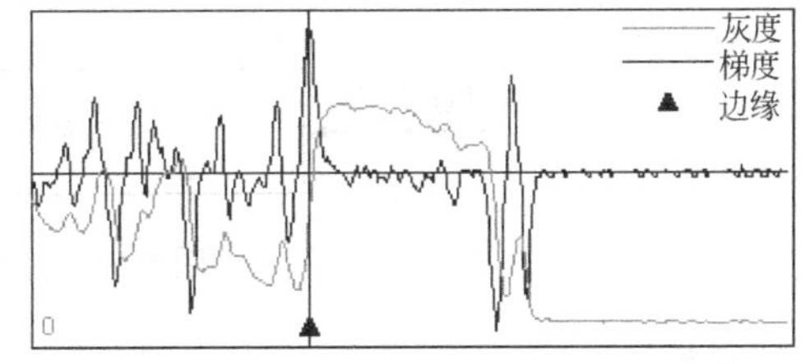


（e）优化算法的灰度和梯度分布

（f）弱二值化的效果

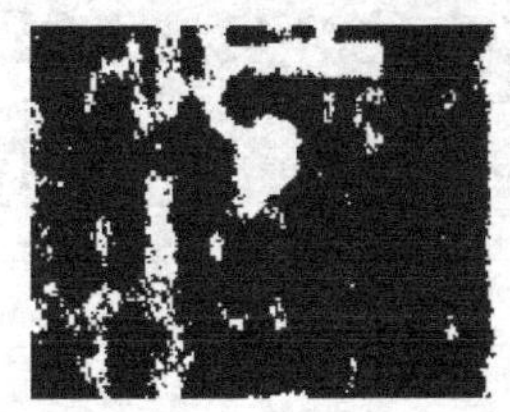

（g）强二值化的效果

图 6-50　算法效果图

从图 6-50（e）中可以看出，经过该算法，边缘梯度变化克服了噪声的干扰，获得了满意的定位精度。图 6-50（f）和（g）采用简单的二值法计算边缘，目前市场上多数 CCD 纠偏控制器均用此算法，事实上这种算法的误差较大，原因是忽略了边缘过渡处的灰度梯度变化，使得计算值当阈值较强时导致比真实值偏小，阈值较弱时比真实值偏大。

（3）视觉伺服运动控制系统

镭射膜以 150m/min 的速度通过摄像头，CCD 相机捕捉到镭射膜的实时位置，并将其与事先设定好的基准位置做比较得到位置偏差，由伺服电机驱动器、伺服电机、丝杠、拖板等组成执行机构，输出实时偏差值传给电机，通过电机转动，完成对刀架的牵引，从而达到准确分切的目的，定位精度为 CCD 摄像头的检测分辨率（0.01mm）。控制系统结构图如图 6-51 所示。

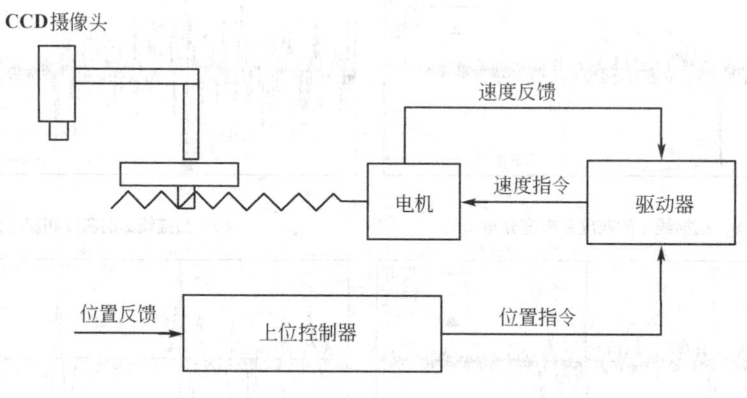


图 6-51　控制系统结构图

### 6.6.2　结果

图 6-52 是在 150m/min 的最大生产速度下，对镭射膜分切机上截取的误差曲线，由图可见，该纠偏控制系统能有效的将分切误差控制在 0.15mm 之内，达到了生产质量要求，而此前光电头式的纠偏系统最高能达到 50m/min 的生产效率。

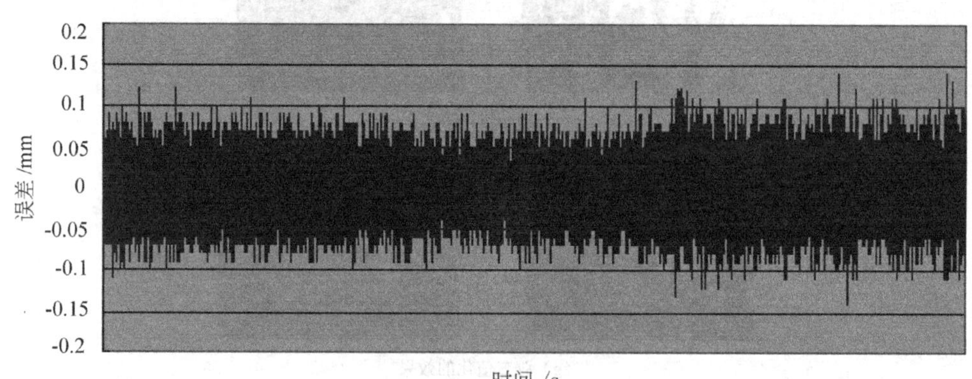


图 6-52　误差曲线图

多数边缘检测算法的精度是像素级的，在需要较高边缘定位精度的应用中，只能提高图像的采样率。存在问题之一是随着采样率的提高，计算量和成本将大幅增加；二是采样率不可能随精度要求的提高而无限增加。基于最优梯度的亚像素边缘检测算法，在噪声和成像模糊的情况下有满意的定位精度。该系统通过独特的照明技术和有效的算法，很好地解决了一般纠偏系统对于镭射膜检测的不足之处，有效地提高了生产效率。

# 习　题

1. 通过 C 程序设计，实现直线拟合和圆拟合的最小二乘法，得到直线的方程。
2. 写一篇短文，设计快速获得生产线上喷洒的每颗大米的图像的方法和技术。
3. 分析面部识别的方法，设计一个机器视觉系统，能获取面部图像，并获得面部特征。
4. 实现图像测量中的亚像素算法，用 C 语言描述出来。

# 参 考 文 献


[1] 周洋. 玻璃质量在线检测算法研究与系统实现. 华中科技大学硕士学位论文. 2006.

[2] 张小军. 票据字符识别方法研究及系统实现. 华中科技大学硕士学位论文. 2006.

[3] 孙碧亮. 基于机器视觉的检测算法研究及其在工业领域的应用. 华中科技大学硕士学位论文. 2006.

[4] 石绘，余文勇. 商业票证印刷缺陷检测方法的研究. 武汉理工大学学报，2008，30（5）：148-150.

[5] 尚会超. 印刷图像在线检测的算法研究与系统实现. 华中科技大学博士学位论文. 2006.

[6] 余文勇，周祖德，陈幼平. 一种浮法玻璃全面缺陷在线检测系统. 华中科技大学学报，2007，35(8)：1-4.

[7] 胡承东，速永仓，曹玲芝. 烟包喷码字符识别系统研究. 机械工程与自动化，2010，3：117-119.

[8] 杨水山等. 带钢视觉检测系统的研究现状及展望. 冶金自动化，2008，32（2）：5-9.

[9] 韩九强. 机器视觉技术应用. 高等教育出版社. 2009.

[10] 余文勇，殷实. 基于视觉伺服的镭射膜在线纠偏系统. 包装工程，2007，28（12）：135-137.

[11] 石绘，余文勇. 基于多目视觉的高速印刷质量在线检测系统. 武汉理工大学学报(信息与管理工程版)，2007，29（6）：65-68.

[12] 樊文侠等. 基于图像处理的药品包装质量在线检测系统设计. 西安工程科技学院学报，2004，18（2）：160-163.